図解 環境ISO対応

まるごとわかる環境法

見目善弘 著

環境基本法	
大気汚染防止法	
水質汚濁防止法	
土壌汚染対策法	
騒音・振動規制法	
省エネルギー法	
フロン排出抑制法	
化管法(PRTR法)	
毒劇法	
消防法	
高圧ガス保安法	
廃棄物処理法	
PCB特措法	
労働安全衛生法	

一般社団法人 産業環境管理協会
Japan Environmental Management Association for Industry

図解 環境ISO対応 まるごとわかる環境法 ｜ Introduction

発刊のことば

　現代は「第6の大量絶滅時代」ともいわれ、開発と乱獲等人間活動を主な原因として、地球上の生物多様性が失われつつあります。2015年に国連で採択された「持続可能な開発のための2030アジェンダ」は、人間活動に伴い引き起こされた諸問題を全世界が十分認識し協働してその対応に取り組むものであり、共通概念として「持続可能な開発」という考え方と目標（ゴール）を定めています。その中には持続可能な生産・消費、気候変動、海洋、生態系・森林などの環境問題も取り上げられています。気候変動について最近の世界の動きみると、2016年の世界気温が観測史上最も高かったこと（2016年アメリカ航空宇宙局NASA）、大気中の二酸化炭素の世界平均濃度が2016年2月に400ppmを超えたこと（2016年10月環境省）、「パリ協定」が発効（2016年11月）し、世界の平均気温の上昇を産業革命以前に比べ2℃より十分低く抑えること、モントリオール議定書締約国会議（2016年10月ルワンダ）では温室効果ガスであるハイドロフルオロカーボン（HFC）を2019年から段階的に生産・消費量を削減することが採択されたことなどがあります。

　近年、我が国を含め世界的な気候変動が続いています。局所的なゲリラ豪雨・濁流、竜巻、夏の長雨、気温上昇と異常干ばつ、海水温上昇、熱波、異常高温・森林火災、氷河の後退と海面上昇・高潮等々です。我が国の温室効果ガスの排出量は減少しつつありますが、冷媒としてのHFC消費量が増加し、そのためにHFCの代替として二酸化炭素などノンフロン又は低GWP（温室効果）ガスの転換利用、新冷媒の開発の推進強化をすすめ、また我が国の全エネルギー消費量の約30％を占める住宅・建築物の省エネルギー対策強化や再生可能エネルギー電気・熱の導入強化などに力をいれています。

　有害物質対応としては、2013年10月に採択、2017年8月に発効した水俣条約は、水銀による世界的な被害を防止するための取組みですが、我が国では水銀汚染防止法が制定（2016年公布、2017年8月16日施行）され、水銀製品の製造禁止と部品としての使用制限など、さらに水銀による大気の汚染防止（2016年公布、2017年施行）、水銀廃棄物による環境破壊防止（2016年公布、2017年、一部2018年施行）等に取り組んでいます。一方、難分解・高蓄積性・大気移動性が懸念されるPCB（ポリ塩化ビフェニル）については、残留性有機汚染物質に関するストックホルム条約（POPs条約）への対応を考慮し、2027（平成39）年までにPCB廃棄物及びPCB使用製品の全廃に向けたPCB特別措置法の大改正が行われました（2017年5月公布、2017年8月施行）。

I

ごみ問題では、食品廃棄物が不適性に転売されるという事件を受け、廃棄物の排出者責任が重くなりました。水問題では、特に有害物質による地下水及び土壌の汚染が進んでいることを受け、法改正（トリクロロエチレン：水濁法2016年公布・施行、カドミウム：水濁法2015年公布・施行、クロロエチレン：土対法2016年公布、2017年施行）が行なわれています。

　このような世界の流れと我が国の諸施策に適切に対応するためには、関係する法条例を十分に理解し遵守することが求められます。

　2008（平成20）年に『現場で使える環境法』の初版を出し、2016（平成28）年7月に出版した第5版の中では63の主要な環境関連法令を取り上げてきました。しかし、この本に対し、事業活動との関連が低い法令がかなりあること、解説が細かすぎること、携帯しにくいことなどの声をいただいております。そこで、今回、環境関連法を理解するための入門書として、多くの事業者の方に共通して関係すると思われる14の法令を厳選しました。その中では、「法の成立と経緯」と「現場における法規制のポイント」を押さえたうえで、法規制と運用の詳細については図表等を多く取り入れて解説し、さらに行政（省庁・自治体）に寄せられた現場の疑問とその答えをQ＆A方式で取り上げ、法解釈の助けとしました。

　例えば「水質汚濁防止法」の章は、「法の成立と経緯（年表）」、「排水規制のしくみ」、「現場担当者が押さえておきたいこと」、「法の概要（体系図）」、「規制対象となる汚染物質」、「工場・事業場／施設」、「排水の規制と遵守すべきこと」、「地下水浸透規制はなぜ重要か」、「有害物質使用施設等の構造等に関する規制」、「施設等の定期点検」、「事故時の措置」、そして「Q＆A」で構成しています。

　本書が関係する多くの方々にご利用いただき、法規制内容等を理解するうえでお役に立つことができれば、筆者としてこの上なく幸いです。

　なお、本書の執筆にあたり、一般社団法人 産業環境管理協会 板倉義和様に深く感謝します。

平成29年10月

見目 善弘

図解 環境ISO対応 まるごとわかる環境法 | Contents

● 発刊のことば ··· I

第1章 環境基本法と環境関連法の体系

● 環境法令とは ·· 002
● 環境基本法とは ··· 002
● 環境基準とは ·· 004
● 大気環境基準 ·· 004
● 水質環境基準（地下水含む） ······································ 005
● 土壌環境基準 ·· 008
● 騒音環境基準 ·· 010
● 法律・命令・告示等の種類 ·· 011
● 法律－施行令－規則の関連性 ····································· 012

第2章 大気汚染防止法

● 法律の成立と経緯 ··· 014
● 排出規制のしくみ ·· 016
● 大気汚染防止法の概要 ··· 018

1節：どんな汚染物質が規制されるのか？ ····················· 020
2節：どんな施設が規制されているのか？ ····················· 022
3節：事業者の義務（ばい煙） ·· 026
4節：事業者の義務（VOC） ··· 032
5節：事業者の義務（粉じん） ·· 034
6節：事業者の義務（その他） ·· 040

● 実務に役立つQ&A ·· 044

III

第3章 水質汚濁防止法

- ◉ 法律の成立と経緯 ··· 048
- ◉ 排水規制のしくみ ··· 050
- ◉ 水質汚濁防止法の概要 ··· 052

1 節：どんな汚染物質が規制されるのか? ················· 054
2 節：どんな施設が規制されているのか? ················· 056
3 節：排水はどのように規制されているのか? ··········· 060
4 節：地下水浸透規制がなぜ重要なのか? ················· 066
5 節：事故時の措置 ··· 070

- ◉ 実務に役立つQ&A ·· 072

第4章 土壌汚染対策法

- ◉ 法律の成立と経緯 ··· 076
- ◉ 土壌汚染対策のしくみ ··· 078
- ◉ 土壌汚染対策法の概要 ··· 080

1 節：土壌汚染リスクとは ··· 082
2 節：土壌汚染状況の調査はいつ必要か? ················· 084
3 節：基準不適合土壌が見つかった場合 ················· 094
4 節：基準不適合土壌の処理 ···································· 098
5 節：汚染土壌の搬出 ··· 102

- ◉ 実務に役立つQ&A ·· 106

第5章 騒音規制法・振動規制法

- ◉ 法律の成立と経緯 ··· 114
- ◉ 騒音・振動規制のしくみ ··· 116
- ◉ 騒音規制法・振動規制法の概要 ···························· 118

1 節：騒音・振動の大きさ ··· 120

2 節：騒音規制法 ……………………………………………………………… 122
3 節：振動規制法 ……………………………………………………………… 126

●実務に役立つQ&A …………………………………………………………… 130

第6章 省エネルギー法

●法律の成立と経緯 …………………………………………………………… 136
●エネルギー規制のしくみ …………………………………………………… 138
●省エネルギー法の概要 ……………………………………………………… 140

1 節：工場等に係る措置 ……………………………………………………… 142
2 節：輸送に係る措置 ………………………………………………………… 152
3 節：建築物に係る措置 ……………………………………………………… 154
4 節：機械器具等に係る措置 ………………………………………………… 156

●実務に役立つQ&A …………………………………………………………… 158

第7章 フロン排出抑制法

●法律の成立と経緯 …………………………………………………………… 164
●フロン規制のしくみ ………………………………………………………… 166
●フロン排出抑制法の概要 …………………………………………………… 168

1 節：フロン排出抑制法ができるまで ……………………………………… 170
2 節：法の対象となるフロン類、製品の定義 ……………………………… 172
3 節：フロンメーカー、製品メーカーの取り組み ………………………… 174
4 節：製品ユーザーの取り組み ……………………………………………… 176
5 節：充填回収業者の取り組み ……………………………………………… 190
6 節：再生・破壊業者の取り組み …………………………………………… 194
7 節：第1種特定製品の廃棄等 ……………………………………………… 196

●実務に役立つQ&A …………………………………………………………… 198

V

第8章 化管法（PRTR法）

- ● 法律の成立と経緯 ⋯⋯⋯⋯⋯⋯⋯⋯⋯⋯⋯⋯⋯⋯⋯⋯⋯⋯ 204
- ● 化学物質規制のしくみ ⋯⋯⋯⋯⋯⋯⋯⋯⋯⋯⋯⋯⋯⋯⋯⋯ 206
- ● 化管法（PRTR法）の概要 ⋯⋯⋯⋯⋯⋯⋯⋯⋯⋯⋯⋯⋯⋯ 208

1節：化学物質のリスクとは ⋯⋯⋯⋯⋯⋯⋯⋯⋯⋯⋯⋯⋯⋯ 210
2節：PRTR制度 ⋯⋯⋯⋯⋯⋯⋯⋯⋯⋯⋯⋯⋯⋯⋯⋯⋯⋯⋯ 212
3節：SDS制度 ⋯⋯⋯⋯⋯⋯⋯⋯⋯⋯⋯⋯⋯⋯⋯⋯⋯⋯⋯⋯ 222

- ● 実務に役立つQ&A ⋯⋯⋯⋯⋯⋯⋯⋯⋯⋯⋯⋯⋯⋯⋯⋯⋯⋯ 228

第9章 毒劇法

- ● 法律の成立と経緯 ⋯⋯⋯⋯⋯⋯⋯⋯⋯⋯⋯⋯⋯⋯⋯⋯⋯⋯ 236
- ● 毒物・劇物規制のしくみ ⋯⋯⋯⋯⋯⋯⋯⋯⋯⋯⋯⋯⋯⋯ 238
- ● 毒劇法の概要 ⋯⋯⋯⋯⋯⋯⋯⋯⋯⋯⋯⋯⋯⋯⋯⋯⋯⋯⋯ 240

1節：毒物・劇物とは ⋯⋯⋯⋯⋯⋯⋯⋯⋯⋯⋯⋯⋯⋯⋯⋯ 242
2節：毒劇法の関係者と規制等 ⋯⋯⋯⋯⋯⋯⋯⋯⋯⋯⋯⋯ 244
3節：登録・届出等 ⋯⋯⋯⋯⋯⋯⋯⋯⋯⋯⋯⋯⋯⋯⋯⋯⋯ 246
4節：毒物劇物取扱責任者 ⋯⋯⋯⋯⋯⋯⋯⋯⋯⋯⋯⋯⋯⋯ 252
5節：取扱者全員が守るべきルール ⋯⋯⋯⋯⋯⋯⋯⋯⋯⋯ 254
6節：情報の提供 ⋯⋯⋯⋯⋯⋯⋯⋯⋯⋯⋯⋯⋯⋯⋯⋯⋯⋯ 264

- ● 実務に役立つQ&A ⋯⋯⋯⋯⋯⋯⋯⋯⋯⋯⋯⋯⋯⋯⋯⋯⋯⋯ 269

第10章 消防法

- ● 法律の成立と経緯 ⋯⋯⋯⋯⋯⋯⋯⋯⋯⋯⋯⋯⋯⋯⋯⋯⋯⋯ 274
- ● 危険物規制のしくみ ⋯⋯⋯⋯⋯⋯⋯⋯⋯⋯⋯⋯⋯⋯⋯⋯ 276
- ● 消防法の概要 ⋯⋯⋯⋯⋯⋯⋯⋯⋯⋯⋯⋯⋯⋯⋯⋯⋯⋯⋯ 278

1節：危険物、指定可燃物とは ⋯⋯⋯⋯⋯⋯⋯⋯⋯⋯⋯⋯ 280
2節：火災予防条例 ⋯⋯⋯⋯⋯⋯⋯⋯⋯⋯⋯⋯⋯⋯⋯⋯⋯ 286

3節：消防法（施設） ··· 294

4節：消防法（危険物の貯蔵・取扱い・運搬） ············· 300

5節：消防法（取扱者・管理者） ····································· 306

6節：消防法（火災予防等） ·· 308

◉実務に役立つQ＆A ·· 312

第11章 高圧ガス保安法

◉法律の成立と経緯 ··· 316

◉高圧ガス規制のしくみ ·· 318

◉高圧ガス保安法の概要 ·· 320

1節：高圧ガスとは ··· 322

2節：高圧ガスの製造 ··· 324

3節：高圧ガスの貯蔵 ··· 330

4節：高圧ガスの消費 ··· 334

5節：高圧ガスの販売、移動、廃棄 ······························· 338

6節：保安統括者等の届出 ··· 340

7節：容器に関する規制、危険時・事故時の措置 ········· 342

◉実務に役立つQ＆A ·· 346

第12章 廃棄物処理法

◉法律の成立と経緯 ··· 350

◉廃棄物適正処理のしくみ ··· 352

◉廃棄物処理法の概要 ··· 354

1節：廃棄物の種類 ··· 356

2節：廃棄物の処理とは ··· 360

3節：廃棄物の保管 ··· 364

4節：廃棄物を自社で処理する場合 ································· 368

5節：廃棄物処理を他人に委託する場合 ························· 370

6節：マニフェストとは ··· 374

VII

7節：産業廃棄物及び特別管理産業廃棄物の管理体制 ………… 378
8節：その他 …………………………………………………… 380

◉ 実務に役立つQ&A ………………………………………… 382

第13章 PCB特別措置法

◉ 法律の成立と経緯 ………………………………………… 392
◉ PCB処理・保管のしくみ ………………………………… 394
◉ PCB特別措置法の概要 …………………………………… 396

1節：PCBとは ……………………………………………… 398
2節：廃棄物処理法におけるPCB廃棄物の取扱い ………… 400
3節：PCB特別措置法 ……………………………………… 406
4節：電気事業法、その他関係法 …………………………… 414
5節：PCB廃棄物収集・運搬ガイドラインの概要 ………… 416
6節：PCB廃棄物の処分 …………………………………… 418

◉ 実務に役立つQ&A ………………………………………… 420

第14章 労働安全衛生法

◉ 法律の成立と経緯 ………………………………………… 426
◉ 労働現場におけるリスク管理のしくみ ………………… 428
◉ 労働安全衛生法の概要 …………………………………… 430

1節：ラベルの表示制度 …………………………………… 434
2節：リスクアセスメント ………………………………… 442
3節：化学物質関連の遵守事項 …………………………… 448
4節：特定化学物質障害予防規則（特化則）……………… 452
5節：有機溶剤中毒予防規則（有機則）…………………… 462

◉ 実務に役立つQ&A ………………………………………… 468

VIII

第1章

環境基本法と環境関連法の体系

1章 環境基本法と環境関連法の体系

環境法令とは

　企業が事業活動を行う際、環境に影響を与える環境側面が大きく関係します。環境法令は、これら環境に影響を与える側面に適切に対応することにより環境保全を進めることを目的に制定されています。環境法令には、主要なものが63法令、それに関連する法令をあわせると約100の法令があります。

　それら各種環境法令の大前提となる法律が**環境基本法**です。

環境基本法とは

　環境法の頂点に位置する環境基本法は、環境政策の基本的方向を示した法律です。その目的の中に、環境を健全で恵み豊かなものとして維持することが人間の健康で文化的な生活に欠くことができないものであること、環境を保全し持続的に発展できる社会を構築する上で環境保全上の支障を未然に防ぐために、環境保全に関する施策を総合的かつ計画的に推進するとあります。

　具体的には**事業者の責務、国が目標とする環境基準、環境保全上の支障を防止するための各種規制**を行うことが定められています。法文ではこう規定されています。

　　事業者は、事業活動に伴って生ずるばい煙、汚水、廃棄物等の処理その他の公害を防止するために必要な措置を講じる（環境基本法8）。

　　政府は、大気の汚染、水質の汚濁、土壌の汚染及び騒音について、**人の健康を保護し、及び生活環境を保全する上で維持されることが望ましい基準**（環境基準）を定める（環境基本法16(1)）。

　　国は、環境の保全上の支障を防止するため、大気の汚染、水質の汚濁、土壌の汚染または悪臭の原因となる物質の排出、騒音または振動の発生、地盤沈下の原因となる地下水の採取等に関し、事業者等の遵守すべき基準を定める（環境基本法21(1)(一)）。

　環境基本法という前提を踏まえて設定・運用されているのが個別の法律です（右図）。この本では、数多くの法律の中でも、**環境管理の現場でもっとも重要と思われる14の法律**についてまるごと解説し、環境法令の大筋がつかめるような構成になっています。

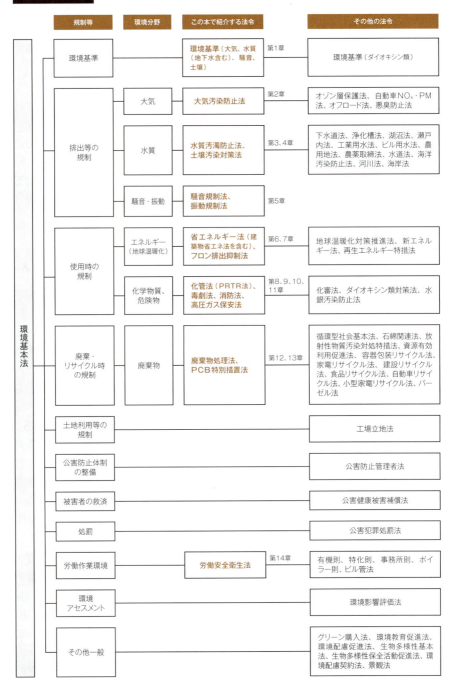

環境基準とは（環境基本法 16、同 21）

　人の健康の保護及び生活環境の保全のうえで維持されることが望ましい基準として、大気、水質、土壌、騒音をどの程度に保つべきかその目標と施策を定めたものが環境基本法第 16 条第 1 項の環境基準です。

　環境基準は、「維持されることが望ましい基準」であり、**行政上の政策目標**です。これは、人の健康等を維持するための最低限度としてではなく、より積極的に維持されることが望ましい目標として、その確保を図っていこうとするものです。また、汚染が現在進行していない地域については、少なくとも現状より悪化することとならないように環境基準を設定し、これを維持していくことが望ましいとしています。

　また環境基準は、現に**得られる限りの科学的知見**を基礎として定められているものであり、常に新しい科学的知見の収集に努め、適切な科学的判断が加えられていかなければならないとされています。

大気環境基準

　昭和 30 年代の高度経済成長期には、大都市を中心に多くの工場・事業所が建設され、人口集中が進行したことに伴い、工場等からの排煙、自動車の排ガス等により大気汚染が急速に進みました。四日市喘息公害の発生（1961（昭和 36）年）はその典型的な例であり、1962（昭和 37）年頃には首都圏でスモッグが発生しています。これらを受け、1962（昭和 37）年にばい煙規制法、1968（昭和 43）年に大気汚染防止法が制定されました。しかし、1970（昭和 45）年には東京で光化学オキシダントが発生し大気汚染は進行している状況でした。

　このような状況にあって、人の健康の保護と生活環境の保全の維持のために 1967（昭和 42）年に公害対策基本法が制定され、その中に大気、水質、土壌、騒音の環境基準の必要性が定められました。これを受けて、1969（昭和 44）年に、まず、いおう酸化物（1970 年二酸化硫黄に改正）、次いで一酸化炭素（1970（昭和 45）年）、粒子径 10μm 以下の浮遊粒子状物質（1972（昭和 47）年）、光化学オキシダント（1973（昭和 48）年）に係る環境基準が設定されました。大気の汚染に係る環境基準の物質は右表の 4 項目です。

　大気の汚染に係る環境基準としては、これら以外に、1978（昭和 53）年には**二酸化窒素（工場等のボイラー等の排ガスに伴い発生）に係る環境基準**、1997（平成 9）年には電子部品洗浄・脱脂洗浄等の使用に伴い生じた**有害大気汚染物質（ベンゼン・トリクロロエチレン・テトラクロロエチレン、2001（平成 13）年にジクロロメタンが追加）**、2009（平成 21）年には、微小粒子状物質（硫黄酸化物、窒素酸化物或いは揮発性有機化合物等の汚染物質が大気中での化学反応等により微粒化した粒子径 2.5μm 以下の粒子）に係る環境基準、及び 1999（平成 11）年にはダイオキシン類対策特別措置法第 7 条の規定に基づく**ダイオキシン類による大気の**

大気環境基準

種類	物質名	環境基準
大気汚染に係る環境基準	二酸化いおう（SO_2）	1時間値の1日平均値が0.04ppm以下であり、かつ、1時間値が0.1ppm以下
	一酸化炭素（CO）	1時間値の1日平均値が10ppm以下であり、かつ、1時間値の8時間平均値が20ppm以下
	浮遊粒子状物質（SPM）（粒径が10μm以下のもの）	1時間値の1日平均値が0.10mg/m^{3}以下であり、かつ、1時間値が0.20mg/m^{3}以下
	二酸化窒素（NO_2）	1時間値の1日平均値が0.04ppmから0.06ppmまでのゾーン内またはそれ以下
	光化学オキシダント(Ox)	1時間値が0.06ppm以下
有害大気汚染物質（ベンゼンなど）に係る環境基準	ベンゼン	1年平均値が0.003mg/m^{3}以下
	トリクロロエチレン	1年平均値が0.2mg/m^{3}以下
	テトラクロロエチレン	1年平均値が0.2mg/m^{3}以下
	ジクロロメタン	1年平均値が0.15mg/m^{3}以下
ダイオキシン類に係る環境基準	ダイオキシン類	1年平均値が0.6pg-TEQ/m^{3}以下
微小粒子状物質に係る環境基準	微小粒子状物質	1年平均値が15μg/m^{3}以下であり、かつ、1日平均値が35μg/m^{3}以下

なお、「環境基準」は工業専用地域、車道その他一般公衆が通常生活していない地域または場所については適用されません。
（出典：環境省）

汚染、水質の汚濁（水底の底質の汚染を含む）及び土壌の汚染に係る環境基準が定められています。

水質環境基準（地下水含む）

　高度経済成長期に多くの工場・事業所が建設されたことに伴い、河川、湖沼、海域等の公共用水域での水質汚濁問題が顕在化してきました。昭和40年代になると人口や工場の集中が中小都市に始まり、水質汚濁が全国的なレベルへ拡大しました。公共用水域の水質汚濁を原因とする熊本水俣病（1956（昭和31）年頃）、新潟水俣病（1965（昭和40）年頃）はその典型であり、さらには製紙工場排水による江戸川汚染（1957（昭和32）年）や製紙ヘドロによる田子の浦湾の汚染（1970（昭和45）年）等の事件が発生し

ました。

このような状況に対し水質汚濁の防止を目的とする水質汚濁防止法が1970（昭和45）年に制定され、さらに、人の健康の保護と生活環境の保全の維持のために、1967（昭和42）年に公害対策基本法が制定され環境基準の設定の必要性が定められたことに伴い、1971（昭和46）年に**公共用水域の水質汚濁に係る環境基準**として、**人の健康の保護のための環境基準**（健康項目：シアン、アルキル水銀、有機リン、カドミウム、鉛、六価クロム、砒素及び総水銀の8項目）と**生活環境の保全に関する環境基準**（生活環境項目：水素イオン濃度（pH）、生物化学的酸素要求量（BOD）、浮遊物質量（SS）、溶存酸素量（DO）、大腸菌群数、n-ヘキサン抽出物質（油分等）の6項目）が定められました。前者は全公共用水域につき一律に定められていますが、後者は河川、湖沼、海域ごとに利水目的に応じた水域類型を設け、それぞれの水域類型ごとにpH、BOD等の項目について基準値が設定されています。

その後、状況に応じて、健康項目として、1975（昭和50）年にはPCBが追加され、1993（平成5）年にはそれまでの9項目からジクロロメタン等精密洗浄剤等に使用される有機塩素化合物、チウラム等の農薬、そしてベンゼン、セレン等を加え23項目に大幅に増加（有機リンは削除）しました。1999（平成11）年には硝酸性窒素及び亜硝酸性窒素、ふっ素、ほう素、2009（平成21）年には1,4-ジオキサン（塩素系溶剤の安定剤、洗浄溶剤等の用途）が追加され、右表の27項目となりました。

一方、生活環境項目の追加項目では、窒素、燐（富栄養源：湖沼は1982（昭和57）年、海域は1993（平成5）年）、そして水生生物を保全する観点から、全亜鉛（2003（平成15）年）、ノニルフェノール（2012（平成24）年）、直鎖アルキルベンゼンスルホン酸及びその塩（2013（平成25）年）が追加されました。

他に水質関係の環境基準としては、1997（平成9）年に、環境基本法第16条の規定に基づき、人の健康を保護する上で維持することが望ましい基準として、**地下水の水質汚濁に係る環境基準**が設定されています。設定当初は有害物質23項目が対象とされましたが、その後、1999（平成11）年に硝酸性窒素及び亜硝酸性窒素、ふっ素及びほう素、2009（平成21）年にはクロロエチレン（別名：塩化ビニル、または塩化ビニルモノマー）と1,4-ジオキサンが追加され、現在は28項目となっています。これらの追加は、水質汚濁に係る環境基準の項目追加と同時期に当たっています。

また1999（平成11）年、**ダイオキシン類による水質の汚濁（水底の底質の汚染を含む）に係る環境基準**、及び**土壌汚染に係る人の健康を保護し、及び生活環境を保全する上で維持することが望ましい基準**（「環境基準」）が定められました。水底の底質は2002（平成14）年に追加されています。

人の健康の保護に関する環境基準

2015年10月現在

項目	基準値	項目	基準値
カドミウム	0.003mg/L以下	1,1,2-トリクロロエタン	0.006mg/L以下
全シアン	検出されないこと	トリクロロエチレン	0.01mg/L以下
鉛	0.01mg/L以下	テトラクロロエチレン	0.01mg/L以下
六価クロム	0.05mg/L以下	1,3-ジクロロプロペン	0.002mg/L以下
ひ素	0.01mg/L以下	チウラム	0.006mg/L以下
総水銀	0.0005mg/L以下	シマジン	0.003mg/L以下
アルキル水銀	検出されないこと	チオベンカルブ	0.02mg/L以下
PCB	検出されないこと	ベンゼン	0.01mg/L以下
ジクロロメタン	0.02mg/L以下	セレン	0.01mg/L以下
四塩化炭素	0.002mg/L以下	硝酸性窒素及び亜硝酸性窒素	10mg/L以下
1,2-ジクロロエタン	0.004mg/L以下	ふっ素	0.8mg/L以下
1,1-ジクロロエチレン	0.1mg/L以下	ほう素	1mg/L以下
シス-1,2-ジクロロエチレン	0.04mg/L以下	1,4-ジオキサン	0.05mg/L以下
1,1,1-トリクロロエタン	1mg/L以下		

（注） 1 基準値は年間平均値とする。ただし、全シアンに係る基準値については最高値とする。
2 「検出されないこと」とは、指定された測定方法により測定した場合において、その結果が当該測定方法の定量限界を下回ることをいう。
3 海域については、ふっ素及びほう素の基準値は適用しない。
4 硝酸性窒素及び亜硝酸性窒素の濃度は、規格43.2.1、43.2.3または43.2.5により測定された硝酸イオンの濃度に換算係数0.2259を乗じたものと規格43.1により測定された亜硝酸イオンの濃度に換算係数0.3045を乗じたものの和とする。

生活環境の保全に関する環境基準項目

①水素イオン濃度（pH）
②生物化学的酸素要求量
　（BOD）
③化学的酸素要求量（COD）
④浮遊物質量（SS）
⑤溶存酸素（DO）
⑥ノルマルヘキサン抽出物質
　（油分等）
⑦大腸菌群数
⑧全窒素
⑨全りん
⑩全亜鉛
⑪ノニルフェノール
⑫直鎖アルキルベンゼンスルホン酸及びその塩

地下水に係る水質環境基準

項目	基準値	項目	基準値
カドミウム	0.003mg/L以下	1,1,1-トリクロロエタン	1mg/L以下
全シアン	検出されないこと	1,1,2-トリクロロエタン	0.006mg/L以下
鉛	0.01mg/L以下	トリクロロエチレン	0.01mg/L以下
六価クロム	0.05mg/L以下	テトラクロロエチレン	0.01mg/L以下
砒素	0.01mg/L以下	1,3-ジクロロプロペン	0.002mg/L以下
総水銀	0.0005mg/L以下	チウラム	0.006mg/L以下
アルキル水銀	検出されないこと	シマジン	0.003mg/L以下
PCB	検出されないこと	チオベンカルブ	0.02mg/L以下
ジクロロメタン	0.02mg/L以下	ベンゼン	0.01mg/L以下
四塩化炭素	0.002mg/L以下	セレン	0.01mg/L以下
クロロエチレン	0.002mg/L以下	硝酸性窒素及び亜硝酸性窒素	10mg/L以下
1,2-ジクロロエタン	0.004mg/L以下	ふっ素	0.8mg/L以下
1,1-ジクロロエチレン	0.1mg/L以下	ほう素	1mg/L以下
1,2-ジクロロエチレン	0.04mg/L以下	1,4-ジオキサン	0.05mg/L以下

備考 1 基準値は年間平均値とする。ただし、全シアンに係る基準値については最高値とする。
2 「検出されないこと」とは、定められた測定方法により測定した場合において、その結果が当該方法の定量限界を下回ることをいう。
3 硝酸性窒素及び亜硝酸性窒素の濃度は、JIS K 0120 43.2.1、43.2.3または43.2.5により測定された硝酸イオンの濃度に換算係数0.2259を乗じたものとJIS K 0120 43.1により測定された亜硝酸イオンの濃度に換算係数0.3045を乗じたものの和とする。
4 1,2-ジクロロエチレンの濃度は、JIS K 0125の5.1、5.2または5.3.2により測定されたシス体の濃度とJIS K 0125の5.1、5.2または5.3.1により測定されたトランス体の濃度の和とする。

土壌環境基準

　わが国の土壌汚染の歴史は古く、明治中期に社会問題化した足尾銅山鉱毒事件や1955（昭和30）年に初めて報告のあったイタイイタイ病のように鉱山に由来する重金属の農用地汚染から始まりました。汚染された農用地で栽培された米等の農産物等を摂取したことで重金属が人の体内に蓄積し、大きな健康被害を生みました。

　このため、最初に制定された法律は、1970（昭和45）年の**農用地の土壌の汚染防止等に関する法律**です。これは、農畜産物を経由した人への健康影響や農作物の被害の観点からつくられた法律で、カドミウム、銅及び砒素について農産物の被害の観点から基準が定められ、カドミウムは米の含有量、銅及び砒素は農用地土壌の含有量が基準値として定められました。

　その後、工業が発達し、工場等からの排出、タンクからの漏えい、埋め立て廃棄物からの溶出、不適切な排水の地下浸透等が原因で土壌汚染が発生しましたが、これらの汚染は工場の敷地内におけるもので顕在化しにくいものでした。市街地の土壌汚染で最初に社会問題化したのは、1975（昭和50）年初めの六価クロムによる土壌・地下水汚染です。

　このような状況から、1991（平成3）年8月に、人の健康を保護し、生活環境を保全する上で維持することが望ましい基準として、公害対策基本法（1994（平成6）年からは環境基本法）に基づき、カドミウム等10項目について**土壌の汚染に係る環境基準**が定められました。その後、1994（平成6）年にジクロロメタン等の揮発性有機塩素化合物等15物質が、2001（平成13）年にはふっ素、ほう素、2016（平成28）年にはクロロエチレン及び1,4-ジオキサンが追加され、右表の29項目について土壌環境基準が設定されています。

　このうち、銅を除く28項目については地下水等の飲用による健康リスクの点から、土壌からの溶出量に対して基準値（「溶出基準」）が定められ、また、カドミウム、砒素及び銅の3項目について農産物（米（コメ））に対する影響または農産物の摂取による健康リスクの観点から、その地域内の農用地（田に限る）の土壌に含まれる基準値（「農用地基準」）が定められています。

　また、1999（平成11）年、**ダイオキシン類特別措置法第7条の規定に基づき、ダイオキシン類による大気の汚染、水質の汚濁（水底の底質の汚染を含む）に係る環境基準及び土壌の汚染に係る環境基準**が定められています。

ダイオキシン類環境基準

媒体	基準値
大気	0.6pg-TEQ/m³ 以下
水質（水底の底質を除く）	1pg-TEQ/L以下
水底の底質	150pg-TEQ/g以下
土壌	1,000pg-TEQ/g以下

土壌環境基準

項目	基準値
カドミウム	検液1Lにつき0.01mg以下であり、かつ、農用地においては、米1kgにつき0.4mg以下であること
全シアン	検液中に検出されないこと
有機燐（りん）	検液中に検出されないこと
鉛	検液1Lにつき0.01mg以下であること
六価クロム	検液1Lにつき0.05mg以下であること
砒（ひ）素	検液1Lにつき0.01mg以下であり、かつ、農用地（田に限る）においては、土壌1kgにつき15mg未満であること
総水銀	検液1Lにつき0.0005mg以下であること
アルキル水銀	検液中に検出されないこと
PCB	検液中に検出されないこと。
銅	農用地（田に限る）において、土壌1kgにつき125mg未満であること
ジクロロメタン	検液1Lにつき0.02mg以下であること
四塩化炭素	検液1Lにつき0.002mg以下であること
クロロエチレン	検液1Lにつき0.002mg以下であること
1,2－ジクロロエタン	検液1Lにつき0.004mg以下であること
1,1－ジクロロエチレン	検液1Lにつき0.1mg以下であること
シス－1,2－ジクロロエチレン	検液1Lにつき0.04mg以下であること
1,1,1－トリクロロエタン	検液1Lにつき1mg以下であること
1,1,2－トリクロロエタン	検液1Lにつき0.006mg以下であること
トリクロロエチレン	検液1Lにつき0.03mg以下であること
テトラクロロエチレン	検液1Lにつき0.01mg以下であること
1,3－ジクロロプロペン	検液1Lにつき0.002mg以下であること
チウラム	検液1Lにつき0.006mg以下であること
シマジン	検液1Lにつき0.003mg以下であること
チオベンカルブ	検液1Lにつき0.02mg以下であること
ベンゼン	検液1Lにつき0.01mg以下であること
セレン	検液1Lにつき0.01mg以下であること
ふっ素	検液1Lにつき0.8mg以下であること
ほう素	検液1Lにつき1mg以下であること
1,4－ジオキサン	検液1Lにつき0.05mg以下であること

第1章　環境基本法と環境関連法の体系

騒音環境基準

　近年の産業開発、都市膨張に伴い、騒音振動公害は全国各地で頻発し、公害に関する苦情のなかでも多数を占めています。騒音の発生源は多種多様ですが、工場騒音が最も多く、次いで建設関係、鉄道騒音、航空機騒音が問題化しています。

　工場騒音は工場機械音が大部分で、特に24時間操業による夜間騒音の苦情が多く、一方、建設騒音は建設工事に使用される機械類からのエンジン音、衝撃音等があり、1971（昭和46）年における騒音苦情の10％以上を占めていました。これら建設作業騒音に対し、騒音規制法は著しい騒音を発生する作業を特定建設作業に指定し規制しました。自動車騒音は、エンジン、吸排気管、ファン・ラジエータ等、航空機騒音は、航空需要の増加と航空機の大型化、1959（昭和34）年12月に初めてわが国に登場したジェット機によるものでした。新幹線は1964（昭和39）年に東京、新大阪間が開業しました。

　そこで1968（昭和43）年12月に公布・施行された騒音規制法は、地域の指定（住居地域、学校及び病院）、指定地域に応じた規制基準（工場及び建設作業）の遵守を主眼とし、さらに1970（昭和45）年の改正で、規制地域の拡大、自動車騒音の規制が図られましたが、騒音に対する苦情は決して少なくなりませんでした。

　このような状況の中、騒音に係る環境基準が1971（昭和46）年5月25日に閣議決定されました。しかし、その後の騒音影響に関する研究の進展、国際的な等価騒音レベルによる評価基準等の向上を受けて、1998（平成10）年5月、環境庁は、環境基本法第16条第1項の規定に基づき、騒音に係る環境上の条件について生活環境を保全し、人の健康に資する上で維持することが望ましい基準（**騒音に係る環境基準**）を設定しています。これは一般地域及び道路に面する地域に適用されます。

　環境基準は地域の類型と時間の区分ごとに下表の基準値が定められ、各類型を当てはめる地域は、都道府県知事（市の区域内の地域は、市長）が指定します。ただしこの環境基準は、航空機騒音、鉄道騒音及び建設作業騒音には適用されません。別に1973（昭和48）年に、飛行場周辺に適用される**航空機騒音に係る環境基準**、1975（昭和50）年には、新幹線鉄道騒音沿線に適用される**新幹線に係る環境基準**が設定されています。

騒音環境基準値（道路に面した地域を除く）

（単位：デシベル（dB））

地域の類型	基準値	
	昼間	夜間
AA	50dB以下	40dB以下
A及びB	55dB以下	45dB以下
C	60dB以下	50dB以下

（注）1：時間の区分は、昼間を午前6時から午後10時までの間とし、夜間を午後10時から翌日の午前6時までの間とします。

2：AA地域は、療養施設、社会福祉施設等が集合して設置される地域等特に静穏を要する地域

3：A地域は、専ら住居の用に供される地域

4：B地域は、主として住居の用に供される地域

5：C地域は、相当数の住居と併せて商業、工業等の用に供せられる地域

法律・命令・告示等の種類

　法には、国に関連する法律や命令、告示等と、地方公共団体に関連する条例がある。
①**法律**：国会の議決を経て制定されるもの
②**政令**：憲法、法律の規定を実施するために内閣が制定する命令。「〜法施行令」と呼ばれる。
③**省令**：各省の大臣が行政事務について発する命令。「〜法施行規則」と呼ばれる。
④**告示**：公の機関がその指定・決定等の処分その他の事項を一般に知らせること。
⑤**通知（通達）**：公の機関が所管の諸機関に命令または示達する形式の一つ。法律〜告示までは義務規定。通知（通達）は国から地方公共団体等へ発せられるもので、事業者の義務規定ではない。
⑥**条例**：地方公共団体が自治立法権に基づいて制定する法の形式。

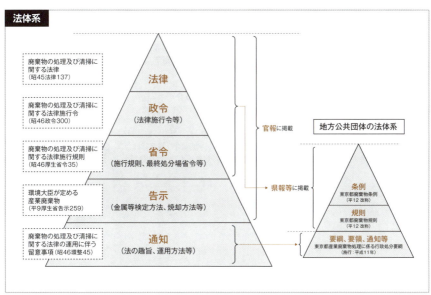

（出典：広島県ホームページから作成）

法律―施行令―規則の関連性

法律、法律施行令、法律施行規則の関連は下記の通りとなる。

当書では、法律は「法」、法律施行令は「令」、法律施行規則は「則」と略す。

凡例）廃棄物処理法第 5 条第 1 項第 1 号：法 5 ⑴（一）

廃棄物処理法施行令第 6 条第 1 項第 1 号：令 6 ⑴（一）

廃棄物処理法施行規則第 8 条第 1 項：則 8 ⑴

法律 ―施行令― 規則の関連性（例：廃棄物処理法）

法律：（定義）法第 2 条

　5　この法律において「特別管理産業廃棄物」とは、産業廃棄物のうち、爆発性、毒性、感染性その他の人の健康又は生活環境に係る被害を生ずるおそれがある性状を有するものとして**政令で定めるもの**をいう。

施行令：（特別管理産業廃棄物）第 2 条の 4

　法第 2 条の**政令で定める**産業廃棄物は、次のとおりとする。

一　廃油（燃焼しにくいものとして**環境省令で定めるもの**を除く）

二　廃酸（著しい腐食性を有するものとして**環境省令で定める基準**に適合するものに限る）

三　廃アルカリ（著しい腐食性を有するものとして**環境省令で定める基準**に適合するものに限る）

規則：（令第 2 条の 4 の環境省令で定める基準等）第 1 条の 2

　令第 2 条の 4 第 1 号 の**環境省令で定める廃油**は、次に掲げるものとする。

一　タールピッチ類

二　廃油（前号に掲げるものを除く）のうち、揮発油類、灯油類及び軽油類を除くもの

　2　令第 2 条の 4 第 2 号 の**環境省令で定める基準**は、水素イオン濃度指数が二・〇以下であることとする。

　3　令第 2 条の 4 第 3 号 の**環境省令で定める基準**は、水素イオン濃度指数が十二・五以上であることとする。

第2章

大気汚染防止法

1節　どんな汚染物質が規制されるのか？
2節　どんな施設が規制されているのか？
3節　事業者の義務（ばい煙）
4節　事業者の義務（VOC）
5節　事業者の義務（粉じん）
6節　事業者の義務（その他）

2章 大気汚染防止法

> この法律は、工場・事業場の事業活動に伴うばい煙、揮発性有機化合物（VOC）及び建築物の解体等に伴う特定粉じん、その他粉じんの排出を規制し、さらに自動車排出ガスの許容限度を定めること等により、大気汚染を防止することを目的に制定された。

法律の成立と経緯

　明治時代は、富国強兵や殖産興業政策による近代的な産業育成の弊害として鉱工業等による環境汚染、例えば、別子銅山からのばい煙による煙害（1893（明治26）年）が生じ、また1937（昭和12）年、群馬県安中の亜鉛精錬所のばい煙中のカドミウムが田んぼや畑に流出し、多くの人たちの病気の原因となりました。戦後は、高度経済成長に伴い多くの公害が発生し、1961（昭和36）年の四日市ぜんそくはいわゆる4大公害病の一つといわれ、石油コンビナート近接地域に呼吸器疾患患者が多数発生しました。

　これを契機にして、1962（昭和37）年にばい煙の排出の規制に関する法律（「ばい煙規制法」）が制定され、ばい煙規制対象地域の指定、ばい煙濃度の排出基準設定、ばい煙排出施設の設置届出、ばい煙濃度の測定等が定められました。この法律は、ばいじんについては相当の効果がありましたが、硫黄酸化物の規制は緩く、大気汚染問題の解決には至りませんでした。1968（昭和43）年、ばい煙規制法を強化した大気汚染防止法が制定され、硫黄酸化物及び窒素酸化物の総量規制、自動車排出ガスの規制、有害物質の規制等が立て続けに行われましたが、東京で光化学オキシダント（1970（昭和45）年）、大阪西淀川で自動車排ガスに対する訴訟（1978（昭和53）年）が起っています。

　さらに1997（平成9）年にベンゼン等の有害大気汚染物質対策、アスベスト（石綿）飛散対策、2004（平成16）年には、トルエン等の揮発性有機化合物が新たに規制対象となり、2010（平成22）年の法改正で、事業者の責務規定の新設、改善命令要件の強化、ばい煙量測定結果の保存等が規定されました。また、水銀による大気汚染防止のために、2015（平成27）年には水銀排出施設対策が講じられています。

大気汚染防止法・年表（●：できごと、●：法令関係）

- ● 1893（明治26）年　別子銅山煙害事件（愛媛）が発生。
- ● 1937（昭和12）年　亜鉛精錬所煙害（群馬、安中）が発生。
- ● 1961（昭和36）年　四日市ぜんそく被害（三重）が発生。
- ● 1962（昭和37）年　ばい煙の排出規制等に関する法律制定。
- ● 1968（昭和43）年　前法律に代えて、大気汚染防止法の制定。
- ● 1970（昭和45）年　光化学スモッグ発生（東京）。
- ● 1970（昭和45）年　有害物質の規制、ばい煙の排出基準違反の直罰。
- ● 1974（昭和49）年　硫黄酸化物の総量規制方式の導入。
- ● 1978（昭和53）年　自動車排ガス公害（西淀川訴訟）（大阪）。
- ● 1981（昭和56）年　窒素酸化物の総量規制方式の導入。
- ● 1997（平成　9）年　指定物質（ベンゼン、PCE、TCE）及び指定物質排出施設の指定、有害大気汚染物質対策、自動車排出ガス規制対象の拡大、建築物の解体現場等のアスベスト飛散防止、事故時の措置の設定。
- ● 2004（平成16）年　揮発性有機化合物（VOC）を新たに規制対象、特定粉じん排出等作業に係るアスベストの規制を強化。
- ● 2010（平成22）年　事業者の責務を設定（ばい煙排出状況の把握と排出抑制措置の実施）等。
- ● 2013（平成25）年　水俣条約採択（2017年8月発効）
- ● 2015（平成27）年　水銀の大気への排出を規制

第2章　大気汚染防止法

排出規制のしくみ

　大気汚染防止法では、「ばい煙」、「揮発性有機化合物」、「粉じん」、「有害大気汚染物質」、「自動車排出ガス」及び「水銀」の６種類を規制しています。

　ばい煙の排出規制は、**施設ごとの排出規制**（濃度の規制）と、**工場ごとの総量規制**（工場単位で排出量を制限する規制）に分けられます。総量規制基準が設定されているのは硫黄酸化物と窒素酸化物（指定ばい煙）です。

　揮発性有機化合物（VOC）は、一施設あたりのVOCの排出量が多く、大気環境への影響も大きい施設として、塗装関係、印刷関係、洗浄関係等６類型の施設を有する工場に対し、施設の届出、VOC排出濃度の測定等を科しています。

　一般粉じんについては、**一般粉じん発生施設**の構造・使用・管理に関する基準（施設基準）が適用されます。**特定粉じん（石綿）**については、**特定粉じん発生施設**において敷地境界における大気中濃度の基準が、また石綿を使用している建築物等の解体・改造・補修に係る解体等工事の届出及び作業基準の遵守等が定められています。

　有害大気汚染物質のうち、**指定物質**として指定されているベンゼン、トリクロロエチレン、テトラクロロエチレンの３物質を排出する**指定物質排出施設**に対し、排出抑制基準が定められています。

　自動車排出ガスについては、自動車が一定の条件で運行する場合に発生し、大気中に排出される**排出ガスの許容限度**が定められています。

　水銀については、水銀排出施設に係る届出と排出基準の遵守が規定されています。

現場担当者が押さえておきたいこと

- 大気へ排ガスを排出している施設があるか確認する
- その施設の種類と規模、汚染物質の種類を確認する
- その施設の排出口における汚染物質の測定記録から排出基準を遵守しているか確認する
- 総量規制地域か否か、規制基準を確認する
- VOCの排出施設・工程、VOCの種類及び排出口における排出濃度を確認する
- 特定粉じん排出等作業を行ったことがあるか、そのときの届出が発注者であることを確認する
- 吹き付けられた石綿等の除去作業時に作業基準を遵守しているか確認する
- 水銀排出施設があるか確認する

排出規制のしくみ

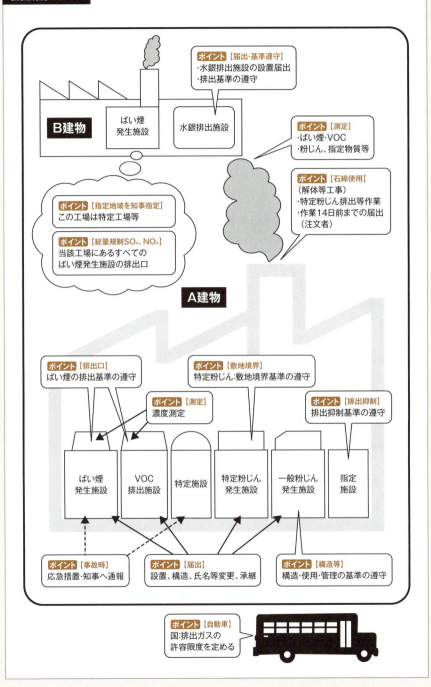

大気汚染防止法の概要

大気汚染防止法では、環境基本法で定められた環境基準（→5p）を達成するための具体策が定められています。

●事業者への規制

本法では、規制対象物質（1節）、規制対象施設（2節）を定め、当該施設を設置している事業者に対して、規制対象物質を大気に排出する際の遵守義務を定めています。遵守義務違反により企業が摘発された事例には、法令に基づく測定や届出に係る義務違反（施設の設置、構造等の変更、あるいは廃止等の届出）が多く見受けられます。

工場・事業場（固定発生源）から排出・飛散する大気汚染物質について、**物質の種類ごと、施設の種類・規模ごとに排出基準及び施設の設置事業者が守らなければならない義務**が定められています。規制対象物質は、ばい煙（3節）、揮発性有機化合物（VOC）（4節）、粉じん（一般粉じん・特定粉じん）（5節）、特定物質（6節）、有害大気汚染物質（6節）、自動車排出ガス（6節）です。また、水銀に関する水俣条約採択による法改正で、水銀の規制（6節）が定められました。大気汚染物質の排出者はこれらの基準を守らなければなりません。

●行政の権限

行政（都道府県知事等）には、大気汚染の状況を常時監視する責務があるほか、事業者の法遵守の監視役として、事業者に対して報告を求める権限や事業場への立入検査の権限が与えられています。

また、事業者の取り組みが十分でない場合には、改善命令等を発することができます。

●無過失責任

本法の大きな特徴の一つとして、事業者に対する無過失責任の規定があります。民法上の過失責任の原則の例外となる規定で、公害問題の経験から事業者に非常に重い責任を課しています（無過失責任）。

事業場における事業活動に伴って有害な物質が公共用水域等に排出されたことにより、人の生命または身体を害したときは、当該排出に係る事業者は、**故意または過失がない場合であっても**、これによって生じた損害を賠償しなければならないと定められている。

第2章 大気汚染防止法

大気汚染防止法の体系図

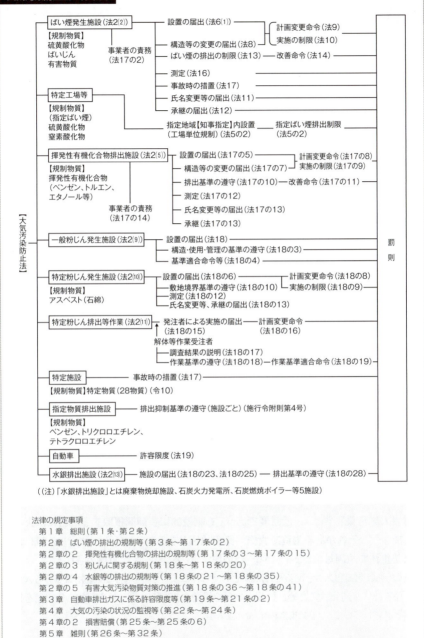

法律の規定事項
- 第1章　総則（第1条・第2条）
- 第2章　ばい煙の排出の規制等（第3条～第17条の2）
- 第2章の2　揮発性有機化合物の排出の規制等（第17条の3～第17条の15）
- 第2章の3　粉じんに関する規制（第18条～第18条の20）
- 第2章の4　水銀等の排出の規制等（第18条の21～第18条の35）
- 第2章の5　有害大気汚染物質対策の推進（第18条の36～第18条の41）
- 第3章　自動車排出ガスに係る許容限度等（第19条～第21条の2）
- 第4章　大気の汚染の状況の監視等（第22条～第24条）
- 第4章の2　損害賠償（第25条～第25条の6）
- 第5章　雑則（第26条～第32条）
- 第6章　罰則（第33条～第37条）

1 どんな汚染物質が規制されるのか？

　大気を汚染する物質には、**工場・事業場における事業活動**及び**自動車の使用に伴うも
の**があります。以下の汚染物質が大気汚染防止法の対象になっています。

（1）ばい煙（法2⑴）

　ばい煙とは一般的には、工場などで燃料（石油等）を燃やしたときに発生する「すす（煤）」
や「煙」のことをいいます。法では、燃料その他のものの燃焼に伴い発生する**硫黄酸化物**、
燃料その他のものの燃焼または熱源として電気の使用に伴い発生する**ばいじん**、人の健康
または生活環境に係る被害を生ずるおそれのある**有害物質**を定めています。

（2）揮発性有機化合物（法2⑷）

　揮発性有機化合物（VOC）は、揮発性を有し、大気中で気体状となる有機化合物の総
称で、浮遊粒子状物質（SPM）やオキシダントの生成原因となります。代表的な物質としては、
トルエン、キシレン、酢酸エチル等があり、塗料溶剤（シンナー）、接着剤等に含まれています。

（3）粉じん

　粉じんとは大気環境中に浮遊する微細な粒子状の物質の総称です。法では、粉じんは
ものの粉砕・選別その他の機械的処理または堆積等により発生し、飛散する物質と定
義されており、石綿その他の人の健康に係る被害を生ずるおそれのある物質を**特定粉じん**、
それ以外を**一般粉じん**として分けています（法2⑺、⑻）。

（4）特定物質（法17⑴）

　物の合成・分解その他の化学的処理に伴い発生する物質のうち、**人の健康または生
活環境に被害を生ずるおそれのある物質**として指定された28物質を特定物質といいます。

（5）有害大気汚染物質

　有害大気汚染物質とは、**低濃度であっても継続的に長期間摂取する場合には人の健
康を損なうおそれがある物質で大気汚染の原因となるもの**と定義されており、既に大気
汚染防止法で規制対象となっている「ばい煙」と「特定粉じん」は除外されます。全248
物質のうち、健康リスクがある程度高いと考えられる23物質を**優先取組物質**、うち人の健
康に係る被害を防止するため、排出・飛散を早急に抑制しなければならない3物質を**指定
物質**と定義しています（法附則第9項、令別表第6）。

（6）自動車排出ガス（法2⑯）

　自動車排出ガスとは自動車、原動機付自転車の運行に伴い発生する物質をいいます。

大気汚染防止法が規制する汚染物質の種類

物質名		項目		条項
ばい煙		硫黄酸化物（SO$_x$）		法2 (1)
		ばいじん	すす等	
		有害物質	カドミウム及びその化合物	
			塩素及び塩化水素	
			ふっ素、ふっ化水素及びふっ化けい素	
			鉛及びその化合物	
			窒素酸化物（NO$_x$）	
揮発性 有機化合物	（約200種類）		トルエン、キシレン、酢酸エチル等、約200種類	法2 (4)
粉じん		一般粉じん	セメント粉、石灰粉、鉄粉等	法2 (7)(8)
		特定粉じん	石綿	
特定物質	（28物質）		①アンモニア、②ふっ化水素、③シアン化水素、④一酸化炭素、⑤ホルムアルデヒド、⑥メタノール、⑦硫化水素、⑧燐化水素、⑨塩化水素、⑩二酸化窒素、⑪アクロレイン、⑫二酸化硫黄、⑬塩素、⑭二硫化炭素、⑮ベンゼン、⑯ピリジン、⑰フェノール、⑱硫酸、⑲ふっ化珪素、⑳ホスゲン、㉑二酸化セレン、㉒クロルスルホン酸、㉓黄燐、㉔三塩化燐、㉕臭素、㉖ニッケルカルボニル、㉗五塩化燐、㉘メルカプタン	法17 (1)
有害大気 汚染物質 （248物質）	優先取組物質 （23物質）	環境基準 （4物質）	指定物質（3物質）①ベンゼン、②トリクロロエチレン、③テトラクロロエチレン	法18の 21
			その他（1物質）	
		指針 （9物質）	①アクリロニトリル、②塩化ビニルモノマー、③水銀及びその化合物、④ニッケル化合物、⑤クロロホルム、⑥1,2-ジクロロエタン、⑦1,3-ブタジエン、⑧ひ素及びその化合物、⑨マンガン及び無機マンガン化合物	
		その他 優先取組物質 （10物質）	①アセトアルデヒド、②塩化メチレン、③クロム及び三価クロム化合物、④六価クロム化合物、⑤酸化エチレン、⑥トルエン、⑦ベリリウム及びその化合物、⑧ベンゾ[a]ピレン、⑨ホルムアルデヒド、⑩ダイオキシン類	
	優先取組物質 以外の物質 （226種類）※			
自動車 排出ガス		一酸化炭素（CO）		法2 (16)
		炭化水素（HC）		
		鉛化合物		
		窒素酸化物（NO$_x$）		
		粒子状物質（PM）		

※有害大気汚染物質に該当する可能性がある物質である「クロム及びその化合物」は、優先取組物質においては「クロム及び三価クロム化合物」及び「六価クロム化合物」の二つの物質として分類されているため、優先取組物質以外の物質数は、226物質となる。

2 どんな施設が規制されているのか?

(1) ばい煙発生施設 (法2⑵、令2、令別表第1)

工場・事業場に設置されている施設であって、ばい煙を発生し、排出するもののうち、その施設から排出されるばい煙が大気汚染の原因となる施設です。施行令では **33の項目に分けて、一定規模以上の施設を「ばい煙発生施設」に指定**しています（令別表第1）。

(2) 揮発性有機化合物排出施設 (法2⑸、令2の3、別表1の2)

法では、揮発性有機化合物 (VOC) 排出量が多いと思われる代表的な施設類型として、以下の六つを定めています。

- 塗装施設及び塗装後の乾燥・焼付施設
- 接着剤使用施設における使用後の乾燥・焼付施設
- 印刷施設における印刷後の乾燥・焼付施設
- 化学製品製造における乾燥施設
- 工業用洗浄施設及び洗浄後の乾燥施設
- VOCの貯蔵施設

六つの施設類型のうち、規制対象となるのは一施設あたりのVOC排出量が多く、大気環境への影響も大きい施設です。おおよそ年間50t程度の排出量が目安となっており、これを判断する基準が、右表の「規制要件」となります。排出口における排出基準値も併せて載せました。

VOC排出施設の類型とその例

① 塗装関係施設 (例: 塗装ブース)

② 接着関係施設
（例: 接着剤のロールコーターの乾燥施設）

③ 印刷関係施設 (例: グラビア印刷)

④ 化学製品製造関係施設 (例: 樹脂乾燥器)

⑤ 工業用洗浄関係施設 (例: 洗浄槽)

⑥ VOCの貯蔵関係施設 (例: 固定屋根式タンク)

ばい煙発生施設の例

- **ボイラー**（熱風ボイラーを含み熱源として電気または廃熱のみを使用するものを除く）：伝熱面積10m²以上であるか、またはバーナーの燃焼能力50L／時以上
- **乾燥炉**：火格子面積1m²以上、または燃焼能力が重油換算50L／時以上、あるいは変圧器定格容量200KVA以上
- **廃棄物焼却炉**：火格子面積2m²以上、または燃焼能力が重油換算200kg／時以上
- **ガスタービン、ディーゼル機関**：燃料の燃焼能力が重油換算50L／時以上
- **ガス機関、ガソリン機関**：燃料の燃焼能力が重油換算35L／時以上

VOC排出施設と規制要件（令別表第1の2、則別表第5の2）

		VOC排出施設	規制要件	排出基準（ppmC）
1	塗装	塗装施設（吹付塗装に限る）	排風機の排気風能力100,000m³／時以上のもの	自動車の製造用の塗装施設：新設：400ppmC 既設：700ppmC
				その他の塗装施設：700ppmC
		塗装用の乾燥施設（吹付塗装及び電着塗装に係る物を除く）	送風機の送風能力10,000m³／時以上のもの	木材または木製品（家具を含む）の製造用の乾燥施設：1,000ppmC
				それ以外の用に供する乾燥装置：600ppmC
2	接着	印刷回路用銅張積層板、粘着テープ、粘着シート、はく離紙または包装材料（合成樹脂を積層するものに限る）の製造に係る接着用の乾燥施設	送風機の送風能力5,000m³／時以上のもの	1,400ppmC
		接着用の乾燥施設（前項のもの及び木材・木製品（家具を含む）製造用の場合を除く）	送風機の送風能力15,000m³／時以上のもの	1,400ppmC
3	印刷	印刷用の乾燥施設（オフセット輪転印刷に係るものに限る）	送風機の送風能力7,000m³／時以上のもの	400ppmC
		印刷用の乾燥施設（グラビア印刷に係るものに限る）	送風機の送風能力27,000m³／時以上のもの	700ppmC
4	化学品製造	VOCを溶剤として使用する化学製品製造用の乾燥施設（VOCを蒸発させるものに限る。以下同じ）	送風機の送風能力（排風能力に同じ）3,000m³／時以上のもの	600ppmC
5	洗浄	工業用のVOCによる洗浄施設（当該洗浄施設において洗浄用に使うVOCを蒸発させる乾燥施設を含む）	洗浄施設においてVOCが空気に接する面の面積が5m²以上のもの	400ppmC
6	貯蔵	ガソリン、原油、ナフサその他の温度37.8℃で蒸気圧20キロパスカルを超えるVOCの貯蔵タンク（密閉式、浮屋根式を除く）	容量1,000kL以上のもの	60,000ppmC

※ppmC：炭素数1の揮発性有機化合物に換算した容量濃度。排出ガス1m³に対するVOCの量（cm³）として排出基準値が記載されている。

023

（3）一般粉じん発生施設（法2⑽、令3、別表第2）

工場・事業場に設置されている施設で、一般粉じんを発生し、または飛散させるもののうち、その一般粉じんが大気汚染の原因となる施設をいいます（右表）。

（4）特定粉じん発生施設（法2⑾、令3の2、令別表第2の2）

工場・事業場に設置されている施設で、特定粉じん（石綿）を発生し、または飛散させるもののうち、その特定粉じんが大気汚染の原因となる施設をいいます（右表）。

（5）特定粉じん排出等作業（法2⑿、令3の4）

特定粉じん排出等作業とは次のように定義されています。

① 吹付け石綿その他の特定粉じんを発生し、または飛散させる原因となる建築材料（「特定建築材料」*）が使用されている建築物その他の工作物**（「建築物等」）を解体する作業、または

② 特定建築材料が使用されている建築物等を改造し、または補修する作業であって、その作業場所からの特定粉じんが大気汚染の原因となる作業

現在、特定粉じんとして指定されているものは、**石綿**です（令3の3）。

（6）特定施設（法17、令10）

物の合成、分解その他の化学的処理に伴い発生する物質のうち人の健康もしくは生活環境に関する被害を生ずるおそれのある28の物質（**特定物質**）を発生する施設を**特定施設**といいます。この施設を工場・事業場に設置している場合、特定施設の故障や破損等の事故が発生し、特定物質が大気中に大量に排出された場合への対応が求められています。

（7）指定物質排出施設

有害大気汚染物質のうち人の健康に係る被害を防止するため、その排出または飛散を早急に抑制しなければならない物質として**指定物質**（ベンゼン、トリクロロエチレン、テトラクロロエイレン）があります。この指定物質を大気中には排出し、または飛散させる右のような施設を**指定物質排出施設**といいます。ただし、密閉式のものは除きます。

---

* 「特定建築材料」とは、特定粉じんを発生し、または飛散させる原因となる建築材料のうち、次のものをいう。①吹付け石綿、②石綿を含有する断熱材、保温材及び耐火被覆材
** 「その他の工作物」とは、煙突、ボイラー、化学プラント、焼却炉、ダクト等をいう。

一般粉じん発生施設（令別表第2）

	一般粉じん発生施設	規模
1	コークス炉	原料処理能力：50t/日以上
2	鉱物（コークスを含み、石綿を除く。以下同じ）または土石の堆積場	面積：1,000m²以上
3	ベルトコンベア及びバケットコンベア（鉱物、土石、セメント用）	ベルト幅：75cm以上、またはバケットの内容積0.03m³以上
4	破砕機及び摩砕機（鉱物、岩石、セメント用）	原動機の定格出力：75kW以上
5	ふるい（鉱物、岩石、セメント用）	原動機の定格出力：15kW以上

特定粉じん発生施設（令別表第2の2）

特定粉じん発生施設	規模
解綿用機械、混合機、紡織用機械	原動機の定格出力：3.7kW以上
切断機、研磨機、切削用機械、破砕機及び摩砕機、プレス（剪断加工用のものに限る）、穿孔機	原動機の定格出力：2.2kW以上

指定物質排出施設（令別表第6）

●ベンゼンの場合の例

・ベンゼンを蒸発させるための乾燥施設（送風機の送風能力1,000m³/時以上のもの）（ベンゼンの濃度が体積百分率60％以上のものに限る）

・ベンゼン回収用の蒸留施設（常圧蒸留施設を除く）

・ベンゼンの貯蔵タンク（容量500kL以上のもの）

●トリクロロエチレンまたはテトラクロロエチレンの場合の例

・トリクロロエチレンまたはテトラクロロエチレン（以下、「トリクロロエチレン等」）を蒸発させるための乾燥施設（送風機の送風能力1,000m³/時以上のもの）

・トリクロロエチレン等の混合施設であって、混合槽の容量5kL以上のもの

・トリクロロエチレン等の精製または回収用の蒸留施設

・トリクロロエチレン等の洗浄施設（トリクロロエチレン等が空気に接する面積が3m²以上のもの）

・テトラクロロエチレンによるドライクリーニング機（処理能力30kg/1回以上のもの）など

第2章　大気汚染防止法

3 　事業者の義務（ばい煙）

　工場・事業場（固定発生源）から排出・飛散する大気汚染物質について、物質の種類ごと、施設の種類・規模ごとに排出基準と設置者が守らなければならない義務が定められています。以下に、各施設ごとの義務の内容についてまとめました。この節では、**ばい煙発生施設を設置し、ばい煙を排出している工場・事業場の場合**について説明します。

（1）事業者の責務（法17の2）

　ばい煙発生施設がある場合は、ばい煙の大気中への**排出状況を把握**するとともに、ばい煙の**排出または飛散を抑制**するように努め、また、ばい煙を排出する施設の**事故に対しては応急措置を講じる**ようにしなければなりません。ばい煙発生施設に関する届出は右の通りとなります。届出先は**都道府県知事、政令市長または中核市長**です。

（2）排出基準の遵守

　事業者は排出基準を遵守しなければなりません。ばい煙発生施設からばい煙を大気中に排出する者（「ばい煙排出者」）は、施設の排出口においてばい煙量またはばい煙濃度に関する排出基準に適合しないばい煙を排出してはなりません（法13）。

　都道府県知事または政令市長は、排出基準違反のばい排煙を継続して排出するおそれがあるときは、ばい煙排出者に対し、ばい煙の処理方法等の改善や一時使用停止を命ずることがあります＊（法14）。ばい煙に関する排出基準として、右のようなものがあります（法3）。

（3）一般排出基準及び特別排出基準

（i）硫黄酸化物（SO_x）の排出基準（K値規制ともいう）

　硫黄酸化物（SO_x）の排出基準は、排出口から大気中に排出された硫黄酸化物の最大着地濃度が一定の値以下になるよう、排出口の有効高さに応じて許容される硫黄酸化物の量として定められます。これを**K値規制**ともいいます。

（ii）ばいじん（すす）の排出基準

　ばいじんの排出基準は、濃度規制方式であり、施設の種類及び規模ごとに定められています。硫黄酸化物と同様に、一般排出基準と特別排出基準があります。

　廃棄物焼却炉、ガス専用ボイラー、ガスタービン、ガス機関、燃料電池用改質器等の施設・規模ごとの排出基準（濃度）があります。

＊非常用施設（停電時、災害時、事故時に用いられるもの）に対しては、当分の間、ばい煙に関する規制（硫黄酸化物、ばいじん、有害物質（窒素酸化物））は適用が猶予されている。例えば、非常用電源に用いられるガスタービン、ディーゼル機関、ガス機関、ガソリン機関である。（規則附則昭62.11.6 総合53、平2.12.1 総合58）

ばい煙発生施設に関する届出

●**設置の届出**（法6、則8、法10）

施設を設置しようとするときは、あらかじめ（60日前まで）、所定の事項を届け出ること

●**変更等の届出**（法8、則8）

設置しているばい煙発生施設の構造等を変更するときは、あらかじめ（60日前まで）所定の事項を届け出ること

●**その他の変更等の届出**

法第6条で届出に係る氏名等を変更したとき、または届出の施設を廃止したときは、その日から30日以内にその旨を届け出ること（法11、則11）

法第6条による届出をした者の地位を承継した者は、承継があった日から30日以内に、その旨を届け出ること（法12、則12）

ばい煙に関する排出基準

● **一般排出基準**：ばい煙発生施設ごとに国が定める基準（則3別表第1、則4別表第2、則5別表第3、第3の2）
● **特別排出基準**：大気汚染の深刻な地域において新設されるばい煙発生施設に適用されるより厳しい基準（硫黄酸化物、ばいじん）（則7別表第4、第5）
● **上乗せ排出基準、横出し基準**：一般排出基準、特別排出基準では大気汚染防止が不充分な地域において、都道府県が条例で定めるより厳しい基準（ばいじん、有害物質）（法4、令7、法32）
● **総量規制基準**：上記の施設ごとの基準のみのよっては環境基準を達成することが困難な地域において、大規模工場に適用される工場ごとの基準（硫黄酸化物及び窒素酸化物）（法13の2、令5、令7の3、則7の3、則7の4）

K 値規制

許容排出量（Nm³/時）＝$K \times 10^{-3} He^2$

※排出口の高さHe及び地域ごとに定める定数K値に応じて規制値（量）が設定される。

K値が小さくなるほど基準値は厳しくなる。

● **一般排出基準**：$K＝3.0 \sim 17.5$（則別表第1）

（例）東京都特別区、横浜市、名古屋市、大阪市、神戸市等は、$K＝3.0$
秋田市、金沢市、豊橋市、大津市、福岡市、長崎市等は、$K＝8.76$

● **特別排出基準**：$K＝1.17 \sim 2.34$（則別表第4）

ばいじんの排出基準

● **一般排出基準**：$0.04 \sim 0.7g/Nm^3$（全国一律の基準）
● **特別排出基準**：$0.03 \sim 0.2g/Nm^3$（9地域指定の基準）

(ⅲ) 有害物質の排出基準（則5）

　有害物質の排出基準は、濃度規制方式であり、有害物質の種類、施設の種類ごとに温度零度・圧力1気圧の状態に換算した排出ガス1m³当たりの許容限度が定められています。

　窒素酸化物の排出基準は、施設の種類・規模ごとに定めた**一般排出基準**と、窒素酸化物に係る大気汚染の著しい地域についての**総量規制基準**があります。有害物質の種類、施設ごとの排出ガス1m³ごとの一般排出基準は右表のとおりです。総量規制基準については(7)で説明します。

（4）ばい煙量等の測定・立入検査

　ばい煙の排出者は、施設から排出されるばい煙量またはばい煙濃度を測定し、その結果を3年間保存する義務があります。**測定頻度等**は右表のとおりです（法16）。

　測定結果の記録は、「ばい煙量等測定記録表」（規則様式第7）または計量法に基づいた証明書による記載によります（則15）。

　都道府県職員等は、ばい煙排出者が排出基準を守っているかチェックするため、工場・事業場に立ち入ること、必要な事項の報告を求めることができます（法26）。

（5）事故時の措置（法17、令10）

　ばい煙発生施設または**特定施設**を工場・事業場に設置している者は、各施設について故障、破損その他の事故が発生し、ばい煙または特定物質が大気中に多量に排出されたときは、ただちにその事故について応急の措置を講じ、その事故を速やかに復旧させるように努める義務があります（第1項）。

　上記の場合、ただちにその事故の状況を都道府県知事または政令市長に通報しなければなりません（第2項）。

　都道府県知事等は、当該事故に係る工場・事業場の周辺の区域における人の健康が損なわれ、または損なわれるおそれがあると認めるときは、その事故の拡大または再発の防止のために必要な措置を講じることを命ずることができます（第3項）。

（6）上乗せ基準及び横出し基準

　大気汚染防止法では、国が全国一律の排出基準（一般排出基準及び特別排出基準）を定めていますが、自然的・社会的条件から判断してその一般排出基準では不十分であれば、都道府県は条例で一般排出基準に代えて適用するより厳しい基準を定めることができます。これを**上乗せ基準**といいます（法4、令7）。

　国が定めた規制項目以外の規制項目を追加することも認められています。これを**横出し基準**といいます（法32）。

　各地方自治体において上乗せ基準、横出し基準の有無は異なりますので、関係する自治体へお問い合わせください。

有害物質の施設ごとの一般排出基準

有害物質	主な発生の形態等	規制の方式と概要
カドミウム(Cd) カドミウム化合物	銅、亜鉛、鉛の精錬施設における燃焼、化学的処理	施設ごとの排出基準 1.0mg/Nm³
塩素(Cl₂) 塩化水素(HCl)	化学製品反応施設や廃棄物焼却炉等における燃焼、化学的処理	施設ごとの排出基準 Cl₂:30mg/Nm³ HCl:80～700mg/Nm³
ふっ素(F) ふっ化水素(HF)	アルミニウム製錬用電解炉やガラス製造用溶解炉等における燃焼、化学的処理	施設ごとの排出基準 1.0～20mg/Nm³
鉛(Pb) 鉛化合物	銅、亜鉛、鉛の精錬施設等における燃焼、化学的処理	施設ごとの排出基準 10～30mg/Nm³
窒素酸化物	ボイラー、廃棄物焼却炉、ガスタービン、ディーゼル機関等における燃焼、化学的処理	①施設・規模ごとの排出基準 　新設:60～400ppm 　既設:130～600ppm ②総量規制 　総量削減計画に基づき地域・工場ごとに設定

ばい煙測定対象施設及び測定頻度

測定項目	測定対象施設		測定回数
硫黄酸化物(※1)	硫黄酸化物排出量が10Nm³/時以上の施設		2か月を超えない作業期間ごとに1回以上
ばいじん	廃棄物焼却炉	焼却能力4t/時以上	2か月を超えない作業期間ごとに1回以上
		焼却能力4t/時未満(※2)	年2回以上(※3)
	ガス専用ボイラー、ガスタービン、ガス機関、燃料電池用改質器		5年に1回以上
	その他の施設	排出ガス量4万Nm³/時以上	2か月を超えない作業期間ごとに1回以上
		排出ガス量4万Nm³/時未満	年2回以上(※3)
窒素酸化物(※1) 有害物質	排出ガス量4万Nm³/時以上の施設		2か月を超えない作業時間ごとに1回以上
	排出ガス量4万Nm³/時未満の施設		年2回以上(※3)
	燃料電池改質器		5年に1回以上

※1　総量規制基準適用施設の場合、硫黄酸化物及び窒素酸化物の測定は「常時」
※2　排出ガス量4万m³/時以上のものは、2か月を超えない作業期間ごとに1回以上
※3　年間休止する期間が継続して6か月以上の施設は、年1回以上測定

（7）総量規制指定地域における一定規模以上の工場・事業場の場合（法5の2）

　法の適用を受ける工場・事業場のうち、総量規制指定地域における一定規模以上の工場・事業場について説明します。

　工場または事業場が集合している地域で、施設ごとの排出基準（一般排出基準、特別排出基準及び上乗せ基準等）の適用のみでは**大気環境基準の達成が困難な地域**（指定地域）において、都道府県知事が定め規制する**一定規模以上**のばい煙を排出する工場・事業場を**特定工場等**といいます。

　その工場・事業場に設置されているすべてのばい煙発生施設の排出口から大気中に排出される**指定ばい煙**（硫黄酸化物及び窒素酸化物）の合計量についての許容限度である**総量規制基準**が定められています。

　「指定地域」と「一定規模以上」については右表の通りです。

（8）報告及び立入検査（法26）

　ばい煙発生施設及び特定施設に係る行政への報告及び行政による立入検査等に関しては、以下の通り定められています。

> ● **報告先**：環境大臣または都道府県知事
> ● **立入検査者**：都道府県職員
> ● **対象者**：ばい煙発生施設の設置者、特定施設を工場・事業場に設置している者
> ● **報告事項**：ばい煙発生施設の状況、特定施設の事故の状況、その他必要事項
> ● **立入り時の検査事項**：ばい煙発生施設、特定施設等その他の物件

（9）緊急時の措置

　大気汚染が深刻な状態（令11、別表第5のレベル）になったときは、都道府県知事は、一般にその事態を周知させるとともに、ばい煙排出者に対して、排出量の削減を要請することになっています（法23(1)、令11、別表第5、則17）。

　都道府県知事は、気象状況の影響により大気の汚染が急激に著しくなり、人の健康または生活環境に重大な被害が生ずる場合、ばい煙排出者に対し、ばい煙量もしくはばい煙濃度の減少、ばい煙発生施設の使用の制限その他必要な措置を取ることを命じることがあります（法23(2)）。

（10）無過失責任制度（法25(1)）

　工場・事業場における事業活動に伴い、健康被害物質（ばい煙、特定物質または粉じん）が大気中へ排出されたことにより人の生命・身体への被害を生じたときは、排出事業者には、これによって生じた損害を賠償する責任があります。工場・事業場は特定工場であるか否かは問いません。

総量規制の指定地域と規制基準

◉指定地域
（1）硫黄酸化物の場合 （令別表第 3 の 2）
● 指定地域

埼玉県、千葉県、東京都、神奈川県、静岡県、愛知県、三重県、京都府、兵庫県、和歌山県、岡山県、広島県、山口県、福岡県の一部

● 指定地域の中の対象区域 （例）
　・埼玉県の区域のうち、川口市、草加市、蕨市、戸田市、八潮市などの区域
　・千葉県の区域のうち、千葉市、市川市、船橋市、木更津市などの区域
　・東京都の区域のうち、特別区、武蔵野市、三鷹市、調布市などの区域
　・神奈川県の区域のうち、横浜市、川崎市、横須賀市の区域
　・愛知県の区域のうち、名古屋市、東海市、知多市、半田市などの区域
　・大阪府の区域のうち、大阪市、堺市 （美原区を除く）、豊中市、吹田市などの区域
　・福岡県の区域のうち、北九州市、京都郡苅田町の区域等

（2）窒素酸化物の場合 （令別表第 3 の 3）
● 指定地域

東京都、神奈川県及び大阪府の一部

● 指定地域の中の対象区域 （例）
　・東京都の区域のうち、特別区、武蔵野市、三鷹市、調布市などの区域
　・神奈川県の区域のうち、横浜市、川崎市及び横須賀市の区域
　・大阪府の区域のうち、大阪市、堺市、豊中市、吹田市、泉大津市などの区域

◉特定工場等の規模に関する基準 （則 7 の 2）
「一定規模以上」（総量規制基準の対象となる特定工場等の規模）とは、次の規模を指す。

（1）硫黄酸化物の場合
工場・事業場に設置されているすべての硫黄酸化物に係るばい煙発生施設で使用している原料及び燃料の量を重油に換算したものが 0.1kL/ 時以上 1kL/ 時以下の範囲

（2）窒素酸化物の場合
工場・事業場に設置されているすべての窒素酸化物に係るばい煙発生施設で使用している原料及び燃料の量を重油に換算したものが 1kL/ 時以上 10kL/ 時以下の範囲

◉自治体が規定している「一定規模」の例
（1）硫黄酸化物の場合
数字は原燃料使用量の原油換算量の合計の使用量を表す。
　・東京都：300L/ 時以上の工場・事業場
　・千葉県：500 L / 時以上の工場・事業場
　・埼玉県：300L/ 時以上の工場・事業場
　・大阪府：800L/ 時以上の工場・事業場

（2）窒素酸化物の場合
数字は原燃料使用量の原油換算量の合計の使用量を表す。
　・東京都：1 kL/ 時以上の工場・事業場
　・神奈川県：4kL/ 時以上の工場・事業場
　・大阪府：2kL/ 時以上の工場・事業場
※「一定規模」については指定地域の各自治体に確認してください。

第 2 章　大気汚染防止法

4 事業者の義務（VOC）

（1）事業者の責務（法17の14）

　事業者は、事業活動に伴う揮発性有機化合物（VOC）の大気中への排出または飛散の状況を把握するとともに、排出・飛散の抑制のために必要な措置を講ずるようにしなければなりません。

（2）VOC排出施設に関する届出

　VOC排出施設に関する届出は右の通りとなります。届出先は**都道府県知事**です。

（3）排出基準の遵守

　VOC排出施設からVOCを大気中に排出する者（「VOC排出者」）は、そのVOC施設に関する排出基準を遵守する義務があります（法17の10）。

　排出基準が定められている施設は、年間のVOCの排出量が50t程度のものが対象となっているようです。排出基準は23pの表の通りです（なお、この表の施設以外の施設の所有者は、⑴「事業者の責務」を遵守する義務があります）。

（4）報告及び立入検査（法26）

　VOCの関する行政への報告及び立入検査に関する規定は右の通りです。

（5）緊急時の措置

　大気汚染が深刻な状態になり、人の健康または生活環境被害が生ずるおそれがあるときは、都道府県知事は、一般にその事態を周知させるとともに、揮発性有機化合物排出者に対して、排出濃度の減少等を要請することになります（法23⑴、令11、別表第5、則17）。

　都道府県知事は、気象状況の影響により大気の汚染が急激に著しくなり、人の健康または生活環境に重大な被害が生ずる場合、揮発性有機化合物排出者に対し、揮発性有機化合物濃度の減少、揮発性有機化合物排出施設の使用の制限その他必要な措置を取ることを命じることがあります（法23⑵）。

（6）無過失責任制度（法25⑴）

　工場・事業場における事業活動に伴い、健康被害物質（揮発性有機化合物）が大気中へ排出されたことにより人の生命・身体への被害を生じたときは、排出事業者には、これによって生じた損害を賠償する責任があります。工場・事業場は特定工場であるか否かは問いません。

VOC 排出施設に関する届出

●設置の届出（法 17 の 5、則 9 の 2）
施設を設置しようとするときは、あらかじめ（60 日前まで）、所定の事項を届け出ること

●変更等の届出（法 17 の 7、則 9 の 2）
設置している VOC 排出施設の構造等を変更するときは、あらかじめ（60 日前まで）所定の事項を届け出ること

●その他の変更等の届出
法 17 の 5 の届出に係る氏名等を変更したとき、または届出の施設を廃止したときは、その日から 30 日以内にその旨を届け出ること（法 17 の 13）
法 17 の 5 による届出をした者の地位を承継した者は、承継があった日から 30 日以内に、その旨を届け出ること（法 17 の 13）

排出基準

●排出基準（令 2 の 3、別表 1 の 2）
23p 表を参照

●改善命令等
都道府県知事は、VOC 排出施設の排出口における VOC 濃度が排出基準に適合していないと認めるときは、期限を定めてその施設の構造・使用方法・処理法法の改善を命じ、またはその施設の使用を一時的な停止を命ずることがある（法 17 の 11）。

●排出濃度の測定（法 17 の 12、則 15 の 3）
・測定頻度：年 1 回以上
・測定記録の保存：3 年間

報告及び立入検査

● **報告先**：環境大臣または都道府県知事
● **立入検査者**：都道府県職員
● **対象者**：揮発性有機化合物排出施設の設置者
● **報告事項**：
　・揮発性有機化合物排出施設の状況
　・その他必要事項
● **立入り時の検査事項**：揮発性有機化合物排出施設その他の物件

第 2 章　大気汚染防止法

5 事業者の義務（粉じん）

5.1 一般粉じん発生施設を設置している工場・事業場の場合

（1）設置等の届出

施設を設置しようとするときは、あらかじめ（60日前まで）、所定の事項を都道府県知事に届け出なければなりません（法18、則10）。

届出に係る事項（施設の構造、施設の使用及び管理の方法）を変更するときも、その旨を都道府県知事に届け出る義務があります。

また、法18の届出に係る氏名等を変更したとき、または届出の施設を廃止したときは、その日から30日以内にその旨を届け出なければなりません。法18による届出をした者の地位を承継した者は、承継があった日から30日以内にその旨を届け出なければなりません（法18の13）。

（2）基準の遵守（法18の3、則16）

一般粉じん発生施設の設置者は、当該施設の構造・使用・管理に関する基準を遵守する義務があります。**構造等に関する基準**の一例は右の通りです。

（3）基準遵守命令（法18の4）

都道府県知事は、施設の設置者が基準を守らない場合には、期限を定め、基準に従うことを命じ、または一時使用を停止することを命ずることができます。

（4）報告及び立入検査（法26）

一般粉じん排出施設に関する行政への報告及び立入検査に関する規定は右の通りです。

5.2 特定粉じん発生施設を設置している工場・事業場の場合

（1）設置等の届出

施設を設置しようとするときは、あらかじめ（60日前まで）、所定の事項を都道府県知事に届け出なければなりません（法18の6(1)、法18の9、則10の2）。

届出に係る事項（施設の構造、使用の方法、及び特定粉じんの処理または飛散防止の方法）を変更するときには、その旨を都道府県知事に届け出る義務があります（法18の6(3)）。

また、法18の6(1)の届出に係る氏名等を変更したとき、または届出の施設を廃止したときは、その日から30日以内にその旨を届け出なければなりません。法18の6(1)による届出をした者の地位を承継した者は、承継があった日から30日以内に、その旨を届け出なければなりません（法18の13）。

構造等に関する基準の一例

◉破砕機及び摩砕機（令別表第2）**の構造等に関する基準**（則別表第6）

- 一般粉じんが飛散しにくい構造の建築物内に設置されていること（1号）
- フード及び集じん機が設置されていること（2号）
- 散水設備によって散水が行われていること（3号）
- 防じんカバーでおおわれていること（4号）
- 前各号と同等以上の効果を有する措置が講じられていること（5号）

報告及び立入検査に関する規定

- **報告先**：都道府県知事
- **立入検査者**：都道府県職員
- **対象者**：一般粉じん発生施設の設置者
- **報告事項**：
  - ・一般粉じん発生施設の状況
  - ・その他必要事項
- **立入り時の検査事項**：
  - ・一般粉じん発生施設等その他の物件

第2章 大気汚染防止法

（2）敷地境界基準の遵守

　特定粉じん発生施設を設置している工場・事業場から特定粉じんを大気中に排出し、飛散させる者（「特定粉じん排出者」）は、敷地境界における特定粉じんに係る基準を遵守する義務があります（法18の5、法18の10）。規制基準は右のとおりです。

（3）特定粉じんの濃度の測定（法18の12、則16の3）

　特定粉じん排出者は、その工場・事業場の敷地の境界線における大気中の石綿濃度を測定し、3年間保存しなければなりません。

（4）改善命令（法18の11）

　都道府県知事は、工場・事業場の敷地の境界線における大気中の石綿濃度が敷地境界基準に適合していないと認めるときは、特定粉じん排出者に対し、期限を定めて、施設の構造・使用方法・処理方法もしくは飛散の防止の改善を命じ、またはその施設の使用の一時停止を命ずることができます。

（5）報告及び立入検査（法26）

　特定粉じん発生施設に関する行政への報告及び立入検査に関する規定は、右のとおりです。

5.3　特定粉じん排出等作業を実施する場合

（1）届出の対象となる建築材料（特定建築材料）（令3の3）（右表参照）

- 吹付け石綿
- 石綿を含有する断熱材、保温材及び耐火被覆材

（2）届出の対象となる特定粉じん排出等作業（令3の4）

- 特定建築材料が使用されている建築物その他工作物（「建築物等」）を解体する作業
- 特定建築材料が使用されている建築物等を改造し、または補修する作業

規制基準

　特定粉じん発生施設に係る隣地との敷地境界における規制基準（敷地境界基準）は、大気中の石綿濃度が1Lにつき10本とされている（則16の2）。

報告及び立入検査に関する規定

- **報告先**：環境大臣または都道府県知事
- **立入検査者**：都道府県職員
- **対象者**：特定粉じん発生施設の設置者
- **報告事項**：
  - ・特定粉じん発生施設の状況
  - ・その他必要事項
- **立入り時の検査事項**：
  - ・特定粉じん発生施設等その他の物件

特定建築材料とその使用箇所の例

材料の区分	建築材料の具体例	使用箇所の例（使用目的）
吹付け石綿	1.吹付け石綿 2.石綿含有吹付けロックウール 　（乾式・湿式） 3.石綿含有パーライト吹付け材	壁、天井、鉄骨 （防火、耐火、吸音性等の確保）
石綿を含有する断熱材 （吹付け石綿を除く）	1.屋根用折板裏断熱材 2.煙突用断熱材	屋根裏、煙突 （結露防止、断熱）
石綿を含有する保温材 （吹付け石綿を除く）	1.石綿保温材 2.石綿含有けいそう土保温材 3.石綿含有パーライト保温材	ボイラー、化学プラント、焼却炉、ダクト、配管の曲線部（保温）
石綿を含有する耐火被覆材 （吹付け石綿を除く）	1.石綿含有耐火被覆材 2.石綿含有けい酸カルシウム板 3.石綿含有耐火被覆塗り材	鉄骨部分、鉄骨柱、エレベーター（吹付け石綿の代わりとして耐火性能の確保、化粧目的）

（出典：環境省「大気環境中へのアスベスト飛散防止対策」）

（3）解体等工事に係る調査及び説明等（法18の17）

　　解体等工事の受注者及び自主施工者は、解体等工事が特定工事に該当するか否か（石綿使用の有無）を調査し、その調査結果について書面を交付して発注者に説明しなければなりません。解体等工事が特定工事に当たる場合は必要事項を書面に記載し、発注者に説明しなければなりません（説明は、解体等工事の開始の日までに、ただし、特定工事の場合は、作業開始の14日前までに行います）。

　　また解体等工事の受注者及び自主施工者は、その調査結果等を解体等工事の場所に掲示板を設け掲示しなければなりません。

> ● **解体等工事**：建築物等を解体し、改造し、または補修する作業を伴う建設工事
> ● **特定工事**：特定粉じん排出等作業を伴う建設工事

（4）作業実施の届出

　　特定粉じん排出等作業を伴う建設工事（「特定工事」）の発注者（工事の注文者）または自主施工者は、特定粉じん排出等作業の開始の14日前までに必要事項を都道府県知事に届け出なければなりません（法18の15、則10の4）。

　　都道府県知事は、届出に係る作業の方法が作業基準に適さないと認めるときは、受理後14日以内に、届出者に対し計画変更命令を出すことができます（法18の16）。

（5）作業基準の遵守義務

　　特定工事を施工しようとする者は、特定粉じん排出等作業について、作業基準（法18の14、則16の4、右参照）を遵守しなければなりません（法18の18）。

　　都度府県知事は、特定工事の施工者が作業基準を遵守していないと認めるときは、その者に対し、期限を定めて作業基準に従うことを求め、または当該作業の一時停止を命ずることができます（法18の19）。

（6）報告及び立入検査

　　特定粉じん排出等作業に関する行政への報告及び立入検査に関する規定は、右のとおりです。

（7）無過失責任制度（法25⑴）

　　工場・事業場における事業活動に伴い、健康被害物質（アスベスト：石綿）が大気中へ排出されたことにより人の生命・身体への被害を生じたときは、排出事業者には、これによって生じた損害を賠償する責任があります。工場・事業場が特定工場であるか否かは問いません。

作業基準

●共通事項

特定粉じん排出等作業を行う場合は、見やすい箇所に次に掲げる事項を表示した掲示板を設けることが考えられる。

① 法18の15における届出年月日及び届出先、届出者の氏名または名称及び住所並びに法人の場合は、その代表者の氏名
② 特定工事を施工する者の氏名または名称及び住所並びに法人の場合は、その代表者の氏名
③ 特定粉じん排出等作業の実施の期間
④ 特定粉じん排出等作業の方法
⑤ 特定工事を施工する者の現場責任者の氏名及び連絡先

●作業の種類ごとに遵守しなければならない作業基準の例（図参照）

（例）特定建築材料が使用されている建築物等を解体する作業の場合
- 特定建築材料の除去を行う場所（「作業場」）を他の場所から隔離し、作業場の出入口には前室を設けること
- 作業場及び前室を負圧に保ち、作業場の排気にJIS Z 8122で定めるHEPAフィルタを付けた集じん・排気装置を使用すること
- 除去する特定建築材料を薬液等によって湿潤化すること
- その他

※詳細は規則16の4別表第7を参照

図／室全体の隔離

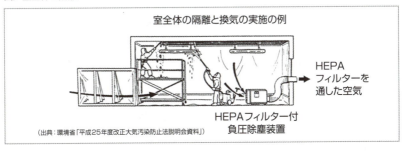

報告及び立入検査に関する規定

- **報告先**：環境大臣または都道府県知事
- **立入検査者**：都道府県職員
- **対象者**：解体等工事の発注者もしくは受注者、自主施工者もしくは特定工事を施工する者
- **報告事項**：
  ・解体等工事に係る建築物の状況
  ・特定粉じん排出等作業の状況
  ・その他必要事項（法26）
- **立入り時の検査事項**：解体等工事に係る建築物等その他の物件

6 事業者の義務（その他）

6.1 特定施設を設置している工場・事業場の場合

2(6)「特定施設」、3(5)「事故時の措置」参照。

6.2 指定物質排出施設を設置している工場・事業場の場合

（1）事業者の責務（法18の22）

事業者は、事業活動に伴って大気中への排出または飛散される有害大気汚染物質の状況を把握し、この物質の排出または飛散を抑制するために必要な対策をとる義務があります。

（2）指定物質抑制基準

指定物質を大気中に排出し、または飛散させる施設（「**指定物質排出施設**」）について、指定物質の種類及び指定物質排出施設の種類ごとに指定されている排出または飛散を抑制するための基準（指定物質抑制基準）を遵守しなければなりません。

指定施設及び基準の一例は右のとおりです（法附則9項、令附則3項、4項、令別表第6）。

6.3 自動車の場合

（1）許容限度と測定（法19、法19の2、法20）

環境大臣は、自動車排出ガスの量の許容限度を定めます。また、環境大臣は特定特殊自動車から排出されるガスの許容限度を定めます。都道府県知事は、大気中の自動車排出ガスの測定を行います。

（2）国民の努力（法21の2）

何人も、自動車を運転し、使用し、または交通機関を利用する場合には、自動車排出ガスの排出が抑制されるように努めなければならないと定められています。

（3）緊急時の措置

都道府県知事は、大気の汚染が著しくなり、人の健康または生活環境に係る被害が生ずるおそれがある場合、大気の汚染をさらに著しくするおそれがあると認められる自動車の使用者もしくは運転者に対し、自動車の運用の自主的制限についての協力を要請することができます（法23(1)）。

040

指定施設及び排出抑制基準の一例

◉ベンゼン

（1）ベンゼンの回収用の蒸留施設（常圧蒸留施設を除く）の排出抑制基準

※溶剤として使用したベンゼンの回収用のものに限る。

● 既設：200mg/Nm^3（排ガス量 1,000m^3／時以上）

● 新設：100mg/Nm^3（排ガス量 1,000m^3／時以上）

◉トリクロロエチレン及びテトラクロロエチレン（「トリクロロエチレン等」）

（1）トリクロロエチレン等の精製または回収用の蒸留施設（密閉式を除く）の排出抑制基準

※トリクロロエチレン等の精製用に用いるもの及び原料として使用したトリクロロエチレン等の回収に用いられるものに限る

● 既設：300mg/Nm^3

● 新設：150mg/Nm^3

（2）トリクロロエチレン等による洗浄施設（ドライクリーニング機を除く）であって、トリクロロエチレン等が空気に接触する面の面積が 3m^2 以上のものの排出抑制基準

● 既設：500mg/Nm^3

● 新設：300mg/Nm^3

（3）テトラクロロエチレンによるドライクリーニング機であって、処理能力が 1 回当たり 30kg 以上のものの排出抑制基準

※密閉式のものは除外

● 既設：500mg/Nm^3

● 新設：300mg/Nm^3

第2章 大気汚染防止法

6.4 水銀排出施設を設置している工場・事業場の場合

2013（平成25）年10月に採択、2017（平成29）年8月に発効した**水銀に関する水俣条約**では、水銀の一次採掘から貿易、水銀添加製品や製造工程等の水銀利用、大気への排出や水・土壌への放出、水銀廃棄物に至るまで、水銀が人の健康に与えるリスクを低減するための合理的な規制を定めています。そして大気関係では、5種類の水銀の発生源について水銀及び水銀化合物の大気排出を規制し、削減することを定めています。

（1）水銀に関する水俣条約における大気への排出に係る特定の発生源

水銀及び水銀化合物の大気への排出に係る特定の発生源として次のものがあります。

①石炭火力発電所、②産業用石炭燃焼ボイラー、③非鉄金属製造用の精錬・ばい焼工程、④廃棄物焼却設備、⑤セメントクリンカー製造設備

これらの施設は**水銀排出施設**とされ、工場または事業場に設置される施設で水銀等を大気中に排出するもののうち、水俣条約の規定に基づきその規制が必要なものと定義されています。

②産業用石炭燃焼ボイラーの具体的な例として下記のものがあります。

● **石炭ボイラー**：伝熱面積が10m^{2}以上であるかまたはバーナーの燃料の燃焼能力が重油換算1時間当たり50L以上であるもの（則別表第3の3第2の項、令別表第1の1の項関連）

● **小型石炭混焼ボイラー**：伝熱面積が10m^{2}以上であるかまたはバーナーの燃料の燃焼能力が重油換算1時間当たり50L以上であるもののうち、バーナー燃料の燃焼能力が重油換算1時間当たり100,000L未満のもの（則別表第3の3第1の項、令別表第1の1の項関連）

（2）大気汚染防止法の一部を改正（公布：平成27年6月19日、施行：平成30年4月1日）

「水銀に関する水俣条約」が採択されたことを受け、2015（平成27）年6月19日に大気汚染防止法の一部が改正されました。その趣旨として、水銀の大気排出に関する規制を的確・円滑に実施するため、水銀排出施設について届出制度を創設し、同時に水銀排出施設から水銀等を大気中に排出する者に対し排出基準（省略）の遵守を義務づける等があります。

届出対象の蒸気水銀排出施設は、大気汚染防止法施行令別表第1のばい煙発生施設及び一部ダイオキシン類特別措置法の特定施設が該当します。

042

改正大気汚染防止法の概要

①一定の水銀排出施設について設置または構造等を変更するときは、都道府県知事に届け出なければならない（法2⒀、法18の23）。

　なお、改正法施行時点で現に水銀排出施設を設置している者は、施行日から30日以内に届け出なければならない。

②届出対象の水銀排出施設の排出口の水銀濃度の排出基準を定め、当該施設から水銀等を大気中に排出する者は排出基準を遵守しなければならなない。都道府県知事は、当該施設が排出基準を遵守していないときは、必要に応じ、勧告・命令ができる（法18の22、法18の28、法18の29）。

③自主測定の実施：水銀排出施設に係る水銀濃度について、規定された頻度*で定期的に測定し、その結果を記録し、保存しなければならない（法18の30）。

　（例）

　＊排ガス量が毎時40,000m³以上の施設：4か月を超えない作業期間ごとに1回以上
　　排ガス量が毎時40,000m³未満の施設：6か月を超えない作業期間ごとに1回以上

④要排出抑制施設等の設置者の自主的取組（責務）：届出対象外の施設であっても水銀等の排出量が相当程度である要排出抑制施設については、排出抑制のための自主的な取組みとして、単独または共同で、自ら遵守すべき基準の作成、水銀濃度の測定・記録・保存の抑制措置を講ずるとともに、この措置の実施状況及び評価を公表しなければならない（法18の32）。

※要排出抑制施設として、製銑の用に供する焼結炉（ペレット焼成炉を含む）と製鋼の用に供する電気炉が指定された。

（参考）水銀による環境の汚染の防止に関する法律

● **公布**：平成27年6月19日
● **施行**：平成29年8月16日
● **概要**：
　①定義
　　・「水銀使用製品」とは、水銀が使用されている製品（法2(1)）
　　・「特定水銀使用製品」とは、水銀使用製品のうちその製品に関する規制が特に必要なもの（法2(1)）
　②特定の水銀使用製品*は、許可を得た場合を除いて製造・輸出入は禁止され（法5、6）、特定水銀使用製品を部品として他の製品の製造に用いることは大臣の許可または承認を受けた場合以外は禁止（法12）
　③特定の製造工程**における水銀等（水銀及び水銀化合物）の使用は禁止（法19）
　④水銀の貯蔵者は毎年6月末日までに貯蔵量を主務大臣に報告。ただし、1事業所あたり30kg以上／年度の場合（法21、22）
　⑤水銀含有再生資源（バーゼル条約上規定される「水銀廃棄物」のうち、廃棄物処理法の「廃棄物」に該当せずかつ有用なもの。非鉄金属精錬で生ずる水銀含有スラッジ等）を管理する者は、毎年6月末日までに主務大臣に報告（法23、24）

＊ 特定水銀使用製品の例（なお、これら製品の製造等及び部品としての使用の規制開始期日は以下のとおりである）
　①酸化銀電池（水銀含有量が全重量の1％未満のボタン電池に限る）、②スイッチリレー、③一般照明用のコンパクト形蛍光ランプ及び電球形蛍光ランプ（仕様省略）、④一般照明用の高圧水銀ランプ、⑤電子ディスプレイ用の冷陰極蛍光ランプ、⑥気圧計、⑦湿度計、⑧圧力計、⑨化粧品、⑩温度計等（⑤〜⑩仕様省略）
　【規制開始日】①、③、⑤、⑨：平成30年1月1日
　　　　　　　　②、④、⑥〜⑧、⑩：平成32年12月31日
＊＊ 水酸化ナトリウム、ポリウレタン、クロロエチレン（塩化ビニル）など

第2章 ● 実務に役立つ Q&A

光化学オキシダント

Q：光化学スモッグはどのようにして起こりますか？

A：自動車の排ガスには、窒素酸化物や微粒子、炭化水素ガスが含まれています。工場からも同様に窒素酸化物や微粒子等が排出されます。春から夏にかけて日ざしが強く気温が高い日には、これらの物質が太陽の紫外線を受け、光化学オキシダントに変化し、この濃度が高くなると白いモヤがかかったようになります。この現象を光化学スモッグといいます。光化学スモッグが発生すると、目が痛くなったり、咳や涙が止まらなくなったりします。わが国では1970年代に多く発生し、その後減少しましたが、最近ではヒートアイランド現象等の影響で、気温の高い日が増えたこともあり、再び多く発生しています。（出典：神奈川県「環境Q&Aそら・大気汚染（空気の流れ）」）

ばい煙発生施設

Q：ばい煙発生施設からの排ガスについて、排ガス処理後に白煙防止装置を設置している施設があります。構造は直火炉型で、バーナー燃焼により白煙防止を図っています。燃料使用量は重油換算で50L/時以上となりますが、これはばい煙発生施設に該当しますか？

A：ばい煙発生施設の排ガスを処理するための施設は、施行令別表第1に該当する施設がないため、ばい煙発生施設には当たりません。（出典：環境省）

アスベスト

Q：建築物（事務所、店舗、倉庫等）**はアスベストの危険性がありますか？**

A：建築物においては、下記の用途としてアスベストが使用されている可能性があります。

　　・耐火被覆材等として吹付けアスベスト
　　・屋根材、壁材、天井材等としてアスベストを含んだセメント等を板状に固めたスレートボード等

　吹付けアスベストは比較的規模の大きい鉄骨等の建築物の耐火被覆として使用されている場合がほとんどです。建築時の工事業者や建築士等に使用の有無を問い合わせる等の対応が考えられます。（出典：厚生労働省）

アスベスト

Q：アスベストはどんな場所で使われているのでしょうか？

A：環境省では、大気汚染防止法に基づく特定粉じん発生施設届出工場・事業場
や、アスベストを使用している建物等の調査結果を公表しています。そこでは、
工場・事業場、学校施設等、民間建築物、公共施設、その他に分けて調査結
果が出ています。参考にして下さい。（出典：環境省）

特定施設による特定物質の発生について

**Q：法第17条には、「（前略）物の合成、分解その他の化学的処理に伴い発生す
る物質のうち（中略）政令で定めるもの（「特定物質」）を発生する施設（「特定施設」）
（後略）」と規定されています。特定物質である28物質を原料として扱う施
設は、特定施設となりますか？**

A：28物質のうちいずれかが物の合成、分解その他の化学的処理に伴い発生す
るおそれがある施設はすべて特定施設に含まれます。（出典：環境省）

ばい煙発生施設の届出

**Q：廃止届出を行ったが撤去していない焼却炉（ばい煙発生施設である）について、
事業者のその後の事情変化により再度使用する場合は、設置届出、使用届出
のいずれになりますか？**

A：新たな設置の届出が必要です。法第11条に規定する廃止届出を行った施
設は法規制対象のばい煙発生施設ですから、当該施設の再使用にあたっては、
法第6条に基づく新たな設置届出が必要です。その際には当然、施設の排出
基準は最新の基準が適用されます。（出典：環境省）

休止中の測定

**Q：規則第15条では、「1年間につき継続して休止する期間が6か月以上の
ばい煙発生施設に係る測定については、年1回以上」とありますが、1年以
上休止中の施設も測定は年1回以上でしょうか？**

A：休止中の施設はばい煙を排出しないため、測定の必要はありません。（出典：環
境省）

複数ある排出口

**Q：排出口（煙突経路）が2か所あるばい煙発生施設の場合、どの排出口で測定す
れば良いのでしょうか？**

A：排出口のすべてについて排出基準を満たすことが必要です。したがって、この

場合、2か所の測定において排出基準に適合することが必要となります。（出典：環境省）

建築物の解体

Q：建物を壊すときにはどうしたら良いですか?

A： 建築物または工作物の解体等の作業を行うときは、あらかじめアスベストの使用の有無の調査が必要です。アスベスト等の使用の有無を目視、設計図書等により調査し、それも明らかにならないときには、アスベスト使用の有無を分析しなければなりません。アスベストを使用している建築物のアスベスト除去作業の14日前までに都道府県知事に届出を行い、作業基準を遵守しなければなりません。（出典：環境省）

第3章

水質汚濁防止法

1節　どんな汚染物質が規制されるのか？
2節　どんな施設が規制されているのか？
3節　排水はどのように規制されているのか？
4節　地下水浸透規制がなぜ重要なのか？
5節　事故時の措置

3章 水質汚濁防止法

> この法律は工場・事業場から公共用水域に排出される水の排出及び地下への浸透を規制することにより、公共用水域及び地下水の水質汚濁を防止することを目的に制定された。

法律の成立と経緯

　1878（明治11）年頃、足尾銅山の鉱排水による渡良瀬川の汚染で流域の農業等が被害を被った事件が発生しました。これがわが国の公害の原点といわれています。公害には有害物質等で汚染された水、米、魚介等を摂取した人々が健康を害するものが多くあります。1922（大正11）年には富山県神通川流域でカドミウム汚染米の摂食によるイタイイタイ病が発生しました。

　大戦後の産業等人間活動の発展に伴い、水質汚濁は急速に進行しました。例えば水俣病は、1956（昭和31）年頃に熊本水俣付近で、1965（昭和40）年頃に新潟阿賀野川流域でそれぞれ発見されました。工場から排出されたメチル水銀化合物が魚介類に蓄積し、これを摂取したことによるものでした。これら以外に、製紙工場排水による漁業被害（東京江戸川）、製紙ヘドロによる田子の浦湾の汚染（静岡）等が問題となりました。

　このような歴史の流れの中で、戦前において国は有効な水質汚濁防止対策をとれず、戦後、1958（昭和33）年になってようやく水質二法（右表参照）が制定されました。1967（昭和42）年に公害対策基本法（環境基本法の前身）が、そして1970（昭和45）年になって水質汚濁防止法が制定され、工場・事業場からの排水規制、地下浸透規制、排水基準の全国一律基準、さらに水質汚濁に係る環境基準等が設定されました。

　これらの施策等により公共用水域の汚染は次第に改善されましたが、一方で地下水汚染が進み、2011（平成23）年に水質汚濁防止法は改正されています。

048

水質汚濁防止法・年表 (●：できごと、●：法令関係)

- ● 1878（明治11）年〜　栃木県で足尾銅山鉱毒事件発生。
- ● 1922（大正11）年〜　富山県神通川流域でイタイイタイ病発生。
- ● 1956（昭和31）年　　熊本水俣病の患者公式確認。
- ● 1958（昭和33）年頃　東京江戸川の製紙工場汚水による漁業被害。
- ● 1958（昭和33）年　　水質二法制定（「公共用水域の水質の保全に関する法律」（水質保全法）と「工場排水等の規制に関する法律」（工場排水規制法））。
- ● 1965（昭和40）年〜　新潟県阿賀野川水俣病が表面化。
- ● 1967（昭和42）年　　公害対策基本法制定。
- ● 1970（昭和45）年　　静岡県田子の浦港のヘドロ汚染が問題化。
- ● 1970（昭和45）年　　水質汚濁防止法制定。
- ● 1971（昭和46）年　　排水基準の一律基準、水質汚濁に係る環境基準告示、環境庁設置。
- ● 1978（昭和53）年　　水質汚濁防止法に総量規制方式を導入。
- ● 1993（平成 5）年　　環境基本法制定。
- ● 1996（平成 8）年　　地下水の水質浄化のための措置命令に関する規定を制定。
- ● 2001（平成13）年　　環境庁を環境省へ再編。
- ● 2011（平成23）年　　有害物質による地下水汚染の未然防止措置の追加。

排水規制のしくみ

工場や事業場から排出される汚水には、**公共用水域への排出**、**地下への浸透**、**下水道への排出**、そして**処理業者への委託**の四つの行き先があります。このうち、水質汚濁防止法が目的にしているのは、**公共用水域への排出と地下への浸透**による水質汚濁の防止です*。

右図は、特定施設を設置している特定事業場から排出される汚水または廃液（「汚水等」）を排水処理施設で処理したあとの排出水を排水口から公共用水域（河川、湖沼等）へ排出し、または地下へ浸透させる場合を示したものです。これらはすべて**水質汚濁防止法の管理の範囲**となることを理解しておいてください。

排出水に係る排水規制は、**全水域を対象とした規制**（濃度の規制）と、**指定地域内の特定事業場ごとの汚濁負荷量の総量を規制する総量規制**に分けられます。

特定施設を設置・構造変更・廃止しようとする者は**事前の届出**が必要になります。都道府県知事は、排水基準に適合しない排出水を排出するおそれがある場合、処理の方法、特定施設の構造などの**改善**、または施設の**一時停止**を命ずることができます。**排水基準に違反すると直罰が適用**されますが、総量基準違反の場合は直罰の対象とはなりません。

地下水浸透規制の対象となるのは、有害物質を製造、使用等する特定施設（有害物質使用特定施設）を設置する事業場（有害物質使用特定事業場）から地下に浸透する**特定地下浸透水**であり、浸透は禁止されています。

また、有害物質（カドミウム、鉛、トリクロロエチレン等28項目）による**地下水の汚染を未然に防止**するため、有害物質使用特定施設または有害物質貯蔵指定施設の設置者に対し、地下浸透防止のための**施設の構造、付帯設備及び使用の方法に関する基準の遵守、定期点検及び結果の記録・保存**が義務づけられました。

*「下水道への排出」については下水道法、「委託処理」については廃棄物処理法が関係する。

現場担当者が押さえておきたいこと

● 事業場から出る汚水等の種類を確認する

● 汚れの原因を把握する（有機物、有害物質、粒子状物質）

● 排水量を確認する

● 排水の排出先を確認する（河川、湖沼、沿岸海域、地下水域、下水）

● 施設、配管、排水口、バルブ等からの漏えいの有無を確認する

● 排水を処理する施設があるか確認する

排水規制のしくみ

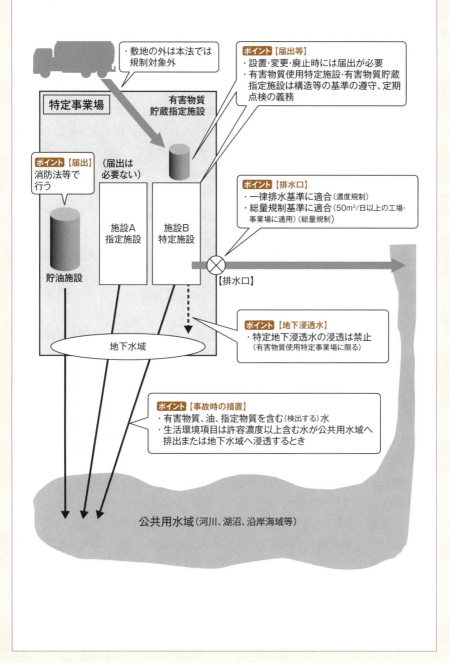

水質汚濁防止法の概要

　水質汚濁防止法では、環境基本法で定められた環境基準（→7p）を達成するための具体策が定められています。

●事業者への規制

　本法では、規制対象物質（1節）、規制対象施設（2節）を定め、当該施設を設置している事業者に対して、規制対象物質を川や海などの公共用水域に排出する際の遵守義務（3節）を定めています。また、川や海への排出だけでなく、事業場の操業時に使用した物質が敷地内から地下へ浸透し、地下水が汚染されることを防ぐため、地下浸透水についても規制基準値を定め、その浸透を制限しています。有害物質を扱う施設については、施設の構造や使用方法についても規制しています（4節）。

　規制対象施設の事故等により事業場から公共用水域や地下に大量に汚染された水が排出された場合に備え、事業者に対して、事故が発生した場合には、人の健康や生活環境への被害を最小限にするための応急措置と事故の状況について都道府県知事への報告義務を課しています（5節）。

●行政の権限

　行政（都道府県知事等）には、公共用水域及び地下水の水質を常時監視する責務があるほか、事業者の法遵守の監視役として、事業者に対して報告を求める権限や事業場への立入検査の権限が与えられています。

　また、事業者の取り組みが十分でない場合には、改善命令等を発することができます。

●無過失責任

　本法の大きな特徴の一つとして、事業者に対する無過失責任の規定があります。民法上の過失責任の原則の例外となる規定で、公害問題の経験から事業者に非常に重い責任を課しています（無過失責任）。

　事業場における事業活動に伴って有害な物質が公共用水域等に排出されたことにより、人の生命または身体を害したときは、当該排出に係る事業者は、**故意または過失がない場合であっても**、これによって生じた損害を賠償しなければならないと定められている。

水質汚濁防止法の体系図

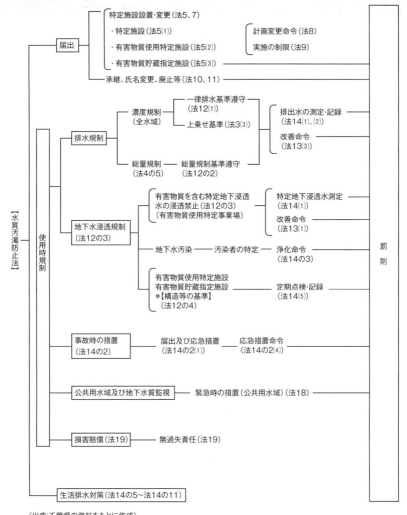

（出典：千葉県の資料をもとに作成）

法律の規定事項
　第1章　総則：目的、用語の定義（第1条・第2条）
　第2章　排出水の排出の規制等（第3条～第14条の4）
　第2章の2　生活排水対策の推進（第14条の5～第14条の11）
　第3章　水質の汚濁の状況の監視等（第15条～第18条）
　第4章　損害賠償（第19条～第20条の5）
　第5章　雑則：報告及び検査等（第21条～第29条）
　第6章　罰則（第30条～第35条）

1 どんな汚染物質が規制されるのか?

(1) 有害物質　※関係のある施設→「有害物質使用特定施設」「有害物質貯蔵指定施設」

人の健康に係る被害を生ずるおそれがある物質として政令で定める物質を指します（法2 ⑵（一））。カドミウム、シアン化合物ほか、28種類の有害物質が定められています。

(2) 生活環境項目　※関係のある施設→「特定施設」

COD、BODなど水の汚染状態（熱によるものを含む）を示す項目で、15の基準が設定されています。生活環境に被害を与えるおそれがある基準に達したものが排水規制の対象になります。

(3) 指定物質　※関係のある施設→「指定施設」

工場・事業場において事故が発生した場合、公共用水域や地下水域への汚染の拡大を防止する措置（「**事故時の措置**」）の対象には、**有害物質、生活環境項目に加え、指定物質、油類**が含まれます。そのうち、指定物質にはホルムアルデヒド、ヒドラジン、ヒドロキシルアミン、過酸化水素、塩化水素、水酸化ナトリウム、アクリロニトリル、硫酸、次亜塩素酸ナトリウム、トルエンなど56物質が指定されています（令3の3）。（5.1「施設の事故時の対応」参照）

(4) 油類　※関係のある施設→「貯油施設等」

政令で定める油を指します。原油、重油、潤滑油、軽油、灯油、揮発油、動植物油の7種類となります。**事故時の措置**の対象となります。（5.1「施設の事故時の対応」参照）

(5) 指定項目　※関係のある施設→「指定地域特定施設」

汚濁の著しい広域な閉鎖性水域に流入する汚濁物質の総量を一定量以下に削減するための制度を「水質総量規制」といいます。排水基準のみによっては水質環境基準の確保が困難な広域な水域（指定水域）において、**汚濁負荷量の総量の削減の対象**になっている項目を指定項目といい、化学的酸素要求量（COD）、赤潮の発生原因となる窒素含有量とりん含有量の3項目を指します。

(6) 生活排水

生活排水とは、「炊事、洗濯、入浴等人の生活に伴い公共用水域に排出される水」であって、水質汚濁防止法の排水規制が適用されないものをいいます。

水質汚濁防止法が規制する汚染物質の種類

	物質名	数量	項目	関係のある施設	条項
通常時・事故時	有害物質	28物質	①カドミウム及びその化合物、②シアン化合物、③有機燐化合物（パラチオン、メチルパラチオン、メチルジメトン及びEPNに限る）、④鉛及びその化合物、⑤六価クロム化合物、⑥砒素及びその化合物、⑦水銀及びアルキル水銀その他の水銀化合物、⑧ポリ塩化ビフェニル、⑨トリクロロエチレン、⑩テトラクロロエチレン、⑪ジクロロメタン、⑫四塩化炭素、⑬1,2-ジクロロエタン、⑭1,1-ジクロロエチレン、⑮1,2-ジクロロエチレン、⑯1,1,1-トリクロロエタン、⑰1,1,2-トリクロロエタン、⑱1,3-ジクロロプロペン、⑲チウラム、⑳シマジン、㉑チオベンカルブ、㉒ベンゼン、㉓セレン及びその化合物、㉔ほう素及びその化合物、㉕ふっ素及びその化合物、㉖アンモニア、アンモニウム化合物、亜硝酸化合物及び硝酸化合物、㉗塩化ビニルモノマー、㉘1,4-ジオキサン	有害物質使用特定施設、有害物質貯蔵指定施設	法2（2）（一）
	生活環境項目	15項目	①水素イオン濃度、②生物化学的酸素要求量（BOD）及び、③化学的酸素要求量（COD）、④浮遊物質量、⑤⑥ノルマルヘキサン抽出物質含有量（鉱油類含有量・動植物油脂類含有量）、⑦フェノール類含有量、⑧銅含有量、⑨亜鉛含有量、⑩溶解性鉄含有量、⑪溶解性マンガン含有量、⑫クロム含有量、⑬大腸菌群数、⑭窒素、⑮りんの含有量（湖沼植物プランクトンまたは海洋植物プランクトンの著しい増殖をもたらすおそれがある場合として環境省令で定める場合におけるものに限る）	特定施設	法2（2）（二）
事故時のみ	指定物質	56物質	①ホルムアルデヒド、②ヒドラジン、③ヒドロキシルアミン、④過酸化水素、⑤塩化水素、⑥水酸化ナトリウム、⑦アクリロニトリル、⑧水酸化カリウム、⑨アクリルアミド、⑩アクリル酸、⑪次亜塩素酸ナトリウム、⑫二硫化炭素、⑬酢酸エチル、⑭メチル-t-ブチルエーテル（MTBE）、⑮硫酸、⑯ホスゲン、⑰1,2-ジクロロプロパン、⑱クロルスルホン酸、⑲塩化チオニル、⑳クロロホルム、㉑硫酸ジメチル、㉒クロルピクリン、㉓ジクロルボス（DDVP）、㉔オキシデプロホス（ESP）、㉕トルエン、㉖エピクロロヒドリン、㉗スチレン、㉘キシレン、㉙p-ジクロロベンゼン、㉚フェノブカルブ（BPMC）、㉛プロビザミド、㉜クロロタロニル（TPN）、㉝フェニトロチオン（MEP）、㉞イプロベンホス（IBP）、㉟イソプロチオラン、㊱ダイアジノン、㊲イソキサチオン、㊳クロルニトロフェン（CNP）、㊴クロルピリホス、㊵フタル酸ビス（2-エチルヘキシル）、㊶アラニカルブ、㊷クロルデン、㊸臭素、㊹アルミニウム及びその化合物、㊺ニッケル及びその化合物、㊻モリブデン及びその化合物、㊼アンチモン及びその化合物、㊽塩素酸及びその塩、㊾臭素酸及びその塩、㊿クロム及びその化合物（六価クロム化合物を除く）、51マンガン及びその化合物、52鉄及びその化合物、53銅及びその化合物、54亜鉛及びその化合物、55フェノール類及びその塩類、56ヘキサメチレンテトラミン	指定施設	法2（4）
	油類	7種類	原油、重油、潤滑油、軽油、灯油、揮発油、動植物油	貯油施設等	法2（5）
水質総量規制地域	指定項目	3項目	COD、窒素含有量、りん含有量	指定地域特定施設	
	生活排水		※処理対象人数が501人以上のし尿処理施設（特定施設）、201人以上500人以下のし尿浄化槽（指定地域特定施設）は規制対象		

2 どんな施設が規制されているのか？

2.1 規制対象となる施設

　水質汚濁防止法で規制対象とする施設には、特定施設（有害物質使用特定施設を含む）、指定施設（有害物質貯蔵指定施設を含む）、貯油施設等、指定地域特定施設などがあります。

（1）特定施設（法2⑵）

　特定施設とは、法律では次のいずれかの要件を備える汚水または廃液（「汚水等」）を排出する施設とされています。水質汚濁防止法では、令1別表第1に規定されています。

　①カドミウムその他、人の健康被害を生ずるおそれのある物質（有害物質）を含むこと
　②化学的酸素要求量（COD）その他の水の汚染状態を示す項目（生活環境項目）で、生活環境に係る被害を生ずるおそれがある程度のものであること

　なお、**有害物質使用特定施設**とは、特定施設のうち、有害物質を製造し、使用し、または処理する施設をいいます。

（2）指定施設（法2⑷）

　指定施設とは、有害物質を貯蔵もしくは使用し、または有害物質及び油以外の指定物質を製造、貯蔵、使用、もしくは処理する施設で、**特定施設以外のもの**をいいます。指定施設の破損その他の事故が発生し、有害物質または指定物質を含む水が当該指定事業場から公共用水域または地下に浸透した場合、**事故時における適切な対応措置**が義務づけられています。この中で有害物質を含む液状のものを貯蔵する施設は、**有害物質貯蔵指定施設**に該当します。

（3）有害物質貯蔵指定施設（法2⑷、法5⑶）

　有害物質（28物質）を含む液状のものを貯蔵することを目的とする指定施設であって、この施設から**有害物質を含む水が地下浸透するおそれ**がある施設を有害物質貯蔵指定施設といいます。この施設は有害物質による地下水汚染を防ぐために、有害物質使用特定施設に対し、2012（平成24）年6月1日に施行された改正法で新しく加えられました（令4の4）。

　貯蔵施設とは、**液状のものが一定期間タンク内に留まる原料や廃液タンク等**が該当します。容器が常時配管等に接続され、一定の場所に固定して使用する施設は「貯蔵施設」に該当し、右図右のような固定されていない例は該当しません。

　貯蔵施設かどうかは下記のように判断します（右図）。

　●生産工程の中に一体として組み込まれ、一次的に有害物質が通過したり貯留したりする工程タンク等や、生産施設と一体となった施設は生産施設とみなされ、一般的には有害物質貯蔵指定施設に該当しないとされています。

特定施設の例

特定施設には、特定の業種で使用される施設（①、②、③）や業種に関係なく使用される施設（④、⑤）等がある。
① 病床数300の病院におけるちゅう房施設、洗浄施設及び入浴施設
② 飲食店のちゅう房施設（総床面積420m²以上に限る）
③ 小麦粉製造業の用に供する洗浄施設
④ 電気めっき施設
⑤ 酸またはアルカリによる表面処理施設、など

有害物質貯蔵指定施設及びそれ以外の施設の例

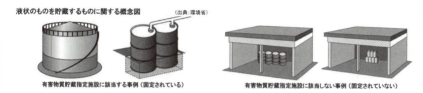

※「施設」とは工場・事業場に一定期間設置されるものをいい、常時移動させながら使用するものは該当しない（例えば、ドラム缶、一斗缶、ポリタンク等、車両等で移動可能なもの）。

貯蔵施設の判断（貯蔵指定施設に該当しない例）

●**条件・状況**
- 生産設備：有害物質使用特定施設
- 施設B：ポンプアップのために一時的に貯留
- 施設C：排水処理施設のための流量調整を行う

図／生産ラインの例

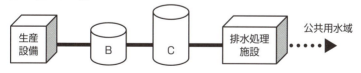

●**判断結果・理由**
- 施設B：有害物質を貯蔵することを目的とする施設でなく、排水ますと同じ機能をもつため、有害物質使用特定施設に付帯する排水系統の設備（排水溝等）の一部と判断した。
- 施設C：排水処理施設に流入する流量を調整することが目的の施設であって、有害物質を貯蔵することを目的とする施設ではないため、排水処理施設の一部と判断した。

（出典：環境省）

● 排水溝の途中で排水系統の中に一体として組み込まれた「ためます」等は、**排水系統の設備**とみなされ、有害物質貯蔵指定施設には該当しないとされています。
● 排水処理工程の中に一体として組み込まれている廃液タンク等は排水処理施設とみなされ、有害物質貯蔵指定施設には該当しないとされています。ただし、廃液を処理業者に処理委託するために**排水処理施設とは別に離れたところにあるタンクに貯蔵している場合**、このタンクは有害物質貯蔵指定施設に該当します。

（4）貯油施設等（法2⑸、令3の5）

　貯油施設等は、貯油施設及び油を含む水を処理する油水分離施設をいい、例えばボイラーの燃料等に必要な軽油等の貯蔵施設などを指します。その設置届出は本法ではなく、**消防法**または**火災予防条例**に基づいた対応が必要です。水質汚濁防止法における貯油施設等の事故により、貯蔵されている油が公共用水域や地下に流出し、水の汚染を防止するために設けられた規制です。したがって本規定は、施設等の**事故時における適切な対応措置**が義務づけられています。

（5）指定地域特定施設（3.3「総量規制」参照）（法2⑶）

　水質汚濁防止法では政令で、総量規制の対象水域（指定水域）として、東京湾、伊勢湾及び瀬戸内海（大阪湾を含む）を指定しています。排水が河川等を通じて指定水域に流入する地域であり、排水量が50m³/日以上の工場・事業場に総量規制基準の遵守が義務づけられています。

　この指定水域において汚水または排水を排出する、処理対象人数が201人以上500人以下の**し尿浄化槽**が「指定地域特定施設」に該当します（令3の2）。

2.2　法の適用を受ける工場・事業場

　法が適用される次のような工場・事業場で、排出水を公共用水域へ排出し、または地下に浸透させる場合は、排水基準を遵守する等の適切な対応が義務づけられています。

● 特定施設を設置しており、公共用水域に水（雨水等を含む）を排出する工場・事業場（特定事業場）
● 有害物質を製造し、使用し、処理する特定施設（有害物質使用特定施設）を設置しており、汚水等（これを処理したものを含む）を地下に浸透させる工場・事業場
● 指定施設を設置している事業場（指定事業場）
● 有害物質貯蔵指定施設を設置している事業場
● 貯油施設等を設置している事業場（貯油事業場等）
● 指定水域における排水量が50m³/日以上の工場・事業場（指定地域内事業場）

特定施設の設置等の届出

事業者は特定施設の設置前、（設置後の）施設の（構造等の）変更、そして施設の廃止等のときには必ず届出が必要である（法5、法7、法10、法11）。

●設置前

①工場・事業場から公共用水域に水を排出する者が、**特定施設**の設置をしようとするとき（法5⑴）

②工場・事業場から地下に有害物質使用特定施設に係る汚水等を含む水を浸透させる者が有害物質使用特定施設を設置しようとするとき（法5⑵）

③有害物質使用特定施設及び有害物質貯蔵指定施設を設置しようとするとき（**公共用水域への水の排出の有無に関わらず同様に届出が必要**）（法5⑶）

以下、前記の特定施設（①～③）を含め、「特定施設等」とする。

【届出時期】

特定施設等の設置は、届出が受理されてから60日経過しなければ設置できない。したがって、設置予定の60日以上前に設置の届出をしなければならない（実施の制限（法9⑴））。

●施設の構造等の変更時

特定施設等を設置した者が、設置後に、施設の構造・施設の設備・施設の使用の方法、汚水等の処理の方法等を変更しようとするときに届出が必要である（法7）。

【届出時期】

特定施設等の構造等の変更は、届出が受理されてから60日経過しなければ実施できない。したがって、構造等の変更では、その変更に着手する60日以上前の届出が必要になる（実施の制限（法9⑴））。

●廃止等のとき

①特定施設等を設置した者の氏名・名称・所在地を変更したとき（法10）

②設置者から特定施設等を承継したとき（法11）

③特定施設等の使用を廃止したとき（法10）

【届出時期】

変更、廃止、承継してから30日以内に届け出る。

●事故時の届出（法14の2）（5.1「施設の事故時の対応」参照）

●汚濁負荷量測定方法等の届出（法14⑶）（3.3⑵「総量規制基準」参照）

総量規制に関係した届出

3 排水はどのように規制されているのか？

3.1 環境基準と排出基準

　水質汚濁に係る環境基準は、**健康項目**（有害物質）と**生活環境項目**（汚濁物質）で考え方が異なります。**健康項目**は、主に水道を通じて長期間飲用した場合、人の健康に害を及ぼす点から決められていて、その多くが水道水質基準に準じたものとなっています。一方の**生活環境項目**についても基本的には水道、水産、工業用水の等級に準じた数値を採用していますが、地域ごとの状況を加味して、河川、湖沼及び海域について 3 ～ 6 の水域類型に分けている点が特色です。

　水質汚濁防止法における排水規制は、これら水質環境基準を達成するために工場、事業場から公共用水域に排出される水（排出水）に対し定められています。公共用水域に排出してもよいと定められた排出水の汚染状態の基準を**排水基準**といいます。

　排水基準は、基本的には環境基本法で定められた環境基準を達成することを目的に、**環境基準を基準**に定められていますが、**生活環境項目**においては、**水道水質基準**等を守るために、環境基準が設定されていない物質についても排水基準が設定されています。

　健康項目の排水基準は、原則として**環境基準の 10 倍のレベル**とされています。これは、排出水が公共用水域へ排出されると、そこを流れる河川水等によって少なくとも約 10 倍程度には希釈されるであろうと想定されているからです。

　生活環境項目の排水基準は、BOD、COD、窒素、りんなどについては、**一般的な家庭排水において処理できるレベル**を参考に決定しています。水道水質基準を参考としている銅、鉄、マンガン、クロムなどについては、健康項目同様、水道水質基準の 10 倍値で決定されています。

3.2 排水規制における排水基準

　排水規制には、全水域を対象とする**濃度規制**と指定水域を対象とする**総量規制**があります。濃度規制とは排水中の汚染物質の濃度で規制する方式で、総量規制とは一定地域あたりに排出される汚染物質の総量で規制する方式です。

　法による排水規制の対象となる水は、特定施設（指定地域特定施設を含む）を設置する工場または事業場から公共用水域に排出される水（排出水）です。事業者は、工場・事業場の排出口における排出水について**排水基準**を遵守しなければなりません。また指定地域（指定水域の水質の汚濁に関係のある地域）内事業場の事業者は、工場・事業場に係る**総量規制基準**も遵守しなければなりません。

有害物質の種類及び許容限度（排水基準を定める省令 別表第1（昭和46年総理府令第35号））

有害物質の種類	許容限度（排水基準）
カドミウム及びその化合物	0.03mg/L
シアン化合物	1mg/L
有機りん化合物	1mg/L
鉛及びその化合物	0.1mg/L
六価クロム化合物	0.5mg/L
砒素及びその化合物	0.1mg/L
水銀及びアルキル水銀その他の水銀化合物	0.005mg/L
アルキル水銀化合物	検出されないこと
ポリ塩化ビフェニル	0.003 mg/L
トリクロロエチレン	0.1mg/L
テトラクロロエチレン	0.1 mg/L
ジクロロメタン	0.2mg/L
四塩化炭素	0.02mg/L
1,2−ジクロロエタン	0.04mg/L
1,1−ジクロロエチレン	1mg/L
シス−1,2−ジクロロエチレン	0.4mg/L
1,1,1−トリクロロエタン	3mg/L
1,1,2−トリクロロエタン	0.06mg/L
1,3−ジクロロプロペン	0.02 mg/L
チウラム	0.06 mg/L
シマジン	0.03 mg/L
チオベンカルブ	0.2 mg/L
ベンゼン	0.1 mg/L
セレン及びその化合物	0.1 mg/L
ほう素及びその化合物	海域以外　10 mg/L 海域　　　230 mg/L
ふっ素及びその化合物	海域以外　8 mg/L 海域　　　15 mg/L
アンモニア、アンモニア化合物、亜硝酸化合物及び硝酸化合物	アンモニア性窒素に0.4を乗じたもの、亜硝酸化合物及び硝酸化合物の合計量 100 mg/L
1,4−ジオキサン	0.5 mg/L

※排水基準の値は、環境基準値のおおよそ10倍の値として定められています。

生活環境項目と許容限度（排水基準）

生活環境に影響する項目（排水基準を定める省令 別表第2（昭和46年総理府令第35号））　　　　　（単位:大腸菌以外はmg/L）

項目	許容限度	項目	許容限度
pH	5.8〜8.6（公共用水域） 5.0〜9.0（海域）	銅含有量	3
BOD	160（日間平均 120）	亜鉛含有量	2
COD	160（日間平均 120）	溶解性鉄含有量	10
SS（浮遊物質）	200（日間平均 150）	溶解性マンガン含有量	10
ノルマルヘキサン抽出物質		クロム含有量	2
・鉱油類含有量	5	大腸菌群数	3000個/cm³（日間平均）
・動植物油脂類含有量	30	窒素含有量	120（日間平均 60）
フェノール類含有量	5	燐含有量	16（日間平均 8）

備考　1.「日間平均」による許容限度は、1日の排出水の平均的な汚染状態について定めたもの。
　　　2. BODの排水基準は、海域及び湖沼以外の公共用水域に限り排出されるものに適用（河川等）。
　　　　 CODの排水基準は、海域及び湖沼に排出される排出水に適用。
　　　3. 窒素含有量、りん含有量の排水基準は、窒素またはりんが湖沼植物プランクトンの著しい増殖をもたらすおそれがある湖沼、及び海洋植物プランクトンの著しい増殖をもたらすおそれがある海域及びこれらに流入する公共用水域に排出される排出水に適用される。

排水規制における排水基準には、**一律排水基準**のほか、**上乗せ排水基準、横出し排水基準**があります。

（1）一律排水基準

環境省令で定める排水基準は、全公共用水域を対象とし、すべての特定事業場に対し一律の基準です。したがって、**一律排水基準**と呼ばれています。

排出水を排出する者は、その汚染状態が特定事業場の排水口において全国一律の一律排水基準に適合しない排出水を排出してはなりません（法12(1)）。

一律排水基準は原則的には排出水の汚染状態の最大値で定めています。

有害物質（法2(一)、「排水基準を定める省令」（昭和46年総理府令35号））に関する排水基準（許容限度）は、**排出水の量を問わず全特定事業場に適用**されます。前ページ表のとおり、28種類の有害物質とその許容限度（排水基準値）が定められています。

生活環境項目（法2(二)、「排水基準を定める省令」（昭和46年総理府令35号））に関する排水基準（許容限度）は、**平均的な排出水の量が50m³／日以上の工場・事業場のみに適用**されます。前ページ表のとおり、BOD、COD等、水質の汚濁状況を示す項目や銅含有量、クロム含有量、亜鉛含有量など、水質への影響、漁業及び農作物被害の防止等の観点から指定されている項目等、15項目が指定されています。また、生活環境項目で一部のものには、**最大値と併せて日間平均値**が定められています。

一律排水基準が適用される場所は右図のとおりとなります。図の上半分の場合、工場・事業場の排水口がA、B、Cの三つあるとすると、いずれの排水口においても排水基準に適合しなければなりません（雨水のみの排水口にも基準が適用されます）。

図の下半分の場合、特定事業場において、生産排水、生産工程排出水の処理水及び装置の冷却水及び雨水が排出され、すべての排水が1か所の「排出口」から公共用水域へ排出される場合は、当該「排出口」における排水について排水基準が適用されます。

（2）上乗せ／横出し排水基準

一律排水基準だけでは水質汚濁の防止が不十分な地域において、都道府県が条例によって定めるより厳しい基準を**上乗せ排水基準***といいます。

また、上乗せ排水基準の一部として、**排水量の裾下げ**があります。これは、1日の平均的な排水量が50m³未満の事業場に生活環境項目の基準を適用できるよう、同じく条例で定めます（法3(3)）。

さらに都道府県は、一律排水基準に定められていない項目（有害物質を除く）あるいは特定事業場以外の工場・事業場から公共用水域に排出される水について、条例で必要な排水規制を行うことができます。これを**横出し規制（排水基準）****といいます（法29）。

---

*　「上乗せ排水基準」の例：六価クロム化合物について、北海道は0.5mg/Lを0.05mg/L, 栃木県は0.5mg/Lを0.1mg/Lに定めている。

**　「上乗せ排水基準」以外に法では条例による「横出し基準」を認めている（法29）。
　　例えば、滋賀県 アンチモン（Sb）0.05mg/L、神奈川県ニッケル及びその化合物（Ni）1mg/L

排水基準の適用される場所

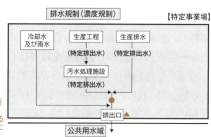

排出水の測定、記録、保存（法14、則9（一））

●測定物質と頻度
（1）特定事業場からの排出水の場合（則9（一）、（三））
　●測定対象物質
　　・特定施設を設置届出する際に提出する様式第1別紙4（排水の汚染状態及び量）において排出口ごとに届け出た物質
　　・その他のもの
　●測定頻度
　　・届け出た物質：1年の1回以上測定
　　・その他のものは、必要に応じて測定

（2）特定地下浸透水の場合（則9（四））
　●測定対象項目
　　・有害物質のうち、様式第1別紙9により届け出た物質
　　・その他のもの
　●測定頻度
　　・届け出た物質は1年に1回以上
　　・その他のものは、必要に応じて測定

●**測定頻度と条例**（則9（二）、（三）、（五））
　前記「特定事業場からの排出水」及び「特定地下浸透水」の測定頻度について条例で規定されている場合は、それに従わなければならない。

●**測定結果**（則9（八））
　結果は、「水質測定記録表」（様式第8）または計量法に基づいた証明書により記録する。

●**結果の保存**（則9（八）、（九））
　前記の結果は、測定に伴い作成したチャート、検量線その他の資料とともに3年間保存しなければならない。

3.3 総量規制

（1）総量規制とは

　閉鎖系水域とは、外洋と接する部分の少ない湖沼、内海、内湾など水の出入りが少ない水域のことをいいます。そこでは水を汚濁する物質の流入や堆積が進み、水質汚濁が進行し、いわゆる富栄養化に伴う赤潮等が発生することがあります。そこで、富栄養化の原因と考えられるCOD、窒素、りんについて行なわれている排出規制が**総量規制**です。

　一律排水基準や上乗せ排水基準のみでは「**水質に係る環境基準**」の達成が困難と認められる閉鎖性水域（「指定水域」）の水質の汚濁に関係する地域（「指定地域」）であって、その地域内の**一定規模以上の特定施設を設置している工場・事業場**が総量規制の対象となっています。「一定規模以上」とは**1日平均的排水量が50m³以上**の工場・事業場で、この事業場を「指定地域内事業場」といいます（法4の2、法4の5、則1の4）。

　総量規制の対象水域（指定水域）として、東京湾、伊勢湾及び瀬戸内海（大阪湾を含む）が指定されています。指定水域及び指定地域は右のとおりです。

　COD、窒素、りんを**指定項目**（生活環境項目の中から政令で定める項目）といい、これらを測定した値を**汚濁負荷量**といいます（法4の5(1)）。

（2）総量規制基準

　総量規制における排水基準を**総量規制基準**といいます。指定地域内事業場の設置者は、当該指定地域内事業場に係る総量規制基準を遵守しなければなりません（法12の2）。

　総量規制基準は、1日当たりに排出される汚濁負荷量の許容限度として指定地域内事業場ごとに定めたもので、右の式を基本として算出します。

　総量規制基準と排水基準（濃度基準）は別のものであり、総量規制基準が適用されている指定地域内事業場にも排水基準は適用されます。

（3）汚濁負荷量の測定と記録

　総量規制の対象は**特定排出水**の汚濁負荷量です。濃度規制（一般排水基準）では、公共用水域へ排出される末端の排水口が測定場所となるのに対し、総量規制では、間接冷却水、雨水等が混入しない場所の水を採取し、水質を計測します（右図）。

　また日平均排水量により測定頻度が定められています（右）。測定の結果は3年間保存します。

　また指定地域内事業場の設置者は、あらかじめ特定排出水の汚濁負荷量の測定手法を都道府県知事に届け出なければなりません。下記の項目です。

　①特定排出水のCOD、窒素含有量及びりん含有量に関する汚染状態、特定排出水の量、その他汚濁負荷量の測定に必要な計測方法及び計測場所
　②特定排出水の1日当たりの汚濁負荷量の算出方法
　③その他汚濁負荷量の測定方法について参考となるべき事項

総量規制地域

①東京湾（東京都、千葉県、神奈川県、埼玉県）
②伊勢湾（愛知県、三重県、岐阜県）
③瀬戸内海（大阪府、京都府、奈良県、兵庫県、和歌山県、岡山県、広島県、山口県、徳島県、香川県、愛媛県、福岡県、大分県）
の全部またはその一部（法４の２、令４の２、令別表第２）

総量規制基準の算出

$La = C \times Qa \div 1,000$（kg/日）

La：当該指定事業場の総量規制基準（許容限度）
（注）これは事業場において排出が許容される汚濁負荷量で、61p「有害物質の種類及び許容限度」、「生活環境項目と許容限度」の排水基準とは異なる。
C：業種等の区分ごとに都道府県知事が定める一定のCOD、窒素含有量またはりん含有量の濃度（mg/L）
Qa：事業場ごとの特定排出水量（m³/日）（冷却水、雨水等を除く）

汚濁負荷量の測定箇所（比較、濃度規制適用箇所）

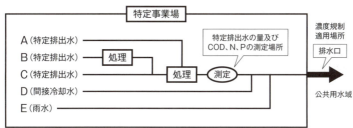

（出典：愛知県「水質汚濁防止法のあらまし」）

※「特定排出水」とは、指定地域内事業場から排出される排出水から間接冷却水等を除いたもの。間接冷却水は汚濁負荷量には関係しない。

排出水の汚濁負荷量の測定頻度（則９の２⑴（二））

●日平均排水量　400m³ 以上の場合　　　　　　　　排水の期間中毎日測定
●日平均排水量　200m³ 以上 400m³ 未満の場合　　　７日を超えない期間ごとに１回以上
●日平均排水量　100m³ 以上 200m³ 未満の場合　　　14日を超えない期間ごとに１回以上
●日平均排水量　50m³ 以上 100m³ 未満の場合　　　 30日を超えない期間ごとに１回以上

4 地下水浸透規制がなぜ重要なのか?

4.1 地下水汚染と浄化措置命令

(1) 特定地下浸透水の浸透の制限

改正水質汚濁防止法 (2012年施行) では、有害物質による**地下水の汚染を未然に防止**するため、有害物質を使用・貯蔵等する施設の設置者に対し、地下浸透防止のための構造等に関する基準の遵守等を義務づける規定が新たに設けられました。

カドミウム等の有害物質を製造、使用、処理する特定施設 (有害物質使用特定施設) を設置する特定事業場 (有害物質使用特定事業場) から地下に浸透する水を**特定地下浸透水**といい、排出者は、有害物質を含む*水等を地下に浸透させてはなりません (法12の3、則6の2)。

これは**漏出等の非意図的な原因による有害物質の地下浸透に対しても適用**されます。

(2) 地下水汚染に伴う事業者の浄化措置命令

トリクロロエチレン、鉛等の有害物質による地下水汚染で人の健康被害を生ずるか、そのおそれがあるときは、都道府県知事は、必要な限度において、相当な期限を定めて、地下水浄化の命令を命ずることができます (法14の3(1))。

この浄化措置命令では、**地下水を飲用に利用している地点等で地下水汚染が判明 (地下水浄化基準を超過)** していることが必要です。なお、土壌汚染対策法の調査命令では、汚染のある地点と地下水の飲用等の地点が離れていても命令が行われる点で、水質汚濁防止法の地下水の浄化措置命令とは異なっています。

地下水浄化の対象となる有害物質は、公共用水域における排水基準と同様の**28項目**＋「**塩化ビニルモノマー**」の合計29項目です (則9の3)(右表)。

(3) 地下水汚染事故の原因

施設・設備にかかわる漏えいの原因としては「設備本体に付帯する配管部のつぎ目、パッキン等の劣化や破損」、「廃液等の貯留設備や保管容器等の劣化や破損」等があります。

作業にかかわる漏えいの原因は「設備の操作ミス」、「有害物質の不適切な取扱い」、「通常の作業工程中の漏えい (したたり落ち等)」、「溶剤や廃液等の移し替え作業時の漏えい」等があります。

地下への浸透の原因として、「設備の設置場所の床面の劣化等による亀裂」、「土間等の浸透性のある床」、「排水溝や排水貯留施設等の亀裂」、「地下貯蔵施設本体または付帯する配管等の亀裂」などがあります。

＊「有害物質を含む」とは、所定の方法で分析したときに「有害物質が検出される」ことをいい、排水基準とは異なる (則8の4)。

有害物質の種類及び地下水浄化基準

有害物質の種類	地下水浄化基準
カドミウム及びその化合物	0.003mg/L以下
シアン化合物	検出されないこと
有機りん化合物	検出されないこと
鉛及びその化合物	0.01mg/L以下
六価クロム化合物	0.05mg/L以下
砒素及びその化合物	0.01mg/L以下
水銀及びアルキル水銀その他の水銀化合物	0.0005mg/L以下
アルキル水銀化合物	検出されないこと
ポリ塩化ビフェニル	検出されないこと
トリクロロエチレン	0.01mg/L以下
テトラクロロエチレン	0.01mg/L以下
ジクロロメタン	0.02mg/L以下
四塩化炭素	0.002mg/L以下
1,2-ジクロロエタン	0.004mg/L以下
1,1-ジクロロエチレン	0.1mg/L以下
1,2-ジクロロエチレン	0.04mg/L以下（シス体とトランス体の和）
1,1,1-トリクロロエタン	1 mg/L以下
1,1,2-トリクロロエタン	0.006mg/L以下
1,3-ジクロロプロペン	0.002mg/L以下
チウラム	0.006mg/L以下
シマジン	0.003mg/L以下
チオベンカルブ	0.02mg/L以下
ベンゼン	0.01mg/L以下
セレン及びその化合物	0.01mg/L以下
ほう素及びその化合物	1mg/L以下
ふっ素及びその化合物	0.8mg/L以下
アンモニア、アンモニア化合物、亜硝酸化合物及び硝酸化合物	10mg/L以下
1,4-ジオキサン	0.05mg/L以下
塩化ビニルモノマー	0.002mg/L以下

※「塩化ビニルモノマー」は排水基準にはありませんが、地下水浄化基準にはあります。

施設からの漏えいに伴う地下水汚染のモデル

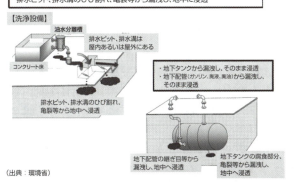

（出典：環境省）

4.2 構造等に関する基準と定期点検

（1）汚染防止のための規制

　有害物質使用特定施設または有害物質貯蔵指定施設の設置者は、当該施設について有害物質を含む水の地下への浸透の防止のための**構造、設備及び使用の方法に関する基準を遵守**しなければなりません。また、構造等に関する基準の内容に応じて**定期に点検し、その記録をし、保存**しなければなりません。「構造等に関する基準の遵守」と「定期点検の実施」がセットになったのが水質汚濁防止法による規制といえます。

（2）構造等に関する基準の遵守

　多くの有害物質による地下水汚染は、生産施設や貯蔵施設の老朽化や生産設備等を使用する際の作業ミス等、意図しない状況で地下に浸透した結果によるものと推定されています。そこで、これら施設の**構造等に関する基準**を守ることが非常に重要になります（法12の4）。

　「構造等に関する基準」は、「施設設置場所の床面や周囲」や「配管」など右に掲げるものを対象にしており、既存の施設に適用できる**B基準**と新設の施設に適用される**A基準**があります。有害物質の有無について濃度による裾切りはなく、有害物質使用特定施設または有害物質貯蔵指定施設に付帯する配管や排水溝に**微量でも有害物質を含む水が流れる場合**は、その配管等は「構造等に関する基準」の対象となり、設備の材質や構造を基準に適合させる必要があります。

　施設の使用方法についても基準が定められており、作業時等による飛散や漏洩による地下浸透を防ぐため、**施設等における作業方法、設備の作動状況の確認、有害物質の漏洩時における対応**などを定め、その点検方法や回数とともに管理要領を作成する必要があります（則8の7）。

（3）定期点検の実施

　法では設備等からの漏えい、施設の破損等を**定期的に点検**することが求められています（法14(5)）。

　新設、既設を問わず、すべての施設に対し定期点検が義務づけられています。また、点検は原則目視点検です。目視により「漏えいの確認」、「施設の破壊の確認」等を行います。

　施設本体、床面及び周囲、付帯する設備等について、「ひび割れ」、「亀裂」、「損傷」、「その他の異常」、「漏えい」等を点検します。

　構造基準等の**定期点検の結果・記録の記載事項**は、「点検を行った施設」、「点検年月日」、「点検方法及び結果」、「点検の実施者、点検実施責任者の氏名」、「点検の結果に基づいて補修その他必要な措置を講じたときは、その内容」となります。

　また、定期点検ではないが、異常を確認したときの記録の記載事項は「異常が確認された施設」、「異常を確認した年月日」、「異常時の内容」、「異常等を確認した者の氏名」、「補修その他の必要な措置を講じたときは、その内容」となります。

　どちらも保存期間は3年となります。

構造等に関する基準の対象施設

- 施設の設置場所の床面及び周囲
- 施設本体に付帯する設備（配管、バルブ、継手、ポンプ、排水溝等）
    - 施設に付帯する配管設備は漏えいを防止できる強度があること
    - 耐薬品塗料等により被覆してあること。接液部分が薬品に耐性のある材質（例：FRP、ステンレスチール等）から成る施設であること
    - 施設が防液堤の中にあって、施設からの漏えいを全量防液堤で止め、地下への浸透を防げること、など
- 地下貯蔵施設本体（地上にある施設には構造等の基準は適用されません）
- 施設等の使用の方法

構造等に関する基準が適用される施設及び付帯施設のイメージ図

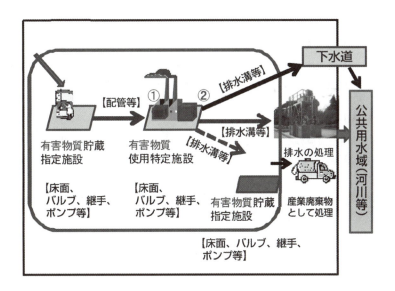

点検の頻度

- 施設の新設時に適用されるＡ基準に適合している場合の点検頻度は、原則1年に1回以上
- 既設の施設に適用されるＢ基準であって、Ａ基準ほどではない場合等の点検頻度は、6か月に1回以上あるいは1か月に1回以上
- 構造等の基準や定期点検の方法に適合しているかどうかは事業者が判断するが、不明な場合には自治体へ確認することが望ましい

5 事故時の措置

5.1 施設の事故時の対応

　施設の破損等の事故が発生し、施設から「有害物質」、「生活環境項目」、「指定物質」、「油」を含む水が公共用水域に排出され、または有害物質を含む水が地下に浸透することにより、人の健康や生活環境に被害を生ずるおそれがあるときは、応急の措置を講ずるとともに都道府県に届け出なければなりません。これを**事故時の措置**といいます。

（1）有害物質及び生活環境項目（特定施設）（法14の2(1)）

　特定事業場において、特定施設の破損等により、有害物質を含む水もしくは生活環境項目（pH,COD等）については排水基準に適合しないおそれがある水が公共用水域に排出され、もしくは有害物質を含む水が地下浸透する場合。

（2）指定物質（法14の2(2)）

　指定施設を設置する指定事業場において、施設の破損等により有害物質や指定物質（右表）を含む水が公共用水域または地下浸透する場合。

（3）油（法14の2(3)）

　貯油施設等を設置している工場・事業場において、油を含む水が公共用水域に排出しまたは地下浸透する場合。

　指定物質とは、公共用水域に多量に排出されることにより人の健康または生活環境に係る被害を生ずるおそれのある政令で定める56種類の化学物質と定義されています。
　指定物質については排出規制は適用されず、したがって排水基準（許容限度）の規定はなく、**指定施設の事故時の措置の義務のみが適用されます。**
　指定施設とは、指定物質を製造し、貯蔵し、使用し、または処理する施設となっています。指定施設は、指定物質以外に、有害物質を貯蔵もしくは使用する施設も含まれます。この場合、2.1(1)「特定施設」の本法施行令別表第1に掲げる有害物質を使用する特定施設以外の施設が対象となります（2.1(2)「指定施設」）。
　対象物質と施設との関係をまとめた事故時の措置の概要は右図の通りです。

5.2 応急の措置

　事故が発生し、これに続く有害物質や油を含む水の排出または地下への浸透を防止するための措置を応急の措置といいます。必ずしも現状復旧措置を指すものではありません。

事故時の措置の概要

施設＼物質	有害物質	指定物質	油
特定施設	製造、使用、処理		
指定施設	貯蔵、使用	製造、貯蔵、使用、処理	
貯油施設等			貯蔵、処理

※（左欄）事故時措置

2011.4.1施行にともない新たに事故時措置の対象となった項目

※特定施設、指定施設、貯油施設等の各施設はそれぞれ重複することがあり得る

指定物質 56 物質（法2⑷、令3の3）

物質名	数量	項目	関係のある施設	条項
指定物質	56物質	①ホルムアルデヒド、②ヒドラジン、③ヒドロキシルアミン、④過酸化水素、⑤塩化水素、⑥水酸化ナトリウム、⑦アクリロニトリル、⑧水酸化カリウム、⑨アクリルアミド、⑩アクリル酸、⑪次亜塩素酸ナトリウム、⑫二硫化炭素、⑬酢酸エチル、⑭メチル−t−ブチルエーテル（MTBE）、⑮硫酸、⑯ホスゲン、⑰1,2−ジクロロプロパン、⑱クロルスルホン酸、⑲塩化チオニル、⑳クロロホルム、㉑硫酸ジメチル、㉒クロルピクリン、㉓ジクロルボス（DDVP）、㉔オキシデプロホス（ESP）、㉕トルエン、㉖エピクロロヒドリン、㉗スチレン、㉘キシレン、㉙p-ジクロロベンゼン、㉚フエノブカルブ（BPMC）、㉛プロピザミド、㉜クロロタロニル（TPN）、㉝フェニトロチオン（MEP）、㉞イプロベンホス（IBP）、㉟イソプロチオラン、㊱ダイアジノン、㊲イソキサチオン、㊳クロルニトロフェン（CNP）、㊴クロルピリホス、㊵フタル酸ビス（2-エチルヘキシル）、㊶アラニカルブ、㊷クロルデン、㊸臭素、㊹アルミニウム及びその化合物、㊺ニッケル及びその化合物、㊻モリブデン及びその化合物、㊼アンチモン及びその化合物、㊽塩素酸及びその塩、㊾臭素酸及びその塩、㊿クロム及びその化合物（六価クロム化合物を除く）、51マンガン及びその化合物、52鉄及びその化合物、53銅及びその化合物、54亜鉛及びその化合物、55フェノール類及びその塩類、56ヘキサメチレンテトラミン	指定施設	法2⑷

第3章 ● 実務に役立つ Q&A

有害物質貯蔵指定施設

Q：ごく微量の有害物質が含まれている場合でも、有害物質貯蔵指定施設に該当しますか？

A：原則的に、有害物質を貯蔵することを目的とするタンク等の施設は該当します。有害物質を含む水とは、有害物質を微量含む廃液、有害物質100％の液体も含まれます。（出典：兵庫県「改正水質汚濁防止法に関するQ&A集」）

有害物質貯蔵指定施設

Q：実験等で発生した廃液タンクに有害物質が含まれる場合、有害物質貯蔵指定施設に該当しますか？

A：タンクが物理的に固定されているならば該当します。物理的に固定されていないドラム管等は該当しません。（出典：兵庫県「改正水質汚濁防止法に関するQ&A集」）

有害物質貯蔵指定施設

Q：原材料として有害物質を使用する施設では、操業中はバッファタンクを経由して製造工程へ原材料が常時供給されるが、1日の操業終了後、製造工程への供給をストップしてバッファタンクに有害物質を貯蔵することとなる。このようなバッファタンクは有害物質貯蔵指定施設に該当しますか？

A：有害物質貯蔵指定施設には該当しません。操業中のバッファタンクは常時流出入があり、1日の操業終了時に一時的に貯蔵されるもので、貯蔵施設とは捉えにくいからです（そもそも製造工程と一体であれば、有害物質貯蔵指定施設には該当しません）。（出典：兵庫県「改正水質汚濁防止法に関するQ&A集」）

有害物質使用特定施設

Q：下水道に全量を放流している研究施設の洗浄施設（特定施設）について、放流水が検出限界未満であれば、有害物質使用特定施設に該当しないことになりますか？

A：当該施設において、有害物質を洗浄しているのであれば、放流水が検出限界未満であっても有害物質使用特定施設となるので、法第5条第3項の届出が必要になります。ただし有害物質が検出限界未満の場合は有害物質を含む水とはならず、したがって洗浄施設からの放流水中の有害物質が常時検出限界未満の場合は、当該施設に付帯する排水溝等には構造等の基準は適用されませ

ん。（出典：環境省「改正水質汚濁防止法に係るQ&A集」）

貯油施設

Q：貯油施設とはどのような施設でしょうか？

A：ボイラー用の重油タンク、暖房用タンク等 が該当します。機械の一部として組み込まれている潤滑油等の小型タンクは、一般的に施設には該当しません。また、ドラム缶の保管場所、タンクローリーの駐車場も該当しないとされています（型式を問うものではない）。（出典：神環協法規調査分科会2005/2「環境法令マニュアル（水質汚濁防止法）」の中の（Q&A）（1）貯油施設（出典：環境庁水質保全局水質管理課）より）

油水分離施設

Q：油水分離施設とはどのような施設ですか？ オイルトラップやグリストラップといわれるものも含まれますか？

A：油水分離槽（簡易なものを含む）、オイルトラップ、あるいはグリストラップと称されるもの等も含みます。（出典：神環協法規調査分科会2005/2「環境法令マニュアル（水質汚濁防止法）」の中の（Q&A）（1）貯油施設（出典：環境庁水質保全局水質管理課）より）

排水基準

Q：排水基準は、公共用水域ごとに定められたものですか？

A：排水基準は、すべての公共用水域に一律に適用されます。水質汚濁防止法で定める排水基準を特に一律基準と呼ぶことがあります。

上乗せ排水基準

Q：上乗せ排水基準の対象とする物質や項目は、排水基準の対象となっていない有害物質や生活環境項目についても定められていますか？

A：上乗せ排水基準は、一律排水基準が定められている有害物質や生活環境項目に限って都道府県知事等が条例で定めるものです。

構造等に関する基準

Q：有害物質を含む水が通る配管は、どんなに微量でも点検の対象となりますか？

A：有害物質を含む水が流れる有害物質使用特定施設または有害物質貯蔵指定施設に付帯する配管は対象となります。（出典：兵庫県「改正水質汚濁防止法に関するQ&A集」）

構造等に関する基準

Q：工場内の配管はすべて構造等に関する基準の対象となりますか？

A：有害物質使用特定施設や有害物質貯蔵指定施設に付帯する配管等が「構造等に関する基準」の対象となります。なお、生産工程と一体のものは除きます。（出典：兵庫県「改正水質汚濁防止法に関するQ&A集」）

構造等に関する基準

Q：有害物質貯蔵指定施設や有害物質使用特定施設の本体について、構造等に関する基準はありますか？

A：地上に設置されていれば「構造等に関する基準」は適用されません。施設本体には定期点検の方法のみ定められています。ただし、地下貯蔵施設であれば「構造等に関する基準」も適用されます。（出典：兵庫県「改正水質汚濁防止法に関するQ&A集」）

構造等に関する基準

Q：有害物質使用特定施設から排水処理施設までの排水管（溝）は構造等に関する基準が適用されますか？

A：有害物質使用特定施設に付帯する配管のうち、有害物質を含む水が流れるものに基準が適用されます。（出典：滋賀県、環境省）

第4章

土壌汚染対策法

1節　土壌汚染リスクとは
2節　土壌汚染状況の調査はいつ必要か？
3節　基準不適合土壌が見つかった場合
4節　基準不適合土壌の処理
5節　汚染土壌の搬出

4章 土壌汚染対策法

> この法律は、土壌汚染による人の健康への影響の防止と土壌汚染についての国民の安全と安心の確保を目的に制定された。

法律の成立と経緯

　栃木県足尾銅山による渡良瀬川流域の鉱毒による稲の生育被害（1880〜1970年代）、宮崎県土呂鉱山による砒素中毒や稲の生育被害（1920〜1960年代）等の農用地の汚染を受け、1970（昭和45）年に「農用地の土壌の汚染防止等に関する法律」が制定されました。一方、1975（昭和50）年の化学工場跡地の六価クロムによる土壌汚染、1980年代のトリクロロエチレン等による地下水汚染等の市街地汚染が社会問題化したことに対し、土壌環境基準が設定（1991（平成3）年）され、「重金属等に係る土壌汚染調査・対策指針」及び「有機塩素系化合物等に係る土壌・地下水汚染調査・対策暫定指針」（1994（平成6）年）が策定・実施されました。

　しかし土壌汚染はさらに増加し健康不安が増大したため、汚染の調査・対策のルール化が必要となり、2002（平成14）年に「土壌汚染対策法」が制定されました。この法律では、まず汚染調査を実施すること、指定基準に適合しない土地を指定区域に指定し、土地の所有者等に対し汚染の除去等を命じること、土地の形質の変更を届出制とし、調査は環境大臣指定の指定調査機関が行うこととなりました。

　これらの策を講じましたが、法に基づかない自主調査による土壌汚染の判明の増加、汚染土壌の不適切処理による汚染の拡散等が生じたことを受け、2009（平成21）年に法律が改正されました。改正で、汚染調査はより厳しくなり、土壌の汚染状態が指定基準を超過した場合、当該土壌は「要措置区域」または「形質変更時要届出区域」に指定され、汚染土壌の搬出等の事前届出制、運搬基準の遵守、管理票の交付・保存、許可された汚染土壌処理業者への処理委託、また自主調査で土壌汚染が判明した場合の都道府県知事に対する区域指定の申請等が規定され、同時に新たに自然由来の有害物質による汚染土壌も本法の対象となりました。

土壌汚染対策法・年表 (●：できごと、●：法令関係)

● 1880 ～ 1970 年代　栃木県足尾銅山による渡良瀬川流域の鉱毒被害（稲の生育被害等）。

● 1920 ～ 1960 年代　宮崎県土呂鉱山に依る鉱毒被害（砒素中毒、稲の生育被害等）。

● 1970（昭和 45）年　農用地の土壌の汚染防止等に関する法律制定。

● 1975（昭和 50）年　化学工場跡地の六価クロムによる土壌汚染が表面化。

● 1980 年代　トリクロロエチレン等による地下水汚染が社会問題化。

● 1991（平成 3）年　「土壌汚染に係る環境基準」（土壌環境基準）の設定。

● 1994（平成 6）年　「重金属に係る土壌汚染調査・対策指針」及び「有機塩素系化合物に係る土壌・地下水汚染調査・対策暫定指針」策定。

● 1980 ～ 1990 年代　有害物質による土壌汚染事件が多発し、土壌汚染による健康影響の懸念や対策の確立に対する社会的要請が高まる。

● 2002（平成 14）年　土壌汚染対策法の制定（土壌の汚染調査：調査は指定調査機関、指定基準に適合しない場合、指定区域に指定、汚染除去等の措置命令、土地の形質変更の届出）。

● 2002（平成 14）年以降　法に基づかない自主的調査による土壌汚染の増加、汚染土壌の不適正処理による汚染の拡散が発生。

● 2009（平成 21）年　法改正（調査範囲を拡大、指定基準を超過した土壌を「要措置区域」または「形質変更時要届出区域」に指定、要措置区域の場合、汚染除去等の措置命令、土地の形質の変更禁止、汚染土壌の搬出時の事前届出。その他、運搬基準の遵守、管理票の交付及び保存、汚染土壌処理業の許可制、自然由来の有害物質による汚染された土壌も対象とされた）。

● 2017（平成 29）年　土壌汚染状況調査の実施対象拡大（調査が猶予されている土地の形質変更時には、あらかじめ届出をさせ、都道府県知事は汚染の調査をさせる）、要措置区域内における措置内容に関する計画の提出義務、リスクに応じた規制の合理化（①専ら自然由来であって健康被害のおそれがない土地の形質変更時は事後届出で良いとされた、②基準不適合が自然由来等の土壌は、都道府県知事への届出により、同一地層の自然由来等による基準不適合の土壌のある土地への移動が可能となった（注：従来は、汚染土壌の他への移動は汚染土壌処理業者への移動のみ認められていた））。

土壌汚染対策のしくみ

　土壌汚染対策の枠組みは、有害物質の取扱工場・事業場の**廃止時や用途の変更時**、または**土壌汚染の可能性の高い土地で必要なとき**をとらえて、その**土地の所有者**（所有者、占有者または管理者）が**調査を実施**し、その結果、**特定有害物質**が**指定基準**を超えるなど、リスク管理が必要と考えられる汚染土壌がある場合には都道府県知事がその土地を指定区域に指定し、台帳に記載し、公衆に閲覧させるというものです。

　管理の目的は、①**当該土地のリスクの低減**と②**土地改変等に伴う新たな環境リスクの発生防止**が挙げられます。①**要措置区域**では、土壌汚染による健康被害の発生のおそれがあると認められる場合、都道府県知事は土地所有者（もしくは汚染原因者）にリスク低減措置命令を発することができ、土地所有者はリスク低減措置に関する技術基準に従った措置を実施しなければなりません。②**形質変更時要届出区域**では、当該区域の土地の形質変更時に都道府県知事への届出義務を負い、変更に伴う汚染を拡散させないための技術的基準に適合しない場合には、都道府県知事は計画変更命令を発することができます。

　土壌汚染状況調査は、**使用が廃止された有害物質使用特定施設**に係る工場・事業場の敷地であった土地、土壌汚染による**健康被害が生ずるおそれ**がある土地、さらに**形質の変更**をしようとする土地であって土壌汚染のおそれが認められる**面積が一定規模以上**の土地に対して行われます。また土壌汚染状況調査の信頼性を確保するために、技術的能力を有する調査事業者をその申請により環境大臣が**指定調査機関**として指定します。

　汚染土壌を適正処理するために、①規制対象区域内の土壌の搬出規制、②搬出土壌管理票の交付及び保存の義務、③許可を有する汚染土壌処理業者への処理委託制度などが導入されました。このようにして浄化された場合には、リスク管理地としての指定が解除されます（**指定区域の解除**）。

現場担当者が押さえておきたいこと

● 特定有害物質を使用したことのある有害物質使用特定施設があるかを確認する

● 有害物質を含む液体を地下タンクで貯蔵していたかを確認する

● 特定有害物質の種類、量、場所、使用期間を確認する

● いままでに土壌汚染調査を実施しているかを確認する

● もし汚染が確認されていた場合、土壌溶出量基準及び土壌含有量基準を超えているか、あるいは第2溶出量基準を超えているかを確認する

● 汚染区域は、要措置区域または形質変更時要届出区域のいずれであるかを確認する

● 汚染の除去等の措置、委託処理の際の管理票の交付及び保存の状態を確認する

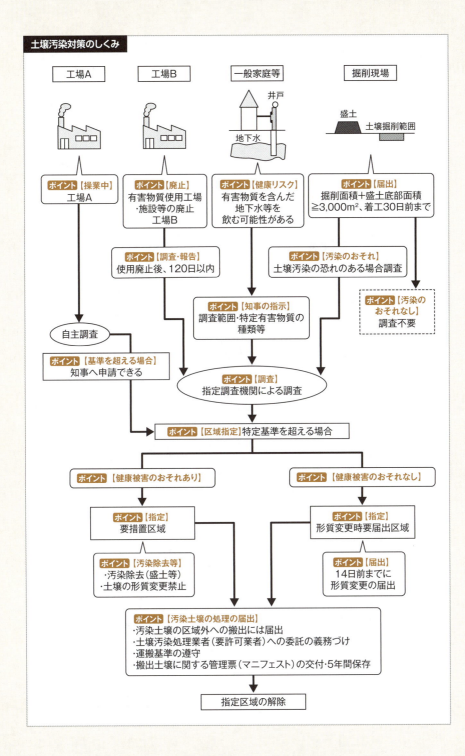

土壌汚染対策法の概要

◉事業者への規制

　本法は、土壌汚染による環境リスクの管理として（1節）、土壌汚染に係る土地を的確に把握するため、汚染の可能性のある土地について、土壌の特定有害物質による土壌汚染を見つけ（調査のきっかけ及び方法、2節）、調査の結果を公に知らせ（区域の指定及び工事、3節）、健康被害が生じないような形で管理していく（形質変更時及び搬出時の事前届出等、4節、5節）しくみを定めています。

汚染調査及び汚染除去のしくみ

土壌汚染の調査
①有害物質使用特定施設*の使用の廃止時（法3）
②面積3,000 ㎡以上の土壌汚染のおそれのある土地の形質変更時（法4）
③土壌汚染による健康被害のおそれありと知事等が認めた時（法5）

土壌汚染の調査
④自主調査（法14）

指定の申請

義務

土地所有者等は指定調査機関に調査委託, 結果を知事に報告

土壌汚染状態が指定基準を超過した場合「区域の指定」

	要措置区域（法6）	形質変更時要届出区域（法11）
条件	・基準超過 ・健康被害のおそれあり	・基準超過 ・健康被害のおそれなし
汚染除去等の措置	・汚染除去等の措置（土地所有者等）（法7） 　＊盛土, 封じ込め等の対策 ・土地の形質の変更禁止（法9）	・区域内で土地の形質の変更する場合の届出義務 　（変更着手の14日前）（法12）

都道府県知事は, 要措置区域及び形質変更時要届出区域の台帳を調整・保管・閲覧

搬出土壌の《適正処理の確保》
①汚染土壌の区域外への搬出には届出（搬出着手14日前）（法16）
②運搬する者は運搬の基準を遵守（法17）
③搬出土壌処理業者（要許可）への委託の義務づけ（法18）
④搬出土壌に関する管理票（汚染土壌マニフェスト）の交付・保存義務付け（5年間保存）（法20）

指定区域の指定の解除（法6, 法11）

＊　水質汚濁防止法第2条第2項の特定施設であって、特定有害物質をその施設において製造し、使用しまたは処理するもの

第4章 土壌汚染対策法

土壌汚染対策法の体系図

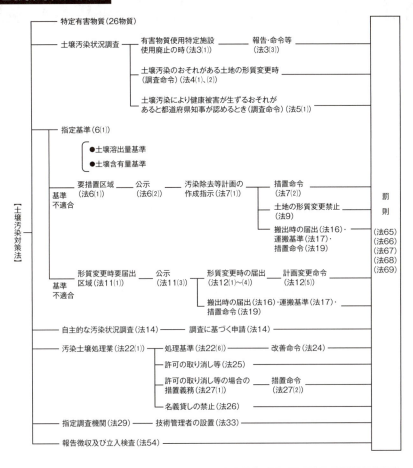

法律の規定事項
　第1章　総則(第1条・第2条)
　第2章　土壌汚染状況調査(第3条〜第5条)
　第3章　区域の指定等
　　第1節　要措置区域(第6条〜第10条)
　　第2節　形質変更時要届出区域(第11条〜第13条)
　　第3節　雑則(第14条・第15条)
　第4章　汚染土壌の搬出等に関する規制
　　第1節　汚染土壌の搬出時の措置(第16条〜第21条)
　　第2節　汚染土壌処理業(第22条〜第28条)
　第5章　指定調査機関(第29条〜第43条)
　第6章　指定支援法人(第44条〜第53条)
　第7章　雑則(第54条〜第64条)
　第8章　罰則(第64条〜第69条)
　　附則

1 土壌汚染リスクとは

（1）土壌汚染とは

　土壌は水や空気と同じように、生き物が生きていく上でなくてならないものです。土壌は地中にいる生き物が生活する場であり、土壌に含まれる水分や養分が農作物を育てます。

　土壌汚染とはこういった働きを持つ土壌が人間にとって有害な物質によって汚染された状態をいいます。原因としては、工場の操業に伴い、原料として用いられる有害な物質を不適切に取り扱って有害な物質を含む液体を地下に浸み込ませてしまう、などが考えられます。また土壌汚染の中には、人間の活動に伴って生じた汚染だけではなく、自然的な原因で汚染されているものも含まれます。

（2）土壌汚染のリスク

　土壌は一旦汚染されると有害物質が蓄積され、汚染が長期にわたるという特徴があります。土壌汚染による影響としては、**人の健康への影響**と**生活環境・生態系への影響**があります（右図）。特に人の健康への影響については、汚染された土壌に直接触れたり、口にしたりする**直接摂取によるリスク**と、汚染土壌から溶け出した有害物質で汚染された地下水を飲用する等の**間接的なリスク**が考えられます。

> ●**直接摂取によるリスク**
> - ● 汚染土壌の摂取（飛散による土壌粒子の摂食を含む）
> - ● 汚染土壌と接触することによる皮膚からの吸収
>
> ●**間接的なリスク**
> - ● 地下水等（への溶出）→飲用等

（3）特定有害物質と指定基準

　土壌汚染対策法は、これらの健康リスクを適正に管理するためにつくられました。同法の対象となる**特定有害物質**は、土壌に含まれることに起因して健康被害を生ずるおそれがあるものとし、政令で26物質*を指定しています。26物質について、地下水等経由の摂取の観点から**土壌溶出量基準**が設定されており、直接摂取リスクの観点からこれら26物質のうち**9物質について土壌含有量基準**が設定されています。これら指定基準を超過した場合、法規制の対象となります。

＊　土壌・地下水汚染で検出される有害物質のほとんどは水質汚濁防止法の有害物質なので、土対法では水濁法の有害物質28物質のうち、「アルキル水銀化合物」、「1,4 - ジオキサン」、「アンモニア、アンモニア化合物、亜硝酸化合物及び硝酸化合物」を除く25物質に対し新たに「クロロエチレン」が追加（平成28年4月1日施行）され、26物質となった。

汚染された土による健康への影響等

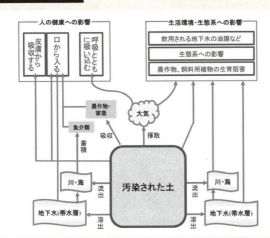

(出典：環境省)

指定基準

分類	特定有害物質の種類(法2)	指定基準(法6) 土壌溶出量基準(mg/L)	指定基準(法6) 土壌含有量基準(mg/kg)	第2溶出量基準(mg/L)	地下水基準(mg/L)
第1種特定有害物質(揮発性有機化合物)	四塩化炭素	0.002以下	—	0.02以下	0.002以下
	1,2-ジクロロエタン	0.004以下	—	0.04以下	0.004以下
	1,1-ジクロロエチレン	0.1以下	—	1以下	0.1以下
	シス-1,2-ジクロロエチレン	0.04以下	—	0.4以下	0.04以下
	1,3-ジクロロプロペン	0.002以下	—	0.02以下	0.002以下
	ジクロロメタン	0.02以下	—	0.2以下	0.02以下
	テトラクロロエチレン	0.01以下	—	0.1以下	0.01以下
	1,1,1-トリクロロエタン	1以下	—	3以下	1以下
	1,1,2-トリクロロエタン	0.006以下	—	0.06以下	0.006以下
	トリクロロエチレン	0.03以下	—	0.3以下	0.03以下
	ベンゼン	0.01以下	—	0.1以下	0.01以下
	クロロエチレン(塩化ビニル)	0.002以下	—	0.02以下	0.002以下
第2種特定有害物質(重金属等)	カドミウム及びその化合物	0.01以下	150以下	0.3以下	0.01以下
	六価クロム化合物	0.05以下	250以下	1.5以下	0.05以下
	シアン化合物	不検出	50以下(遊離シアンとして)	1以下	不検出
	水銀及びその化合物 内アルキル水銀	0.0005以下 不検出	15以下	0.005以下 不検出	0.0005以下 不検出
	セレン及びその化合物	0.01以下	150以下	0.3以下	0.01以下
	鉛及びその化合物	0.01以下	150以下	0.3以下	0.01以下
	砒素及びその化合物	0.01以下	150以下	0.3以下	0.01以下
	ふっ素及びその化合物	0.8以下	4000以下	24以下	0.8以下
	ほう素及びその化合物	1以下	4000以下	30以下	1以下
第3種特定有害物質(農薬等)	シマジン	0.003以下	—	0.03以下	0.003以下
	チオベンカルブ	0.02以下	—	0.2以下	0.02以下
	チウラム	0.006以下	—	0.06以下	0.006以下
	PCB	不検出	—	0.003以下	不検出
	有機りん化合物	不検出	—	1以下	不検出

2 土壌汚染状況の調査はいつ必要か?

　法では、次の①から③の場合に土壌の汚染について調査し、都道府県知事等に対して
その結果を報告する義務が生じます。そのほか、④の自主的な調査等をもとにして、都道府
県知事等に区域の指定を任意に申請することができます。それぞれについてみていきましょう。

---

①有害物質使用特定施設の使用の廃止時【**ケース1**】（法3）
②一定規模（面積3,000m²）以上の土壌汚染のおそれのある土地の形質変更時
　　【**ケース2**】（法4）
③土壌汚染による健康被害のおそれ有りと知事等が認めたとき【**ケース3**】（法5）
④自主的な土壌汚染の調査【**ケース4**】

2.1 有害物質使用特定施設の使用を廃止するとき【ケース1】

（1）調査の義務

　使用が廃止された有害物質使用特定施設の土地の所有者、管理者、または占有者（「所
有者等」）に**調査義務が発生**します。

　土地の利用の方法からみて土壌汚染による健康被害が生ずるおそれがないと都道府県
知事等の確認を受けた場合には、調査義務は一時的に猶予されます（利用の方法が変更され、
当該確認が取り消された場合には、再度調査義務が発生します）。なお、調査が猶予されている土地の
形質変更を行う場合にはあらかじめ届出が必要となり、届出を受けた都道府県知事は指定
調査機関に調査・報告させることとなりました（平成29年5月19日公布、公布の日から2年以内に施行）。

（2）調査の実施者

　土壌汚染状況の調査は、土地の所有者等が環境大臣の指定を受けた者（「指定調査機関」）
に依頼して行わなければなりません。「指定調査機関」以外は調査できません（法3、法36）。

（3）調査結果の報告期限（法3、則1）

　土地の所有者等は、調査の義務が発生した日（使用が廃止された日）から起算して120日以
内に都道府県知事等に調査結果を報告しなければなりません。

（4）調査の対象となる特定有害物質（法3、則3）

　調査しなければならない特定有害物質は、右のすべての場合です。

---

*　水質汚濁防止法第2条第2項の特定施設であって、特定有害物質をその施設において、製造し、使用し、または処理
　するもの

土壌汚染の調査

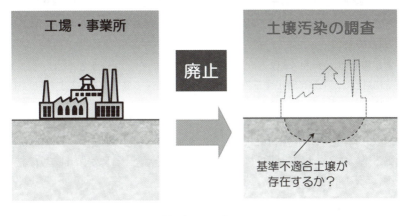

（出典：東京都「中小事業者のための土壌汚染対策ガイドライン」）

調査が免除されるケース

- **工場・事業場**（関係者以外立入りできないものに限る）**として引き続き利用する土地**
  - 引き続き同一事業者が管理する土地のすべてを一般の者が立ち入ることのない倉庫に変更する場合
  - 有害物質使用特定施設を廃止し、新たな施設を設置するまでの間、更地として社内保管し、管理する場合（新たな施設の設置時期が明確であるもの）
  - 一般の者も立ち入ることができる大学等の敷地については、有害物質使用特定施設が廃止されたあとに、引き続き同じ大学等の敷地として用いられる土地

- **小規模な工場・事業場で、住居は一体として設置されており、その住居に設置者が居住し続ける土地**

調査の対象となる特定有害物質（法3、則3）

- 使用が廃止された有害物質使用特定施設において使用等されていた特定有害物質
- 特定有害物質の分解生成物
- 調査対象地における過去の土壌の汚染の状況の調査結果や特定有害物質の埋設使用等及び貯蔵等の履歴を踏まえ、汚染のおそれがあると考えられる特定有害物質
- 分解生成物（第1種特定有害物質の調査にあたっては、微生物による分解生成物が含まれることがあるので、この分解生成物も調査の対象物質となる）

2.2 一定規模以上の形質変更の届出の際に、土壌汚染のおそれがあると都道府県知事が認めるとき【ケース2】(法4)

(1) 調査の義務

一定規模(3,000m²)を超える土地の形質変更(工事)を行おうとする者には、都道府県知事等に対して、工事に着手する30日前までに届出をする義務が発生します(法4(1)、則22、則23)。

届出があった土地について、都道府県知事等が**土壌汚染のおそれ**があると認めるときは、土地の所有者等に、土壌汚染状況調査の実施命令が発出されます。

土壌汚染のおそれは、右の基準に該当する土地かどうかを、行政が保有している情報により判断します(法4(2)、則26)。

(2) 調査の対象となる条件

一定規模以上なら、有害物質の有無にかかわりません。土地の形状を変更する行為全般が該当し、掘削と盛土との区別を問いません。一つの事業として行われる場合は、同一敷地になくても(離れている土地でも)、掘削、盛土(離れたところに盛土した場合も含む)の面積の**合計が3,000m²以上あれば対象**となります。

掘削した土壌を**仮置きする場合であっても**面積の合計に加えます。掘削した土壌を敷地内に一時的に仮置きする場合、シートや鉄板等で養生し地面と接触しないように置いた場合も形質変更面積に含めます。

河川区域内であっても、通常の状態で水につからない範囲は面積の合計に加えます。**トンネルの開削の場合**は、開口部の平面図に投影した部分の面積を持って判断します。

届出者は、土地の形質の変更を行おうとする者です。土地の所有者とその土地を借りて開発行為等を行う開発業者の関係では**開発業者**、工事の請負の発注者と受注者の関係では、一般的には**発注者**と考えます。

(3) 調査命令 (法4(2)、則27)

土地の形質の変更の届出を受けた場合、「特定有害物質によって汚染されているおそれがある基準」に該当すると認めるときは、都道府県知事等は土地所有者等に対し、調査結果を報告するよう命じます。調査は、環境省指定の指定調査機関が実施します。

土地の改変とは

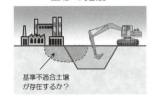

（出典：東京都「中小事業者のための土壌汚染対策ガイドライン」）

土壌汚染のおそれがある土地

- 特定有害物質による汚染が土壌溶出量基準及び土壌含有量基準に適合しないことが明らかである土地
- 特定有害物質が埋められ、飛散し、流出し、地下に浸透していた土地
- 特定有害物質を製造・使用・処理していた土地
- 特定有害物質が貯蔵・保管されていた土地（例：ガソリンスタンド）
- 有害物質使用特定施設及びそれを設置している建物、当該施設と繋がっている配管がある土地
- 当該施設と配管で繋がっている施設及びその建物
- 当該施設及び関連施設の排水管・排水処理施設　など

調査対象

（調査対象）
次のいずれの場合も、調査対象です。
① 掘削面積 ≧ 3,000m^2
② 掘削面積＋盛土面積 ≧ 3,000m^2
　盛土は、形質変更の場所以外で保管するものも合計に加えます。

（調査対象外）（法4(1)、則25）
次の①〜③のいずれにも該当する場合は調査対象外となります。
① 土壌を形質変更の土地の区域外へ搬出しないこと。
② 土壌の飛散・流出を伴う土地の形質変更を行わないこと。
③ 土地の形質変更の部分の深さが50cm未満の場合（右図）

図／50cm未満

<50cm

2.3 土壌汚染による健康被害のおそれがあると都道府県知事等が認めるとき【ケース３】(法5)

土壌汚染が存在する疑いが高い土地であって、かつ、人に摂取され健康被害のおそれがあると認めるときは、都道府県知事等は土地の所有者等に対し土壌汚染状況の調査実施の命令を出します(則3、則4)。

(1) 調査

環境省指定の指定調査機関に限ります(法5(1))(80p図参照)。

(2) 健康被害のおそれ (令3、則29、30)

健康被害のおそれとは、次の①〜③のいずれかの要件に該当し、かつ、汚染の除去等の措置が講じられていない場合を指します。

①**土壌溶出量基準に不適合**で、その土壌汚染に起因して地下水基準が不適合またはその可能性が確実であり、それにより地下水汚染が拡大するおそれのある区域に飲用井戸等があること

②土地の土壌が**溶出量基準に不適合のおそれ**があり、その土壌汚染に起因して地下水基準不適合で、地下水汚染が拡大するおそれのある区域に飲用井戸等があること
（①及び②ともに、地下水経由による健康被害のある区域）

③土地の土壌が**含有量基準に不適合またはそのおそれ**があり、一般の人が立ち入ることのできる土地であること（直接摂取による健康被害のある区域）

2.4 自主的な土壌汚染の調査【ケース４】

土壌汚染対策法では、上記2.1から2.3までの義務による調査のほか、土地の所有者等が自主的に調査した土壌汚染の調査等をもとにして、都道府県知事等に区域の指定を任意に申請することができます(法14、則54〜56)。

2.5 区域の指定

都道府県知事等は土壌汚染状況調査の結果報告を受けたとき、報告を受けた土地を健康被害のおそれの有無に応じて、要措置区域(法6)または形質変更時要届出区域(法11)に指定します(右図)。

区域の指定

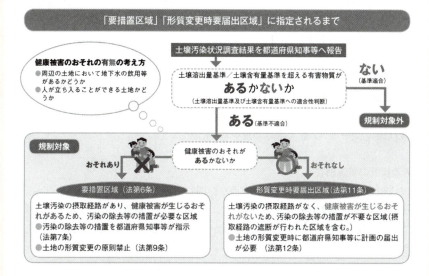

(出典：環境省「土壌汚染対策法のしくみ」)

2.6 土壌汚染の調査

　では土壌汚染の調査方法について具体的にみていきましょう。土壌汚染の状況は、以下の方法で調べます。この調査は専門性が必要であるため、環境大臣の指定を受けた**指定調査機関**に委託する必要があります。

（1）調査の流れ（則2～則15）

（ⅰ）土壌汚染のおそれはあるのか

　対象の土地で、有害物質が土壌汚染の原因となるような使われ方をしていなかったかを過去の地図、空中写真、登記簿等の資料から把握します。

（ⅱ）汚染状況の概況調査

　どのような種類の有害物質が、**どのような範囲（平面）に、どのような濃度**で存在しているのか等、**土壌汚染の存在等**を調査します。この調査は、地表付近の土壌中から採取したガスや、採取した土壌を分析し、有害物質が存在する範囲と濃度（平面分布）を把握します。調査の対象となる物質は下記のとおりです。

　概況調査では、地表面付近の汚染状況を調査し、平面的な汚染の広がりを把握しますが、詳細調査では、概況調査で汚染が確認された地点を中心に、深さ方向の汚染状況を把握します。

●調査の対象となる物質
- **●2.1節の土地の調査の場合**：その施設において使用等していた物質
- **●2.2節の土地の調査の場合**：知事等が土壌汚染のおそれがあるものとして特定した物質
- **●2.3節の土地の調査の場合**：知事等が人の健康被害に係るおそれがあるものとして特定した物質

●分解生成物の調査

　第1種特定有害物質の調査にあたっては、微生物による分解生成物が含まれることがあるので、この分解生成物も調査の対象物質としなければならない（右表）。

（ⅲ）汚染状況の詳細調査

　どのような種類の有害物質が、**どのような範囲（深度、地層、地下水）に、どのような濃度**で分布しているか等、**土壌汚染の拡がり（深さ）**を調査します。概況調査で有害物質を含むガスや土壌中から基準値を超える有害物質が見つかった場合には、ボーリングマシン等によりボーリングして採取した各深度の土壌を分析して、汚染状況の深度分布を把握します。

土壌汚染の調査のイメージ

（出典：東京都「中小事業者のための土壌汚染対策ガイドライン」）

分解生成物

過去の調査結果等で使用履歴が明らかとなった特定有害物質	同左の分解生成物である特定有害物質
テトラクロロエチレン	1,1-ジクロロエチレン、シス-1,2-ジクロロエチレン、トリクロロエチレン
1,1,1-トリクロロエタン	1,1-ジクロロエチレン
1,1,2-トリクロロエタン	1,2-ジクロロエタン、1,1-ジクロロエチレン、シス-1,2-ジクロロエチレン
トリクロロエチレン	1,1-ジクロロエチレン、シス-1,2-ジクロロエチレン

（出典：平23.7.8環水大土発110706001）

ⅳ 調査対象土地の資料採取地点等

調査実施者（指定調査機関）は次の分類により**10m格子**（単位区画）または**30m格子**で資料を採取します（右表）。

汚染のおそれのある土地については10m格子（100m²区画）、汚染のおそれの少ない土地については30m格子（900m²区画）で資料の採取を行います。

●第1種特定有害物質

有機塩素化合物であって揮発しやすいので、まず表層部分でガスの調査を行います。地表から概ね80〜100cm（直径15〜30mm程度の孔）において検知管で**土壌ガス**を採取します。

特定有害物質が検出された場合には、さらに深層部（約10mまで）まで**ボーリング**しつつ試料を採取し、鉛直方向（表層、地表から50cm下及び地表から1mごとに10mの深度まで）の汚染の分布を調べます。また、土壌ガスが採取できないため地下水等を採取したときには、この地下水が水質汚濁防止法の浄化基準を超過している場合には土壌ガスが検出されたことと同等とみなし同様の調査を行います。**土壌溶出量**を測定します。

●第2種特定有害物質

重金属類であり揮発性は少ないため、有機塩素化合物のようなガスによる調査は行いません。

汚染のおそれが生じた場所の位置から深さ50cmまでの土壌を採取し、混合して調整した1試料について土壌溶出量及び土壌含有量を測定します。

このとき、汚染のおそれが生じた場所の位置が地表と同一の位置にある場合またはその場所が明らかでない場合は、地表から深さ5cmまでの表層の土壌及び深さ5cmから50cmまでの土壌を採取し、両者を同じ重量ずつ混合した1試料について**土壌溶出量**と**土壌含有量**を測定します。深さは概ね10mまでです。

●第3種特定有害物質

農薬及びPCBが含まれます。試料の採取等については第2種特定有害物質と同じです。ただし、**土壌溶出量**を測定します。

これらをまとめたものが右表です。

土壌ガス調査による状況調査の概念図（平面分布）

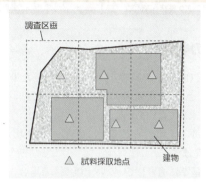

（出典：東京都「中小事業者のための土壌汚染対策ガイドライン」）

ボーリングマシーンによる詳細調査の概念図（深度分布）

（出典：東京都「中小事業者のための土壌汚染対策ガイドライン」）

土壌調査の区画等

	有害物質汚染状態	第1種特定有害物質	第2種特定有害物質	第3種特定有害物質
調査箇所	汚染のおそれのある土地	すべての100m²区画（10m格子）で1地点	すべての100m²区画（10m格子）で1地点	全ての100m²区画（10m格子）で1地点
	汚染のおそれの少ない土地	30m格子の区画内の1地点	30m格子の区画内の5地点均等混合*	30m格子の区画内の5地点均等混合*
調査方法		○土壌ガス（地表から概ね80〜100cm）↓ ○ボーリング深層部調査（約10m深部まで） ○土壌溶出量調査	○土壌溶出量調査及び ○土壌含有量調査	○土壌溶出量調査

＊5地点均等混合：30m格子の中の五つの単位区画（100m² = 10m×10m）でそれぞれ試料を採取し、混合して一つの試料として測定する。

第4章　土壌汚染対策法

3 基準不適合土壌が見つかった場合

3.1 区域の指定の判断

　法は、基準不適合土壌（83p表「指定基準」参照）が見つかった場合でも、健康リスクがなければ対策を求めてはいません。また健康リスクがある場合でも、必ずしも土壌や土壌中の有害物質を取り除くことを求めてはいません。

　ここでは土壌溶出量基準、土壌含有量基準に適合しない土壌が見つかった場合の判断について例を挙げて説明します。

　右図上は**土壌溶出量基準**に適合していない土壌がある場合、右図下は**土壌含有量基準**に適合しない土壌がある場合の状況をモデル的に描いたものです。両図ともに左側の**健康リスクあり**の場合は**要届出区域**であり、右側の**健康リスクなし**の場合は**形質変更時要届出区域**となります。

（1）土壌溶出量基準に適合しない土壌が存在する土地

- 周辺に地下水を引用するための井戸等がある場合には、人が有害物質を含んだ地下水等を飲む可能性があるため、対策が必要です（Aのケース）。
  - → **要措置区域**

- 周辺に飲用井戸等がない場合には、人が有害物質を含んだ地下水等を飲む可能性がないため、法による対策は不要です（Bのケース）。

- 基準不適合土壌が存在する土地であっても、有害物質が人の体へ取り込まれないように管理されていれば、必ずしも土壌を取り除く等の対策は必要ありません。
  - → **形質変更時要届出区域**

（2）土壌含有量基準に適合しない土壌が存在し、人の出入りがある場合

- 含有量基準不適合土壌が地表に露出している場合には、人が基準不適合土壌に触れる可能性があるため、対策が必要です（Aのケース）。
  - → **要措置区域**

- 含有量基準不適合土壌が舗装等により覆われている場合には、人が基準不適合土壌に触れる可能性がないため、法が求める対策の必要はありません。
  ただし、工事等で土壌を搬出する場合には届出を含む対策が必要です（Bのケース）。
  - → **形質変更時要届出区域**

土壌溶出量基準値を超える土壌が見つかった場合

  健康リスクあり    健康リスクなし

A）周辺に飲用井戸等がある。
有害物質を含んだ地下水等を飲む可能性がある。

B）周辺に飲用井戸等がない。
有害物質を含んだ地下水等を飲む可能性がない。

（出典：東京都「中小事業者のための土壌汚染対策ガイドライン」）

土壌含有量基準値を超える土壌が見つかった場合

  健康リスクあり   健康リスクなし

A）人の出入りがあり、含有量基準不適合土壌が露出している。
人が土壌に触れる可能性がある。

B）人の出入りはあるが、舗装等により含有量基準不適合土壌が覆われている。
人が土壌に触れる可能性がない。

（出典：東京都「中小事業者のための土壌汚染対策ガイドライン」）

第4章　土壌汚染対策法

095

（3）指定要件と措置

　右表は要措置区域及び形質変更時要届出区域についてまとめたものです。各々の区域の場合の汚染除去等の措置等も含まれています。

（4）区域の指定及び台帳

　土壌汚染状況調査等で指定基準に適合していない土地であった場合、都道府県知事等は、周辺で地下水の飲用がある等の健康リスクの有無を判断した上で、その土地の区域を要措置区域または形質変更時要届出区域に指定し、その旨を公表します（法6(1)、(2)、令5、則31、則32、法11(1)、(3)）。

　都道府県知事等は、指定した区域の範囲、土壌汚染の状況等について台帳に記載し、閲覧に供します（法15）。また形質変更時要届出区域であって、その区域内の土地の土壌の特定有害物質による汚染状態が専ら**自然に由来する**[*1]と認められるものについては、**自然由来特例区域**[*2]、**埋立地特例区域**[*3]または**埋立地管理区域**[*4]とする旨を台帳に記載します（則58(4)）。

　専ら自然に由来するとみとめられるものは、その土地の土壌の第2種特定有害物質による汚染状態が土壌溶出量基準または土壌含有量基準に適合せず、かつ、第2溶出量基準に適合するものに限ります。

（5）自主調査に基づく指定の申請による区域の指定

　事業者は、2.4「自主的な土壌汚染の調査」の自主的な土地調査において法の指定基準に適合しないときは、都道府県知事等に対しその土地の区域について指定の申請を行うことができます（法14）。

　事業者が前記の自主的な「指定の申請」に応じない場合にあっては、都道府県知事等はその情報を整理・保存し、適切に情報提供を行うように努めることとなっています（法61(1)）。

　次に、「要措置区域」か「形質変更時要届出区域」に指定された場合、どのように対応すべきかをみていきます。

* 1　自然由来の汚染とは、自然の岩石や堆積物中に砒素、鉛、ふっ素、ほう素、水銀、カドミウム、セレンまたは六価クロム及びそれらの化合物による環境汚染のことで、事業活動に起因する人為由来の汚染と区別される。しかし2010年4月に自然由来の土壌汚染も土壌汚染対策法の対象となった。
* 2　形質変更時要届出区域であって第2種特定有害物質（シアンを除く）による汚染状態が専ら自然的条件からみて土壌溶出量基準または土壌含有量基準に適合していない土地という。
* 3　形質変更時要届出区域であって昭和52年以降に公有水面埋立法（対象10年法律第57号）による埋立てまたは干拓の事業により造成された土地であり、かつ、専ら埋立て用材料による土壌の汚染状態が土壌溶出量基準または土壌含有量基準に適合しない土地という。
* 4　形質変更時要届出区域であって公有水面埋立法による埋立てまたは干拓事業で造成された土地であり、かつ、工業専用地域内にある土地をいう。

要措置区域及び形質変更時要届出区域

<table>
<tr><th colspan="3">区分</th><th>要措置区域</th><th>形質変更時要届出区域</th></tr>
<tr><td rowspan="7">指定要件</td><td colspan="2">汚染状態
（土壌溶出量基準、土壌含有量基準）</td><td>基準超過</td><td>基準超過</td></tr>
<tr><td rowspan="2">健康被害が生ずるおそれの程度</td><td>溶出量基準超過の場合</td><td>●地下水汚染が拡大するおそれがあると認められる区域*に飲用井戸等があること
●健康被害が生ずるおそれがある</td><td>●同左に該当しない
●健康被害が生ずるおそれがない</td></tr>
<tr><td>含有量基準超過の場合</td><td>●関係者以外の者が立入りを制限されている工場・事業場以外の土地であること
●健康被害が生ずるおそれがある</td><td>●同左に該当しない
●健康被害が生ずるおそれがない</td></tr>
<tr><td colspan="2">汚染の除去等の措置</td><td>措置が完了していないこと</td><td>措置が完了していないこと</td></tr>
</table>

<table>
<tr><td rowspan="3">措置等</td><td colspan="2">指示の公示</td><td>公示
（台帳は閲覧可能）</td><td>公示
（台帳は閲覧可能）</td></tr>
<tr><td colspan="2">汚染の除去等の措置</td><td>知事の指示措置に基づき、措置を実施</td><td>措置は明示されない</td></tr>
<tr><td>土地の形質の変更</td><td>土地の変更</td><td>土地の形質の変更は禁止</td><td>変更着手の14日前までに届出が必要</td></tr>
</table>

＊ 地下水汚染が拡大するおそれがある認められる区域：特定有害物質を含む地下水が到達し得る範囲は、特定有害物質の種類により、またその場所における地下水の流向・流速等の諸条件により大きく異なる。一般的な地下水の実流速の下では、第1種特定有害物質（揮発性有機化合物）では概ね1,000m、六価クロムで概ね500m、砒素・ふっ素・ほう素で概ね250m、シアン、カドミウム、鉛、水銀、第3種特定有害物質（農薬等）で概ね80m程度まで地下水汚染が到達すると考えられている。

4 基準不適合土壌の処理

4.1 要措置区域の土壌の処理

(1) 汚染の除去等の措置 (法7(1)、則33、則34)

　都道府県知事等は、要措置区域に指定した場合、汚染原因者や土地所有者等に対し、汚染の除去等の措置を講ずべき土地の場所、措置の内容とその理由、措置を講ずべき期限その他の事項を示し、**汚染除去等計画***を作成し、知事に提出することを指示します (法7(2)、則35)。

　指示を受けた者は、期限までに、指示措置またはこれと同等以上の効果を有すると認められる汚染の除去等の措置 (「指示措置等」) を講じ、知事に報告しなければなりません (法7(7)、(9)、則36)。

(2) 措置の指示 (法7(1)、則33、則34、則35)

　汚染の除去等の措置の指示は、**土地の所有者**に対して行われます。ただし、土地の所有者等以外の汚染原因者が明らかな場合であって、その汚染原因者に措置を講じさせることが相当と認められ、かつ、土地の所有者等に異議がないときは、その**汚染原因者** (相続人等を含む) に対して指示が出されます。

(3) 指示措置の内容 (法7(3)、則36)

　右表「直接摂取の観点からの対策」(土壌含有量基準が超過する土地) 及び「地下水経由の観点からの対策」(土壌溶出量基準を超過する土地) における措置の種類等についての概略を説明します。

(i) 要措置区域内における土地の形質変更の禁止 (法9)

　要措置区域内における土地の形質変更は禁止されています。例外として、**指示措置として汚染除去計画に従って行う行為、通常の管理行為または軽微な行為** (改変面積が $10m^2$ 以内、かつ深さ $50cm$ 以内の形質変更等) などが挙げられます。また、直接摂取の観点からの対策 (土壌含有量基準不適合の場合) は、原則、**盛土**です (則36、39、40)。

(ii) 地下水経由の観点からの対策 (土壌溶出量基準不適合の場合) (則36、39、40)

　地下水汚染が生じていない場合は、原則として地下水の水質の測定が命じられます。地下水汚染が生じている場合は、右表に示す措置のうちのいずれかの措置が命じられます。

---

*　「汚染除去等計画」に記載すべき事項：土地の所有者等が講じようとする実施措置、実施措置の着手予定時期及び完了予定時期等

直接摂取の観点からの対策

内容	通常の土地	盛土では支障がある土地※1	乳幼児が遊ぶ園庭等の土地※2
土壌汚染の除去	○	○	◎
土壌の入替え	○	◎	×
盛土	◎	×	×
舗装	○	○	○
立入禁止	○	○	○

（注）◎：指示措置（措置命令による）、○：指示措置等（指示措置と同等以上の効果が認められる措置）
※1　住宅やマンション（1階部分が店舗等の住宅以外の用途であるものを除く）で、盛土として50cmかさ上げされると日常生活に著しい支障が生ずる土地
※2　乳幼児の砂遊び等に日常的に利用されている砂場や遊園地などで土地の形質変更が頻繁に行われ、盛土等の効果の確保に支障がある土地

地下水経由の観点からの対策

措置内容		第1種特定有害物質		第2種特定有害物質		第3種特定有害物質	
		第2溶出量基準（すべて土壌溶出量基準を超過）					
		適合	不適合	適合	不適合	適合	不適合
原位置封じ込め		◎	◎(※)	◎	◎(※)	◎	×
遮水工封じ込め		◎	◎(※)	◎	◎(※)	◎	×
遮断工封じ込め		×	×	×	×	×	◎
土壌汚染の除去	掘削除去	○	○	○	○	○	○
	原位置浄化	○	○	○	○	○	○
地下水汚染の拡大防止	揚水処理	○	○	○	○	○	○
	透過性地下水浄化壁	○	○	○	○	○	○
不溶化	原位置不溶化	×	×	○	×	×	×
	不溶化埋め戻し	×	×	○	×	×	×

（注）◎：指示措置（措置命令による）、○：指示措置等（指示措置と同等以上の効果が認められる措置）

（※）汚染土壌の抽出・分解等の方法により第2溶出量基準に適合させた上で、原位置封じ込めまたは遮断工封じ込めを行う必要がある。

（4）対策を選定する流れ

　土壌中の有害物質の濃度が指定基準を超えた場合には、対策の必要性、人への摂取経路、有害物質の種類や濃度等を考慮し、右図の流れにより合理的な対策を選定します。基準不適合土壌への対処は、健康リスク回避の考え方により、以下の2種類に区分できます。

● **管理型**：有害物質が人の体に取り込まれる経路を遮断し、適切に管理する対策
（例）「舗装、盛土」、「不溶化」、「封じ込め」（「遮水工封じ込め」、「原位置封じ込め」等）
● **除去型**：土壌中の有害物質濃度を基準に適合するレベルまで下げる対策
（例）「原位置浄化」、「掘削除去」

（5）汚染土壌の搬出及び処理（法16⑴）

　要措置区域内の土壌をその区域の外へ搬出する際は、着手する14日前までの事前の届出が必要です。汚染土壌の運搬の基準の遵守と処理委託が義務づけられています。

（6）要措置区域の指定解除（法6⑸）

　汚染の除去等により要措置区域の指定の事由がなくなった場合、指定は解除されます。ただし「土壌汚染の除去」以外の措置では汚染土壌が残存するため、**形質変更時要届出区域**に指定されます。

4.2　形質変更時要届出区域について

（1）区域の指定（法11⑴、⑶）

　土壌汚染状況調査の結果、「土壌の特定有害物質による汚染状態」が基準に適合せず、かつ、「人の健康被害のおそれがない」場合にはその土地の区域は**形質変更時要届出区域**に指定され、都道府県知事等はその旨を公示します。

（2）形質変更時要届出区域内における土地の形質の変更の届出（法12）

　形質変更時要届出区域内において土地の形質の変更（掘削等）をしようとする者は、原則として変更に着手する日の14日前までに都道府県知事等に届け出なければなりません。ただし、汚染が専ら自然由来等であって、人の健康被害のおそれがない土地の形質変更は事後届出となりました（平成29年5月19日公布、施行：公布の日から2年以内）。

（3）形質変更時要届出区域の解除（法11⑶、⑷）

　「土壌汚染の除去」により、形質変更時要届出区域内の土地の土壌の特定有害物質による汚染状態が土壌溶出量基準、土壌含有量基準に適合した場合は、形質変更時要届出区域の全部または一部について指定は解除されます。

浄化対策の流れ

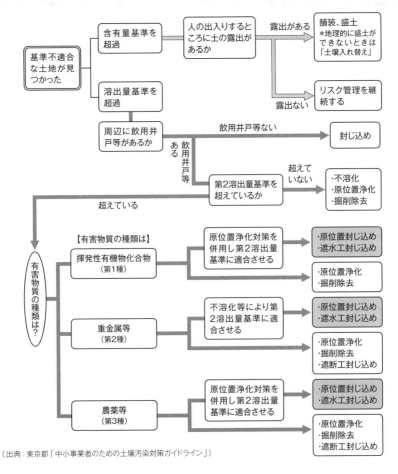

（出典：東京都「中小事業者のための土壌汚染対策ガイドライン」）

リスク管理：既に対策が取られている場合には定期的な点検・監視を行い対策機能が損なわれないようにすること。土地の所有者がかわる場合には、次の所有者へ承継すること等
封じ込め：人工の壁（遮水壁）と水を通さない地層で基準不適合土壌に含まれる有害物質を封じ込める方法（原位置封じ込め）
遮水工封じ込め：基準不適合土壌を一旦掘削して、仮置きし、掘削部の底面及び側面に遮水層を設け、埋め戻す方法
遮断工封じ込め：基準不適合土壌を一旦掘削して、仮置きし、掘削部の底面及び側面に鉄筋コンクリート等の外部仕切り（遮断）を設け、埋め戻す方法
不溶化：薬剤を注入し、溶出量基準不適合土壌から有害物質が水に溶け出さないようにする方法（原位置不溶化）
原位置浄化：①原位置抽出（有害物質をガスや地下水を通して回収する方法）、②原位置分解（化学反応や微生物の働きにより有害物質を分解する方法）、③原位置土壌洗浄（有害物質を水や洗浄剤に溶け出させ、回収する方法）の三つがある
掘削除去：基準不適合土壌を掘削除去し、基準に適合した土壌で埋め戻す方法。掘削した土壌は場内または場外で適正に処理する

5 汚染土壌の搬出

5.1 汚染土壌の搬出等に関する規制

　要措置区域・形質変更時要届出区域（「要措置区域等」）内の土壌を区域等外へ搬出し移動させることは、汚染の拡大をもたらす可能性があります。

　このため、要措置区域等内の土地の土壌をその区域等外へ搬出する際は**事前届出制度**に従うとともに、汚染土壌の**運搬基準**及び**処理委託**の義務を遵守しなければなりません。

（1）汚染土壌の搬出時の届出（法16）

　要措置区域等内の土地の土壌をその区域の外へ搬出しようとする者は、以下の通り、届け出なければなりません。

●**届出**
- 搬出の14日前までに都道府県知事等に届け出る（法16⑴、様式第16）
- 下記「搬出時に必要とする調査」を実施し、搬出する汚染土壌の量と汚染状態を確定し記載
- 運搬：運搬事業者名、自動車等の所有者名、運搬方法、搬出期間、積替えや保管の場所など
- 処理：汚染土壌処理業者名、施設の所在地、処理完了予定日など。汚染土壌管理票を使用すること（法20）
- 届け出た事項を変更する場合も届け出ること（法16⑵、様式第17）

●**搬出時に必要とする調査の実施**（則59）
- 要措置区域・形質変更時要届出区域外へ搬出する土壌の掘削前の有害物質に係る調査（「掘削前調査」の方法により行う）を実施すること（則59（一））
- 要措置区域・形質変更時要届出区域外へ搬出する土壌の掘削後の有害物質に係る調査（「掘削後調査」の方法により行う）を実施すること（則59（二））
- ※調査は、いずれも指定調査機関に依頼する

（2）汚染土壌の運搬に関する基準（法17、法18）

　要措置区域・形質変更時要届出区域外において汚染土壌を運搬する者は、右の基準に従い、汚染土壌を運搬しなければなりません（法17）。

要措置区域等から搬出される汚染土壌の処理の流れ

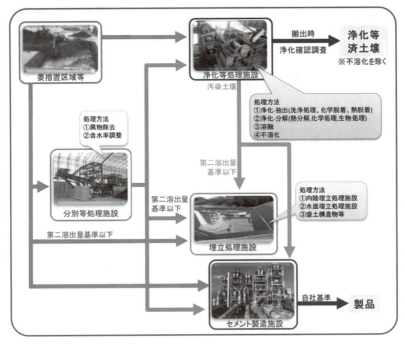

（出典：環境省「汚染土壌の処理業に関するガイドライン」）

運搬に関する基準 （則65）

- 特定有害物質または当該物質を含む液体または固体の飛散等及び地下への浸透を防止するために必要な措置を講じること
- 運搬に伴う悪臭、騒音・振動による生活環境の保全上支障がないようすること
- 自動車等及び運搬容器は、特定有害物質または当該物質を含む液体または固体の飛散等及び地下への浸透並びに悪臭発散のおそれのないものにすること
- 自動車等の両側面に汚染土壌の運搬である旨を140ポイント以上の文字で表示し、かつ、管理票を備え付けること
- 混載は、原則禁止とする
- 汚染土壌の区域外搬出届出書の内容に従って運搬すること
- 積替え、一次保管の場所は、基準に従い行うこと

（3）汚染土壌の処理の委託義務（法18）

　要措置区域等内の汚染土壌を区域等外へ搬出する者は、その汚染土壌の処理を汚染土壌処理業者に委託しなければなりません。そして**汚染土壌処理業者**として、所在地の都道府県知事等の許可を受けた**汚染土壌処理施設**において処理しなければなりません。

＊　土地の汚染が専ら自然に由来する等、一定の要件を満たす形質変更時要届出区域内の土地の土壌を、他の汚染状態が同様の区域内の土地の形質変更に使用するために搬出する場合等は、汚染土壌処理業者への委託は不要とされた（平成29年5月19日公布、公布の日から2年以内に施行）

（4）汚染土壌処理業者の許可申請等

　汚染土壌処理業者は、汚染土壌処理施設ごとに所在地を管轄する都道府県知事等の許可を受けなければなりません（法22(1)）。

　汚染土壌処理業者の許可は、5年ごとに更新しなければなりません（法22(4)）。

　汚染土壌処理業者は、汚染土壌の処理を他人に委託してはなりません（法22(7)）。

5.2　管理票

　汚染土壌を要措置区域等外へ搬出する者（管理票交付者）が汚染土壌の運搬または処理を他人に委託する場合には**管理票を交付**します。当該汚染土壌が適正に運搬され、かつ、処理されていることを管理票で確認することによって、汚染土壌の搬出に伴う汚染の拡散を未然に防止することを目的としています（平23.7.8環水大土発第110706001号）。

（1）管理票に関する基準

　汚染土壌を要措置区域等の外へ搬出しようとする者は、着手する日の14日前までに都道府県知事等に届け出なければなりませんが、その際、搬出に係る必要事項が記載された管理票（法20(1)）の写しを添付しなければなりません（法16(1)、則61(2)、則64(2)）。

　運搬を行う自動車等に当該汚染土壌に係る管理票を備え付けなければなりません。管理票の交付または回付を受けた者は、管理票に記載されている事項に誤りがないことを確認し、管理票に自動車等の番号及び運転者の氏名を記載しなければなりません（則65(十三)）。

　管理票の交付・回付を受けた者は、汚染土壌を引き渡すときは管理票に引き渡した年月日を記載し、相手方に対し当該管理票を回付しなければなりません（則65(十四)）。

（2）管理票の流れ

　汚染土壌管理票の流れを右図に示しました。「管理票の例」の管理票の流れは、上図「汚染土壌管理票の流れ」の**処理受託者**に届けるまで、**運搬担当者が1者**である場合の例です。

　処理受託者のあと、再処理のための**運搬受託者**及び**再処理汚染土壌処理業者**に汚染土壌は託されますが、その流れにおける処理状況の管理も管理票で管理されます。

汚染土壌処理施設（法22）

	施設名	目的
①	浄化等処理施設	抽出、分解等による浄化、溶融、不溶化処理を行う施設
②	セメント製造施設	汚染土壌を原材料として利用し、セメントを製造するための施設
③	埋立処理施設	汚染土壌の埋め立てを行う施設
④	分別等処理施設	汚染土壌から岩石、コンクリートその他の物を分別し、または汚染土壌の含水率を調整するための施設

汚染土壌管理票の流れ

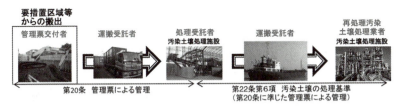

（出典：北海道「改正土壌汚染対策法に基づく搬出土壌の適正処理の確保について」）

管理票の例（6枚綴り）

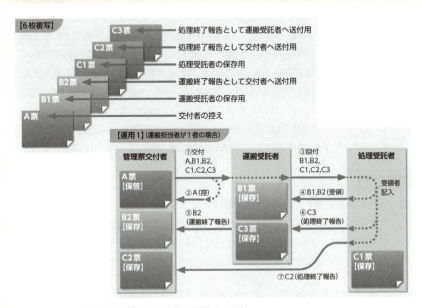

（出典：公益財団法人日本環境協会「搬出汚染土壌の管理票のしくみ」）

第4章 ● 実務に役立つ Q&A

有害物質使用特定施設の使用を廃止する場合

Q：クリーニング店を閉店しますが、何をすればよいですか？

A： まず、都道府県知事に対し、水質汚濁防止法に定める廃止の届出を行う必要
があります。また、閉店するクリーニング店において特定有害物質を使用して
いた場合などには、土壌の汚染の調査義務が発生します（法3⑴）。都道府県
等または指定調査機関に相談すると良いでしょう。（出典：環境省・（公財）日本環
境協会「土壌汚染対策法のしくみ」）

有害物質使用特定施設の使用を廃止する場合

Q：有害物質使用特定施設を廃止する場合はどのような手続が必要ですか？

A： 土壌汚染対策法に基づく特定有害物質を使用していた場合は、土壌調査の義
務が発生します。ただし、有害物質使用特定施設を廃止する場合や、施設の
使用は続けるものの特定有害物質の使用を止める場合は、まず、水質汚濁防
止法の規定に基づき、施設廃止の届出や変更等必要な手続きがあります。なお、
施設は廃止するもののその土地を引き続き工場、事業場の敷地として利用する
場合、小規模な工場等であって事業主の居住施設と同一であり引き続き居住に
利用する場合等、人の健康被害が生ずるおそれがない場合は、都道府県等に
申請することにより調査が猶予されることがあります。調査が猶予された土地
では、一時的に土壌汚染状況調査が免除されますが、工場の移転等の理由に
より、人の健康被害のおそれがない状態が継続しなくなった場合、土壌汚染状
況調査を実施する必要があります。（出典：熊本県「土壌汚染対策法Q&A」より作成）
（注）法改正により、一時的に土壌の汚染調査が免除された土地の形質変更の
場合、その土地の所有者等はあらかじめ都道府県知事への届出が義務づけら
れました。（平成29年5月19日法律第33号、公布の日から2年以内に施行）

形質の変更

Q：土地の形質変更とはどのような行為のことですか？

A： 土地の形状を変更する行為全般を指します。掘削及び盛土等の行為も含まれ
ます。なお、土地の形質の変更の部分とは、掘削部分の面積と盛土部分の面
積の合計です。（出典：環境省・（公財）日本環境協会「土壌汚染対策法のしくみ」）

形質の変更

Q：土地の形質変更を行う予定ですが、何をすれば良いですか？

A：土地の形質の変更の面積が 3,000m² 以上である場合は、届出が必要となります（法4(1)）。都道府県知事等へ届出を行います。届出には土地の形質の変更をしようとする場所を明らかにした図面を添付する必要があります。ただし、盛土のみの場合、届出は不要です。（出典：環境省・（公財）日本環境協会「土壌汚染対策法のしくみ」）

形質の変更

Q：工期が複数年度に渡る場合、年度ごとに届出が必要ですか？

A：同一の事業計画・目的において行われる工事については、まとめて一つの届出で構いませんが、大規模な工事であって、工期が複数に分かれている場合等については行政に相談して下さい。なお、年度ごとの工事面積が 3,000m² 未満であっても、一連の工事の合計面積が 3,000m² を超える場合は届出対象となります。従って、次のような場合は届出対象です。

（例）今年度、次年度の施行面積がそれぞれ 2,000m²（合計 4,000m²）、発注は一括して行い、工事は連続的に行われる場合等。（出典：熊本県「土壌汚染対策法Q&A」）

形質の変更

Q：掘削場所と残土仮置き場所が遠く離れている場合、仮置き場所の面積を合算するのですか？

A：該当する工事に伴う残土の仮置き場所であれば、基本的には距離に関係なく合算する必要があります。（出典：（社）日本土木工業協会中部支部等「改正土壌汚染対策法と愛知県・名古屋市条例等説明会の質問への回答」）

形質の変更

Q：法の 3,000m² 以上の土地の形質変更の届出は、公共事業・民間工事を問わず必要ですか？

A：法による届出は、公共工事・民間工事を問わず必要です。（出典：（社）日本土木工業協会中部支部等「改正土壌汚染対策法と愛知県・名古屋市条例等説明会の質問への回答」）

自然由来の土壌汚染

Q：自然由来の土壌汚染でも区域指定が必要ですか？

A：自然由来の土壌汚染であっても、土壌汚染対策法に基づく区域指定等の対象と

なります。健康被害の防止の観点からは自然由来の特定有害物質による汚染土壌をそれ以外の汚染土壌を区別する理由はありません。ただし、専ら自然に由来する重金属等によって汚染された土地については形質変更時届出区域のうち、「自然由来特別区域」として指定されます。（出典：熊本県「土壌汚染対策法Q&A」）

油の漏えい

Q：油が地中に漏えいした場合には土壌汚染対策法に基づく対応が必要ですか？

A：第一義的には、水質汚濁防止法第14条第2項（事故時の措置）に準じた対応が必要と考えられます。油が地下に浸透した場合周囲の生活環境に係る影響を考えると、周囲への油の拡散を防止するために直ちに掘り上げる等の対応が必要と思われます。なお、土壌汚染対策法では、ガソリン中にベンゼンが含まれていることから、ガソリンの漏えい事故等の際に、土壌調査でベンゼンの土壌溶出量基準不適合が確認された場合、要措置区域等に指定されることがあります。（出典：熊本県「土壌汚染対策法Q&A」）

形質変更届時要出区域

Q：形質変更時要届出区域では、対策をとる必要はないというのは本当ですか？

A：形質変更時要届出区域は、土壌汚染の摂取経路はなく、健康被害が生ずるおそれがない土地なので、汚染の除去等の措置を行う必要はありません。ただし、土地の形質変更を行う場合、事前の届出義務等があります。なお、人の健康被害を生ずるおそれがない等の要件を満たす場合の形質変更は事前届出が認められます（平成29年5月19日公布、公布の日から2年以内に施行）。（出典：環境省・（公財）日本環境協会「土壌汚染対策法の仕組み」）

汚染土壌の運搬

Q：汚染土壌の運搬に関する基準はどのようなものですか？

A：汚染土壌の運搬に関する基準は、以下の通りです。

①運搬に伴う汚染の拡散の防止措置を講ずること

②運搬に供する自動車等の両側面に汚染土壌を運搬している旨を表示すること

③汚染土壌とその他のものと混合したり、あるいは汚染土壌の分離を行わない

④汚染土壌の保管をしないこと等

　また、汚染土壌を運搬する者が運搬または処理を他社に委託する場合には、運搬または処理を受託した者に対し、土壌汚染対策法における管理票を交付しなければなりません。なお、廃棄物処理法とは異なり、汚染土壌の運搬は許可制にはなっていません。（出典：熊本県「土壌汚染対策法Q&A」）

汚染土壌の運搬

Q：汚染土壌を区域外に搬出する場合の届出者は誰ですか？

A：基本的には、発注者が届出者となります。届出者は汚染土壌を搬出する計画を決定する者であり、発注者、受注者間では発注者が該当し、土地所有者とその土地を借りて事業を行う開発事業者の間では開発事業者が該当します。（出典：（社）日本土木工業協会等「改正土壌汚染対策法と愛知県・名古屋市条例等説明会の質問への回答」）

委託契約

Q：汚染土壌を処理する場合、廃棄物処理法における場合と同様に委託契約を締結する必要がありますか？

A：土壌汚染対策法による委託契約書の締結は義務づけられていません。しかし、搬出の届出書類に「汚染土壌を要措置区域等外へ搬出する者が、当該汚染土壌の処理を汚染土壌処理業者に委託したことを証する書類」の添付が求められており、結果的に委託契約書が必要となりますので、委託契約の締結が望まれます。（出典：（社）日本土木工業協会等「改正土壌汚染対策法と愛知県・名古屋市条例等説明会の質問への回答」）

管理票

Q：管理票の交付者は誰ですか？

A：汚染土壌を要措置区域等外に搬出する者は、汚染土壌の運搬または処理を他人に委託する場合には、管理票を交付しなければなりません。また、「汚染土壌を要措置区域等外へ搬出する者」とは、その搬出に関する計画の内容を決定する者です。土地の所有者等とその土地を借りて開発行為等を行う開発業者等の関係では、開発業者等が該当します。また、工事の請負の発注者と受注者の関係では、その施行に関する計画の内容を決定する責任をどちらが有しているかで異なりますが、一般的には発注者が該当すると考えられます。ただし、受注者がその搬出に関する計画内容を決定する責任を有している場合には受注者が該当すると考えられます。（出典：（公財）日本環境協会「搬出汚染土壌の管理票のしくみ」）

管理票

Q：管理票の記入・交付を他人に代行してもらえますか？

A：管理票の交付者は、自ら管理票の記入、交付をしなければなりません。（出典：（公財）日本環境協会「搬出汚染土壌の管理票のしくみ」）

管理票

Q：運搬・処理を自ら行う場合は管理票が必要ですか？

A：汚染土壌の運搬・処理ともに自ら行い、他人に委託することがない場合には、管理票を交付する必要はありません。（出典：（公財）日本環境協会「搬出汚染土壌の管理票のしくみ」）

管理票

Q：産業廃棄物管理票等の他の管理票を使っても良いですか？

A：要措置区域等内の土地の土壌をそこから次の場所に搬出する場合は、規定された様式の管理票を用いなければなりません。要措置区域外の土地の汚染された土壌を運搬する場合（法対象外の場合）であっても、規定された管理票を使用するように努力することです。（出典：（公財）日本環境協会「搬出汚染土壌の管理票のしくみ」より作成）

管理票

Q：管理票が戻ってこない場合の対応はどのようにすれば良いですか？

A：期日までに管理票の写しが送付されない場合は、管理票交付者は、委託した運搬または処理の状況を把握し、その結果を都道府県知事等に届け出なければなりません。管理票の写しを送付されるまでの期間は、運搬受託者からは交付日から40日以内、処理受託者からは交付日から100日以内と定められています。（出典：（公財）日本環境協会「搬出汚染土壌の管理票のしくみ」）

管理票

Q：汚染土壌を処理施設で処理する場合、処理完了の管理票を戻すまでの日数に制限がありますか？

A：運搬、処理それぞれの工程に日数の最長が定められているので、管理票の返送に関する制限があります。まず、運搬に関しては、搬出の日から30日以内の運搬終了、終了後10日以内の管理票返送となっているため、搬出の日から40日以内に運搬終了した旨の報告が必要となります。従って、40日を超えて運搬終了の管理票が返送されない場合は、行政へ届け出なければなりません。

　次に、処理に関しては、搬入の日から60日以内に処理を終了することとされ、処理終了後10日以内に管理票を交付者へ返送する必要があります。従って、前述の通り、運搬に関する期限である搬出から30日以内に運搬終了することと合わせて、処理の終了を報告する管理票の返送は100日以内となります。

　従って、100日を超えても処理終了の管理票が返送されない場合は、行政

に届け出なければなりません。（出典：（社）日本土木工業協会等「改正土壌汚染対策法と愛知県・名古屋市条例等説明会の質問への回答」）

管理票

Q：管理票を使わないと罰則はありますか？

A：管理票の不交付や、管理票への虚偽記載には罰則があります。3か月以下の懲役または30万円以下の罰金が科されます。（法66（四））（出典：（公財）日本環境協会「搬出汚染土壌の管理票のしくみ」）

112

第5章

騒音規制法・振動規制法

1節　騒音・振動の大きさ
2節　騒音規制法
3節　振動規制法

5章 | 騒音規制法・振動規制法

この法律は、工場・事業場における事業活動、建設工事に伴って発生する騒音・振動を規制するために制定された。また、道路交通振動に関する措置が定められた。

法律の成立と経緯

　戦後の経済回復に伴い、住居と接近して設置された工場や自動車交通量の増加、都市部における騒音・振動は目に余る状態となりました。地方公共団体の中には条例で騒音・振動の防止に取り組むところも出てきました。

　1967（昭和42）年に制定された公害対策基本法では騒音及び振動は典型7公害に位置づけられ、さらに1971（昭和46）年には騒音に係る環境基準が定められました。しかしながら経済発展とともに、騒音の面では、住宅と工場の混在、高速輸送等の拡大、新幹線鉄道の整備、1969（昭和44）年に起きた大阪空港騒音問題に関係した大型航空機の出現等により市民生活は工場騒音、建設作業騒音、交通騒音等各種の騒音が大きな社会問題化しました。一方、振動の面でも、機械設備の大型化、建設工事の増加、モータリゼーションの推進等に伴って振動問題が大きくなりました。

　これらの状況を受け、1968（昭和43）年に騒音規制法、1976（昭和51）年に振動規制法が制定されました。騒音規制法、振動規制法の制定に伴い、特定施設及び特定建設作業の指定、規制基準の設定、特定施設の設置の届出、特定建設作業の届出等、そして自動車騒音、道路交通振動に対する基本的な事項が定められました。公害対策基本法ではその他航空機騒音に関する環境基準（1973（昭和48）年）、新幹線騒音に関する環境基準（1975（昭和50）年）が制定され、さらに1996（平成8）年の改正で、騒音規制法の特定施設に切断機、特定建設作業にバックホウ、ブルドーザ、トラクタショベルが追加されました。

　その後特に自動車騒音に関する規制が徐々に強化され、2013（平成25）年には小型自動車、二輪自動車、原動機付自転車に関する走行時の自動車騒音の大きさの許容限度等が見直されています。

騒音規制法・振動規制法・年表 (◎：できごと、 ●：法令関係)

- ● 1967（昭和42）年　　公害対策基本法が公布される。
- ● 1968（昭和43）年　　騒音規制法が公布される。
- ◎ 1969（昭和44）年　　大阪空港航空機騒音問題発生。
- ◎ 1970（昭和45）年　　成田空港問題訴訟。
- ● 1970（昭和45）年　　騒音規制法が改正され、自動車騒音に係る許容限度及び要請限度等が制定される。
- ● 1971（昭和46）年　　騒音に関する環境基準が閣議決定される。
- ● 1973（昭和48）年　　航空機騒音に関する環境基準が設定される。
- ● 1975（昭和50）年　　新幹線騒音に係る環境基準が設定される。
- ● 1976（昭和51）年　　振動規制法が公布される。
　　　　　　　　　　　　道路交通振動に係る要請が加えられる。
- ● 1979（昭和54）年　　自動車騒音規制が強化される。
　　〜 1986（昭和61）年
- ● 1993（平成05）年　　環境基本法が公布される。
- ● 1998（平成10）年　　騒音に係る環境基準が改定される。
- ● 2000（平成12）年　　都道府県知事等は自動車騒音の常時監視義務が規定される。
- ● 2006（平成18）年　　航空機騒音に係る環境基準が改定される。
- ● 2013（平成25）年　　小型自動車、二輪自動車、原動機付自転車に関する走行時の自動車騒音の大きさの許容限度が見直され、原動機の最高出力（kW）と車両重量（kg）の比に応じた近接排気騒音と加速走行騒音が規定された。

第5章

騒音規制法・振動規制法

騒音・振動規制のしくみ

騒音規制法・振動規制法の規制を受ける工場等は、**指定地域**内に立地し、かつ**特定施設**を設置している工場・事業場です。この規制を受ける工場・事業場は、敷地の境界の境界線における**許容限度**（規制基準）を遵守しなければなりません。

指定地域は、都道府県知事（市の区域内の地域については市長、以下同）が住居の集合している地域、病院または学校の周辺の地域、その他の騒音を防止することにより住民の生活環境を保全する必要があると認める地域を**騒音・振動を規制する地域**として指定します。特定施設は、**著しい騒音・振動の発生する施設**の中から騒音規制法施行令、振動規制法施行令で定められたものです。

規制基準は、都道府県知事が**時間の区分及び区域の区分ごとの基準値**を定めています。このほか、特定施設の設置の届出、経過措置、計画変更勧告、改善勧告、改善命令、報告、検査、条例との関係、深夜騒音等の規制等について定めています。なお、これらの規定に違反した者に罰則が科せられます。

騒音・振動対策そのものは、生活環境保全に対する意識から個々の工場・事業場で行うものですが、騒音・振動問題の苦情件数の多さから、環境基本法の規制措置としての騒音・振動規制法によって対応し、騒音・振動の防止の促進を図ることとなっています。その他の問題についてはそれぞれの法令等によりその防止等を促進しています。

騒音・振動関係公害防止管理者を選任しなければならない工場・事業場は、騒音・振動の発生の著しい施設（政令で定められた施設）が設置されている工場・事業場で、生活環境の保全を図らなければならない地域として都道府県知事が指定した地域に立地している工場・事業場が対象となります。騒音や振動の発生の著しい特定施設は、それぞれの法律によって異なることに注意してください（3.6「公害防止管理者等」参照）。

現場担当者が押さえておきたいこと

- 工場・事業場は指定地域にあるか確認する
- 特定施設があるか、もしあればどのような施設か、また設置台数を確認する
- そこは指定地域なのか、何種の区域か確認する
- 近くに学校、病院等があるか確認する
- 特定建設作業が行われたか確認する
- 規制基準を確認し、規制基準を遵守していることを記録で確認する
- 特定施設について、届出事項に変更があったか、その際の届出記録を確認する
- 届出に係る特定施設のすべてを使用廃止したことがあるか、届出を確認する
- 改善勧告、改善命令を受けていないことを確認する
- 騒音・振動対策はどのようなことをしているか確認する

騒音・振動規制のしくみ

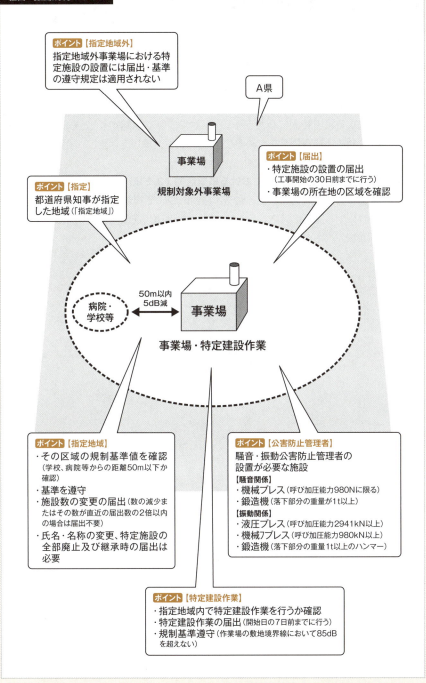

騒音規制法・振動規制法の概要

◉事業者への規制

本法（騒音規制法・振動規制法）をみる場合のポイントは、工場・事業場の設置場所、あるいは建設作業を行う場所がどのような地域にあるか（2.1節、3.1節）ということです。

騒音規制法は、**工場・事業場における事業活動**（2.2節）並びに**建設工事**（2.3節）に伴って発生する相当範囲にわたる騒音・振動について規制するとともに、**自動車騒音**（2.4節）に対する許容限度を定めることにより、生活環境を保全し、国民の健康を保護することを目的としています。

振動規制法は、**工場・事業場における事業活動**（3.2節）並びに**建設工事**（3.3節）に伴って発生する相当範囲にわたる騒音・振動について規制するとともに、**道路交通振動**（3.4節）に対し適正に対応することにより、生活環境を保全し、国民の健康を保護することを目的としています。

騒音規制法・振動規制法の体系図

● 騒音・振動の法体系図

(1) 騒音規制法

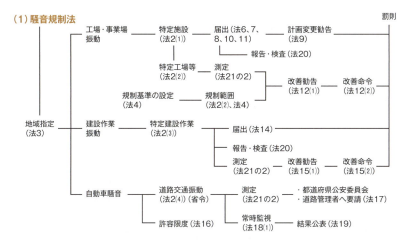

(2) 振動規制法

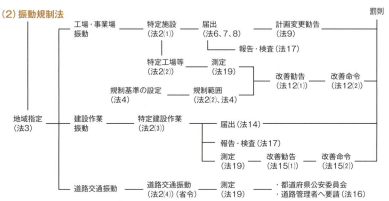

```
法律の規定事項
（騒音規制法）                                （振動規制法）
第1章  総則（第1条～第3条）                   第1章  総則（第1条～第3条）
第2章  特定工場等に関する規制（第4条～第13条） 第2章  特定工場等に関する規制（第4条～第13条）
第3章  特定建設作業に関する規制（第14条・第15  第3章  特定建設作業に関する規制（第14条・第15
       条）                                          条）
第4章  自動車騒音に係る許容限度等（第16条～第   第4章  道路交通振動に係る要請（第16条）
       19条の2）                              第5章  雑則（第17条～第23条）
第5章  雑則（第20条～第28条）                  第6章  罰則（第24条～第28条）
第6章  罰則（第29条～第33条）                  附則
附則
```

1 騒音・振動の大きさ

（1）騒音・振動とは

我々は常日頃、たくさんの音の中で生活しており、様々な自然の営みや人の営みが音環境に反映されています。また我々自身、日常の行動によって音を立てる側でもあります。これらの音の中で、一般に我々が不快や苦痛と感じられる音を**騒音**といいます。

また、工場や作業場の機械の稼働、建設工事による大型建設機械の使用、車両の通行などにより、建築物の物的被害や人体への不快感を与えるものを**振動**といいます。

（2）騒音・振動の単位（デシベル：dB）

騒音の大きさは音圧レベルで表され、単位はdB（デシベル）です。音の高低は1秒間の空気の振動＝周波数で表し、単位はHz（ヘルツ）です。人間の可聴帯域は耳の良い人で20Hz～20kHzの範囲といわれ、普通の人ではこれよりも少し狭い範囲のようです。また、周波数の高低により、同じ大きさでも人によって異なった大きさに聞こえることがあります。人間の可聴帯域の中で最もよく聞こえる周波数は1kHz付近です。音圧レベルは、物理的に測定した騒音の強さに周波数の違いによる人間の耳の感覚の違いを加味し、補正がされています。

振動の大きさの感じ方は、振幅、周波数等によって異なります。振動の大きさ（「振動レベル」）は物理的に測定した振幅の大きさに周波数による感覚補正を加味します。単位はdB（デシベル）で表します。

右表は、騒音・振動の大きさのめやすを示したものです。

（3）騒音・振動の発生源

工場・事業場では、その業種によって各種の機械が使われ、様々な作業が行われています。そしてこれらの機械や作業から発生する騒音・振動の大きさもまちまちです。

右図①は、主要な機械や作業について、発生源から1m離れた場所で測った**騒音レベル**の概略を示しています。同じ種類の機械や作業でも、機械の大きさや整備の状態、作業の方式などによって、騒音の大きさは大幅に変わることがあります。例えば「機械プレス」では約70～115dB、クーリングタワーでは約55～80dB程度の騒音が生じていることがわかります。また、工場等にある機械類からの**振動レベル**は、おおよそ45～60dB程度の例がみられています。

建設作業では、くい打ち機・くい抜き機等を使用する作業やさく岩機を使用する作業等が多くあります。建設作業による**騒音レベル**は約80～110dB程度、**振動レベル**は50～85dB程度の比較的高い振動レベルとなっています（右図②）。

騒音・振動の大きさのめやす

騒音の大きさのめやす

騒音レベル	状態
120dB	飛行機のエンジンの近く
110dB	自動車の警笛（前方2m）
100dB	電車が通るときのガード下
90dB	騒々しい工場の中、犬の鳴き声（正面5m）、カラオケ
80dB	地下鉄の車内、ピアノ
70dB	ステレオ、騒々しい事務所、騒々しい街頭、電話のベル
60dB	静かな乗用車、普通の会話
50dB	静かな事務所の中、クーラー（始動時）
40dB	図書館の中、静かな住宅地の昼、市内の深夜
30dB	郊外の深夜、ささやき声
20dB	木の葉の触れ合う音、置き時計の秒針の音（前方1m）

振動の大きさのめやす

振動レベル	震度階	状態
100dB	震度5	壁に割れ目が入り、煙突、石垣等が破損
90dB	震度4	家屋が激しく揺れ、座りの悪いものが倒れる
80dB	震度3	家屋が揺れ、障子がガタガタ音を立てる
70dB	震度2	多数の人が感じる程度のもの。障子の揺れ、わずか
60dB	震度1	静止している人や屋内にいる人の一部がわずかに感じる程度
50dB	震度0	人は揺れを感じないが、地震計には記録される程度

（出典：横浜市「より静かな建設作業を目指して」他から作成）

①音源から1m地点での概略の騒音レベル（dB）

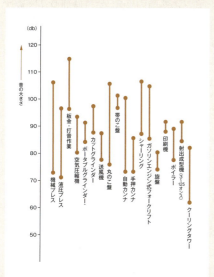

（出典：横浜市環境創造局「騒音防止のてびき」）

②主な建設作業の場所から7m地点の振動レベル（dB）

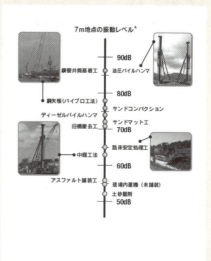

（出典：環境省「よくわかる建設作業防止の手引き」）

第5章 騒音規制法・振動規制法

2 騒音規制法

2.1 地域の指定 (法3)

この法律のポイントは、工場・事業場の**設置場所**、あるいは**建設作業を行う場所**がどのような地域にあるか、騒音による生活環境への影響を特に意識して規制していることです。

都道府県知事 (市の区域内にあっては、市長) (以下「都道府県知事等」) は、特に下記の場所を**指定地域**に指定しなければなりません (法3(1))。指定地域においては、工場等で生ずる騒音、及び特定建設作業に伴って発生する騒音が規制されます。指定地域に指定する場合、都道府県知事等は市町村長の意見を聞かなければなりません (法3(2))。

なお、工業専用地域等については指定の必要はありません。

- 住居が集合している地域
- 病院または学校の周辺の地域
- その他の騒音を防止し、住民の生活環境を保全する必要のある地域

2.2 工場等における規制について

(1) 規制基準とは

都道府県知事等は、環境大臣が定める規制基準の範囲内において、時間及び区域ごとの規制基準を定めなければなりません (法4(1)) (右表)。市町村長は、都道府県知事等が定めた規制基準に代えて、その地域の住民の生活環境保全に必要と認める範囲内において、規制基準を定めることができます (法4(2))。

指定地域内に特定工場等を設置する者は規制基準を遵守しなければなりません (法5)。

(2) 特定施設

本法では、指定地域内において工場等にある施設であって、特に著しい騒音を発生する施設を**特定施設**といいます (右表)。特定施設を設置しようとする場合には設置前に市町村長に届け出なければなりません (令1 別表第1)。届出事項には右のものがあります。

また、特定施設等の設置・変更の届出があった場合に、特定工場等から発生する騒音が規制基準に適合しないことによって周辺の生活環境が損なわれると認めるとき、市町村長は、**計画変更を勧告**することができます (これは届出に係る計画変更命令です) (法9)。

さらに市町村長は、(設置後に) 期限を定めて騒音の防止方法の**改善**、特定施設の使用法・配置等の**変更を勧告**できます。勧告に従わず特定施設を設置したとき等は、期限を定め、騒音の防止方法の**改善**、特定施設の使用方法・配置の**変更を命令**できます (法12)。

122

特定工場等において発生する騒音の規制に関する基準

（単位：デシベル（dB））

区域	昼間	朝・夕	夜間	該当地域
第1種区域	45～50	40～45	40～45	特に、静穏の保持が必要な区域
第2種区域	50～60	45～50	40～50	住居の用に供されている区域
第3種区域	60～65	55～65	50～55	住居以外に商業・工業の用に供されている区域
第4種区域	65～70	60～70	55～65	主として工業等の用に供される区域

（注） 1. 昼間とは、午前7時または8時から午後6時、7時または8時まで。
朝とは、午前5時または6時から午前7時または8時まで。
夕とは、午後6時、7時または8時から午後9時、10時または11時まで。
夜間とは、午後9時、10時または11時から翌日の午前5時または6時まで。
2. 第2種～第4種区域にある学校、病院等の敷地周囲50m区域内では、当該値から5dB減じた値以上とすることができる。
3. 特定建設作業に伴って発生する騒音の規制に関する基準：特定建設作業現場敷地境界線において85dBを超えてはならない。

騒音規制法における特定施設の例

①金属加工機械	(1)圧延機械（原動機定格出力22.5kW以上）、(2)液圧プレス、(3)機械プレス（呼び加圧能力294kN以上）、(4)せん断機（定格出力3.75kw以上）、(5)鍛造機、(6)切断機（といしを用いるものに限る）
②空気圧縮機及び送風機（原動機の定格出力7.5kw以上）	
③織機（原動機を用いるもの）	
④建築用資材製造機（コンクリートプラント等）	
⑤穀物用製粉機（ロール式原動機の定格出力7.5kW以上）	
⑥木材加工機械	(1)砕木機、(2)帯のこ盤、(3)丸のこ盤、(4)かんな盤（いずれも原動機の定格出力2.2kw以上）
⑦印刷機械（原動機を用いるもの）	
⑧合成樹脂用射出成形機	

特定施設等の設置・変更の届出

● 特定施設の設置の届出（法6、則3、則4）
● 特定施設の数等の変更の届出（法8、則6）
● 氏名の変更等の届出（法10、則8）
● 承継（法11、則9）

届出事項

● 氏名または名称、法人ではその代表者の氏名
● 工場等の名称及び所在地
● 特定施設の種類ごとの数
● 騒音の防止の方法
}　法第6条

● 工場等の事業内容
● 常時使用する従業員数
● 特定施設の型式及び公称能力
● 特定施設の種類ごとの通常の日の使用の開始及び終了の時刻
}　則第4条第2項 第1号～第4号

（添付資料）特定施設の配置図、特定施設等及びその付近の見取図

第5章 騒音規制法・振動規制法

123

2.3 特定建設作業に伴って発生する騒音の規制について

特定建設作業とは、建設工事のうち著しい騒音を発生する作業であって、右表に示すものであり、作業開始7日前までの届出が必要です（法14）。**特定建設作業に係る騒音規制基準**は、作業場所の敷地の境界線において、**85デシベル（dB）**を超えないこととされています。

また、建設作業に係る**作業時間等**には右表のような**制限**があります（法15、昭和43年厚・建告示第1号「特定建設作業に伴って発生する騒音の規制に関する基準」）。

さらに、指定地域内において特定建設作業に係る規制基準を守られておらず、周辺の生活環境が著しく損なわれるおそれがある場合は、市町村長は、騒音防止の方法の**改善**、作業時間の**変更**について**勧告**及び、勧告に従わない場合**命令**をすることができます（法15）。

2.4 自動車騒音の規制

自動車単体から発生する騒音に対して、自動車が一定の条件で運行する場合に発生する**自動車騒音の大きさの許容限度**は環境大臣が定めることになっています（法16(1)）。

都道府県知事等が定める指定地域内において、測定の結果、自動車騒音が環境省令で定める限度値を超えていることにより周辺の生活環境が著しく損なわれていると認められる場合、市町村長は都道府県公安委員会に道路交通規制等の措置をとるよう要請できます（法17(1)）。

都道府県知事等は、自動車騒音の状況を常時監視する義務があります（法18）。

2.5 その他の規制

（1）報告及び検査（法20、令3）

市町村長は、**特定施設の設置者**に対し、特定施設の設置状況及び使用方法、騒音防止の方法について、**特定建設作業に伴う建設工事の施工者**に対し、特定建設作業の実施状況及び騒音防止の方法についてそれぞれ報告を求め、または職員に特定工場等あるいは建設工事の場所に**立入り検査**をさせることができます。

（2）騒音の測定（法21の3）

市町村長は、指定地域について騒音の大きさを測定することになっています。

（3）電気工作物に係る取扱い（法21）

電気事業法により事業用電気工作物の設置者が設置するもので、工場または事業場に設置される著しい騒音を発生する施設は、騒音規制法の特定施設の設置・変更届出、勧告等に規定は適用せず、電気事業法の規定が適用されます（法6から法12）。

特定建設作業（令2 別表第2）

	特定建設作業の種類	概要
1	くい打ち機、くい抜き機またはくい打ち機くい抜き機を使用する作業（例：エアーハンマー、油圧ハンマ、ドロップハンマ等）	もんけん（入力）または圧入式くい打ちくい抜き機を使用する作業並びにくい打ち機をアースオーガと併用する作業を除く。
2	びょう打ち機を使用する作業（例：リベットハンマー）	
3	さく岩機を使用する作業（ハンドハンマ、ハンドブレーカー、油圧ブレーカー、ドリフタ等）	サンドブレーカー、ジャイアントブレーカー等。作業地点が連続的に移動する作業にあっては、1日における当該作業に係る2地点間の最大距離が50mを超えない作業に限る。
4	空気圧縮機を使用する作業（さく岩機の動力として使用する作業を除く）（例：エンジン駆動方式のもの、なお電動駆動方式等は届出不要）	電動機以外の原動機を用いるものであって、その原動機の定格出力が15kW以上のものに限る。
5	コンクリートプラントまたはアスファルトプラントを設けて行う作業（モルタルを製造するためにコンクリートプラントを設けて行う作業を除く）	混練機の混練量がコンクリートプラントは0.45m³以上、アスファルトプラントは200kg以上のものに限る。
6	バックホウを使用する作業	一定の限度を超える大きさの騒音を発生しないものとして環境大臣が指定するものを除く、原動機の定格出力が80kW以上のものに限る。
7	トラクタショベルを使用する作業	一定の限度を超える大きさの騒音を発生しないものとして環境大臣が指定するものを除く、原動機の定格出力が70kW以上のものに限る。
8	ブルドーザーを使用する作業	一定の限度を超える大きさの騒音を発生しないものとして環境大臣が指定するものを除く、原動機の定格出力が40kW以上のものに限る。

※カッコ内は機械の一例

建設作業に係る作業時間の制限

		通常の作業	禁止事項
1日の開始及び終了時間（作業可能時間）	1号区域	午前7時～午後7時	【夜間作業】午後7時～午前7時
	2号区域	午前6時～午後10時	【夜間作業】午後10時～午前6時
1日における延作業時間（最大作業時間）	1号区域	10時間以内	10時間を超える
	2号区域	14時間以内	14時間を超える
同一場所における連続作業日数（最大作業日数）	1号区域	連続して6日以内	連続して6日を超える
	2号区域		
日曜・休日における作業（作業日）	1号区域	月曜日～土曜日	日曜日及び休日
	2号区域		

（注）　1.「第1区域」とは、第1種・第2種低層住居専用地域、第1種・第2種中高層住居専用地域、第1種・第2種住居地域、準住居地域、商業地域、近隣商業地域、準工業地域、用途地域として定められていない地域及び工業地域のうち学校・病院・図書館・保育園等の周囲（境界線から）概ね80m以内の区域
　　　　2.「第2区域」とは、工業地域のうち学校・病院等の周囲概ね80m以外の区域

3 振動規制法

3.1 地域の指定（法3）

都道府県知事（市の区域内にあっては、市長）（以下「都道府県知事等」）は、特に下記の場所を**指定地域**に指定しなければなりません（法3(1)）。

指定地域においては、工場等で生ずる振動、及び特定建設作業に伴って発生する振動が規制されます。指定地域に指定する場合、都道府県知事等は市町村長の意見を聞かなければなりません（法3(2)）。

なお、工業専用地域等は指定地域から除外されています。

- ● 住居が集合している地域
- ● 病院または学校の周辺の地域
- ● その他の騒音を防止し、住民の生活環境を保全する必要のある地域

3.2 工場等における規制について

（1）規制基準とは

都道府県知事等は、環境大臣が定める規制基準の範囲内において時間及び区域ごとの規制基準を定めなければなりません（法4(1)）（右表）。市町村長は、都道府県知事等が定めた規制基準に代えて、その地域の住民の生活環境保全に必要と認める範囲内において、規制基準を定めることができます（法4(2)）。

指定地域内に特定工場等を設置する者は規制基準を遵守しなければなりません（法5）。

（2）特定施設

本法では、指定地域内において工場等にある施設であって、特に著しい振動を発生する施設を**特定施設**といいます（右表）。特定施設を設置しようとする場合には設置前に届け出なければなりません（令1 別表第1）。届出事項には右のものがあります。

また、特定施設等の設置・変更の届出があった場合に、特定工場等から発生する振動が規制基準に適合しないことによって周辺の生活環境が損なわれると認めるとき、市町村長は、**計画変更を勧告**することができます（これは届出に係る計画変更命令です）（法9）。

さらに市町村長は、（設置後に）期限を定めて騒音の防止方法の**改善**、特定施設の使用法・配置等の**変更を勧告**できます。勧告に従わず特定施設を設置したとき等は、期限を定め、騒音の防止方法の**改善**、特定施設の使用方法・配置の**変更を命令**できます（法12）。

126

特定工場等において発生する振動の規制に関する基準

(単位：デシベル（dB）)

区域	昼間	夜間	備考
第1種区域	60〜65	55〜60	特に、静穏を保持すべき区域及び住居用の区域
第2種区域	65〜70	60〜65	住居の用に併せて商業、工業等の用に供されている区域。主として、工業等で用いられる区域

(注)　1. 昼間とは、午前5時、6時、7時または8時から午後7時、8時、9時または10時まで。
　　　　夜間とは、午後7時、8時、9時または10時から翌日の午前5時、6時、7時または8時をいう。
　　　2. 学校、病院等の敷地周囲50m区域内では，該当値から5dB減じた値とすることができる。

振動規制法における特定施設の例

①金属加工機械	(1)液圧プレス、(2)機械プレス、(3)せん断機（定格出力1kW以上）、(4)鍛造機
②圧縮機（定格出力7.5kW以上）	
③織機（原動機を用いるものに限る）	
④木材加工機械（ドラムバーカー、チッパー）	
⑤印刷機械（定格出力2.2kW以上）	
⑥合成樹脂用射出成形機	
⑦鋳型造型機（ジョルト式のものに限る）等	

特定施設等の設置・変更の届出

- 特定施設の設置の届出（法6、則3、則4）
- 特定施設の数等の変更の届出（法8、則6）
- 氏名の変更等の届出（法10、則8）
- 承継（法11、則9）

届出事項

- 氏名または名称、法人ではその代表者の氏名
- 工場等の名称及び所在地
- 特定施設の種類及び能力ごとの数　　｝ 法第6条
- 振動の防止の方法
- 特定施設の使用方法

- 工場等の事業内容
- 常時使用する従業員数　　｝ 則第4条第2項　第1号〜第3号
- 特定施設の型式

（添付資料）特定施設の配置図、特定施設等及びその付近の見取図

第5章　騒音規制法・振動規制法

127

3.3　特定建設作業に伴って発生する騒音の規制について

　特定建設作業とは、右表に示す建設工事のうち著しい騒音を発生する作業です。**特定建設作業に係る振動規制基準**は、特定建設作業の場所の敷地の境界線において、**75デシベル（dB）を超えないこと**とされています。

　また、建設作業に係る**作業時間等**には右表のような**制限**があります（法15、則11別表第1）。

　さらに、市町村長は、指定地域内で行われる特定建設作業に伴う振動が規制基準に適合せず、周辺の生活環境が著しく損なわれる場合には、振動防止の方法の**改善**、作業時間の**変更**について**勧告**及び、勧告に従わない場合**命令**をすることができます（法15）。

3.4　道路交通振動に係る要請

　市町村長は、指定地域の振動を測定し、道路交通振動が許容限度（省略）を超えている場合には、道路管理者等に舗装等適切な措置等を執ることを要請できます（法16(1)）。

3.5　その他の規制

（1）報告及び検査（法17、令4）

　市町村長は、**特定施設の設置者**に対し、特定施設の設置状況及び使用方法、騒音防止の方法について、**特定建設作業に伴う建設工事の施工者**に対し、特定建設作業の実施状況及び騒音防止の方法について、**報告徴収または立入検査**を行えます。

（2）振動の測定（法19）

　市町村長が、指定地域について、振動の大きさを測定します。

（3）電気工作物に係る取扱い（法18）

　電気事業法により事業用電気工作物の設置者が設置する振動発生施設は、振動規制法の規定は適用せず、電気事業法の規定が適用されます（法6〜法12）。

3.6　公害防止管理者等

　騒音指定地域において、「機械プレス」及び「鍛造機」、さらに振動指定地域において、「液圧プレス」、「機械プレス」及び「鍛造機（いずれも仕様は省略）」を設置している場合、騒音・振動公害防止管理者等を選任しなければなりません（122p及び127p参照）（特定工場における公害防止組織の整備に関する法律施行令第4条、第5条の2）。

特定建設作業（令2 別表第2）

	特定建設作業の種類と概要
1	くい打ち機（もんけん及び圧入式くい打ち機を除く）、くい抜き機（油圧式くい抜き機を除く）、くい打ちくい抜き機（圧入式くい打ちくい抜き機を除く）を使用する作業（例：エアーハンマー、油圧ハンマ、ドロップハンマ、ディーゼルハンマー、振動くい打ち機（バイブロハンマー）、スチームハンマー等）
2	鋼球を使用して建築物その他の工作物を破壊する作業
3	舗装版破砕機を使用する作業（作業地点が連続的に移動する作業にあっては、1日における当該作業に係る2地点間の最大距離が50mを超えない作業に限る）
4	ブレーカー（手持式のものを除く）を使用する作業（作業地点が連続的に移動する作業にあっては、1日における当該作業に係る2地点間の最大距離が50mを超えない作業に限る）(例：エアーハンマー、油圧ブレーカー（ジャイアントブレーカー）等。なお、ハンドブレーカー、電動ピックは届出対象外）

※カッコ内は一例

建設作業に係る作業時間の制限

		通常の作業	禁止事項
1日の開始及び終了時間 （作業可能時間）	1号区域	午前7時～午後7時	【夜間作業】午後7時～午前7時
	2号区域	午前6時～午後10時	【夜間作業】午後10時～午前6時
1日における延作業時間 （最大作業時間）	1号区域	10時間以内	10時間を超える
	2号区域	14時間以内	14時間を超える
同一場所における連続作業日数 （最大作業日数）	1号区域	連続して6日以内	連続して6日を超える
	2号区域		
日曜・休日における作業 （作業日）	1号区域	月曜日～土曜日	日曜日及び休日
	2号区域		

（注） 1.「第1区域」とは、第1種・第2種低層住居専用地域、第1種・第2種中高層住居専用地域、第1種・第2種住居地域、準住居地域、商業地域、近隣商業地域、準工業地域、用途地域として定められていない地域及び工業地域のうち学校・病院・図書館・保育園等の周囲（境界線から）概ね80m以内の区域
 2.「第2区域」とは、工業地域のうち学校・病院等の周囲概ね80m以外の区域

電気事業法の規定が適用される施設

●騒音発生施設

1機関当たりの原動機の定格出力が7.5kW以上の空気圧縮機及び送風機
例：内燃機関の始動に圧縮空気を用いる場合の空気圧縮機、電気室用の換気ファン等

●振動発生施設

1機関当たりの原動機の定格出力が7.5kW以上の圧縮機
例：内燃機関の始動に圧縮空気を用いる場合の空気圧縮機、ガスタービン燃料用のガス圧縮機 等

第5章 ● 実務に役立つ Q&A

届出 （騒音規制法／振動規制法）

Q：工場を経営しているのですが、騒音・振動に関しての届出や規制はありますか？

A：①（規制基準）騒音規制法、振動規制法に基づいて都道府県知事等が定めた地域（指定地域）の中で事業活動を行う工場・事業場に対して規制基準（敷地境界線における騒音・振動の大きさの限度）の遵守が義務づけられています。
②（届出義務）法で定められた施設を設置する場合は事前届出が必要です。（出典：大阪府より作成）

届出 （騒音規制法／振動規制法）

Q：エアコン室外機の圧縮機3.75kWは届出対象ですか？

A：騒音規制法は空気圧縮機（7.5kW以上）、振動規制法は冷媒圧縮を除く圧縮機が対象であるので、両規制法とも届出の対象ではありません。なお、エアコン室外機の送風機については、原動機の定格出力が7.5kW以上の場合、騒音規制法の特定施設に該当します。（出典：長岡京市、上越市、豊田市）

届出 （騒音規制法）

Q：騒音規制法において、数変更時は、どのようなときに届出が必要ですか？

A：次の例を参考にして下さい。
①新しい種類の施設を設置する場合
（例）圧縮機2台設置済みで、新たに送風機を設置する場合
②同じ種類の施設数が直近の届出数の2倍を超える場合
（例）圧縮機1台から1台増加して2台にする場合：届出必要
圧縮機1台から1台増加して2台にする場合：届出不要
圧縮機7.5kW1台から圧縮機10kW1台に能力変更：届出不要
（出典：豊田市より作成）

届出 （騒音規制法）

Q：20kWと10kWの定格出力の原動機を1台ずつ備えた圧延機械を指定地域内に設置する場合、届出は必要ですか？

A：騒音規制法で規定する圧延機械は、原動機の定格出力の合計が22.5kW以上のものに限るため、例示の圧延機械は原動機の定格出力の合計が30kWと

なり特定施設に該当します。届出が必要です。（出典：札幌市「工場・事業場に係る騒音の手引き」）

届出 （騒音規制法）

Q：機械プレス（呼び加圧能力294kW以上のもの）**は金属加工機械の一分類として挙げられていますが、これを金属加工以外の用途に供する場合、届出は必要ですか？**

A：金属加工以外の用途に使われていても金属加工機械として使えるものであれば、騒音規制法の特定施設に該当します。届出は必要です。（出典：札幌市「工場・事業場に係る騒音の手引き」）

届出 （騒音規制法）

Q：圧縮機を組み込んだ冷凍機は特定施設に該当しますか？

A：冷凍機は主に、ガス圧縮機、凝結器、膨張弁、蒸発器で構成され、封入した冷媒（液化ガス）を圧縮−凝結−蒸発−再圧縮させ、蒸発するとき周囲から奪う蒸発潜熱によって周囲を冷却する機械です。騒音規制法で規定する圧縮機は空気圧縮機であり、当該圧縮機は特定施設には該当しません。なお、空気圧縮機であっても開口部がないものは空気を冷媒とした冷凍機扱いとなり、特定施設には該当しません。（出典：札幌市「工場・事業場に係る騒音の手引き」）

届出 （振動規制法）

Q：手持ち式ブレーカー（動力として定格出力15kW以上の空気圧縮機を使用）**を使用した特定建設作業は届出が必要ですか？**

A：手持ち式ブレーカーを使用する作業については振動規制法に基づく届出が必要です。（出典：群馬県の生活環境を保全する条例施行規則）

届出 （振動規制法）

Q：定格出力が5.5kWの原動機を3台備えた空気圧縮機を指定地域内に設置する場合は届出が必要ですか？

A：振動規制法で規定している圧縮機は、原動機1台当たりの定格出力が7.5kW以上のものに限られています。例示の空気圧縮機は振動規制法に基づく特定施設の届出は必要ありません。（出典：札幌市「工場・事業場に係る振動の手引き」）

振動規制法における変更届出

Q：数量変更届出はどのようなときに出すのですか？

131

A：次の場合には届出が必要です。

①新しい種類の施設を設置する場合

②特定施設の種類及び施設の能力ごとの数が直近の届出数から増加する場合

❶圧縮機7.5kW1台から圧縮機7.5kWのもの1台増加する場合：届出必要

❷圧縮機7.5kW1台から圧縮機10kWのもの1台に変更する場合：届出必要（能力変更）

❸圧縮機7.5kW1台から他の圧縮機7.5kWに機種変更する場合：届出不要

（出典：豊田市）

建設作業

Q：建設作業を行う場合、騒音・振動に関しての届出や規制はありますか？

A：騒音規制法、振動規制法により、都道府県知事等により定められた地域（指定地域）内で大きな騒音や振動を伴う建設作業（特定建設作業）に対して、届出義務や作業場所の境界線における騒音・振動の大きさに基準、作業時間帯の制限などの遵守義務があります。（出典：大阪府）

建設作業

Q：深夜に工事をしているのですが、作業時間に規制はありますか？

A：「特定建設作業」の場合は作業時間に規制がありますが、その他の工事の場合は規制はありません。また、「特定建設作業」に該当する場合であっても、昼間の交通量が激しいため夜間にしかできない道路工事等は規制対象にはなりません。（出典：札幌市）

建設作業

Q：土曜・日曜・祝日に工事しているのですが、規制はありますか？

A：「特定建設作業」の場合は、日曜・祝日に作業を行うことについては規制がありますが、その他の工事の場合は、作業には規制はありません。また、土曜日の作業を行うことについては、「特定建設作業」であっても規制されません。（出典：札幌市）

建設作業

Q：工事騒音や振動がひどいのですが、音や揺れの大きさに基準はありますか？

A：工事（建設作業）から発生する騒音や振動の大きさに基準が定められているのは、

法律に定められた作業である「特定建設作業」の場合に限られています。その他の作業に伴っている騒音・振動（例：重機が移動する音や振動等）については基準はありません。（出典：札幌市）

特定施設

Q：圧縮機を組み込んだ冷凍機は特定施設に該当しますか？

A：冷凍機は振動規制法で規定する特定施設には該当しません。（出典：札幌市「工場・事業場に係る振動の手引き」）

第6章

省エネルギー法

1節　工場等に係る措置
2節　輸送に係る措置
3節　建築物に係る措置
4節　機械器具等に係る措置

6章 省エネルギー法
（エネルギーの使用の合理化等に関する法律）

> この法律は、オイルショックを契機に、1979（昭和54）年に燃料資源の有効な利用の確保と工場・事業場、輸送、住宅・建築物及び機械器具についてエネルギーの使用の合理化を総合的に進めるために制定された。

法律の成立と経緯

　戦前から戦後にかけて輸入によるエネルギー資源の確保が難しく、エネルギー資源の有効利用、特に産業部門（工場・事業場）の燃料とこれを熱源とする熱の有効利用を図るために、1951（昭和26）年に熱管理法が制定されました。しかし、1973（昭和48）年、1979（昭和54）年の石油危機による燃料、電力の使用の自粛を契機に、1979年に省エネルギー法が制定され、工場、建築物、機械器具等の産業部門における燃料及び電気の有効利用が図られました。

　また1990年代に地球温暖化が問題となる中、省エネ法は1993（平成5）年に工場におけるエネルギー（熱及び電気）の使用状態の定期報告制度、1998（平成10）年の自動車等の機械器具に対するトップランナー制度の導入、さらに2002（平成14）～2008（平成20）年には建築物への規制強化により300m²以上の建築物の建築主に対する省エネ措置が義務づけられました。従来、省エネ法は燃料と電気を区別し、かつ、工場・事業場単位のエネルギー管理方式でしたが、2005（平成17）年の京都議定書の発効を受け、熱と電気の一体管理及び企業（法人）単位の管理に変わりました。さらに、新たに輸送事業者（貨物、旅客）及び荷主が規制対象となりました。

　2011（平成23）年の東日本大震災後に電力需給が逼迫したことを受け、エネルギー効率の改善による燃料資源の有効利用の強化と電力需給のバランスのために、2013（平成25）年に電気の需要の平準化の導入とトップランナー制度の建築材料（断熱材等）への拡大がなされました。産業部門・運輸部門のエネルギー使用量が減少する中、建築物部門のエネルギー消費量は著しく増加し、現在では全体の1/3を占めています。そこで、300m²以上の建築物の建築物エネルギー消費性能基準への適合を求めた法改正が2015（平成27）年にありました。

136

省エネルギー法・年表（●：できごと、●：法令関係）

- ● 1951（昭和26）年　熱管理法制定。
- ● 1973（昭和48）年　第一次石油危機。
- ● 1979（昭和54）年　第二次石油危機。
- ● 1979（昭和54）年　省エネルギー法制定（産業部門の規制強化：エネルギー管理指定工場、エネルギー管理士制度）。
- ● 1992（平成 4）年　リオ「地球サミット」開催、気候変動枠組条約採択。
- ● 1997（平成 9）年　地球温暖化防止京都会議（COP3）、京都議定書。
- ● 1998（平成10）年　第1種及び第2種エネルギー管理指定工場の区分、機械器具トップランナー制度導入。
- ● 2002（平成14）年　業務部門（オフィス等）の規制強化、建築主に対し省エネ措置の届出義務化。
- ● 2005（平成17）年　京都議定書発効。
- ● 2005（平成17）年　熱と電気の規制区分の一体化、輸送事業者と荷主を規制対象に追加。
- ● 2008（平成20）年　工場・事業所単位から企業（法人）単位に規制拡大、フランチャイズチェーン本部を規制、エネルギー管理統括者制度を新設、特定建築物の規模を300m² 以上とする。
  セクター別ベンチマーク制度導入（平成29年度定期報告よりコンビニエンスストア業界対象）
- ● 2013（平成25）年　電気需要平準化制度の導入、トップランナーの対象に、特定熱損失建築材料（断熱材など）を追加。
- ● 2015（平成27）年　省エネ法の建築物関係の措置が削除され、新たに「建築物のエネルギー消費性能の向上に関する法律」が制定された。
- ● 2016（平成28）年　事業者クラス分け評価制度開始

第6章　省エネルギー法

137

エネルギー規制のしくみ

省エネルギー法におけるエネルギーとは、**燃料、熱、電気**が対象となっています。**燃料**とは原油、天然ガス、石炭などの**化石燃料から得られる燃料**が対象となっており、非化石エネルギーは対象となっておりません。

だから対象となる熱は、化石燃料を熱源とする熱（蒸気、温水、冷水等）であり、**太陽熱や地熱などは対象となりません。**

同様に対象となる電気も化石燃料を起源とする電気であり、**太陽光発電、風力発電、廃棄物発電などは対象となりません。**

右図は、工場・事業場におけるエネルギー規制のしくみを示したものです。各施設ごとの規制のポイントを理解しておいてください。

現場担当者が押さえておきたいこと

- どの種類のエネルギーをどの程度使用しているかを把握する（燃料、熱、電気）
- どの分野でどの程度使用しているかを把握する（工場等、輸送、住宅・建築物、機械器具等）
- トップランナー制度への対応はしているか確認する

＜工場関係＞

- エネルギーの使用の合理化として、何に取り組んでいるか確認する（判断の基準の遵守）
- 電気の需要の平準化のために何に取り組んでいるか確認する（指針）
- 特定事業者なのか特定連鎖化事業者なのか確認する
- テナントかそうでないか確認する
- （特定事業者または特定連鎖化事業者の場合）エネルギー管理統括者、エネルギー管理企画推進者、エネルギー管理者、エネルギー管理員の選任・届出はしているのか確認する

＜輸送関係＞

- 輸送事業者として省エネルギーのために何に取り組んでいるか確認する
- 特定輸送事業者として省エネルギーのために何に取り組んでいるか確認する

＜住宅・建築物関係＞

- 建築物を建築する者、所有者、そして修繕・模様替えをする者は、建築物の省エネあるいは電気の需要の平準化のために何をしているか確認する

＜機械器具等＞

- 製造事業者か、輸入事業者か確認する
- 特定エネルギー消費機器等、あるいは特定熱損失防止建築材料の製造業者・輸入事業者か確認する

エネルギー規制のしくみ

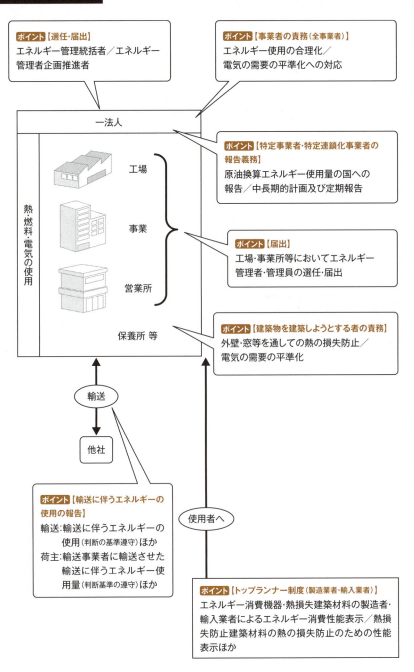

省エネルギー法の概要

　本法は、内外におけるエネルギーをめぐる経済的社会的環境に応じた燃料資源の有効な利用の確保に資するため、「工場等（工場または事務所その他の事業場）」**(1節)**、「輸送」**(2節)**、「住宅・建築物」**(3節)**、及び「機械器具等（エネルギー消費機器または熱損失防止建築材料）」**(4節)**についての**エネルギーの使用の合理化に関する所要の措置、電気の需要の平準化に関する所要の措置**その他**エネルギーの使用の合理化等を総合的に進めるために必要な措置等**を講ずることとし、もって国民経済の健全な発展に寄与することを目的としています。各規制分野と対象となる事業者は下記のとおりです。

　エネルギーを使用している事業者は、**熱、燃料及び電気の使用量を正確に管理する**ことにより、自社のエネルギーの使用量を把握しなければなりません。把握の単位は**事業者単位で、工場・事業所単位ではありません。**また事業者単位の範囲は、法人格単位が基本です。したがって子会社、関連会社、協力会社、特殊会社等はいずれも別法人であるため、別事業者として扱います。

省エネルギー法が規制する事業分野

規制分野	対象となる事業者
工場等	●**工場等を設置して事業を行う者** ・工場を設置して事業を行う者 ・事業場（オフィス、小売店、飲食店、病院、ホテル、学校、サービス施設等）を設置して事業を行う者
輸送（自家輸送を含む）	●**輸送事業者**：貨物・旅客の輸送を業として行う者 ●**荷主**：自らの貨物を輸送事業者に輸送させる者
住宅・建築物	●**建築物を建築する者** ●**建築物の所有者** ●**建築物の修繕・模様替えをする者** ●**建築物へ空気調和設備等を設置または改修する者**
機械器具等	●**エネルギー消費機器等の製造または輸入事業者** ●**熱損失防止建築材料の製造、加工または輸入業者**

第6章 省エネルギー法

省エネルギー法の体系図

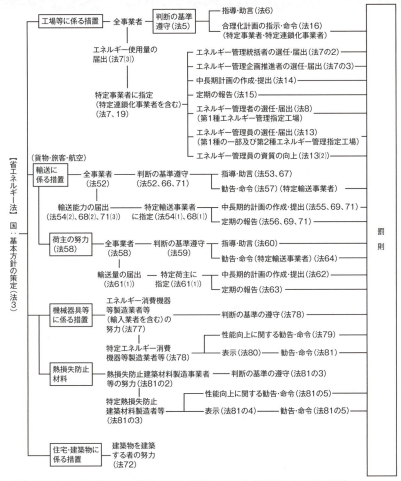

((注)上記の「住宅・建築物」関係は、平成29年4月には、建築物のエネルギー消費性能の向上に関する法律(建築物省エネ法)で規定されます。)

法律の規定事項
  第1章 総則(第1条・第2条)
  第2章 基本方針等(第3条・第4条)
  第3章 工場等に係る措置等(第5条～第51条)
  第4章 輸送に係る措置等(第52条～第71条)
  第5章 建築物に係る措置等(第72条)
  第6章 機械器具等に係る措置(第77条～第81条の5)
  第7章 電気事業者に係る措置(第81条の6・第81条の7)
  第8章 雑則(第82条～第92条)
  第9章 罰則(第93条～第99条)

1 工場等に係る措置

1.1 エネルギー管理の流れ

エネルギーを使用して事業を営む者は、省エネルギー法の下、エネルギーの使用の合理化に努めるとともに、電気の需要の平準化のために必要な対策を講じるように努めなければなりません。そのエネルギーの一般的な管理の流れは右のようになっています。

事業者はまず、適切なエネルギー管理を行うために自社の管理体制を整備し、自らの**エネルギーの使用量を把握**（1.3節）することから始めます。次に工場に関する**判断の基準**（1.4節）に基づいて管理標準を設定し、また**判断の基準**及び**電気の需要の平準化を実施するための指針**（1.5節）に基づいてエネルギー管理を実践しなければなりません。さらに日常のエネルギー使用実績を把握、**原単位の分析**（1.6節）、全体の評価、改善の検討、省エネの実施を行います。

上記に対応した法に基づく義務内容としては、**エネルギー使用状況の届出、エネルギー管理者等の選任、定期報告書、中長期計画の提出**（1.7節）が義務づけられています。

1.2 規制対象となる事業者

エネルギーの使用量を把握することにより、規模が一定を超える事業者は**特定事業者・特定連鎖化事業者**に指定され、法規制を受けることになります。

（1）特定事業者

事業者全体（**本社、工場、事業所、支店、営業所、店舗等**）の1年間のエネルギー使用量（**原油換算値**）が合計して1,500 kL以上の場合は、そのエネルギー使用量を事業者単位で国へ届け出なければなりません（未届出は罰則対象です）（法7（1）、令2）。

この届出により**特定事業者**に指定されます。届出は毎年度5月末日までにしなければなりません。

（2）特定連鎖化事業者

フランチャイズチェーン事業等の本部とその加盟店との間の約款等の内容が経済産業省令で定める条件に該当する場合、その本部が連鎖化事業者となり、加盟店を含む事業全体の1年度間のエネルギー使用量（原油換算値）が合計して1,500kL以上の場合は、そのエネルギー使用量を国へ届け出なければなりません（未届出は罰則対象です）（法19（2）、則22の3、則22の4）。

この届出により**特定連鎖化事業者**に指定されます。届出は毎年度5月末日までにしなければなりません。

エネルギー管理の流れ

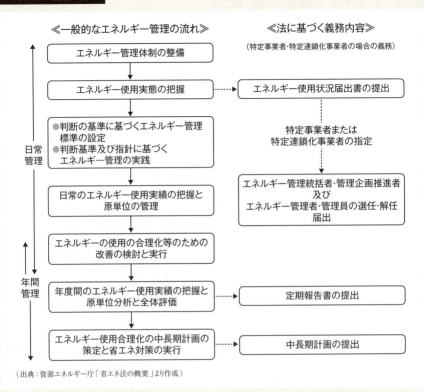

(出典:資源エネルギー庁「省エネ法の概要」より作成)

事業者(企業)単位

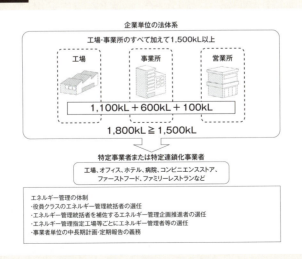

1.3 エネルギー使用実態の把握

事業者は自社のエネルギーを管理するための体制をつくり、エネルギーの使用の実態を把握しなければなりません。その方法は以下のとおりです。

（1）工場等の場合

「工場等」とは、本社、すべての工場、支店、営業所、店舗、保養所等を含みます。ただし、社宅、社員寮の場合、住居部分及びその共用部分で使用するエネルギーは対象外となります。

工場等におけるエネルギー使用量は、**燃料の使用量、他人から供給された熱の量、他人から供給された電気の量をそれぞれ合算して算出**します。ただし、自ら発生させた熱や電気の使用量（コージェネレーション、自家発電等）については、その**発生時に投入した燃料の使用量から把握**できるので、重ねて加える必要はありません。

エネルギー使用量の捉え方の手順は次の通りです（右図）。

①事業者の有する本社、すべての工場、支店、営業所、店舗、保養所等で使用した熱、燃料及び電気のそれぞれの年間使用量を把握します（電気、ガスについては、エネルギー供給事業者の毎月の検針票に示される使用量でも可能です）。

②①の各エネルギーの使用量に、右図の熱、燃料及び電気の換算係数（熱量（GJ：ギガジュール））を乗じて、各々の熱量を求めます。

③②の熱、燃料及び電気の熱量をすべて足し合わせて年度間の合計使用熱量（GJ）を求めます。

④③の１年度間の合計使用熱量（GJ）に 0.0258（原油換算係数［kL／GJ］）を乗じて、１年度間のエネルギー使用量（原油換算値）を求めます。

（2）テナントビルの場合

テナントビルにおけるテナント専用部分は、オーナー側のみ、またはテナント側のみの努力だけでは省エネルギーに繋がらない場合が多くあります。そこで法ではそれぞれの管理の範囲を決めているので、ビルの事業者はこの規定に従い、エネルギー使用量を把握する必要があります。右図におけるエネルギー使用量の把握の範囲は、次の通りです。

①**オーナー**は、テナントがエネルギー管理権原を持っている設備以外のエネルギー使用量を把握します。（例：図で「α-①-②」、α：電力会社等の電力計等）

②**テナント**は、エネルギー管理権原の有無にかかわらずテナント専用部に係るすべてのエネルギー使用量を把握します。（例：テナントAの場合、「イ＋①＋ロ」、テナントBの場合、「ハ＋②＋ニ」）

③**オーナー**はテナントに対し、テナント専用部のエネルギー使用量について可能な範囲で情報提供をします。（例：イ、ロ、ハ、ニについては、オーナーからテナントへ情報提供する）

④**テナント**は、実測値を把握することが困難な場合には、推計値で把握するようにします。

エネルギー使用量の捉え方のイメージ

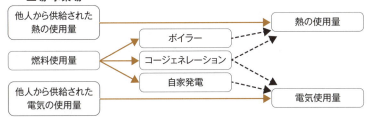

・実線部分を合算して算出する。
・破線部分はその発生時に投入した燃料の使用量により補足されるため、加える必要はない。

なお、エネルギー使用量をとらえる際は、以下の単位発熱量を用いて発熱量を計算し、この発熱量を合計した値を原油の量に換算する(都市ガスは各社の単位発熱量とする)。

●エネルギーの例と発熱量

【燃料】			【熱】			【電気】		
原油	1kL	38.2GJ	産業用蒸気	1GJ	1.02GJ	昼間	1,000kWh	9.97GJ
灯油	1kL	36.7GJ	温水	1GJ	1.36GJ	夜間	同上	9.28GJ
A重油	1kL	39.1GJ	冷水	1GJ	1.36GJ			

(出典:(財)省エネルギーセンター「省エネ法改正」より作成)　注)GJ:ギガジュール(発熱量の単位)

テナントビルにおけるエネルギー使用量の把握のイメージ

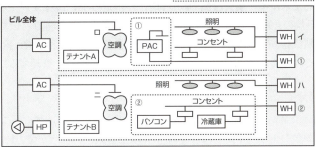

(出典:経済産業省　資源エネルギー庁「省エネ法の概要」)

●テナントの管理の範囲

PAC(持込型空調機)、パソコン、冷蔵庫(これらはテナントが持ち込んだ設備で、テナントに管理権限があると仮定します)、空調(ロ、ニ)、照明、コンセント(からの使用電気量)

●オーナーの管理の範囲

AC(空調機ロ、ニ)、HP(ヒートポンプ)、WH(電力計)、照明(テナントが持ち込んだPAC、パソコン、冷蔵庫以外のすべてを把握します)

1.4　全事業者の義務（判断の基準となるべき事項）

すべての事業者は事業規模に関係なく**エネルギーの使用の合理化**及び**電気の需要の平準化**に努める義務があります（法3、4）。

そのために、国は全事業者がエネルギーの使用の合理化を適切かつ有効に実施するために必要な**判断の基準となるべき事項**及び**電気の需要の平準化を実施するための指針**を定めています。ここでは「判断の基準となるべき事項」からみていきます。

工場等において事業者が取り組む「判断の基準」は、すべての事業者が遵守すべき事項である**基準部分**と既設設備の改造や新規設備の導入等により達成が期待される事項である**目標部分**で構成されています。

（1）基準部分

事業者（連鎖化事業者を含む）は、この判断の基準に基づきエネルギーの使用の合理化のために8項目の**取組方針**（右）を定め、さらに**エネルギー消費機器に関する管理標準**（いわゆる「管理マニュアル」）を作成し、エネルギーの使用の合理化に努めなければなりません。

エネルギー消費設備を使用する場合、その設備をどのように使っているか、設備運用ルールはどうなっているか、保守点検の仕方、新規設備の導入方法等が重要となります。

管理標準とは、エネルギー消費設備におけるエネルギー使用の合理化のための管理要領（運転管理、計測・記録、保守・点検、新設等に関する事項）を定めた**管理マニュアル**ということができます。すなわち、事業者は該当する設備（事項）について**運転管理、計測・記録、保守・点検、新設措置等**の管理標準を定め、これに基づきエネルギー使用の合理化に努めなければなりません。

対象となるエネルギー消費設備（事項）は右の通り定められています。工場等の場合、「①燃料の燃焼の合理化」の場合は燃焼設備、「②加熱及び冷却並びに伝熱の合理化」の場合は加熱設備、冷却設備、乾燥設備、熱交換設備、空気調和設備、給湯設備等が対象となり、それぞれの設備に対して**管理標準**（右表・例）を作成し、管理することになります。

（2）目標部分

事業者（連鎖化事業者を含む）は、エネルギーの使用の合理化に取り組むことにより、**エネルギー消費原単位***を中長期的にみて**年平均1％以上低減**させることが努力目標として定められています。また、ISO 50001**の活用を検討することが定められています。

エネルギー消費設備等に関しては、エネルギーの使用の合理化の目標及び計画的に取り組むべき措置内容が定められています。

---

*　　1.6「原単位について」参照

**　ISO 50001（エネルギーマネジメントシステム）：事業者が省エネ・節電を行うのに必要な方針・目的・目標を設定し、計画を立て、手順を決めて管理する活動を体系的に実施できるようにしたしくみを規定している世界標準の規格

取組方針（8項目）

①工場等について、全体として効率的かつ効果的にエネルギー使用の合理化を図るための管理体制を整備すること
②前記の管理体制には責任者（エネルギー管理統括者等の事業者のすべてのエネルギー管理を統括する者）を配置すること
③工場等のエネルギー使用の合理化のための取組方針（省エネ目標、設備新設・新設・更新に対する方針等）定めること
④取組方針の遵守状況を確認し、評価を行うこと
⑤取組方針、評価方法については、定期的に精査し、変更すること
⑥エネルギー使用の合理化のために必要な資金、人材を確保すること
⑦工場等における取組方針を従業員に周知するとともに、教育を実施すること
⑧上記の各事項について書面を作成し、更新・保管することにより取組状況を把握すること

対象となるエネルギー消費設備

● 専ら事務所の場合の設備等

①空気調和設備・換気設備、②ボイラー設備、給湯設備、③照明設備・昇降機・動力設備、④受変電設備、BEMS、⑤受発電用設備及びコージェネレーション設備、⑥事務用機器、民生機器、⑦業務用機器、⑧その他の8設備に関する設備等

● 工場等の場合の設備等

①燃料の燃焼の合理化、②加熱及び冷却並びに伝熱の合理化（例：空気調和設備、給湯設備等）、③廃熱の回収利用、④熱の動力への変換（発電専用設備、コージェネレーション設備等）、⑤電気の動力、熱等への変換の合理化（照明設備、昇降機、事務等機器等）等6事項
（出典：平成21年3月31日経済産業告示第66号）

「照明設備」の管理標準の例

項目	対応内容	管理基準
運転管理	1.照明設備は、JIS（9125：屋内作業場の照明基準）を参考に基準値を設定維持 ●事務室、会議室、作業場、設計室、応接室、玄関、廊下、倉庫　等 2.適宜調光を行い、過剰または不要の照明を無くす ●窓側は、別回路のスイッチを設け、昼間は消灯 ●事務所は、昼休み、不在時消灯、会議室等使用時のみ点灯　等	○±△［Lx］ 不要時の消灯
計測記録	1.事務所等の照度を計測記録する ●測定点・測定高さを決める（室内は床上80cm±5cm、机、作業台は上面または上面+5cm、通路は床上15cmとする）　等 2.照明電力の計測記録 ●フロア別、部門別の照明電力を計測、記録 ●当事者場の全消費電力量に占める照明電力量を把握　等	○回／○年 ○回／△年 ○回／△年
保守点検	1.照明器具及び光源の清掃並びに光源の交換を行う ●定期的にランプ、照明器具の清掃を行う ●光源の交換は基準を決めて行う　等	○回／△年 交換基準を定める
新設措置	1.交換時の省エネ型照明器具を採用する ●インバータ蛍光灯、LEDの採用　等 2.照明器具の選択 ●事務所は全般照明とする。壁、天井、床は明るい色にする　等 3.昼光の利用、不要な場所及び時間帯の消灯または減光 ●昼光の状況に応じて適正減光する照明自動制御設備の検討 ●人体感知装置の設置　等	

第6章　省エネルギー法

147

1.5 全事業者の義務（電気の需要の平準化を実施するための指針）

電気の需要の平準化を実施するための指針*は、工場等において電気を使用して事業を行う事業者（連鎖化事業者を含む）が、電気の需要の平準化のための措置を適切かつ有効に実施するために取り組むべき措置を定めたものです。

電気の需要の平準化とは、電気の需要について季節または時間帯における変動を縮小させることをいいます。これはある時間帯に多くの電気が使用されることにより結果的に電気の供給が追いつかなくなるのを防ぐことを目的としたものです。

（1）電気需要平準化時間帯
- ●夏季：7月1日から9月30日まで
- ●冬季：12月1日から3月31日まで
- ●時間帯：夏季、冬季いずれでも、午前8時から午後10時まで

（2）事業者（連鎖化事業者を含む）のやるべきこと

各事業者（連鎖化事業者）はこの指針に基づき、「電気需要平準化時間帯における電気の使用から燃料または熱の使用へ転換すること」、「電気を消費する機械器具を使用する時間帯を、電気需要平準化時間帯から電気需要平準化時間帯以外の時間帯へ移すこと」等により、電気の需要の平準化に取り組むように努めなければなりません。

（3）電気需要平準化の目標とそのための施策例

事業者（連鎖化事業者を含む）全体で、電気需要平準化評価原単位を中長期的にみて**年平均1％以上低減**させることが努力目標として定められています。電気需要平準化のために行う施策の例は右のとおりです。

1.6 原単位について

事業者は設置している工場等における**エネルギー消費原単位**（単位量の製品や金額を生産するのに必要なエネルギー消費量）、**電気需要平準化評価原単位**（電気の需要の平準化に資する措置を評価したエネルギー消費原単位）を管理します。原単位の算出方法は右のとおりです。

---

* 工場等における電気の需要の平準化に資する措置に関する事業者の指針（平成25年12月27日経済産業省告示第271号）

電気需要平準化のための施策例

●電気需要平準化時間帯における電気の使用から燃料または熱の使用への転換の例
（1）自家発電設備の活用
　・コージェネレーション設備……ガスタービン、ディーゼルエンジン等の設備の導入等
　・発電専用設備……ガスタービン、ガスエンジン等の設備の導入
（2）空気調和設備等の熱源の変更
　・空気調和設備……ガスエンジンヒートポンプ、吸収式温水機等の導入
　・加熱設備……ガス炉等の燃料を消費する設備等の導入

●電気需要平準化時間帯から電気需要平準化時間帯以外の時間帯への電気を消費する機械器具を使用する時間の変更の例
（1）電気を使用する機械器具の稼働時間の変更
　・電気加熱設備、電動力応用設備等：製造工程などの自動化ほか
　・民生用機械器具：自動販売機等では電気需要平準化時間帯以外の時間帯の運転時間の増加、稼働台数の増加等
（2）蓄電池及び蓄熱システムの活用　など

●その他事業者が取り組むべきことの例
　・効率が高い熱源設備を使用した空調、省電力が可能な照明設備等の活用
　・電気使用量の計測管理等の実施
　・ESCO事業者等のサービスの活用等

※ESCOとは、Energy Service Companyの略称で、ビルや工場などの省エネ診断・施工・維持管理などの業務を行う事業の総称

原単位の算出方法

●エネルギー消費原単位の算出方法（図参照）

$$\text{エネルギー消費原単位} = \frac{A - B}{C}$$

A＝エネルギー使用量（燃料の使用量、他人から供給された熱の使用量、他人から供給された電気の使用量）
B＝外販したエネルギー量
C＝エネルギーと密接な関係を持つ値
（例：生産数量、売上高、建物床面積、入場者数、外来者数、ベッド数×稼働率等）

●電気需要平準化評価原単位の算出方法（図参照）

「電気需要平準化評価原単位」とは、電気需要平準化時間帯における電気使用量を削減した場合、これ以外の時間帯における削減よりも原単位の改善率への寄与が大きくなるよう、電気需要平準化時間帯の電気使用量を1.3倍して算出すると決められている。

$$\text{電気需要平準化評価原単位} = \frac{A + a \times (\text{評価係数}\alpha - 1) - B}{C}$$

A＝エネルギー使用量
a＝電気需要平準化時間帯の買電量
評価係数α＝1.3
B＝外販したエネルギー量
C＝エネルギーの使用量と密接な関係を持つ値
（例：生産数量、売上高、建物床面積、入場者数、外来者数、ベッド数×稼働率等）

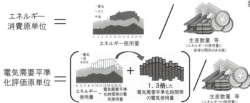

（出典：資源エネルギー庁「省エネ法の改正について」）

1.7 　特定事業者・特定連鎖化事業者の義務

（1）事業者としての義務

　ここまで「一般的なエネルギー管理の流れ」の日常管理について説明しました。そこで、その流れに対して特定事業者・特定連鎖化事業者がどのような法に基づく義務があるのか、さらにエネルギーの年間管理について説明します。

　事業者全体のエネルギー使用量（原油換算値）が1,500kL/年度以上であり、**特定事業者**または**特定連鎖化事業者**に指定された事業者にはエネルギー管理統括者等の選任等の義務が課せられます。1,500kL/年度未満の事業者の場合、選任の必要はありません。

　特定事業者・特定連鎖化事業者の事業者としての義務は下記のとおりです。提出すべき書類等については右表を参照ください。

> - エネルギー管理統括者の選任・解任の届出（法7の2、則6、則6の3、法19の2）
> - エネルギー管理企画推進者の選任・解任の届出（法7の3、則6の4）
> - 中長期的計画の作成・提出（法14）
> - 定期報告書の作成・提出（法15(1)）
> - エネルギー管理者、エネルギー管理員の選任・解任の届出（法8(2)、則9、法13(3)、則13）

（2）工場等ごとの義務

　第1種エネルギー管理指定工場等、第2種エネルギー管理指定工場等、年度間のエネルギーの使用の量及び業種によって管理規定に違いがあります。指定区分と事業者の区分（第1種特定事業者、第1種指定事業者、第2種特定事業者）により、選任すべき**エネルギー管理者**、**エネルギー管理員**が決まります。

　エネルギー管理者またはエネルギー管理員、エネルギー管理統括者、またはエネルギー管理企画推進者は、原則**兼任が禁止**されています。

　また、選任すべきエネルギー管理統括者等の選任数は、業種、事業規模、エネルギーの使用量等に関係します。したがって、事業者は事業者の区分を考慮し、必要な人数の管理者等を選任しなければなりません。

事業者全体としての義務

年度間エネルギー使用量(原油換算値kL)		1,500kL/年度以上の事業者	1,500kL/年度未満の事業者
事業者の区分		特定事業者または特定連鎖化事業者	―
事業者の義務	選任すべき者	エネルギー管理統括者 及び エネルギー管理企画推進者	―
	取り組むべき事項	●判断の基準に定められた措置の実施(管理標準の設定、省エネ措置の実施等) ●電気需要の平準化のための措置(燃料転換、稼働時間の変更等)	
事業者の目標		エネルギー消費原単位または電気需要平準化評価原単位を、中長期的にみて年平均1%以上の低減	
行政によるチェック		指導・助言・報告徴収・立入検査・合理化計画の作成指示への対応	―

特定事業者または特定連鎖化事業者が設置する工場ごとの義務

年度間 エネルギー使用量 (原油換算値)	3,000kL/年度以上		1,500kL/年度以上 ～3,000kL/年度未満	1,500kL/ 年度未満
指定区分	第1種エネルギー管理指定工場等 (法7の4(1)、令2の2)		第2種 エネルギー管理指定工場等(法17(1)、令6)	指定なし
事業者区分	第1種特定事業者	第1種指定事業者 (法8(1)(一)、令4)	第2種特定事業者	―
業種	製造業等5業種(鉱業、製造業、電気供給業、ガス供給業、熱供給業)※事務所を除く	・左記業種の事務所 ・左記以外の業種(ホテル、病院、学校等)	すべての業種 (法17(2))	すべての業種
選任すべき者	エネルギー管理者	エネルギー管理員	エネルギー管理員	―

特定事業者または特定連鎖化事業者が提出すべき書類

提出書類	提出期限	提出先
定期報告書	毎年度7月末日	事業者の主たる事務所(本社)所在地を管轄する経済産業局及び当該事業者が設置しているすべての工場等に係る事業所管省庁
中長期計画書	毎年度7月末日	
エネルギー管理者等の選解任届	選解任のあった日後、最初の7月末日	事業者の主たる事務所(本社)所在地を管轄する経済産業局

エネルギー管理統括者の選任数

選任すべき者	事業者の区分			選任数
エネルギー管理統括者	特定事業者または特定連鎖化事業者			1人
エネルギー管理企画推進者	特定事業者または特定連鎖化事業者			1人
エネルギー管理者	第1種特定事業者(第1種指定事業者を除く)	①コークス製造業、電気供給業、ガス供給業、熱供給業の場合	10万kL/年度以上	2人
			10万kL/年度未満	1人
		②製造業(コークス製造業を除く)、鉱業の場合	10万kL/年度以上	4人
			5万以上10万kL/年度未満	3人
			2万以上5万kL/年度未満	2人
			2万kL/年度未満	1人
エネルギー管理員	第1種指定事業者			1人
	第2種特定事業者			1人

2 輸送に係る措置

　輸送に係る措置には、**輸送事業者**に関係することと**荷主**に関係することがあります。輸送事業者とは、貨物または旅客の輸送を業として、エネルギーを使用して事業を行う者をいいます。荷主とは、自らの事業に関して自らの貨物を継続して貨物輸送事業者に輸送させる者をいいます。

（1）輸送事業者に係ること

　輸送事業者には、**貨物輸送事業者**（自家物流を行っている事業者を含む）、**旅客輸送事業者**及び**航空輸送事業者**があります。

　輸送事業者には、「輸送事業者に係る判断の基準を遵守し、エネルギーの使用の合理化に取り組むこと」、「電気を使用して貨物の輸送を行う輸送事業者は、輸送に係る電気の需要の平準化に取り組むこと」という責務があります（法52、法66）。

　また輸送事業者は、「省エネルギーな輸送用機械器具の使用」、「省エネルギーな運転または操縦」、「輸送能力の高い輸送機械・器具の使用」などを考慮して事業活動を行わなければなりません。具体的には、低燃費車両、エコドライブなどの推進、積載率の向上等が考えられます（法52、法66）。

　国土交通大臣は、自らの事業活動に伴って、他人または自らの貨物を輸送している者または旅客を輸送している者のうち、輸送区分ごとに保有する**輸送能力が一定基準以上**である者を**特定輸送事業者**として指定します（法54、法68、法71）。

　また、貨物または旅客の輸送区分ごとの前年度末日の**輸送能力が一定基準以上**であった輸送事業者は、翌年度4月末日までに所管地域の地方運輸局長にその旨を届け出なければなりません（未届出は罰則の対象です）。

　これにより、輸送事業者は**特定輸送事業者**（貨物、旅客、航空）に指定され、右のような義務が発生します。

（2）荷主に係ること

　荷主は、基本方針、荷主に係る判断の基準に留意し、貨物輸送事業者に行わせる貨物の輸送に係るエネルギーの使用の合理化及び、電気の需要の平準化に資するように努めます。

　国は、省エネ責任者の設置、社内研修の実施、モーダルシフトの推進、自家用貨物車から営業用貨物車への転換などを求めています（法59（1））。

　またすべての荷主は、貨物輸送事業者に輸送させた貨物の輸送量及び自社運搬の量を把握しなければなりません。前年度の貨物輸送事業者に輸送させた貨物の輸送量が**3,000万トンキロ以上**になったときは、その輸送量に関し、国へ届け出なければなりません。届出は毎年度6月末日までとなります（未届出は罰則の対象です）。

　この届出により、**特定荷主**に指定されます。この指定に伴い、右の義務が生じます。

一定基準（令8、令12）

　　鉄道300両、トラック200台、バス200台、タクシー350台、船舶2万総t（総船舶量）、航空9,000t（総最大離陸重量）

特定輸送事業者の義務内容

（1）中長期計画の作成（年1回、国土交通大臣に提出）（法55、法69、法71）
　　判断の基準の中から事業者自身の判断によって実施可能な取組事項を選定し、中長期計画を策定し、届け出る。提出は毎年度6月末日までに行う。

（2）定期の報告（年1回、国土交通大臣に提出）（法56、法69、法71）
- エネルギー使用量（ガソリン、軽油などの使用量）
- エネルギー消費原単位
- エネルギー使用に伴う二酸化炭素の排出量　など
- 提出：毎年度6月末日まで

荷主の責務

- 輸送に際し消費するエネルギーの量を考慮し輸送方法を選択すること（法58(1)）
- 電気需要平準化時間帯から電気需要平準化時間帯以外の時間帯への電気を使用した貨物（駅における荷役作業等を含む）の輸送時間を変更することにより電気の需要の平準化に務めること（法58）　など

特定荷主の義務内容

（1）中長期計画の作成（年1回、国土交通大臣に提出）（法62）
- 判断の基準の中から事業者自身の判断によって実施可能な取組事項を選定し、中長期計画を策定し、提出する。
- 提出：毎年度6月末日まで

（2）定期の報告（年1回、国土交通大臣に提出）（法63）
- 委託輸送に係る貨物重量（トン）の合計、輸送距離（キロ）、輸送量（トンキロ）＊の合計
- 輸送に係るエネルギー使用量
- エネルギーの使用に伴う二酸化炭素の排出量　など
- 提出：毎年度6月末日まで

＊　「輸送量（トンキロ）」とは、例えば、東京から大阪まで10tの貨物を600km輸送したとした場合、貨物量（10t）×実輸送距離（600km）＝6,000トンキロとなる。輸送の対象には、原則、葉書のようなものも対象となる。

第6章　省エネルギー法

3 建築物に係る措置

（1）建築物に係る措置

　以下の者は、**建築物に係るエネルギーの使用の合理化**及び使用される**電気機器に係る電気の需要の平準化**に努める義務があります（法72）。

> ●**対象となる者**
> ● 建築物を建築しようとする者
> ● 建築物の所有者（所有者と管理者が異なる場合は、管理者）
> ● 建築物の直接外気に接する屋根、壁または床（これに接する窓その他を含む）の修繕または模様替えをしようとする者
> ● 建築物への空気調和設備等の設置またはその改修をしようとする者

（2）建築物のエネルギー消費性能の向上に関する法律（新法の制定）

　東日本大震災以降の逼迫したエネルギー需給の下、他部門（産業・運輸）に対して**建築物部門のエネルギー消費量は著しく増加**しています。そこで新たに制定されたのが「建築物のエネルギー消費性能の向上に関する法律（建築物省エネ法）」（平成27年7月8日公布）です。

　本法は、①大規模非住宅建築物の省エネ基準適合義務等の**規制措置**と、②省エネ基準に適合している旨の表示制度及び誘導基準に適合した建築物の容積率特例の**誘導措置**を一体に講じたものとなります。**規制措置**の対象は以下のとおりです。

①**特定建築物**（一定規模（2,000m²）以上の非住宅建築物）の新築・増築時にはその用途や規模等に応じた省エネ基準に適合させる義務と、基準適合について所管行政庁等の判定を受ける義務があります。

②**その他の建築物**（一定規模（300m²）以上の建築物）の新築・増築時には所管行政庁への届出義務があります。

③**住宅事業建築主**（住宅の建築を業として行う建築主）が新築する一戸建て住宅の新築時には、住宅に関する省エネ性能の基準（住宅トップランナー基準）を定め、省エネ性能の向上をはかります。

これら規制措置は平成29年4月1日の施行となっています。

　また**誘導措置**では、省エネ性能の向上に資するすべての建築物の新築または増築、改築、修繕、模様替えもしくは建築物への空気調和設備等の設置・改修を対象とし、その計画の認定（性能向上計画認定）を建設地の所管行政庁より受けることができます。

　性能向上計画認定を取得すると、容積率特例などのメリットを受けることができます。誘導措置は平成28年4月1日の施行です。

新しい法律の概要

（出典：経済産業省）

一定規模以上の建築物の新築・増改築

2,000m² 以上の特定建築物の適合性判定、建築確認申請、建築着工等の流れと300m² 以上の建築物の届出に係る流れのスキーム

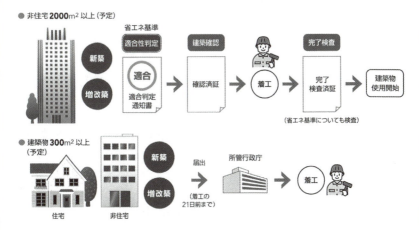

第6章 省エネルギー法

4 機械器具等に係る措置

（1）トップランナー制度

　機械器具等に係る措置には、**エネルギー消費機器等に係る措置**と**建築材料（熱損失防止建築材料）に係る措置**があります。それら機械器具等については、**トップランナー制度**による省エネ基準を導入しています。

　トップランナー制度とは、対象となる機器で現在商品化されている製品のうち、エネルギー消費効率が**最も優れているもの**（トップランナー）の性能に加え、技術開発の将来の見通し等を勘案して**目標となる省エネ基準**（トップランナー基準）を定める制度のことです。これにより対象機器のエネルギー消費効率のさらなる改善を推進します。

（2）エネルギー消費機器等に係る措置

　エネルギーを消費する機械器具等の製造・輸入業者は、それら機械器具等の性能の向上を図り、エネルギー使用の合理化に努めなければなりません（法77⑴）。

　電気を消費する機械器具等の製造または輸入業者は、その機械器具等の性能の向上を図り、電気の需要の平準化に資するように努めなければなりません（法77⑵）。

　特定エネルギー消費機器等（トップランナー機器）とは、エネルギー消費機器のうち、わが国において大量に使用され、かつその使用に際し相当量のエネルギーを消費する機械器具であって、その性能の向上が特に必要なものをいい、現在29機器が指定されています（右表）。

　特定エネルギー消費機器等製造事業者等は、トップランナー機器について、目標年度までに目標基準値（基準エネルギー消費効率・目標年度及び目標基準は各機器により異なる）を満たすことが求められています（法79）。

（3）建築材料（熱損失防止建築材料）に係る措置

　平成25年の法改正により、従来、エネルギー消費機器を対象としていたトップランナー制度について、自らエネルギーを消費しなくとも、住宅・建築物のエネルギー消費効率の向上に役立つ建築材料（熱損失防止建築材料）が新たに加えられました。

　外壁、窓等の熱損失防止建築材料の製造、加工または輸入を行う者（「熱損失防止建築材料製造事業者等」）は、その製造、加工または輸入される熱損失防止建築材料について熱損失防止性能の向上に資するように努めなければなりません（法81の2）。

　製造事業者等は、判断の基準にある**特定熱損失防止建築材料**の目標基準値（基準エネルギー消費効率・熱の損失の防止のための性能）を目標年度までに達成する義務があります（達成のために実施された状況により勧告、命令が出されることがあります）（法81の5、法79）。現在、3種類の材料が特定熱損失防止建築材料に指定されています（右図）。

　特定熱損失建築材料の製造事業者等は、特定熱損失建築材料ごとに、熱の損失防止性能を表示する義務があります（法81の4）。

トップランナー機器（令21）

1	乗用自動車	8	貨物自動車	15	石油温水機器	22	ルーティング機器
2	エアコンディショナー	9	ビデオテープレコーダー	16	電気便座	23	スイッチング機器
3	照明器具（蛍光灯器具・電球形蛍光ランプ）	10	電子冷蔵庫	17	自動販売機	24	複合機
						25	プリンター
4	テレビジョン受信機	11	電子冷凍庫	18	変圧器	26	ヒートポンプ給湯器
5	複写機	12	ストーブ	19	ジャー炊飯器	27	三相誘導電動機
6	電子計算機	13	ガス調理機器	20	電子レンジ	28	電球形LEDランプ
7	磁気ディスク装置	14	ガス温水機器	21	DVDレコーダー	29	冷凍冷蔵ショーケース（平成29.2.27公布、3.1施行）

※勧告・命令の対象となる事業者の要件（生産量または輸入量）
（例）エアコン：500台以上／年、電子計算機：200台以上／年、複写機：500台以上／年、等
（出典：経済産業省資源エネルギー庁）

特定熱損失防止建築材料（令23の2）

押出法ポリスチレンフォーム断熱材

グラスウール断熱材

ロックウール断熱材

（出典：経済産業省資源エネルギー庁）

「特定熱損失防止建築材料」とは、熱損失防止建築材料のうち、わが国において対象に使用され、かつ、建築物において熱の損失が相当程度発生する部分に主として用いられるもので、熱の損失の防止の性能の向上を図ることが特に必要なものをいう。

※勧告・命令の対象となる事業者の要件（生産量または輸入量）
　●断熱材（押出法ポリスチレンフォーム、ガラス繊維（グラスウールを含む）またはスラグウールもしくはロックウールを用いたものに限り、真空断熱材等は除く）：年間生産量または輸入量：18万m²/年
　●サッシ（鉄製または木製のもの等を除く）：年間生産量または輸入量：94,000窓/年
　●複合サッシ（ステンドグラスを用いたものを除く）（年間生産量または輸入量：同11万m²/年）

第6章 ● 実務に役立つ Q&A

エネルギーの算定範囲

Q：社員食堂、研修所、保養所で使用したエネルギーは、エネルギー使用量の算定の対象となりますか？

A：社員食堂、研修所、保養所等の社員の「福利厚生」に供している施設は算入の対象です。

エネルギーの算定範囲

Q：営業車両等で使用したエネルギー（揮発油・経由）**はエネルギー使用量の算入の対象となりますか？**

A：主に工場等の敷地外で走行する自動車等の移動体のエネルギー使用量は対象外となりますが、工場等の敷地内のみを走行する移動体（例えば構内専用フォークリフト）のエネルギー使用量は算定対象です。

エネルギーの算定範囲

Q：社宅、社員寮で使用したエネルギーは、エネルギー使用量の算定対象となりますか？

A：住居部分及びその共有部分は算定の対象外です。

エネルギーの算定範囲

Q：自社（A社）**が生産**（または購入）**した商品を他社**（B社）**が所有する倉庫に保管している場合、当該倉庫にかかるエネルギーの使用量はどのように算入しますか？**

A：B社が倉庫業法に基づき登録された「倉庫業者」の場合、当該倉庫に係るエネルギー使用量はすべてB社が算入します。他方、B社が倉庫業者に該当しない場合、倉庫のオーナー（B社）は、テナント（A社）がエネルギー管理権原を有している設備以外のエネルギー使用量について算入し、テナント（A社）は、エネルギー管理権原の有無に関わらず、テナント専用部にかかるエネルギー使用量（テナントが管理権原を有する設備、オーナーがエネルギー管理権原を有する空調・照明等）をすべて算入します（1.3(2)「テナントビルの場合」に同じです）。

テナントの場合

Q：区分所有ビルであって、オーナーが複数いる場合は、どの範囲のエネルギー使用量を算入することになりますか？

A：区分所有している区画ごとにエネルギー使用量を把握し、各オーナーが算入する必要があります。また、区分所有している区画以外の共有部分については、区分所有者で協議の上、1者が共有部全体を算入する必要があります。（出典：資源エネルギー庁「平成20年度 省エネ法改正にかかるQ&A」）

判断基準

Q：判断基準に記載されている、エネルギー消費原単位を中長期的にみて年平均1％改善するという努力目標は、工場等ごとに取り組むものでしょうか？

A：この努力目標は、設置している工場等ごとにかかるものではなく、事業者全体で取り組むものです。

判断基準

Q：規模が小さく、使用する設備が限定的な事務所（例えば、空調、照明、パソコンのみ使用する事務所）**についても、事業所ごとに判断の基準に基づく管理標準を作成する必要がありますか？**

A：原則として管理標準は事業所ごとに作成する必要がありますが、エネルギー管理指定工場に指定されていない工場・事業場に設置された設備であり、包括的に管理標準を作成できる設備（例えば、空調、照明、OA機器等）については、会社全体で包括的に管理標準を作成しても問題ありません。（出典：資源エネルギー庁「平成20年度省エネ法改正についてQ&A」）

電気需要平準化時間帯

Q：電気需要平準化時間帯の買電量が把握できる事業所と、集会所などの電気需要平準化時間帯の買電量が把握できない事業所がある場合、どのように報告すればよいでしょうか？

A：電気需要平準化時間帯の買電量が把握できる事業所については、把握している電気需要平準化時間帯の買電量を報告して下さい。また、当該買電量が把握できない事業所については、夏期（7～9月）及び冬期（12～3月）におけるすべての買電量を電気需要平準化時間帯の買電量として報告することで代替できることとしています。（出典：資源エネルギー庁「平成25年度省エネ法改正にかかるQ&A」）

電気需要平準化

Q：電気需要平準化時間帯の買電量を自ら計測して把握できない場合は、どのように電気需要準化時間帯の買電量を報告すればよいでしょうか？

A：特定事業者（特定連鎖化事業者）は、電力会社から提供される検針票の力率測定用の有効電力量の値を報告して下さい。（出典：資源エネルギー庁「平成25年度省エネ法改正にかかるQ&A」）

電気需要平準化

Q：電気需要平準化評価原単位とエネルギー消費原単位の算出にあたって必要な、「エネルギー使用量と密接な関係を持つ値」は、同一でなければなりませんか？

A：「エネルギー使用量と密接な関係を持つ値」は、同一でなければなりません。（出典：資源エネルギー庁「平成25年度省エネ法改正にかかるQ&A」）

電気需要平準化

Q：電気の需要の平準化に資する取組を実施していなくても、電気需要平準化評価原単位を報告しなければなりませんか？

A：特定事業者（特定連鎖化事業者）は、電気需要平準化評価原単位とエネルギー消費原単位については、両方の変化状況を管理して、どちらも報告する必要があります。（出典：資源エネルギー庁「平成25年度省エネ法改正にかかるQ&A」）

連鎖化事業者

Q：A社がフランチャイズチェーン事業における加盟店（B社）との約款が「①本部が加盟店に対し、加盟店のエネルギーの使用の状況に関する報告を行わせることができること」、「②加盟店の空気調和設備、冷凍機器または冷蔵機器、照明器具、そして調理用機器または加熱用機器に関し、機種、性能または使用方法いずれかを指定していること」の条件を満たしている連鎖化事業者であり、B社が設置している店舗が複数あります。当該事業におけるB社の店舗だけで年間のエネルギー使用量（原油換算値）が合計して1,500kL以上になる見込みですが、この場合、B社は特定事業者の指定を受けなければならないでしょうか？

A：はい、その通りです。この場合、B社は特定事業者として指定を受けるとともに、A社の加盟店として、A社の事業の加盟店にかかるエネルギー使用量をA社に対し約款に基づき報告する必要があります。（出典：資源エネルギー庁「平成20年度省エネ法改正にかかるQ&A」）

エネルギー管理統括者及びエネルギー管理企画推進者

Q：エネルギー管理統括者及びエネルギー管理企画推進者は、本社で常勤している者でないと選任できないでしょうか？

A：必ずしも本社で常勤していない方であっても、エネルギー管理統括者及びエネルギー管理企画推進者の役割を担う方であれば、選任できます。（出典：資源エネルギー庁「平成20年度省エネ法改正にかかるQ&A」）

荷主について

Q：工場内・事業所内でトラックや鉄道輸送している部分は荷主としての輸送に含まれますか？

A：工場内・事業所内の輸送は構内物流として工場・事業場のエネルギー消費量にカウントとしますが、原則として荷主の算定対象には含まれません。（出典：資源エネルギー庁「平成19年省エネ法（荷主）に関するQ&A」）

荷主について

Q：シャトル便で人の輸送を行っている場合、荷主としての輸送に含まれますか？

A：人の輸送（旅客輸送）は荷主としての輸送の対象外です。また、社員のパソコンなど手荷物の輸送は旅客輸送の一部とみなし、荷主としての輸送の対象外です。（出典：資源エネルギー庁「平成19年省エネ法（荷主）に関するQ&A」より作成）

算定対象

Q：廃棄物輸送も算定対象範囲に含まれますか？

A：無主物である廃棄物については廃棄物処理法の前提とされている「排出者責任」の考え方を重視し、産業廃棄物の輸送は排出事業者の責任範囲として含めます。リサイクルにより輸送距離が増加することなどにより増エネルギーとなる場合がありますが、その点については定期報告書第7表に記載して下さい。なお、産業廃棄物の輸送量については、廃棄物管理票（マニフェスト）をもとに把握に努めてください。（出典：資源エネルギー庁「平成19年省エネ法（荷主）に関するQ&A」）

算定対象

Q：会社内の工場間等の書類送付に郵便や宅配便を活用していますが、これも算定対象ですか？

A：原則として算定対象に含まれます。ただし、全体の輸送量との対比において十分に小さく、小規模輸送とみせる場合には簡易的な計算または省略は可能です。（出典：資源エネルギー庁「平成19年省エネ法（荷主）に関するQ&A」）

第7章

フロン排出抑制法

1節　フロン排出抑制法ができるまで
2節　法の対象となるフロン類、製品の定義
3節　フロンメーカー、製品メーカーの取り組み
4節　製品ユーザーの取り組み
5節　充塡回収業者の取り組み
6節　再生・破壊業者の取り組み
7節　第1種特定製品の廃棄等

7章 フロン排出抑制法
（フロン類の使用の合理化及び管理の適正化に関する法律）

> フロン類の使用の合理化、特定製品のフロン類の適正管理、さらにフロン類使用製品の製造業者及び特定製品の管理者の責務等を厳しく定めることにより、オゾン層の破壊及び地球温暖化に深刻な影響をもたらすフロン類の大気中への排出を抑制することを目的に制定された。フロン類の製造から廃棄までのライフサイクル全体を見据えた包括的な対策をとるための法改正が行われた。

法律の成立と経緯

1970年代、フロン類によるオゾン層破壊のメカニズムが判明したことを受け、わが国は1988年、オゾン層破壊物質に関するモントリオール議定書を締結しました。フロン類は冷凍空調機器等で冷媒として多く使用されていますが、2000年の調査ではその回収率は約30％と低調でした。大気中のフロン類等の温室効果ガスは気候変動の大きな要因とされ、その濃度を安定化させることを究極の目的にして1997年、京都議定書が採択（わが国は2002年締結）されたこと等を受け、特定製品に係るフロン類の回収及び破壊の実施の確保等に関する法律（フロン回収破壊法）が2001年に制定されました。特定製品の廃棄時におけるフロン類（CFC、HCFC及びHFC）の大気放出を禁止し、フロン類の専門業者による回収、破壊を義務づけましたが、2002年の調査では廃棄時のフロン類回収率は依然として3割程度で推移し、やはり使用時の漏えいが非常に多い状態が続いていました。さらに問題は、CFCやHCFCに較べHFCはオゾン層を破壊しないためその使用量が増加しつつあることでした。

そこで2006年の法改正で、特定製品の整備（修理）時のフロン類の回収義務、フロン類の引渡しに関する行程管理票制度を導入しましたが効果はありませんでした。そのため2013年に法律が大幅に改正され、法の対象が、フロン製造／輸入、製品製造、製品使用、フロン類充填回収、再生、破壊というフロン類のライフサイクル全体にまで拡大しました。特に製品使用者（管理者）に対しては機器のフロン類漏えい等の点検義務、漏えい量の報告義務等を与え、使用時のフロン類の漏えいへの対応策がとられました。

フロン排出抑制法・年表（●：できごと、●：法令関係）

- ● 1988（昭和63）年　わが国がオゾン層保護法及びオゾン層破壊物質に関するモントリオール議定書（対象：CFC、HCFC、HFCを含む数種類の物質）を締結。
- ● 1988（昭和63）年　気候変動に関する政府間パネル（IPCC）は温室効果ガスが人類と生態系に多大な影響を及ぼす気候変化を生じることを警告。
- ● 1992（平成 4）年　大気中の温室効果ガスの濃度を安定させることを究極の目的とした「気候変動に関する国際枠組条約」が採択された。
- ● 1997（平成 9）年　京都で開催されたCOP3で温室効果ガス排出量の具体的な削減目標を定めた「京都議定書」が採択された。
- ● 2000（平成12）年　フロン類の回収率は、家庭用冷蔵庫約27％、業務用冷凍空調機器約56％、カーエアコン約18％と低調で、新たな対策が必要となった。
- ● 2001（平成13）年　6月に特定製品に係るフロン類の回収及び破壊の実施の確保等に関する法律（フロン回収・破壊法）が制定された。
- ● 2002（平成14）年　京都議定書が締結された。
- ● 2002（平成14）年　業務用冷凍空調機器の廃棄時のフロン類回収率は、2002～2004年度で約30％と低迷。
- ● 2006（平成18）年　フロン回収・破壊法改正（整備（修理）時のフロン類回収義務の明確化、フロン類の引渡しを書面で補足し管理する行程管理制度を導入）。
- ● 2008（平成20）年　冷凍空調機器の調査で、フロン類の回収率約30％低調。
- ● 2013（平成25）年　フロン回収・破壊法改正。名称を「フロン類の使用の合理化及び管理の適正化に関する法律」（フロン排出抑制法）とし、法の対象をフロン類のライフサイクル全体に拡大。知事の登録を受けた専門事業者以外フロン類の回収・充塡を禁止、冷媒漏えい時は機器修理してからフロン類を充塡、機器の点検及び漏えい量の報告制度等が導入された。

フロン規制のしくみ

　従来のフロン回収破壊法では、主に**第 1 種特定製品***の廃棄等を行う者とフロン類の回収業者・破壊業者に対する義務規定から成っていましたが、フロン排出抑制法では、右図のようにフロン類の製造等から廃棄までのライフサイクル全体を取り上げ、このライフサイクルに係る各主体に対し、必要な取り組み事項を定めています。

　フロンメーカー（フロン類の製造業者等：製造業者及び輸入業者）は、国が定める**フロン類の製造業者等の判断の基準となるべき事項**に従い、フロン類代替物質の製造等、フロン類の使用の合理化に取り組みます。

　製品メーカー（指定製品**の製造業者等）は、国が定める**指定製品の製造業者等の判断の基準となるべき事項**に基づき、使用フロン類による環境影響度の低減に取り組みます。

　製品ユーザー（第 1 種特定製品の管理者）は、**管理者の判断基準**に基づき、管理する第 1 種特定製品について点検等を実施します。一定量以上フロン類を漏えいさせた者は算定漏えい量等を国に報告します（国はその算定漏えい量等を公表します）。

　第 1 種特定製品の整備者及び第 1 種特定製品の廃棄等実施者は、フロン類の充填・回収や、機器の廃棄等（廃棄・原材料や部品への利用を目的とした譲渡を含む）が必要な場合は、**第 1 種フロン類充填回収業者**に充填・回収の委託やフロン類の引渡しを行います。

　第 1 種フロン類充填回収業者が充填・回収を行う場合は充填基準・回収基準に従います。回収したフロン類について、自ら再生しない場合は**第 1 種フロン類再生業者**または**フロン類破壊業者**へ引き渡します。

　第 1 種フロン類再生業者・フロン類破壊業者は、引き取ったフロン類をフロン類の**再生基準・破壊基準**に従って再生・破壊します。

*　業務用の機器であって、冷媒としてフロン類を使用したエアコン、冷蔵機器、冷凍機器（自動販売機を含む）。カーエアコンは自動車リサイクル法の対象機器（第 2 種特定製品）
**　フロン類を使用する第 1 種特定製品、家庭用エアコン、硬質ポリウレタンフォーム用原液、ダストブロワー、カーエアコン等

現場担当者が押さえておきたいこと

- 現場にフロン類を使用した機器はあるか、何台くらいあるかを確認する
- どんなフロン類が使用されているのかを確認する
- 使用機器はどんな場所に設置されているかを確認する
- 機器の点検は誰がしているか、点検者の技量はどれくらいあるのかを確認する
- 点検記録は残されているか、記録の管理は誰が行っているのかを確認する
- 機器からのフロン類の漏えいを確認したことがあるかを確認する
- フロン類使用機器を廃棄したことがあるか。その際、フロン類はどのように処分されたか

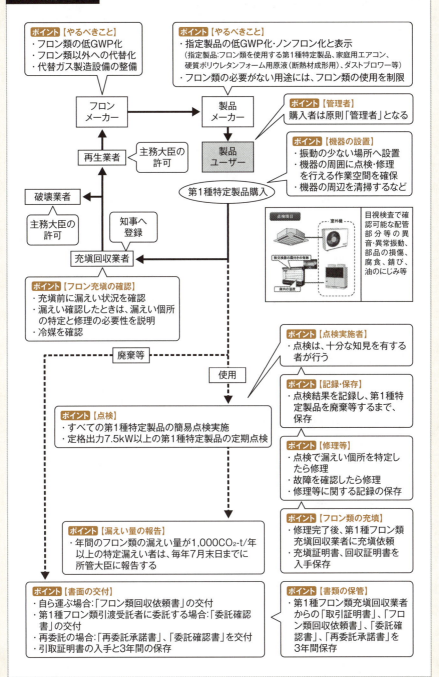

フロン排出抑制法の概要

◉フロン排出抑制法の指針

　本法は、フロン類の使用の抑制とフロン類の排出の抑制によってオゾン層の保護、地球温暖化の防止に資するため、フロン類の使用の合理化、第1種特定製品に使用されるフロン類の管理の適正化により、フロン類の段階的な削減を着実に進め、中長期的には廃絶することを目指しています。対策の基本的な方向性は下記のとおりです。

- フロン類代替物質の開発、使用済みのフロン類の再生等を進めることにより、新たなフロン類の地球温暖化係数の低減とそのフロン類の製造量等の削減を促進する。
- フロン類使用製品について、使用フロン類の環境影響度を低減させた製品（ノンフロン・低GWP化製品）の普及を促進する。
- 第1種特定製品の使用等に際してのフロン類の漏えいを防止するため、第1種特定製品に使用されるフロン類の適正な管理を行う。
- 第1種特定製品の整備の際のフロン類の充填の適正化、フロン類使用製品の整備及び廃棄の際のフロン類の回収及び回収されたフロン類の適切な破壊と再生を促進する。

◉各主体の義務事項

　フロン類製造業者には、温室効果の低いフロン類の技術開発、製造や使用済フロン類の再生といった取り組みを通じてフロン類の使用の合理化を求めています（**3節**）。

　製品（冷凍空調機器等）製造業者等には、ノンフロン製品または温室効果の低いフロン類を使用した製品への転換等を求めています（**3節**）。

　（業務用冷凍空調機器の）管理者には、業務用機器からのフロン類の漏えい防止のための適切な設置、点検、故障時の迅速な修理等を求めています。また一定の要件に該当する管理者には、フロン類の漏えい量の年次報告を義務づけています（**4節**）。

　充填回収業者・再生業者・破壊業者には、機器に使用されるフロン類の充填回収業の登録制、再生業・破壊業の許可制の導入、充填証明書・回収証明書、再生証明書、破壊証明書の交付を義務づけています（**5節、6節**）。

　また、第1種特定製品を**廃棄、譲渡する場合**のフロン類の取り扱いについての義務が定められています（**7節**）。

フロン排出抑制法の体系図

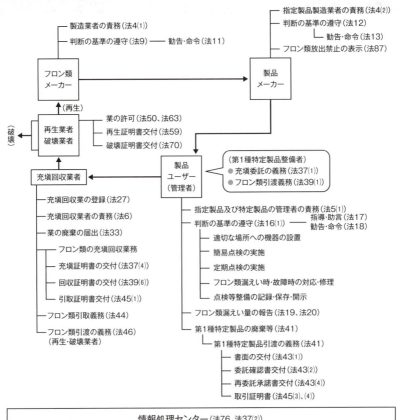

法律の規定事項
　第1章　総則（第1条～第8条）
　第2章　フロン類の使用の合理化に係る措置
　　第1節　フロン類の製造業者等が講ずべき措置（第9条～第11条）
　　第2節　指定製品の製造業者等が講ずべき措置（第12条～第15条）
　第3章　特定製品に使用されるフロン類の管理の適正化に係る措置
　　第1節　第1種特定製品の管理者が講ずべき措置（第16条～第26条）
　　第2節　第1種特定製品へのフロン類の充塡及び第1種特定製品からのフロン類の回収（第27条～第49条）
　　第3節　第1種特定製品から回収されるフロン類の再生（第50条～第62条）
　　第4節　フロン類の破壊（第63条～第73条）
　　第5節　費用負担（第74条・第75条）
　　第6節　情報処理センター（第76条～第85条）
　第4章　雑則（第86条～第102条）
　第5章　罰則（第103条～第109条）
　附則

1 フロン排出抑制法ができるまで

（1）フロンと地球環境

　1928年、フロン（フルオロカーボン・ふっ素と炭素の化合物）は開発されました。不燃性、熱に対して安定、液化しやすい、金属に対して腐食性が少ない、油類に対して優れた溶解性がある、電気絶縁性が大きい、表面張力が小さい、毒性が少ない等の性質があるために、冷蔵庫やエアコン等の冷却用途をはじめ、断熱材等の発泡用途、半導体や精密部品の洗浄剤、脱脂、エアゾール等様々な用途で使用されてきました。

　ところが1974年、フロンが大気中に放出されると上空の成層圏（10～50km）まで上り、**オゾン層を破壊する**ことが発見されました。成層圏に存在するオゾン層は、波長280～315nmの有害な紫外線（UV－B）を吸収することにより生命を保護する役割を果たしていますが、フロンの一種である**CFC**[*]や**HCFC**[*]等は塩素を有することから、紫外線により光分解されると塩素原子が放出され、この塩素原子が触媒となって成層圏のオゾンを連鎖的に分解し、その結果、地表に到達する有害紫外線の量が増加し、皮膚がんや白内障等、人間の健康に悪影響をもたらし、動植物の遺伝子を傷つけるのです。

　その後、特定フロン（CFCやHCFC）等の代替物質として、オゾン層を破壊しないフロン（代替フロン、HFC[**]）が開発され、普及しました。ところが、代替フロンには**地球温暖化をもたらす**という問題があることがわかったのです（右表）。これらは現在も使用されており、使用量は急増しています。機器使用時のフロンの**漏えい**も大きな問題になっています。

（2）これまでのフロン対策とフロン排出抑制法

　わが国では主に、**フロン回収破壊法、オゾン層保護法、地球温暖化対策推進法**により、事業活動に伴うオゾン層破壊物質及び温室効果ガス（モントリオール議定書対象物質）について、その排出抑制、使用量の削減、代替化、施設の管理等を進めてきました。

　オゾン層保護法によりHCFC以外は原則、生産及び消費ともに全廃、HCFCについても種類ごとに削減目標が定められました（右図）。また**地球温暖化対策推進法**により温室効果ガスの排出削減目標に取り組み、実現させてきました。

　フロン回収破壊法では、業務用の機器で冷媒としてフロン類が充塡されている製品（エアコン、冷蔵機器、冷凍機器）の廃棄の際のフロン類の回収・破壊を義務づけ、機器廃棄の行程管理制度（フロン類の引渡し等を書面で補足する制度）の導入、機器整備時の回収義務を明確にすること、そしてフロン類を大気中にみだりに放出することの禁止等が定められています。

　そして2014年6月にフロン回収破壊法が改正公布され、2015年4月施行により名称が改められたのが**フロン排出抑制法**（フロン類の使用の合理化及び管理の適正化に関する法律）です。

[*]　　クロロフルオロカーボン・ハイドロクロロフルオロカーボン
[**]　ハイドロフルオロカーボン

170

オゾン層破壊物質と代替フロン等

	物質	主な用途	オゾン破壊係数	地球温暖化係数
オゾン層破壊物質	CFC	冷蔵庫、エアコン、断熱材、洗浄剤	0.6〜1.0	4,600〜14,000
	HCFC	冷蔵庫、エアコン、断熱材、洗浄剤	0.001〜0.52	120〜2,400
	ハロン	消火剤	3.0〜10.0	
代替フロン等	HFC	冷蔵庫、エアコン、断熱材、エアゾール	0	140〜11,700
	PFC	洗浄剤、半導体製造	0	6,500〜9,200
	SF6	電気絶縁ガス、半導体製造、金属鋳造	0	23,900

（備考）オゾン破壊係数：CFC11のオゾン破壊効果を1とする。
地球温暖化係数（GWP）：CO_2のGWPを1とする。
（出典：環境省「オゾン層破壊係数と温室効果ガスの関係」）

＊オゾン破壊係数：オゾンを破壊するおそれのある物質のオゾン層破壊への影響度を比較するために用いられる数値。CFC-11のオゾン破壊力を1としたときのそれぞれの物質のオゾン破壊力
＊地球温暖化係数：大気中に放出された単位重量の当該物質が地球温暖化に与える効果を、CO_2を1.0として相対値として表したもの

わが国におけるHCFC削減目標

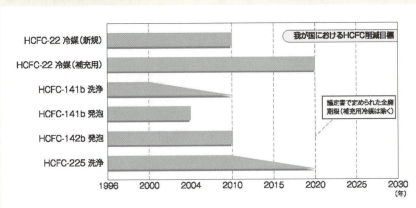

（出典：経済産業省「オゾン層保護法と規制概要」）

第7章　フロン排出抑制法

2 法の対象となるフロン類、製品の定義

（1）法の対象となるフロン類とは

フロン排出抑制法の対象となるフロン類は以下のとおりです。

- クロロフルオロカーボン（CFC）
- ハイドロクロロフルオロカーボン（HCFC）
- ハイドロフルオロカーボン（HFC）

これらフロンには多くの種類があります。そこで、本法で定義するフロン類はさらに以下のように限定されます。

- **CFC及びHCFCのうち、オゾン層保護法で特定物質として指定されている物質**
  オゾン層を破壊し、かつ温室効果の非常に高い特定フロン

- **HFCのうち、地球温暖化対策推進法において温室効果ガスとして規制されている物質**
  オゾン層は破壊しないものの、温室効果の非常に高いフロン

また、「フロン類の種類」（則1(3)）という用語がありますが、**フロン類の種類**とは「冷媒番号別の種類」であって、国際標準化機構（ISO）の規格817に基づき、環境大臣・経済産業業大臣が定める種類とされています（則1(3)）。

右に、法の対象となるフロン類の種類の例を挙げました。

（2）法の対象となる製品とは

フロン排出抑制法では、右のすべての条件に当てはまる**第１種特定製品**を対象にしています。

フロン類は(1)に挙げるものであり、NH_3（アンモニア）、CO_2（二酸化炭素）、水、空気、HFO（ハイドロフルオロオレフィン）など、フロン類以外を冷媒として使用している業務用冷凍空調機器（ノンフロン機器）は第１種特定製品には該当しません。

また**第２種特定製品**とは、自動車（自動車リサイクル法の対象のものに限る）に搭載されたエアコンディショナーのうち、乗用（人用）のために設置された場所の冷暖房の用に供するものをいいます。したがって、自動車リサイクル法が適用されない大型特殊自動車、小型特殊自動車、被牽引車等では、乗員のための空調機器（カーエアコン）があっても第２種特定製品には該当しません。

フロン類の種類例

◉特定フロン
・CFC（R-11、R-12、R-502 など）
・HCFC（R-22、R-123、R-401A、R-406A、R408Aなど）

◉代替フロン
・HFC（R-32、R-134a、R-404A、R-407C、R410Aなど）

ここで、「R」は、冷媒の種類を表す記号
R-11 はCFC-11、R-12 はCFC-12、R-22 はHCFC-22、R-123 は HCFC-123、R-32 はHFC-32、R-134aはHFC134aと同じ。
その他、R-502 はCFCとHFCの混合冷媒、R-401AはHCFCとHFC等の混合冷媒、R-404AはHFC同士の混合冷媒。

第1種特定製品

●エアコンディショナーまたは冷凍冷蔵機器（冷凍冷蔵機能を有する自動販売機を含む）
●業務用として製造・販売された機器
●冷媒としてフロン類が充塡されているもの
●第2種特定製品ではないもの

第2種特定製品

●自動車（自動車リサイクル法の対象のものに限る）に搭載されたエアコンディショナーのうち、乗用（人用）のために設置された場所の冷暖房の用に供するもの

第7章　フロン排出抑制法

3 フロンメーカー、製品メーカーの取り組み

3.1 フロン類製造業者・輸入業者による取り組み

国はフロン類を製造・輸入する事業者に対して、「フロン類の低GWP化・フロン類以外への代替」、「代替ガス製造のために必要な設備整備、技術の向上、フロン類の回収・破壊・再生の取組」を求めています。そのためには、**国によるフロン類使用の見通し策定→事業者によるフロン類使用合理化計画策定→取組の見える化**の手順が示されています。国は計画の策定状況等について事業者から報告を求め、その結果を公表します（法4、法9）。

3.2 フロン類指定製品の製造業者等による取り組み

国はフロン類使用製品のうち、わが国において大量に使用され、かつ、相当量のフロン類が使用されているものであって、その使用の際にフロン類の排出の抑制を推進することが技術的に可能なものを**指定製品**と定義しています（右図）。指定製品の中で、わが国で大量に使用され、かつ、冷媒として相当量のフロン類が充塡されているものが**特定製品**です（前節参照）。

（1）指定製品の対象

右表では7区分が指定されていますが、指定製品対象外の製品についても指定要件が整い次第、随時指定されます。

（2）指定製品の製造業者等の遵守すべき事項（判断の基準）

- 低GWP製品やノンフロン製品の開発・商品化に努め、使用フロン類による環境影響度の低減に取り組むこと
- 指定製品の製造業者等は、右表の目標年度以降の各年度において国内向けに出荷する製品に使用するフロン類の環境影響度（GWP値）の低減について、環境影響度を右表の区分ごとに事業者ごとの出荷台数（硬質ウレタンフォームや噴霧器は出荷数量（トン数、本数））で加重平均した値（環境影響度）が同表の目標値を上回らないようにすること
- 製品の設計・製造等にあたっては、施工事業者等とも連携し、フロン類の充塡量の低減、一層の漏えい防止、回収のしやすさ等に配慮するとともに、これら情報を開示し、使用者の商品選択の参考にできるように努めること
- 使用製品に対し、フロン類の種類、数量、GWP値等の表示に努めること
- フロン類の使用が必要ない用途にはフロン類の使用を期限を定め規制すること

指定製品の概念図

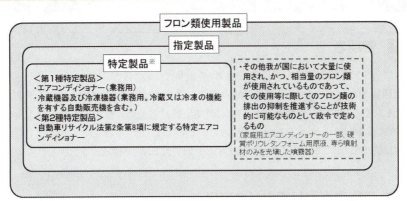

※特定製品であって、我が国において大量に使用され、かつ、冷媒として相当量のフロン類が充填されているものに限る。

(出典：経済産業省「『フロン類の使用の合理化及び管理の適正化に関する法律』に基づく『指定製品』について」(平成27年3月))

指定製品の対象製品

指定製品の区分	現在使用されている主な冷媒及びGWP	環境影響度の目標値	目標年度
家庭用エアコンディショナー(壁貫通型等を除く)	R410A (GWP:2090) R32 (675)	750	2018
店舗・オフィス用エアコンディショナー(床置型等を除く)	R410A (2090)	750	2020
自動車用エアコンディショナー(乗用自動車(定員11人以上のものを除く)に掲載されるものに限る)	R134a (1430)	150	2023
コンデンシングユニット及び定置式冷凍冷蔵ユニット(圧縮機の定格出力が1.5kW以下のもの等を除く)	R404A (3920) R410A (2090) R407C (1770) CO_2 (1)	1,500	2025
中央方式冷凍冷蔵機器(5万m³以上の新設冷凍冷蔵倉庫向けに出荷されるものに限る)	R404A (3920) アンモニア(一桁)	100	2019
硬質ポリウレタンフォーム用原液(断熱材成形用)	HFC-245fa (1030) HFC-365mfc (795)	100	2020
専ら噴射剤のみを充塡した噴霧器(いわゆるダストブロワー)	HFC-134a (1430) HFC-152a (124) CO_2(1)、DME(1) (注)DME：ジメチルエーテル	10	2019

(出典：環境省・経済産業省「フロン排出抑制法の概要」)

4 製品ユーザーの取り組み

4.1 管理者

次に、第1種特定製品の管理者（所有者）の義務についてみてみましょう。

管理者とは、フロン類使用製品の所有者その他フロン類使用製品の使用等を管理する責任を有する者です。**使用等**とは、フロン類使用製品の使用、整備、廃棄、他人への譲渡（有償、無償を問わない）することと定義されています（法2(8)）。

国は管理者として右の例を挙げていますので、自社について確認して下さい。

4.2 管理者が取り組むべき事項

管理者が機器の使用時において**主体的に取り組むべき事項**は、以下の3項目です。

（1）「管理者の判断の基準」を遵守すること

● 適切な場所への設置等（4.3(1)「製品の適切な設置・維持」）
● 機器の点検（4.3(2)「機器の点検」）
● 漏えいの防止措置、修理しないままの充填の原則禁止（4.3(3)「漏えい・故障の発見」）
● 点検整備の記録・保存（4.3(4)「点検及び整備に関しての記録・保存」）

（2）フロン類算定漏えい量の報告

（4.4「管理者及びフランチャイズチェーンの「算定漏えい量」の報告義務」）

（3）機器整備時におけるフロン類の充填及び回収の委託

対象となるフロン類は、**特定フロン（CFC、HCFC）**と**代替フロン（HFC）**です。

以下、これら3項目について説明しましょう。

4.3 「管理者の判断の基準」の遵守

管理者の判断の基準の全体の流れの概略は右図のとおりです（法16(1)、「第1種特定製品の管理者の判断の基準となるべき事項」）（以下「基準」）。

判断の基準への対応が不十分な管理者に対しては、勧告または命令が出されることがあります（法18）。

この勧告または命令の対象となる管理者は、**圧縮機を駆動する電動機・内燃機関の定格出力が7.5kW以上の第1種特定製品を1台以上使用する者**です（則2）。

では右図に沿って、「判断の基準」となる事項を詳しくみていきましょう。

管理者の例

◉自己所有／自己管理の場合

当該製品の所有権を有する者

◉自己所有でない場合（リース／レンタル製品等）

当該製品のリース／レンタル契約において、管理責任（製品の日常的な管理、事故時の修理等）を有する者（リースでは、保守・修繕の責務は使用者側にあるとされるため、使用者側、レンタルでは、物件の保守・修繕の責務は一般的には所有者側にあるとされるため、所有者側とするケースが多い）（契約により判断する）

◉自己所有でない場合（ビル・建物等に設置されている製品で、入居者が管理しないもの等）であって、管理業務を委託している場合

当該製品を所有・管理する者（ビル・建物のオーナー）、すなわち管理業務の委託元と判断するのが適当とされている。

「管理者の判断の基準」となる事項等

（1）機器は適切な場所へ設置

- 機器の損傷等を防止するため、適切な場所への設置、設置する環境の維持保全

（2）機器を使用しているとき

- すべての管理第1種特定製品について簡易点検を実施
- 一定規模以上の管理第1種特定製品については、専門知識を有するものによる定期点検を実施（「一定規模」とは、圧縮機の電動機・内燃機関の定格出力が7.5kW以上）

（3）フロン漏えいの発見時の対応

- 漏えい防止措置、修理しないままのフロン類の充塡の原則禁止
- 速やかに漏えい箇所を特定し、修理

（4）点検や修理をしたあと

- 機器の点検・修理・冷媒の充塡・回収等に関する履歴を記録し、保存
- 機器整備の際に、整備業者等の求めに応じて当該記録を開示

（出典：環境省・経済産業省「フロン排出抑制法の概要」）

（1）製品の適切な設置・維持

管理第1種特定製品とは、第1種特定製品の管理者がその使用等を管理する責任を有する第1種特定製品と定義されています（法16）。

法文では、**管理第1種特定製品を適切に設置し、適正な使用環境を維持し、確保すること**とされています（法16、判断の基準(1)）（右図）。

第1種特定製品の管理者は、次のことに注意しながら**第1種特定製品**を設置することとされています。

- 設置場所の周囲に、当該特定製品に損傷等を与えるおそれのある著しい振動を発生する設備等がないこと
- 特定製品の点検及び修理ができるような空間や通路等が適切に確保されていること

また第1種特定製品の管理者は、次の事項に注意しながら**製品を使用し、かつ、使用環境の保全を図ること**とされています。

- 上記の設置場所の周囲の状況の維持保全に努めること
- 他の設備等が近くにある場合は、特定製品に損傷等が生じないようにすること
- 定期的に凝縮器、熱交換器等の汚れ等の付着物を除去し、また、特定製品から生ずる排水の除去、清掃を行うこと

（2）機器の点検

管理者は、管理第1種特定製品を定期的に点検することとされています（判断の基準(2)）（右表）。

第1種特定製品の管理者は、製品の故障等を早期に発見するための点検を次により行わなければなりません。

適切な機器設置と設置する環境の維持保全

機器に損傷をもたらすような振動源が周囲に設置しないこと。

機器の周囲に点検・修理のために必要な作業空間を確保すること。

機器周辺の清掃を行うこと。

○ 日頃の清掃
  * 排水盤、凝縮器・熱交換器の定期的な清掃
  * 排水の定期的な除去
  * 機器の上部に他の機器を設置する場合には十分に注意

（出典：環境省・経済産業省「フロン排出抑制法の概要」等より作成）

管理者に求められる点検（簡易点検・定期点検）の区分と頻度

	製品区分	区分	点検頻度
簡易点検	すべての第1種特定製品	●業務用エアコンディショナー （例）パッケージエアコン、ビル用ターボ冷凍機、空調用チラー、スクリュー冷凍機、ガスヒートポンプエアコン、スポットエアコン　等 ●冷蔵機器、冷凍機器 （例）冷蔵・冷凍ショーケース、自動販売機、業務用冷蔵庫、冷水機、ビールサーバー、輸送用冷蔵冷凍ユニット、冷蔵冷凍チラー　等	3か月に1回以上
定期点検	冷蔵機器及び冷凍機器（7.5kW以上）	●当該機器の圧縮機に用いられる原動機の定格出力が7.5kW以上の機器 （例）別置型ショーケース、冷凍冷蔵ユニット、冷凍冷蔵チリングユニット	1年に1回以上
	エアコンディショナー（7.5kW以上）	●当該機器の圧縮機に用いられる原動機の定格出力が50kW以上の機器 （例）中央方式エアコン	1年に1回以上
		●当該機器の圧縮機に用いられる原動機の定格出力が7.5kW以上50kW未満の機器 （例）大型店舗用エアコン、ビル用マルチエアコン、ガスヒートポンプエアコン	3年に1回以上 （施行後3年の間に1回以上）

（出典：環境省・経済産業省「フロン排出抑制法の概要」より作成）

(i) 簡易点検及び専門点検

すべての第1種特定製品を対象とします。関連する機器等については前ページ表「管理者に求められる点検（簡易点検・定期点検）の区分と頻度」を参照ください。

管理者はすべての管理第1種特定製品について、**3か月に1回以上の簡易点検**を行います。第1種特定製品の場合、どのような規模の製品もすべてが対象となります。簡易点検は原則、右表の検査項目について行います。

簡易点検により漏えいまたは故障等を確認したときは、可能な限り速やかに専門的な点検（「専門点検」）を行います。専門点検とは、**直接法**（発砲液の塗布、冷媒漏えい検知器等による方法）、**間接法**（蒸発器の圧力、圧縮機の駆動モーターの電圧または電流等により製品の運転時の値が日常の値とずれていないか確認する方法等）またはこれらの組み合わせによる方法で行います。

点検には、フロン類の性状及び取扱い方法、エアコン、冷蔵機器及び冷凍機器の構造、運転方法について十分な知見を有する者が自ら行うか、または検査に立ち会うこととされています。

「十分な知見を有する者」とは、例えば**冷媒フロン取扱技術者**（一般社団法人 日本冷凍空調設備工業連絡会、一般財団法人 日本冷媒・環境保全機構）や、以下のような**一定の資格**または一定の実務経験を有し、かつ、第1種特定製品の構造・運転方法・保守方法、冷媒の特性・取扱方法、関連法規等に関する講習を受講した者等です。

なお「一定の資格」とは、**冷凍空調技士**（公益社団法人 日本冷凍空調学会）、**高圧ガス製造保安責任者：冷凍機械**（高圧ガス保安協会）など6資格が挙げられています。

(ii) 定期点検

一定規模以上の管理第1種特定製品に対して、定期点検を行います。関連する機器等については前ページの表を参照して下さい。**一定規模**とは、エアコン、冷蔵機器及び冷凍機器ともに電動機または内燃機関の定格出力が7.5kW以上の機器をいいます。

点検頻度は下記のとおりです。

●エアコン

・圧縮機を駆動する電動機または内燃機関の定格出力が7.5kW以上50kW未満は、3年に1回以上

・定格出力が50kW以上のものは、1年に1回以上

●冷蔵機器及び冷凍機器

・圧縮機を駆動する電動機または内燃機関の定格出力が7.5kW以上は、1年に1回以上

●定期点検の基準

定期点検の基準は右表のとおりです。

管理する第1種特定製品の種類と検査を行う事項

管理する第1種特定製品の種類	検査を行う事項
エアコンディショナー	・管理する第1種特定製品からの異常音 ・管理する第1種特定製品の外観の損傷、摩耗、腐食およびさびその他の劣化、油漏れ ・熱交換器への霜の付着の有無
冷蔵機器及び冷凍機器	・管理する第1種特定製品からの異常音 ・管理する第1種特定製品の外観の損傷、摩耗、腐食およびさびその他の劣化、油漏れ ・熱交換器への霜の付着の有無 ・管理する第1種特定製品により冷蔵または冷凍の用に供されている倉庫、陳列棚その他の設備における貯蔵または陳列する場所の温度の異常の有無

簡易点検及び定期点検の例

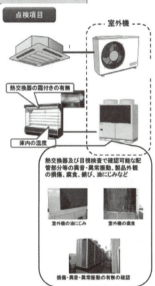

(出典:環境省・経済産業省「フロン排出抑制法の概要」等から作成)

定期点検の基準

点検の種類	定期点検の基準
定期点検	・管理する第1種特定製品からの異常音の有無について検査 ・管理する第1種特定製品の外観の損傷、摩耗、腐食及びさびその他の劣化、油漏れ並びに熱交換器への霜野付着の有無についての目視の検査 ・直接法、間接法またはこれらを組み合わせた方法による検査

（3）漏えい・故障の発見

(i) 漏えい・故障発見時の流れ

　次は、点検で**フロン類の漏れを発見**したときにどのように対応すべきかをみてみましょう。法文には**管理第1種特定製品からフロン類が漏れ出たときには適切に対処すること**とあります（判断の基準(3)）。第1種特定製品の管理者は、(2)の点検または第1種フロン類充塡回収業者からの通知等により漏えいまたは故障等を確認した場合は、速やかに**その漏えい箇所の修理**または、**その故障等の点検及び修理**を行います。

　点検・漏えい確認・整備・フロン類の充塡の流れを確認してみましょう（右図）。

　第1種特定製品整備者とは、第1種特定製品の整備を行う者です（法6）。第1種特定製品整備者には、専門業者として機器の整備を行う者だけでなく、機器の所有者や使用者であって、自ら整備を行う者も含まれます。右図では、管理者が第1種特定製品整備者に第1種特定製品の「専門点検・定期点検・整備」を指示するとします。整備者は、点検等を実施した結果**漏えい**が発見されたときは、管理者にその旨を通知します。管理者は整備者に対し、漏えい・故障の箇所を特定するように指示します。その結果、漏れ・故障個所が特定された場合には、**整備（修理）**が行われます。

(ii) 回収の委託義務

　整備者は整備の際に、第1種特定製品に冷媒として充塡されているフロン類の回収を第1種フロン類充塡回収業者に**委託する義務**があります（法39(1)）。その際、整備者は管理者の氏名・住所、情報処理センターを使用しているか等の情報を第1種フロン類充塡回収業者に**通知**します（法29(2)）。回収後、第1種フロン類充塡回収業者は整備（修理）を発注した管理者に対し、**回収証明書**を交付します（法39(6)）。

　管理者は「漏えい・故障の箇所」の「整備（修理）」状態を確認します。

(iii) 充塡の委託義務

　第1種特定製品整備者は、「整備（修理）」終了後、フロン類の充塡を第1種フロン類充塡回収業者に**委託する義務**があります（法37(1)）。その際、整備者は管理者の氏名・住所、情報処理センターを使用しているか等の情報を第1種フロン類充塡回収業者に**通知**しなければなりません（法37(2)）。

(iv) 整備時に回収したフロン類の引渡し義務

　第1種特定製品整備者は、整備時に回収したフロン類について、当該製品に再び充塡するものを除いて、回収を行った第1種フロン類充塡回収業者に対して、そのフロン類を**引き渡す義務**があります（法39(4)）。第1種フロン類充塡回収業者は、整備を発注した管理者に**充塡証明書**を交付します（法37(4)）。

フロン漏えい時の適正な対処

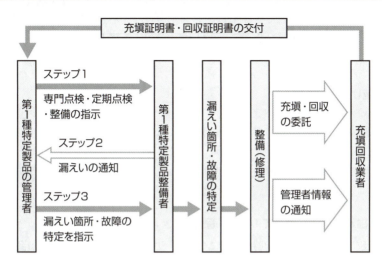

（出典：環境省・経済産業省「フロン回収破壊法の概要」より作成）

以上がフロン類漏えいの確認と整備（修理）、さらにフロン類の回収及び充塡の第1種フロン類充塡回収業者への委託、それに伴う「回収証明書」及び「充塡証明書」の交付に関わる流れです。この流れで交付される回収証明書及び充塡証明書が、**4.4「管理者及びフランチャイズチェーンの『算定漏えい量』の報告義務」**で用いられる「回収証明書」及び「充塡証明書」に該当します。

⒱ 繰り返し充塡の禁止

漏えいまたは故障等を確認したときは、「漏えい箇所の修理」及び「故障等の点検・修理」が終わるまではフロン類の充塡を委託することは禁止です。

ただし、漏えい箇所の特定または修理が著しく困難な場所で漏えいが生じている場合（「やむを得ない場合」）等は、この限りではありません。「やむを得ない場合」とは右のような場合をいいます。

（4）点検及び整備に関しての記録・保存

点検及び整備に関しての記録・保存について、法文には**管理第1種特定製品を点検及び整備に関して記録し、保存すること**（判断の基準⑷）と書かれています。

第1種特定製品の管理者は、管理第1種特定製品ごとに、点検及び整備に関する記録簿（「点検整備記録簿」）を備え、その製品を廃棄するまで保存しなければなりません。

点検整備記録簿への記載事項は右のとおりです。

点検整備記録簿は電子計算機のファイルまたは磁気ディスクに記録しても構いません。

第1種特定製品の管理者は、第1種特定製品整備者または第1種フロン類充塡回収業者から製品の整備の際に**点検整備記録簿の提示**を求められたときは、速やかに応じる必要があります（判断の基準⑷）。

特定製品の整備または廃棄等の際に、表示されたフロン類以外の冷媒が充塡されている場合、現に充塡されている冷媒の種類の説明は次のように行います。

> ● 整備の場合は、第1種特定製品整備者に対して行う。
> ● 廃棄等を行う場合は、第1種フロン類充塡回収業者に対して行う。

ただし、特定製品に表示してあるときは説明の必要はありません。

また、**特定製品を他の者に売却する場合**、当該製品と一緒に点検整備記録簿またはその写しを相手方に引き渡す必要があります。

やむを得ない場合

◉ **フロン類の漏えい箇所を特定しまたは修理を行うことが著しく困難な場所に当該フロン類の漏えいが生じた場合**

（例）漏えいが壁、床、柱の内部に設置された配管から生じている場合などで、漏えい防止措置を講じるために建物の構造に大掛かりな変更を加える必要がある場合等（ただし、経済合理的な範囲で漏えい防止措置を講ずることが可能な場合は、該当しないとされている）

◉ **環境衛生上必要な空気環境の調整、飲食物等の被冷却物の衛生管理、または事業の継続のために修理せずに応急的にフロン類の充塡が必要であって、かつ漏えいを確認した日から60日以内に確実に修理を行う場合**

この場合、1回に限りフロン類の充塡を委託できる。

（例1）環境衛生上必要な空気環境の調整のための場合

- 集中治療室のある病院内空調機器であって、治療の維持のためにやむを得ず冷媒充塡を行い、代替設備の導入を待って点検・修理を行う場合
- 夏期における空調設備からの漏えいであって、従業員の健康を維持するためやむを得ず冷媒充塡を行い、営業時間終了後に点検・修理を行う場合等

（例2）被冷却物の衛生管理のための場合

- 漏えいを確認しつつも、商品の保存・管理のためにやむを得ず冷媒充塡を行い、営業時間終了後に点検・修理を行う場合

（例3）事業継続のための場合

- 24時間営業であり短期的に修理が困難であるため、やむを得ず冷媒充塡を行い、閑散期や深夜帯等に修理を行う場合

（出典：環境省・経済産業省「第1種特定製品の管理者等に関する運用の手引き」）

点検整備記録簿への記載事項

- 製品の管理者の氏名または名称
- 特定製品の所在及び製品を特定するための情報
- 製品に冷媒として充塡されているフロン類の種類及び量
- 製品の点検の実施年月日、点検者の氏名、点検内容及びその結果
- 製品の修理の実施年月日、修理実施者の氏名、修理内容及びその結果
- 漏えい及び故障が確認された場合に速やかな修理が困難な理由と修理予定時期
- 整備のあとに冷媒としてフロン類を充塡した年月日、充塡した第1種フロン類充塡回収業者の氏名、充塡したフロン類の種類及び量
- 整備の際にフロン類を回収した年月日、第1種フロン類充塡回収業者の氏名、回収したフロン類の種類及び量

第7章 フロン排出抑制法

4.4 管理者及びフランチャイズチェーンの「算定漏えい量」の報告義務

「フロン類算定漏えい量等の報告等に関する命令」(「命令」)では、フロン漏えい量が相当程度多い第1種特定製品の管理者・フランチャイズチェーン(「連鎖化事業者」)に対し、毎年度フロン類の漏えい量を事業所管大臣に報告することを義務づけています(法19)。

(1)フロン類算定漏えい量の算定方法

フロン類算定漏えい量の算定方法は次のとおりです(命令2)。

●フロン類の量のチェック時期と算定方法

(1)チェック時期
管理第1種特定製品の整備に際して行われたフロン類の充填及び回収のとき。

(2)算定方法
①フロンの種類ごとに
②フロン類の**充填量**の合計量から**回収量**の合計量を控除した量に
③地球温暖化係数を乗じて得られる量を合計する

(3)充填量と回収量
②における「充填量」及び「回収量」は次のことをいう。
・「充填量」とは、第1種フロン類充填回収業者が発行する「充填証明書」
・「回収量」とは、第1種フロン類充填回収業者が発行する「回収証明書」
からそれぞれ得られるフロン類の量。
※設置時の充填については、充填証明書は交付されるが、追加充填したものではないため算定対象には含まれない。
※「算定漏えい量」の算定には、第1種フロン類充填回収業者が発行する「充填証明書」及び「回収証明書」以外の情報を使用することはできない。

(4)計算式
算定漏えい量(CO₂-t)
=Σ(冷媒番号区分ごとの((充填量(kg)−整備時回収量(kg))×GWP))
/1000
⇧
【漏えい量】
※機器の整備の前に、まず充填されているフロンを回収する。
※整備後、充填する。

漏えい量の算定の方法

【算定漏えい量報告】
・算定漏えい量 (CO₂-t)

＝

【充填証明書】
・充填した冷媒番号ごとのフロン（例：R404A）の充填量（kg）

－

【回収証明書】
・整備時回収した冷媒番号ごとのフロン（例：R404A）の回収量（kg）

× GWP / 1,000

【パターン①：整備時に回収する場合】

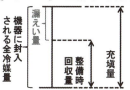

・機器整備の際に、全量回収を行い、再充填した場合、充填量から整備時回収量を差し引いた量が「漏えい量」

【パターン②充填のみの場合】

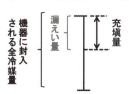

（やむを得ない場合※）
・機器に充填のみを行った場合、充填量が「漏えい量」となる。

（出典：環境省・経済産業省「フロン類算定漏えい量報告・公表制度」より作成）

- 冷媒番号ごとのフロンの充填量：充填証明書に記載された充填量（設置時に充填した充填量を除く）
- 冷媒番号ごとのフロンの回収量：回収証明書に記載された回収量
- パターン②充填のみの場合：185p「繰り返し充填の禁止」の「やむを得ない場合」等に相当

※「やむを得ない場合」

やむを得ない場合	具体的な事例
フロン類の漏えい箇所の特定または修理が困難な場所に漏えいが生じた場合	漏えいが壁、床、柱の内部に設置された配管から生じている場合等で、大掛かりな工事が必要な場合など
環境衛生上必要な空気環境の調整、被冷却物の衛生管理等のために修理を行わず緊急的にフロン類を充填することが、人の生命及び健康への悪影響の防止、経済的損失防止上必要であり、しかも漏えいを確認後60日以内に漏えい個所を修理する場合	・商品の保存・管理のため冷媒充填を行い、営業時間終了後の点検・修理を行う場合 ・24時間営業店であり短期的に修理が困難でやむを得ず冷媒充填し、閑散期、深夜等に修理を行う場合 ・従業員の健康維持のためやむを得ず冷媒充填し、営業時間終了後に点検・修理を行う場合など

（2）フロン類算定漏えい量等の報告者及び報告の方法

算定した漏えい量等を報告する決まり、方法は右のとおりです。

（3）連鎖化事業者に係る定型的な約款の定めについて（法19（2）、命令5）

コンビニエンスストア等、フランチャイズチェーンを有する事業者（連鎖化事業者）は、約款、加盟者との契約書、事業を行う者が定めた方針、マニュアル等において、以下の①または②のいずれかについて定めている場合には、自らが管理しないものであっても、加盟者の管理する第1種特定製品に関する算定漏えい量を含め報告しなければなりません。

①第1種特定製品の機種、性能または使用等の管理の方法の指定
②当該管理第1種特定製品についての使用等の管理の状況の報告

したがって連鎖化事業者は、約款、加盟店との契約書、事業を行う者が定めた方針、マニュアル等を確認し、上記①または②が示されている場合には、加盟者が管理する第1種特定製品の算定漏えい量を加盟者から収集し、自らが報告する算定漏えい量に含め、報告しなければなりません。

なお、連鎖化事業者が、加盟店の管理する第1種特定製品の算定漏えい量を報告している場合には、加盟店運営者が算定漏えい量を報告する必要はありません。

（4）フロン類算定漏えい量 1,000t-CO$_2$ の目安

国は、以下の程度の規模の事業者はフロン類算定漏えい量 1,000t-CO$_2$ 以上あるのではないかと想定しています。参考にして下さい。

● 総合スーパー等の大型小型店舗（延床面積 10,000m^2 程度の店舗）を 6 店舗以上有する管理者
● 食品スーパー（延床面積 1,500m^2 程度の店舗を 8 店舗以上有する管理者）
● コンビニエンスストア（延床面積 200m^2 程度の店舗）を 80 店舗以上有する管理者
● 飲食店（延床面積 600m^2 程度）を 820 店舗以上有する管理者
● 商業ビル（延床面積 10,000m^2 程度のビル）を 28 棟以上有する管理者
● 食品加工工場（延床面積 300m^2 程度の向上）を 20 か所以上有する管理者

（出典：環境省・経済産業省「フロン類算定漏えい量報告マニュアル」）

フロン類算定漏えい量等の報告者及び報告の方法

（a）算定期間

前年度の４月１日から翌年度３月31日までの1年間（命令2）

（b）対象機器

第１種特定製品の管理者・連鎖化事業者が管理するすべての管理第１種特定製品（命令2）（全社単位。全社のすべての第１種特定製品からの全漏えい量が対象）

（c）報告者

フロン類算定漏えい量が年間CO_2換算1,000t以上である者（「特定漏えい者」）（命令3）

（d）報告時期・報告方法

毎年度、７月末日までに事業所管大臣に報告書（様式第一）を提出（命令4）

（第1回目は平成28年7月末までに報告。平成27年4月1日以降の充填証明書及び回収証明書の確実な保存と、点検整備記録簿に充填量・回収量の記録を確実に行うことが必要）

報告方法は、書面（報告書）、磁気ディスクまたは電子申請による提出による（命令7）。

（e）報告事項（命令4）

- ●管理者の氏名または名称及び住所、法人にあってはその代表者の氏名
- ●管理者において行われる事業
- ●前年度におけるフロン類算定漏えい量
- ●前項に掲げる量について、フロン類の種類ごとの量、フロン類の種類ごとの量を都道府県別に区分した量、及び都道府県別に区分した量を都道府県ごとに合計した量
- ●前年度のフロン類の種類ごとの実漏えい量及び都道府県別に区分した実漏えい量
- ●管理者が設置している事業所のうち、一の事業所における漏えい量が1,000t（二酸化炭素換算）を超えるもの（「特定事業所」）の場合は、特定事業所ごとに報告する。
  - ・特定事業所の名称及び所在地
  - ・特定事業所において行われる事業
  - ・前年度における特定事業所に係るフロン類算定漏えい量
  - ・算定漏えい量は、フロン類の種類ごとの量
  - ・前年度における特定事業所に係るフロン類ごとの漏えい量
- ●フロン類算定漏えい量等の報告は、管理者ごとに作成し、報告する。

第7章 フロン排出抑制法

5 充塡回収業者の取り組み

5.1 第1種フロン類充塡回収業者

フロン類を回収、充塡するには、都道府県知事の登録を受けた**第1種フロン類充塡回収業者**が行うことになります。登録を受けずに充塡を業として行った場合、1年以下の懲役もしくは50万円以下の罰金が処せられます。

5.2 フロン類の充塡に関する基準 (法37、則14)

不適切な充塡による漏えいの防止、整備不良の機器を放置したまま繰り返し充塡されることによる漏えいの防止、異種冷媒の混入防止等の観点から、フロンを充塡する際に順守しなければならない**充塡に関する基準**が定められました。以下のとおりです。

(1) 充塡前の確認 (「充塡前確認」)

第1種フロン類充塡回収業者は第1種特定製品に冷媒としてフロン類を充塡する前に、管理者が保存している**点検及び整備に係る記録簿**を確認しなければなりません。また、製品の外観を目視により検査する等の簡易な方法により、右の事項を確認しなければなりません。

(2) 通知事項

第1種フロン類充塡回収業者は、充塡前確認を行った場合にはその方法と確認結果を第1種特定製品整備者及び第1種特定製品の管理者に通知する義務があります (右)。

(3) フロン類の充塡

充塡前確認を行った場合に漏えいまたは故障等を確認したときは、右に掲げる事項が確認されるまでは第1種特定製品に冷媒としてフロン類を**充塡することは禁止**されています。

(4) 充塡に関する例外事項

(3)の場合において、人の健康に著しい被害または事業に著しい損害が生じないよう、環境衛生上必要な空気環境の調整、飲食物その他の物品の衛生管理、業務の継続のために修理を行わずに応急的にフロン類を充塡する必要がある場合であって、かつ、フロン類の漏えいを確認した日から60日以内に漏えい箇所の修理を行うことが確実なときは、充塡禁止時の確認前に、**1回に限り充塡**することができます (4.3(3)(v)「繰り返し充塡の禁止」参照)。

(5) その他の確認等行うべき事項

その他、第1種フロン類充塡回収業者が確認すべきことは右のとおりです。

充塡前の確認事項

- フロン類の漏えいの有無、また、漏えいを確認した場合には漏えいに係る点検と修理を行ったか否か
- 故障等を確認した場合には、その故障に係る点検と修理を行ったか否か

通知事項

- 漏えいを確認し、かつ、点検をしたことを確認できない場合は、漏えい箇所を特定するための**点検及び修理が必要**であること
- 漏えいを確認し、かつ点検による漏えい箇所の特定及び修理をしたことを確認できない場合は、**修理が必要**であること
- 故障等を確認し、かつ、当該故障等に係る点検をしたことを確認できない場合は、故障の原因のための**点検が必要**であること
- 故障により漏えいが生じていることが確認された場合は、**修理が必要**であること

充塡禁止時の確認事項

- フロン類の漏えいが確認された場合は、その漏えい箇所が特定され、かつ、修理され漏えいしていないこと
- 故障等を確認した場合は、故障の点検をしたこと及び次のいずれかの事項
  - ・当該故障等によるフロン類の漏えいがないこと
  - ・故障等による漏えいを確認したときは、その漏えい箇所が特定され、かつ、修理されフロン類の漏えいがないこと

その他確認事項

- 充塡しようとするフロン類の種類が第1種特定製品に表示されたフロン類の種類に適合していること、または充塡しようとするフロン類の地球温暖化係数が第1種特定製品に表示されたフロン類の係数よりも小さく、かつ、当該第1種特定製品に使用しても安全上支障がないことを**第1種特定製品の製造業者等に確認**すること
- 現に第1種特定製品に充塡している冷媒とは異なるものを冷媒として充塡しようとする場合は、あらかじめ、当該**特定製品の管理者の承諾**を得ること
- フロン類の充塡に際してフロン類が大気中に放出されないよう必要な措置を講じること（第7号）
- 過充塡その他不適切な充塡により、第1種特定製品の使用に際してフロン類が大気中に放出されるおそれがないよう必要な措置を講じること
- フロン類の性状及びフロン類の充塡方法について、十分な知見を有する者が、フロン類の充塡を自ら行いまたはフロン類の充塡に立ち会うこと

第**7**章　フロン排出抑制法

5.3 第1種フロン類充塡回収業者による証明書の交付等

第1種フロン類充塡回収業者がフロン類の充塡・回収を行ったときは、その都度フロン類の漏えい量報告の基礎資料として必要な情報等を記載した**充塡証明書**及び**回収証明書**を交付しなければなりません（法37⑷、法39⑹）。

充塡証明書または回収証明書は、フロン類を充塡または回収した日から30日以内に交付しなければなりません（則16、則23）。

なお充塡回収業者は、管理者の承諾があれば充塡・回収したフロン類の種類や量等を「情報処理センター」に登録することで、書面に代えて、充塡量・回収量を電子的に報告することができます。この場合、充塡証明書または回収証明書を交付する必要はありません（法38⑴、法40⑴）。

情報処理センターへの登録は、充塡後20日以内です（則18）。

5.4 第1種フロン類充塡回収業者の引渡義務

第1種フロン類充塡回収業者は、第1種特定製品に係るフロン類を回収し、整備後に当該フロン類を再び充塡したときに余ったフロン類は、自ら再生する場合を除き、第1種フロン類再生業者またはフロン類破壊業者に引き渡す義務があります（法46、則49）。

5.5 第1種フロン類充塡回収業者による充塡量及び回収量の記録・報告

第1種フロン類充塡回収業者は、右の場合の量の記録をフロン類の種類ごとに作成し、5年間、その業務を行う事業所に保存しなければなりません（法47、則51）。

また、毎年度これらの量を年度終了後45日以内にフロン類の種類ごとに、その業を行った区域を管轄する都道府県知事に報告しなければなりません（法47、則52）。

5.6 再生証明書に関して第1種フロン類充塡回収業者のやるべきこと

第1種フロン類充塡回収業者は、再生業者から再生証明書の交付を受けたときは遅滞なく右のとおり回付しなければなりません（法59⑵（二））。

充填証明書・回収証明書について

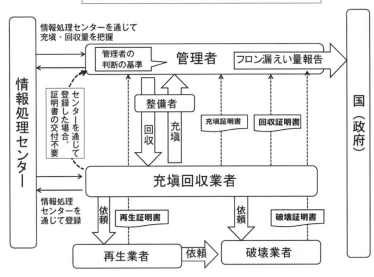

（出典：環境省・経済産業省「フロン排出抑制法の概要」より作成）

記録・報告すべき量

- 整備の際の冷媒の充填量及び回収量
- 整備等の際に回収した量
- 第1種特定製品の廃棄等の際に回収した量
- 第1種フロン類再生業者に引き渡した量
- フロン類破壊業者に引き渡した量等

再生証明書の回付

①第1種フロン類充填回収業者がフロン類を第1種特定製品整備者から引き取った場合は、第1種特定製品整備者へ回付し、整備を発注した第1種特定製品の管理者へ遅滞なく回付（法59⑶）
②第1種特定製品廃棄等実施者からフロン類を引き取った場合は、廃棄等実施者へ回付（法59⑵（三））
①または②の場合、再生証明書の写しを交付の日から3年間保存する義務が発生（則67）

6 再生・破壊業者の取り組み

6.1 第1種フロン類再生業者の再生義務等

第1種フロン類再生業者は、その業を行う事業所ごとに、主務大臣の許可を受けなければなりません（法50、則54、則55）。

第1種フロン類充塡回収業者からフロン類を引き取り（法46(1)）、これを再生するときは、再生の基準に従い**再生しなければなりません**（法58(1)）。その場合、フロン類のうち再生されなかったものがあるときは、これをフロン類破壊業者に引き渡さなければなりません（法58(2)）。

フロン類の再生を行ったときは、そのフロン類を引き取った第1種フロン類充塡回収業者に対し再生を行った日から30日以内に**再生証明書**を交付しなければなりません（法59(1)）。また、当該再生証明書の写しを交付の日から**3年間保存**しなければなりません（則66）。

また右の事項について、毎年度、主務大臣に報告しなければなりません（法60(3)）。

6.2 フロン類破壊業者の引取義務等

フロン類破壊業者は、その業務を行う事業所ごとに、主務大臣の許可を受けなければなりません（法63、則70）。

フロン類破壊業者は、次においてフロン類を引き取った場合、正当な理由がなければ、これを破壊しなければなりません（法69）。

- 第1種フロン類充塡回収業者または第1種フロン類再生業者から引取りを求められたとき（法69(1)、(2)）
- 自動車製造業者または指定再資源化機関からフロン類の破壊の委託を受けたとき（自動車リサイクル法関連）（法69(3)）

フロン類破壊業者は、上記において引き取ったフロン類を破壊したときは、破壊した日から30日以内に**破壊証明書**を交付しなければなりません（法70）。

当該再生証明書の写しを交付の日から**3年間保存**しなければなりません（則81）。

また右の事項について、毎年度、主務大臣に報告しなければなりません（法71、則84）。

フロン類の再生量等の記録・報告

- 業を行う都道府県への報告書の提出は、年度終了後45日以内
- 記録の保存：事務所に5年間保存
- 報告事項
  - ・前年度に引き取ったまたは再生を受託したフロン類の種類ごとの量
  - ・前年度当初に保管していたフロン類の種類ごとの量
  - ・前年度において再生したフロン類の種類ごとの量
  - ・前年度、再生した場合において、再生されなかったものをフロン類破壊業者に引き渡したフロン類の種類ごとの量

フロン類の破壊量等の記録・報告

- 業を行う都道府県への報告書の提出は、年度終了後45日以内
- 記録の保存：事務所に5年間保存
- 報告事項
  - ・前年度に引き取ったまたは破壊を受託したフロン類の種類ごとの量
  - ・前年度当初に保管していたフロン類の種類ごとの量
  - ・前年度において破壊したフロン類の種類ごとの量
  - ・前年度の年度末に保管していたフロン類の種類ごとの量

第7章　フロン排出抑制法

7 第1種特定製品の廃棄等

（1）管理者のフロン類の引渡義務

　第1種特定製品の廃棄等を行おうとする当該製品の管理者（第1種特定製品廃棄等実施者）は、自らまたは他の者に委託して、**第1種フロン類充塡回収業者**に製品のフロン類を引き渡す義務があります（法41）。**廃棄等**とは、機器を廃棄することまたは機器をリサイクル目的で譲渡することです。したがって機器を中古品としてそのまま再利用（リユース）するために譲渡する場合には廃棄等に該当せず、フロン類の管理責任は第1種特定製品廃棄等実施者にあります。**他の者**とは、建設解体業者、設備工事会社、産業廃棄物処理業者などです。

（2）特定解体工事元請業者の確認と説明

　建築物その他の工作物の全部または一部を解体する建設工事を発注しようとする第1種特定製品の管理者（**特定解体工事発注者**）から直接建設工事を請け負う者（建設業に限る）は、建築物その他の工作物における**第1種特定製品の設置の有無の確認**及び発注者に対する**確認結果事項の説明義務**があります（法42）。

（3）フロン類引渡しの三つの流れ

　第1種特定製品に充塡されているフロン類を第1種フロン類充塡回収業者へ引き渡す場合のケースとして以下の三つがあります。

⑴ 自ら引き渡す場合

　自ら引き渡す場合、第1種特定製品廃棄等実施者は必要事項を記載した書面を交付しなければなりません（法43、則28、則29）。また、書面の写しを、交付の日から3年間保存しなければなりません（則32）。**引取証明書**（フロン類引取時に交付）は直接実施者に交付されます（法45(1)、則42）（右図上）。

⑾ 委託する場合

　他の者（第1種フロン類引渡受託者）から引き渡す場合、引渡しに関わる契約を締結したときは、遅滞なく、引渡しの委託を受けた者に**委託確認書**を交付しなければなりません（法43(2)、則30）。また、委託確認書の写しを、交付の日から3年間保存しなければなりません（則32）。引取証明書は第1種フロン類引渡受託者に交付され、第1種特定製品廃棄等実施者に写しが送付されます（法45(3)）（右図中）。

⑿ 再委託する場合

　委託を受けた第1種フロン類引渡受託者Aがフロン類の引渡しを他の者Bに**再委託**する場合の手順は右のとおりです（右図下）。

フロン類引渡し　三つの流れ

●直接フロン類を引き渡す場合

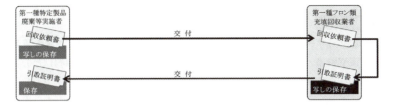

●フロン類の引渡しを委託する場合（引渡受託者がフロン類を引き渡す場合）

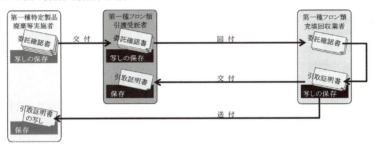

●フロン類の引渡しを再委託する場合（引渡受託者（一次受託者）がフロン類の引き渡しの再委託を実施する場合）

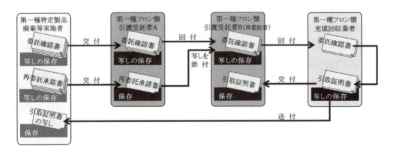

●再委託の手順
- あらかじめ第１種特定製品廃棄等実施者に対し再委託しようとする者Bの氏名または名称、住所を明らかにし、第１種特定製品廃棄等実施者から引渡しの再委託について承諾する旨の書面（再委託承諾書）の交付を受ける（法43(4)、則33）
- 再委託承諾書及び当該書面の写しを交付の日から３年間保存（法43(4)、則34）
- Aが再委託者Bと契約を締結したときは、委託確認書を回付（法43(5)、則36）
- Bがフロン類を第１種フロン類充填回収業者に引き渡すときは委託確認書に必要事項を記載、再委託承諾書の写しを添付して第１種フロン類充填回収業者に回付（法43(6)、則37、則38）
- A及びBは委託確認書の写しを３年間保存（法43(7)、則39）
- 引取証明書はAに交付され、第１種特定製品廃棄等実施者に写しが送付される

（出典：環境省・経済産業省「第１種特定製品の管理者等に関する運用の手引き」）

第7章 ◉ 実務に役立つ Q&A

第1種特定製品

**Q：機器ユーザーが管理する機器のうち、フロン排出抑制法に基づく冷媒漏えい
対策や整備・廃棄時におけるフロン類の回収等が義務となる機器はどのよう
なものですか？**

A：業務用のエアコン及び冷凍・冷蔵機器であって、冷媒としてフロン類が使用され
ているものが対象です（第1種特定機器）。（出典：環境省「フロン排出抑制法Q&A」）

第1種特定製品

Q：次の装置は、第1種特定製品ですか？

　①建設機械や農業機械に付属するエアコン

　②冷蔵冷凍庫の運転席用のエアコン及び架装部専用のエアコン

　**③冷蔵冷凍庫の運転席部分と架装部分の冷却を一つのコンプレッサーで行う
　　方式のエアコン**

　**④実験装置に組み込まれている冷凍装置、液体を測る試験装置、自動車販売
　　機、リーファコンテナ、ウォータークーラー**

　**⑤一般家庭でも大きな部屋では業務用の空調機器が使用されているが、この
　　場合の機器 は第1種特定製品に該当しますか？**

　**⑥店舗や事務所で使用されている家庭用エアコンや家庭用電気冷蔵庫につ
　　いてはどうでしょうか？**

A：①建設機械や農業機械は自動車リサイクル法の対象ではなく第1種特定製品
　　です。

　②架装部分の冷凍空調機器は第1種特定製品、運転席のエアコンは自動車リ
　　サイクル法のエアコンです。

　③自動車リサイクル法の特定エアコンとして扱います。（第2種特定機器）

　④冷凍空調機器として独立した製品となっていない場合でも、第1種特定製
　　品となります。

　⑤該当します。業務用の冷凍空調機器であれば、所有者にかかわらず家庭で
　　使用してもフロン排出抑制法の対象になります。

　⑥家電リサイクル法の対象である家庭用エアコンや家庭用電気冷蔵庫につい
　　ては、業務用途で使用した場合でも、家電リサイクル法の対象機器となりま
　　す。（なお、業務用と家庭用の機器の見分け方は、室外機の銘盤、シールを確認すること。
　　平成14年4月以降に販売された機器には表示義務があり、「第1種特定製品」であること、

フロンの種類、量等が明記されています。不明なものはメーカー屋販売店に問い合わせてください）（出典：環境省「第 1 種特定製品のフロンの回収に関する運用の手引き 第 3 版（平成 18 年度改正対応）」）

第 1 種特定製品

Q：リースの機器を廃棄する場合、第 1 種特定製品廃棄等実施者はリース会社、機器の使用者のどちらになりますか？

A：リース契約の内容によります。機器の所有権を有する等、廃棄について権原のある者が第 1 種特定製品廃棄等実施者となると考えられます。（出典：環境省「第 1 種特定製品のフロンの回収に関する運用の手引き 第 3 版（平成 18 年度改正対応）」）

第 1 種特定製品

Q：法人として所有する機器についての「管理者」とは、代表取締役社長などのことでしょうか、法人のことを指すのでしょうか？

A：法人が「管理者」となります。（出典：環境省「フロン排出抑制法Q&A」）

点検

Q：業務用冷凍冷蔵機器、空調機器以外でフロン類を使用している機器も簡易点検・定期点検、漏えい量報告の対象となりますか？

A：フロン排出抑制法に基づく簡易点検・定期点検、漏えい量報告の対象機器は第 1 種特定製品のみです。（出典：環境省「フロン排出抑制法Q&A」）

点検

Q：点検は既設の機器も対象ですか？

A：法の施行日（平成 27 年 4 月 1 日）より前に設置された機器も対象になります。（出典：環境省「フロン排出抑制法Q&A」）

点検

Q：定期点検をすれば、それを持って簡易点検を兼ねることはみとめられますか？

A：兼ねることができます。（出典：環境省「フロン排出抑制法Q&A」）

点検

Q：簡易点検は 3 か月に 1 回行うことになっていますが、これは義務ですか？

A：簡易点検の実施等の「管理者の判断の基準」の遵守は法に基づく義務です。（出典：環境省「フロン排出抑制法Q&A」）

点検

Q：機器を使用していない時期がある場合は、点検が必要ですか？

A：機器を使用しない期間であっても冷媒が封入されている場合は、3か月に1回以上の頻度で簡易点検の実施が必要です。ただし定期点検については、使用しない期間が当該機器の定期点検を行うべき期間を超える場合、当該使用しない期間の定期点検は不要ですが、再度使用する前に定期点検をする必要があります。なお、使用開始前であれば、簡易点検や記録の作成は不要です。（出典：環境省「フロン排出抑制法Q&A」）

点検

Q：機器を使用しない期間、冷媒を抜いて保管している場合、簡易点検や定期点検を実施する必要がありますか？

A：フロン類が充填されていない機器については、点検は不要です。（出典：環境省「フロン排出抑制法Q&A」）

点検

Q：定格出力のないインバーター製品についてはどのように判断したらよいですか？

A：定格出力が定められていない機器にあっては、圧縮機の電動機の最大出力が7.5kW以上のものが対象となります。（出典：環境省「フロン排出抑制法Q&A」）

定期点検

Q：定期点検の対象機器に電動機とありますが、自然循環型の冷却装置についてはどのように判断したらよいですか？

A：機器を構成する冷凍サイクルにおいて、圧縮機を有する場合には電動機その他の原動機の定格出力が7.5kW以上のものが対象です。自然循環型であっても、チラーで圧縮機が使用されていると考えられますので、その定格出力を確認して下さい。チラー等の圧縮機が存在しない場合は、点検の対象外です。（出典：環境省「フロン排出抑制法Q&A」）

定期点検

Q：複数の圧縮機がある場合、定期点検対象となる「7.5kW以上」であるか否かはどうすればわかりますか？

A：冷却系統が同じであれば合算して判断します。機器の銘板に「●kW+●kW」のように記載されていればその合計値で判断します。冷媒系統が分かれ

ている場合等は機器メーカーに問い合せください。（出典：環境省「フロン排出抑制法Q&A」）

点検整備記録簿

Q：簡易点検は四半期に1回以上ということですが、その記録も機器が廃棄されるまで保存しなければなりませんか？

A：簡易点検については、点検を行ったこと及び点検実施日を記録する必要があります。これらについても点検整備記録簿の記載の一部であり、機器を廃棄するまで保存する必要があります。（出典：環境省「フロン排出抑制法Q&A」）

点検整備記録簿

Q：機器を譲渡する場合、点検整備記録簿を引き渡すこととされていますが、廃棄する場合、点検整備記録簿を引き渡す必要がありますか？

A：廃棄の際に引き渡す必要はありません。（出典：環境省「フロン排出抑制法Q&A」）

点検整備記録簿

Q：自販機が故障すると代わりの自販機と機器ごと交換します。引き上げた自販機は工場で修理をして異なる販売店に設置することがありますが、この場合には点検整備記録簿はどうしたらよいですか？

A：点整備記録簿は次の販売店に引き継いで下さい。（出典：環境省「フロン排出抑制法Q&A」）

連鎖化事業者

Q：算定漏えい量の報告は子会社等を含めたグループ全体で報告してもいいですか？

A：報告は法人単位で行うこととあり、資本関係の有無によることはないため、子会社等のグループ関係があったとしても法人別に報告する必要があります。なお、一定の要件を満たすフランチャイズチェーン（連鎖化事業者）は、加盟している全事業所における事業活動をフランチャイズチェーンの事業活動とみなして報告を行うこととなります。

算定漏えい量

Q：1,000t-CO$_2$とは、R-22では何kgにあたりますか？

A：R-22の温暖化係数（GWP値）は1,810のため、約500kgとなります。（計算方法：GWP値1,810×質量552.5kg＝約1,000t-CO$_2$）（出典：環境省「フロン排出抑制法Q&A」）

第8章

化管法（PRTR法）

1節　化学物質のリスクとは
2節　PRTR制度
3節　SDS制度

8章 化管法

（PRTR法：特定化学物質の環境への排出量の把握等及び
管理の改善の促進に関する法律）

この法律は、化学物質の管理に関する国際的な動きを考え、特定化学物質の環境への排出量等を把握し、かつ事業者による化学物質に関する情報提供を進めると同時に、事業者による化学物質の自主的管理改善を促すことを目的に制定された。

法律の成立と経緯

1970年代後半から80年代にかけての化学物質による多くの環境事故の発生状況を踏まえ、1992（平成4）年「地球サミット」（ブラジルのリオデジャネイロ）で化学物質の管理の問題が取り上げられました。1996（平成8）年、OECDは発生源対策に資するということからPRTR制度の導入を勧告、わが国は1996年に勧告を受け入れました。我々の身の回りの製品やその原材料の製造から廃棄の段階で様々な化学物質が大気、水域、土壌といった環境へ、また廃棄物として排出されますが、それまでは行政も事業者もどのような化学物質がどれだけ大気や水域等に排出されているか情報がありませんでした。この化学物質の環境情報を把握し、化学物質の適正管理を進めるための仕組みがPRTRです。

国は1997（平成9）年より神奈川県と愛知県の一部地域でPRTR制度を試験的に実施し、1999（平成11）年7月PRTR法が制定されました。指定化学物質を含有する製品を他の事業者に譲渡・提供する際の譲渡者によるSDSの提供も義務づけられました。当初、環境への排出量を把握する対象となる化学物質（第1種指定化学物質）は354物質、SDS対象物質は435物質、対象業者は全製造業、サービス業の一部等でした。

その後、PRTR法が運用され一定の成果をあげましたが、さらに事業者による化学物質の自主的な管理の改善を促し環境保全上の支障を未然に防止するため、2008年に抜本的に改正され、第1種指定化学物質は354物質から462物質へ、第2種指定化学物質は81物質から100物質へ増え、対象業種として新たに医療業が加わりました。

化管法（PRTR法）・年表（●：できごと、●：法令関係）

● 1970年代後半～
　　　1980年代 　世界で多くの化学物質事故が発生（※参考）。

● 1992（平成　4）年 　リオで「地球サミット」開催。化学物質の管理を取り上げた。

● 1996（平成　8）年 　OECDは化学物質の発生源の対策に資するとしてPRTR
　　　　　　　　　　制度の導入を勧告。
　　　　　　　　　　1986～1997年頃までにすでに米国、カナダ、欧州で
　　　　　　　　　　PRTR法制化済み。

● 1997（平成　9）年 　神奈川県及び愛知県の一部地域でPRTR制度を試験的
　　　　　　　　　　に実施。

● 1999（平成11）年 　化管法（PRTR法）が制定された。
　　　　　　　　　　同時に、SDSの提供が義務づけられた。

● 2006（平成18）年頃　平成13～16年度の届出データでは対象物質の排出や移
　　　　　　　　　　動量が14％減少、「化学物質の分類・表示に関する世界
　　　　　　　　　　調和システム」（GHS）等を踏まえ、対象物質を見直した。

● 2008（平成20）年 　対象化学物質が抜本的に見なされ、物質数は大幅に増加
　　　　　　　　　　した。
　　　　　　　　　　新たに、医療業が追加された。

● 2012（平成24）年 　事業者は、GHSに基づくJIS Z 7252及び7253に従い、
　　　　　　　　　　化学物質の自主的な管理の改善に努めることとされた。

（参考）
・1976年：イタリアのセベソ事故（イメクサ社の化学工場爆発→ダイオキシン被災、土壌汚染→1978年：フランスで
　　　　　当該汚染土壌入りドラム缶発見）
・1978年：アメリカのラブキャナル事故（農薬、除草剤等を運河に投棄・埋立て→周辺住民被害）
・1984年：インドのボパール事故（ユニオンカーバイト・インド社で毒性のイソシアン酸メチルを漏えい→死者2,000人）
・1988年：ナイジェリアのココ事件（イタリアの業者→有害廃棄物をココ湾に不法投棄）

第8章　化管法

205

化学物質規制のしくみ

　わが国における化学物質管理に関する法律と化管法（PRTR法）の関係は右図のとおりです。**有害性**として「人の健康への影響」及び「環境への影響」を、**ばく露**として「労働環境」、「消費者へのばく露」、「環境（大気・水域・土壌）経由のばく露」を挙げています。事業活動において取り扱う化学物質の人の健康への影響あるいは環境（中の生物）への影響（有害性及びばく露）に対応するために、化管法、化学物質審査規制法（化審法）、毒物劇物取締法、大気汚染防止法、水質汚濁防止法、土壌汚染対策法、廃棄物処理法、フロン排出抑制法、オゾン層保護法等が定められました。特に化管法はこれら各法律全体に関連した法律といえます。オゾン層保護法とフロン排出抑制法は「環境への影響」がほとんどですが、その他の法律は「人の健康への影響」に関係します。

　化学物質による環境汚染の中でも人の健康影響との因果関係が明らかなもので、急性毒性や発がん性のある物質、長期毒性や難分解性があるような物質は「農薬取締法」や「化審法」等で規制されています。一方、こうした規制の対象になる化学物質以外にも、**人の健康影響との因果関係が必ずしも明らかになっていない物質**が数多く存在し、様々な分野で利用されています。ところが、実際の影響が生ずる前に化学物質のリスクを管理するには、従来の**環境関連法による規制的手法では限界がある**ことがわかりました。

　そこでわが国では、幅広い化学物質を対象とし、各事業所で取り扱っている化学物質に関する各種の情報を把握することにより、**事業者による化学物質の自主的な管理の改善を促進し、環境保全上の支障を未然に防止するための新しい手法**として、1999年に化管法（PRTR法）が制定され、PRTR制度が導入されました。

現場担当者が押さえておきたいこと

● どのような化学物質を取り扱っているか把握する（製造、使用、運送等）

● それらの化学物質はPRTR法の指定化学物質か確認する

● それらの化学物質の取扱量はどれくらいか把握する

● 指定化学物質の環境への排出、廃棄物としての移動量を確認する

● 化学物質の購入時には必ずSDS（安全データシート）を入手しているかどうかを確認する

● 指定化学物質を購入する際に、容器または包装に絵表示を含め物質の性状や取扱いに関する情報が表示されているか確認する

● 化学物質の自主管理をどのように行っているか確認する

わが国における化学物質管理体系

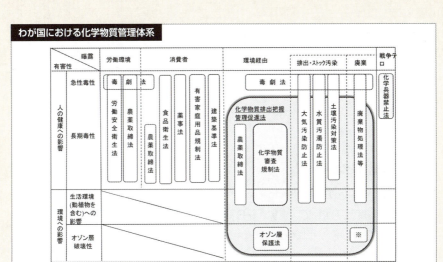

化学物質規制のしくみ

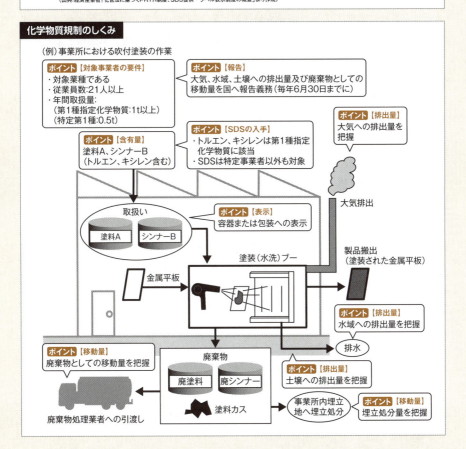

化管法の概要

　化管法（PRTR法）は、事業者による**化学物質の自主的な管理の改善**を促進し、環境の保全上の支障を未然防止することを目的としています。それを支えるのが**PRTR制度**（化学物質の排出・移動に関する届出制度・**2節**）と**SDS制度**（化学物質の性状及び取扱いに関する情報の提供制度・**3節**）です。

◉PRTR制度とは

　PRTR（Pollutant Release and Transfer Register）とは、わが国では**化学物質排出移動量届出制度**と呼ばれています。**PRTR**は、有害性のある多種多様な化学物質がどのような発生源から、どれくらい環境中に排出されたか、あるいは廃棄物に含まれて事業所の外に運び出されたかというデータを把握し、集計し、公表するしくみです。

　PRTRの対象事業者は、大気、水域、土壌など**環境に排出した量**と、廃棄物として処理するために**事業所の外へ移動させた量**とを自ら把握し、年に1回、国に届け出ます。

　PRTRの実施手順は、**届出対象事業者・届出対象物質の判定、排出量・移動量の算出、排出量・移動量の届出**に分けられます。

　事業者はPRTRにおいて、排出口に限らないさまざまな箇所からの化学物質の環境中への排出量等を自ら把握することにより、化学物質がどこから排出されているか、化学物質の不要な排出があるかを把握できるようになります。

　さらに把握した情報をもとに、化学物質の取扱い状況等を見直し、自主的な管理の改善を行うことで、その排出を抑え、環境への負荷を抑制することができます。また、その排出の抑制が原材料の節約などの費用の軽減につながることもあります。

◉SDS制度とは

　SDS（Safety Data Sheet：安全データシート）制度は、化管法で指定された「化学物質またはそれを含有する製品」を他の事業者に譲渡または提供する際、SDS（安全データシート）によりその特性や取扱いに関する情報を事前に提供することを義務づけ、ラベル表示させるしくみです。

化管法の体系図

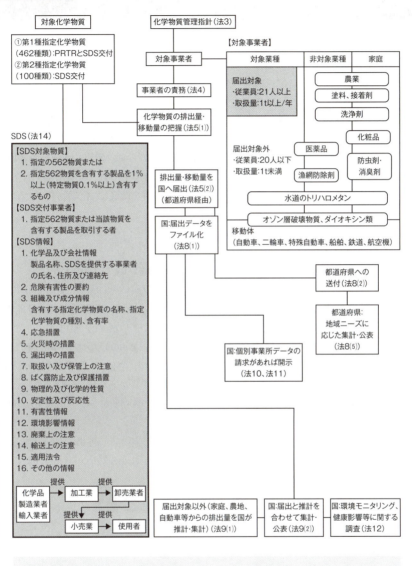

法律の規定事項
　第1章　総則（第1条〜第4条）
　第2章　第1種指定化学物質の排出量等の把握等（第5条〜第13条）
　第3章　指定化学物質等取扱事業者による情報の提供等（第14条〜第16条）
　第4章　雑則（第17条〜第23条）
　第5章　罰則（第24条）
　附則

1 化学物質のリスクとは

（1）環境へ排出される化学物質

　現在、世界全体では約6万種類を超える化学物質が様々な分野で製造、使用されており、有害性があるとされているものだけでも約4万種類あります。右図はこれら化学物質（を含む製品）のライフサイクルを描いたものです。化学工場において化学製品がつくられ、加工・製造工場ではその化学製品を用いて製品をつくります。その製品を私たちが購入し、日常生活で使用しています。使用済みの製品は回収され、リサイクルされます。

　このようなサイクルにおいて化学物質は、製造工程のみならず、使用・廃棄等の各段階において大気、水域、土壌へ排出され、また廃棄物としても排出され、環境汚染を引き起こしているのが現実です。だから、化学物質の取扱い・管理を徹底し、化学物質による環境問題を未然に防ぐことは非常に重要なことといえます。

（2）化学物質のリスクとは

　リスクとは何らかの望ましくないことが起こる可能性のことをいい、リスクの大きさは、「何らかの望ましくないことの程度（事態、結果）」と「その望ましくないことが実際に起きて現実となる可能性」との組み合わせで考えます。「化学物質が望ましくない影響を与える可能性」のことを化学物質のリスクといい、「望ましくない影響」には様々なものがあります。

　リスクには**作業者のリスク、環境（経由の）リスク、製品（経由の）リスク、事故時のリスク**があります（右図）。この場合、化学物質の環境リスクの大きさは、「化学物質が人や環境中の生物に対してどのような望ましくない影響を及ぼす性質があるか（**危険有害性**）」の強弱と、「人や環境中の生物が、どのくらいの量（濃度）の化学物質にさらされているか（**ばく露量**）」の多少によって決まるとされています。

　化学物質のリスクを低減するには、危険有害性の強い化学物質の排出量を削減するか、もしくは危険有害性の弱い化学物質に代替する、といういずれかの対応が考えられます。

$$\boxed{リスク} = \boxed{危険有害性} \times \boxed{ばく露量}$$

（3）化学物質の危険有害性とは

　各事業所では、取り扱っている化学物質に関する情報（取り扱う化学物質の種類とその取扱量、危険有害性情報、法規制、環境中への排出量や排出先など）を把握することが必要です。個々の化学物質に関する情報は、安全データシート（SDS）に記載されています。

　その中には**危険有害性**が記載されています。化学物質の危険有害性の種類として、**物理化学的危険性**（可燃性、爆発性、金属腐食性等）、**人への毒性**（短期毒性、長期（慢性）毒性）、**生態毒性**（環境に対する有害性）、**地球環境影響**などが挙げられます。

210

化学物質のライフサイクル

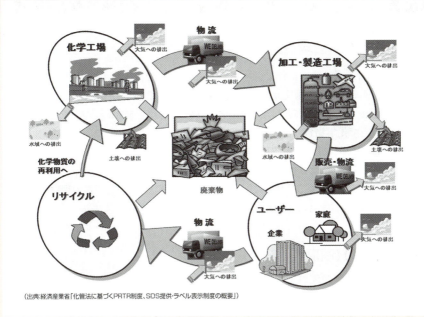

(出典:経済産業省「化管法に基づくPRTR制度、SDS提供・ラベル表示制度の概要」)

事業者が取り扱う化学物質による様々なリスク

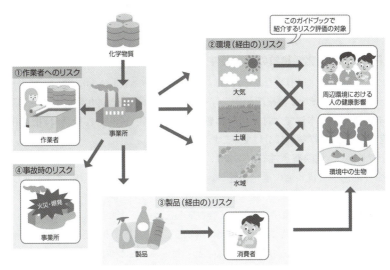

(出典:経済産業省「化学物質のリスク評価のためのガイドブック」より作成)

2 PRTR制度

2.1 化学物質管理指針と事業者の責務

化学物質管理指針は、化管法が対象とする指定化学物質等を取り扱う事業者（「指定化学物質等取扱事業者」）が、指定化学物質等を管理する上でやるべき事項を定めたものです（右）。化管法では事業者に対し、この化学物質管理指針、すなわちPRTR制度、SDS制度をもとにして化学物質の自主管理に努めることを求めています（法3）。基本的事項の①、②及び③はPRTR制度、④はSDS制度に関することとです。

指定化学物質等取扱事業者は、化学物質管理指針に留意して、指定化学物質の製造、使用、その取扱い等に係る管理を行うとともに、その管理状況に関し国民の理解を深めるように努めなければなりません（法4）。

2.2 PRTR制度

（1）PRTR制度の流れ

PRTR制度の流れは大きく右図のようになります。

事業者は、事業活動に伴い対象化学物質の環境への**排出量・廃棄物等としての移動量**を把握し、都道府県知事経由で国へ**届け出ます**。国はその集計結果及び届出対象外の国が推計した**排出量等を集計し、公表します**。一般市民は個別事業所のデータの**開示請求**が可能です。その情報をもとに市民等と事業者のリスクコミュニケーションが行われ、化学物質への取組みが進められることが期待されています。

（2）PRTR対象化学物質の選定要件

人の健康や生態系に有害なおそれのある等の性状（有害性）があり、継続して環境中に存在する化学物質または将来環境中に存在することが見込まれる化学物質が**PRTR対象化学物質**です。本法では対象化学物質を指定化学物質といい、**第1種指定化学物質**と**第2種指定化学物質**に分けています。

1節で説明した**危険有害性**（人への毒性、生態毒性、地球環境影響）が第1種指定化学物質、第2種指定化学物質共通の選定要件となっており、それらに以下の選定要件が加わります。

- 相当広範な地域の環境で継続して存在すること（→第1種指定化学物質）
- 現時点では相当広範な地域の環境に継続して存在していなくても、**将来、そのような状態になることが見込まれること**（→第2種指定化学物質）

ここでは、**リスク＝有害性**（ハザード）**×ばく露量**の考え方が重視されています。

基本的事項

①製造、使用、その他の取扱いに係る設備の改善、その他の指定化学物質等の管理の方法に関する事項
②製造過程における回収、再利用、その他の指定化学物質等の使用の合理化に関する事項
③排出状況に関する国民の理解の増進に関する事項
④化学物質の性状及び取扱いに関する情報（SDS）の活用に関する事項、その中で、指定化学物質等取扱事業者は、「化学品の分類および表示に関する世界調和システム（GHS）」に基づくJIS Z 7252とJIS Z 7253に従い、化学物質の自主的な管理の改善に努めること

（注）①、②及び③はPRTR制度に関すること、④はSDS制度に関することと理解できます。
（出典：「指定化学物質等取扱事業者が講ずべき第1種指定化学物質及び第2種指定化学物質等の管理に係る措置に関する指針」平成12年環・通第1号、平成24年4月20日改正　経産・環境告示第7号）

PRTR制度の流れ

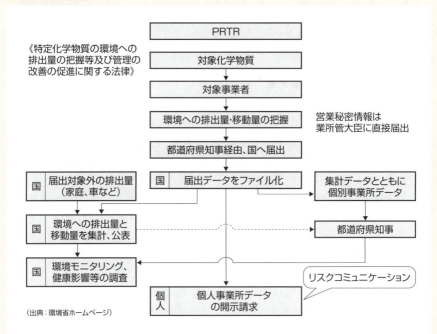

（出典：環境省ホームページ）

①事業者は、対象化学物質の環境中（大気、水域、土壌）への**排出量**及び廃棄物に含まれている**移動量**を自ら把握すること
②把握した結果を都道府県知事を経由し、国に報告（届出）すること
③国は、事業者からの届出や、推計に基づく排出量・移動量を集計・公表すること
④データは開示され、利用することができる

（3）指定化学物質の内訳

指定化学物質として、計**562物質**が指定されています。

● **第1種指定化学物質：PRTR制度及び化管法のSDS制度の対象物質462物質**（法2⑵、令1）

（例）水銀及びその化合物、トリクロロエチレン、テトラクロロエチレン、トルエン、フェノール、キシレン、1,4－ジオキサン、スチレン、臭素、ニッケル、クロム及び3価クロム化合物、ほう素化合物、マンガン及びその化合物等

● **第2種指定化学物質：化管法のSDS制度のみの対象物質100物質**（法2⑶、令2）

（例）アセトアミド、トランス－1,2－ジクロロエチレン、硫酸ヒドラジン等

● **特定第1種指定化学物質：第1種指定化学物質のうち、発がん性、生殖細胞変異原性、生殖発生毒性のいずれかが認められるもの15物質**

（例）石綿、ニッケル化合物、エチレンオキシド、ベンゼン、ひ素及びその無機化合物、カドミウム及びその化合物、ベリリウム及びその化合物、六価クロム化合物、ベンジリジン＝トリクロリド、クロロエチレン（別名：塩化ビニル）、ダイオキシン類、1,3－ブタジエン、ホルムアルデヒド、鉛化合物、及び2－ブロモプロパン

（4）PRTR制度の対象事業者

PRTR制度では「化学物質の環境中への排出量及び廃棄物に含まれている移動量を事業者が自ら把握し、国に報告（届出）する」ことになっています。PRTR制度の対象事業者は、PRTR制度の対象化学物質を製造したり、使用したり、環境中へ排出している事業者のうち、「対象事業者」に該当する事業者に届出の義務があります。右図は届出対象及び対象外の業種についてまとめたものです。

PRTR制度に基づく対象化学物質の排出量・移動量を届け出なければならない事業者（「第1種指定化学物質取扱事業者」）は、次の三つの要件（①、②及び③）をすべて満たす事業者です。

①**対象業種**：対象の24業種に含まれている事業者（右）

②**従業員数**：常用雇用者数が21人以上の事業者

③**年間取扱量等**：次のうちのいずれかに該当している事業者（法5⑴、則4）

・いずれかの第1種指定化学物質の年間取扱量が1t/年以上の事業所を所有する事業者

・いずれかの特定第1種指定化学物質の年間取扱量が0.5t/年以上の事業所を所有する事業者

※その他、他法令で定める特定の施設（特別要件施設）を設置している事業者
・鉱山保安法に規定する特定施設／下水道終末処理施設／一般廃棄物処理施設または産業廃棄物処理施設／ダイオキシン類対策特別措置法に規定する特定施設

PRTR制度における届出／届出対象外の業種

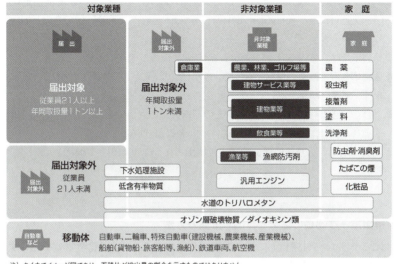

注）あくまでイメージ図であり、面積比が排出量の割合を示すものではありません。

対象業種（24業種）

●対象業種（24業種）

　金属鉱業、原油及び天然ガス鉱業、【**製造業**】、電気業、ガス業、熱供給業、下水道業、鉄道業、倉庫業、石油卸売業、鉄スクラップ卸売業、自動車卸売業、燃料小売業、洗濯業、写真業、自動車整備業、機械修理業、商品検査業、計量証明業、一般廃棄物処理業（ゴミ処分業に限る）、産業廃棄物処分業、特別管理産業廃棄物処分業、高等教育機関、自然科学研究所、医療業

●製造業

　食料品製造業、飲料・たばこ・飼料製造業、繊維工業、衣服その他繊維製品製造業、木材・木製品製造業、家具装備製造業、パルプ・紙・紙加工品製造業、出版・印刷・同関連業、化学工業、石油製品・石炭製品製造業、プラスチック製品製造業、ゴム製品製造業、なめし革・同製品・毛皮製品製造業鉄鋼業、金属製品製造業、非鉄金属製造業、電気機械器具製造業、輸送用機械器具製造業、鉄道車両製造業、船舶製造業、精密機械器具製造業窯業・土石製品製造業、その他製造業

（5）排出量・移動量の把握が必要な製品

次に、指定化学物質を含む製品の中でどのような製品がPRTRの対象になるかをみてみましょう。排出量・移動量の把握が必要な製品（原材料、資材等）は、**第1種指定化学物質を1％以上**（特定第1種指定化学物質は0.1％以上）**含む、以下の形状のもの**となります。

● 気体または液体のもの　（例）溶剤、接着剤、塗料、ガソリン等

● 固体のもので固有の形状を有しないもの（粉末状、粒状のものなど）（例）添加剤（粉末状）、試薬（粉末状）など

● 固体のうち固有の形状を有しないもので取扱いの過程で溶融、蒸発または溶解するもの　（例）メッキの金属電極、インゴット、樹脂ペレットなど

● 精製や切断等の加工に伴い環境中に排出されるもの　（例）石綿製品、切削工具等の部品など

（6）排出量・移動量の区分と算出・把握の方法

ではここからは、原材料として第1種指定化学物質あるいは同化学物質を含有する資材等を使用してある製品を製造する工程をみていきます。その際、それらの化学物質が大気、水域、土壌、廃棄物にどの程度排出されているか調べていきます。

対象事業者は年に1度、前年度の事業所ごとの対象化学物質の排出量及び移動量を国へ届け出ることが義務づけられています。

排出量とは、生産工程などから排ガスや排水などに含まれて環境中に排出される第1種指定化学物質の量で、右図の①から④の場合に分けられます。

移動量とは、廃棄物の処理を事業所の外で行う（委託処理）などにより移動する第1種指定化学物質の量のことで、右図の⑤と⑥の場合に分けられます。

右図は、「原材料、資材」を使用し、工程Aと工程Bを通過し、「製造品」が得られる工程における「排出量」と「移動量」を算出・把握する方法の一例です。把握する排出量・移動量の区分と算出・把握方法は、以下のようになります。

排出量	①大気への排出	大気への排出量は、排気口や煙突からの排出ばかりではなく、ペンキ等の塗料に含まれる成分の揮発も排出と考えます。	A1
	②公共用水域への排出	公共用水域への排出量は、河川や湖沼、海等に排出した量をいいます。	A2
	③事業所における土壌への排出	土壌への排出量は、タンクやパイプから土壌へ漏えいした量等も排出とみなします。	A3
	④事業所における埋立処分	埋立処分とは、事業所で生じた対象化学物質を含む廃棄物を事業所内の埋立地に埋め立てる場合をいい、土壌への排出とは区別されます。	A4
移動量	⑤下水道への移動	下水道に流した量のことをいいます。	B5
	⑥事業所の外への移動	産業廃棄物処理業者に廃棄物の処理を委託した量のことをいいます。	B6

使用量を把握しなくてもよい原材料、資材等（製品）の形状

◉ **使用量を把握する必要がないもの**（法2⑸、令5）
- 対象物質の含有率が1％（特定第1種指定化学物質の場合は0.1％）未満の製品（含有量が少ないもの）
- 取り扱う過程において固体以外の状態にならず、かつ、粉状、粒状にならない製品
 （例）管、板、組立部品、タンク、フィルム、布、糸、紙など
- 密封された状態で使用される製品 （例）バッテリー、コンデンサなど
- 主として、一般消費者が使う製品 （例）殺虫剤、防虫剤、家庭用洗剤など
- 再生部品 （例）空き缶、金属くず等
- 廃棄物等 （例）汚泥、焼却灰、建築廃材、その他天然物（鉱石などの未精製のものに限る）

対象化学物質の環境中への排出量、廃棄物に含まれての移動量のモデル

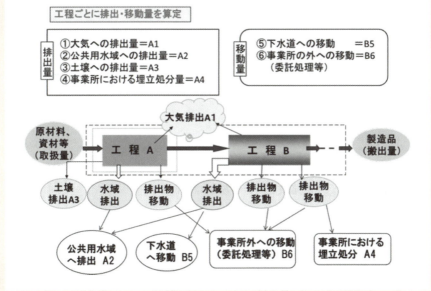

（ⅰ）**排出量・移動量の算出・把握方法**（法5⑴、則2、則3）

　法律では、以下の方法が定められています。

　　①物質収支を用いる方法
　　②実測値を用いる方法
　　③排出係数を用いる方法
　　④物性値を用いる方法
　　⑤その他的確に算出できると認められる方法

　前ページ右図下の例は、すべての個別排出ポイントからの実排出量と実移動量が把握できる場合の例です。これは、②**実測値を用いる方法**に該当します。

　したがって、

　●大気への排出量＝A1（右図❶）
　●水域への排出量＝A2（右図❷）
　●土壌への排出量＝A3（右図❸）
　●事業所における埋立処分量＝A4（右図❹）
　●下水道への移動量＝B5（右図❺）
　●事業所の外への移動＝B6（右図❻）

となります。

（ⅱ）**大気への排出量を直接測定しにくい場合**

　大気への排出量を直接測定しにくい場合の「大気への排出量＝A1」は、次のように算出することができます。

　　A1＝（全取扱量－製造品としての搬出量）－（A2＋A3＋A4＋B5＋B6）

　この方法は、前記①**物質収支を用いる方法**に該当します。

（ⅲ）**その他の例**

　そのほか、化学物質の環境への排出及び廃棄物としての移動について三つの例を示しますので、実感をつかんでいただきたいと思います。

218

環境への排出及び廃棄物としての移動のイメージ図

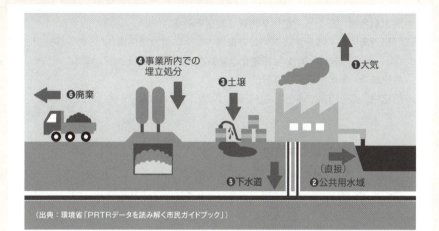

（出典：環境省「PRTRデータを読み解く市民ガイドブック」）

その他の例

● **物質収支による方法例**（図a）

● **実測による方法**（図b）

● **排出係数による方法**（図c）

図b／排出量・移動量の算出方法例②

図a／排出量・移動量の算出方法例①

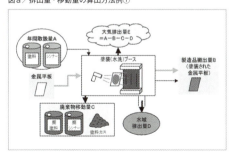

図c／排出量・移動量の算出方法例③

（出典：経済産業省「PRTR排出量等算出マニュアル」）

（7）排出量及び移動量の届出

- ● **届出対象者**：第1種指定化学物質等取扱事業者
- ● **届出対象**：第1種指定化学物質の環境への排出量及び廃棄物としての移動量。
  　　　　届出は、**第1種指定化学物質ごと、事業所ごと**に行います。
- ● **届出時期**：毎年度6月30日までに
- ● **届出先**：都道府県知事を経由して国に届け出なければなりません（法5⑵、則5）。

（8）排出量及び移動量の実績例

　右図は過去3年間（平成24～26年）の届出を集計した結果です。図の見方は下記の通りです。排出量の多かった上位3物質の主な用途と有害性は右表の通りです。

⑴ 大気

① 38%（39）（39）は、平成26年度（25年度）（24年度）の全排出量の内訳です。

② 144千t（145（147）は、平成26年度の大気中への排出量（25年度）（24年度）です。

③ 　トルエン　54.4千t（54）（54.6）
　　キシレン　28.4千t（28）（30）
　　エチルベンゼン　14.6千t（14）（14）

これは、②の排出量において、排出量が多い化学物質の上位3物質の排出量を表しています。トルエンをみると、平成26年度の排出量が54.4千t、平成25年度は54千t、平成24年度は54.6千tです。その他、キシレン、エチルベンゼンも同じ見方です。

⑾ 事業所の外への廃棄物としての移動量

委託処理の場合の移動量です。

⑿ 事業所敷地内の埋立処分

事業所内の許可を受けた埋立処分場への排出量です。

⒁ 公共下水道

公共下水道で処理するために下水へ排出した量です。

⒂ 公共用水域

廃液処理後に河川等の公共用水域へ排出された量です。

⒃ 土壌

タンクからの漏れ、不手際による漏れ等の量です。

排出・移動量の経緯

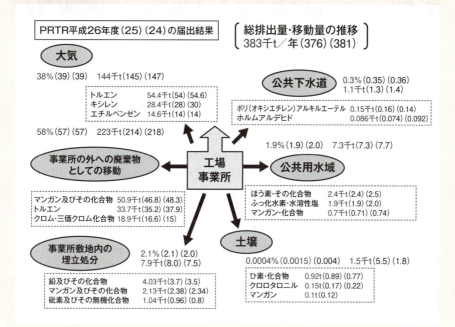

排出量の多かった化学物質

排出量 (順位)	物質名	主な用途	長時間(反復)ばく露による人の健康や動植物の生息もしくは生育への影響
1位	トルエン	多種多様な化学物質を合成する原料、油性塗料や印刷インキ、油性接着剤等の溶剤、ガソリンの成分(排ガスに含まれる)	トルエンを長期間にわたって体内に取り込んだ結果、視野狭さく、眼のふるえ、運動障害、記憶障害などの神経系の障害のほか、腎臓、肝臓や血液への障害が報告されています。トルエンはシックハウス症候群との関連性が疑われています。
2位	キシレン	化学物質の合成原料、油性塗料や接着剤、印刷インキ、シンナー、農薬の溶剤、灯油や軽油、ガソリンの成分	高濃度のキシレンは、眼やのどなどに対する刺激性や、中枢神経への影響が報告されています。シックハウス症候群との関連が疑われています。
3位	エチルベンゼン	スチレンの原料、油性塗料や接着剤、インキの溶剤、混合キシレンの成分	エチルベンゼンは、シックハウス症候群との関連性が疑われています。

(出典：環境省「PRTRデータを読み解くための市民ガイドブック」平成27年1月発行)

3 SDS制度

3.1 化管法におけるSDS制度

（1）SDS制度

PRTR制度が「化学物質の排出・移動に関する届出制度」であるのに対し、SDS制度は**化学物質等の性状及び取扱いに関する情報の提供制度**です。

SDS制度では、有害性のおそれのある化学物質及びそれを含有する製品を他の事業者に譲渡、提供する際に、化学物質等の性状及び取扱いに関する情報（SDS）の提供を義務づけ、化学物質を取り扱う者はこの情報（SDS）をもとに化学物質について適正な自主的管理を進めなければなりません。

右図の事例（A）及び（B）はいずれもジクロロメタン（別名塩化メチレン）を使用して金属部品の洗浄を行っている例です。ジクロロメタンは不燃性で強力な溶解力と高い安定性を持つ有機溶剤です。樹脂製造溶剤、塗料剥離剤など、さまざまな用途で幅広く使用されています。また沸点が約40℃の気化しやすい物質です。したがって、右図（A）では空気との接触面積が大きいと蒸発して減少しやすいけれど、蓋を付けることで蒸発が抑えられます。また（B）は蒸発するジクロロメタンをフードで集め、溶剤回収装置で回収し、再度、槽に戻して使用する場合です。

ジロロメタンが急性毒性、発がん性等の有害性を有していることを考えると、作業環境の改善は非常に大切なことになります。そのため平成26年8月29日に、労働安全衛生法の有機溶剤障害予防規則の**第2種有機溶剤**から、特定化学物質障害予防規則の**特別有機溶剤等**に移行しています。

このような化学物質に関する物理化学的性質（気化しやすい性質）や有害性情報等は「SDS」から得ることができます。

ではこのSDSはどのような場合に得ることができるのでしょうか。

（2）SDSの提供

指定化学物質取扱事業者は、指定化学物質を他の事業者に対し譲渡、または提供するときは、相手方に対し、指定化学物質等の性状及び取扱いに関する情報を文書または磁気ディスクの交付等により提供しなければなりません。提供すべき情報内容は、経済産業省令（指定化学物質等の性状及び取扱いに関する情報の提供の方法等を定める省令）で定めています（法14）。その流れは右図のようになります。一般の消費者にはSDSを交付する必要はないことになっています。

また、SDSは16項目の情報を右の順序で**日本語で記載**しなければなりません（SDS省令第3条、第4条第1項、第2項）。

管理の改善事例

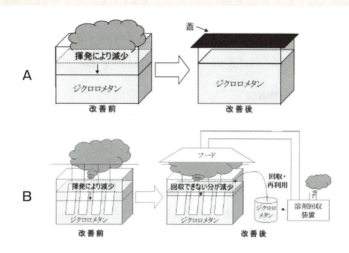

（出典：経済産業省「PRTR排出量等算出マニュアル」）

SDS 提供の一例

SDS で提供すべき情報

1. 化学品及び会社情報
   製品名称、SDSを提供する事業者の氏名、住所及び連絡先
2. 危険有害性の要約
3. 組織及び成分情報
   含有する指定化学物質の名称、指定化学物質の種別、含有率（有効数字2けた）
4. 応急措置
5. 火災時の措置
6. 漏出時の措置
7. 取扱い及び保管上の注意
8. ばく露防止及び保護措置
9. 物理的及び化学的性質
10. 安定性及び反応性
11. 有害性情報
12. 環境影響情報
13. 廃棄上の注意
14. 輸送上の注意
15. 適用法令
16. その他の情報

（3）SDS 制度の対象事業者

　SDS制度の対象事業者は、原則として、他の事業者と対象化学物質または対象化学物質を含有する製品を取引する**すべての事業者**です。業種・常用雇用者数・化学物質の年間取扱量の要件は関係しません。SDS及びラベルの表示は事業者間での取引において提供されるものであり、一般消費者は提供の対象ではありません。

（4）SDS の対象化学物質

　以下の562物質がSDS制度の対象化学物質（「**指定化学物質**」）です。
- 第1種指定化学物質　462物質
- 第2種指定化学物質　100物質

（5）SDSの対象製品

　(4)「SDSの対象化学物質」を含む製品が対象となります。対象化学物質を1％以上（特定第1種指定化学物質は0.1％以上）含む製品がすべて対象となります（この量未満の場合はSDS提供の必要はありません）。ただし次の製品はSDS交付の対象ではありません。PRTR制度における制限とまったく同じです。
- 取り扱う過程において固体以外の状態（粉状、粒状）にならない製品
- 密封された状態で扱われる製品　　（例）バッテリーなど
- 一般消費者が使う製品　　（例）殺虫剤など
- 再生資源　　（例）空き缶、金属くず等

　なお、指定化学物質または当該指定化学物質を含有する製品を**指定化学物質等**といいます。

（6）SDSの提供方法及び提供時期

　SDSの提供は、原則として、JIS Z 7253に適した方法（文書または磁気ディスクの交付）によって行わなければなりません（法14⑴）。ただし相手方が承諾した場合にはファックス、電子メールの送信、ホームページの掲載等の手段を選択することができます（SDS省令第2条）。

　またSDSは、指定化学物質等を他の事業者に譲渡、提供するときまでに提供しなければなりません（法14⑴）。譲渡、提供ごとにSDSを提供しなければなりませんが、同一の事業者に同一の指定化学物質等を継続的または反復して譲渡、提供する場合は、SDSの提供を省略することができます（SDS省令第6条第1項）。

（7）化管法におけるラベルの表示

　SDS省令の改正（平成24年4月20日経済産業省令第36号）により、指定化学物質等取扱事業者は、指定化学物質等を容器に入れ、または包装して譲渡、提供する場合において、性状取扱情報を提供する際は、その容器または包装（容器に入れ、譲渡、提供するときは、その容器）に、右の事項を表示するように努めることとなりました（SDS省令第5条）。情報の順序表示も右のとおりです。

ラベルの表示事項

1. 指定化学物質の名称または製品の名称
2. 注意喚起語(「危険」または「警告」)
3. 物理化学的性状、安定性、反応性、有害性、または環境影響に対応する**絵表示**(注)
4. 危険有害性情報(物理化学的性状、安定性、反応性、有害性、または環境影響)
5. 貯蔵または取扱い上の注意書き
6. 表示する者の氏名(法人の場合は、その名称)、住所、電話番号

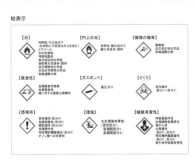

(注)「絵表示」は、図の9種類が定められている。これはGHSで決められたもので、危険有害性区分に応じ表示することとなっている。
(出典:経産省・厚労省「化管法・安衛法におけるラベル表示・SDS提供制度」)

ラベル表示の例

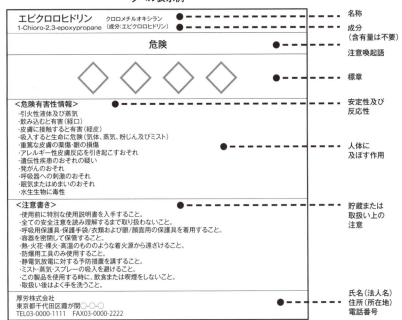

(出典:厚生労働省)

225

3.2 GHS制度とは何か

(1) GHS制度

では最後に、SDSに関係する世界的な表示方法をみてみましょう。この方法は、労働安全衛生法と毒物及び劇物取締法におけるSDS（安全データシート）にも共通しています。

近年、多種多様な化学品が全世界で広く利用されていますが、その中には人や環境に対する危険有害性を有するものが多く含まれています。一方で、危険有害性の情報を伝達するための規則等は国や機関によって様々で、同じ化学品であっても異なる危険有害性情報が表示・伝達されることもあり、化学品の安全な使用・輸送・廃棄は困難となります。

このような状況から、国連経済社会理事会において**化学品の分類および表示に関する世界調和システム**（The Globally Harmonized System of Labelling of Chemicals：GHS）が採択されました。

(2) GHSの概要

国際間で流通する化学品を労働安全、環境汚染防止、消費者保護等の点から適正に管理するために、化学品の危険有害性に関する情報を国際的に調和された方法で化学品を譲り渡す者から譲り受ける者にわかりやすく伝えるためにGHSが導入されました。**GHSは危険有害性を有するすべての化学品**（純粋な物質、その混合物）に適用します*。

化管法では、対象化学物質及び対象化学物質を含む製品のSDSの作成及びラベルの表示について、JIS Z 7253に適合した記載を行うことが義務づけられています（SDS省令第4条第1項、第5条）。また、化学物質管理指針において、指定化学物質等取扱事業者は**JIS Z 7252**及び**JIS Z 7253**に従い、GHSに基づく化学物質の自主的な管理の改善に努めることが規定されています（右）。

GHSでは、危険有害性を判定するための国際的に調和された基準（分類基準、右①〜③）が定められています。

右記分類基準に従って分類した結果を情報伝達するための手段として、**SDS**（安全データシート）及び**ラベル表示**が定められているのです。

(3) GHS情報の提供対象者

GHS情報の提供対象者は、化学品を取り扱うすべての人たちです（右図）。

---

* ただし、成型品は除きます。また医薬品、食品添加物、化粧品、食品中の残留農薬等については、原則GHSでは表示の対象としていません。

JIS Z 7252 と JIS Z 7253

- **JIS Z 7252：2014**　GHSに基づく化学物質等の分類方法
- **JIS Z 7253：2012**　GHSに基づく化学品の危険有害性情報の伝達方法（ラベル記載事項、作業内表示方法及びSDS記載項目、情報伝達の方法を規定している）

分類基準

① 物理化学的危険性（爆発物、可燃性等16項目）*1
② 健康に対する有害性（急性毒性、眼刺激性、発がん性等10項目）*2
③ 環境に対する有害性（水生環境有害性、吸引性呼吸器有害性）

* 1　物理化学的有害性：爆発性、可燃性／引火性ガス（化学的に不安定なガスを含む）、エアゾール、支燃性／酸化性ガス、高圧ガス、引火性液体、可燃性固体、自己反応性固体、自然発火性液体、自然発火性固体、自己発熱性化学品、水反応可燃性化学品、酸化性液体、酸化性固体、有機過酸化物、金属腐食性物質の16項目。この順序でSDSに記載する。

* 2　健康に対する有害性：急性毒性、皮膚腐食性／刺激性、眼に対する重篤な損傷性／眼刺激性、呼吸器感作性または皮膚感作性、生殖細胞変異原性、発がん性、生殖毒性、特定標的臓器毒性（単回ばく露）、特定標的毒性（反復ばく露）、吸引性呼吸器有害性の10項目。この順序でSDSに記載する。

GHS情報の提供対象者

（出典：経済産業省・厚生労働省「化管法・安衛法におけるラベル表示・SDS提供制度」）

第8章 ● 実務に役立つ Q&A

対象業種

Q：企業が病院を経営する場合、届出は必要ですか？

A：対象業種として「医療業」がありますので、届出の対象です。（出典：経済産業省）

対象業種・常用雇用者数

Q：対象業種以外の業種に属する事業も同時に行っているような事業所の場合、その事業所における対象物質の取扱量を考えるときには、その事業所が業として取り扱っているものすべて（対象業種以外も含めて）を取扱量に含めて算出するという考えでよいでしょうか？

A：そのとおりです。（出典：経済産業省）

対象業種・常用雇用者数

Q：現在、常時使用する従業員の数が20人以下ですが、届出の必要はありますか？

A：排出量・移動量を把握する年度の４月１日の時点または、前年度の２月及び３月中に使用している従業員の数で判断して下さい。常時使用する従業員の数がこの時点で21人未満の事業者は対象外です。（出典：経済産業省）

対象業種・常用雇用者数

Q：A事業者は、対象物質を１t/年以上取り扱う化学工業のメーカーですが、正社員は管理部門の10人だけです。他の現場作業員等はすべて別会社に委託しています。この場合、A事業者の常時事業する従業員の数には、下請の別会社の従業員数を含めますか？

A：A事業者との委託・請負により、A事業者が管理している事業所で働いている者は、A事業者の常時使用する従業員の数に含めます。（出典：経済産業省）

対象物質の含有率

Q：対象物質の含有率は、どのような値を用いればよいでしょうか？

A：原材料、資材等（製品）に関するSDS（安全データシート）で確認して下さい。SDSには、対象物質の含有率が有効数字２桁で記載されていますので、その値を用いて下さい。（出典：経済産業省）

第8章 化管法

対象物質の含有率

Q：対象物質が製品（原材料、資材等）**に他の化学物質との混合物として含まれている場合や溶剤等で希釈されている場合、どう取り扱えばよろしいでしょうか？**

A：対象物質を1質量％（特定第1種指定化学物質については0.1質量％）以上含む製品（原材料、資材など）の年間取扱量と対象物質の含有量の積から対象物質の年間取扱量を算出して下さい。（出典：経済産業省）

対象物質の含有率

Q：取り扱う製品（原材料、資材等）**中の対象物質**（特定第1種指定化学物質に該当しないもの）**の含有率は1質量％未満ですが、年間の取扱量の合計は1 t/年以上という場合、届出は必要ですか？**

A：取り扱う製品（原材料、資材等）中の対象物質含有率が1質量％未満であれば、届出の必要はありません。（出典：経済産業省）

取扱量

Q：金属（例えば銅版）**のエッチングの場合の取扱量は、表面の溶けた部分の量でしょうか？ それとも母材も含めた全体の量でしょうか？**

A：この場合は、銅と硝酸との反応（エッチング）により「銅水溶性塩（硝酸銅）」が新たに製造されたと考えられるため、銅換算した硝酸銅、すなわち、溶出した銅の重量を取り扱って下さい。（出典：経済産業省）

取扱量

Q：密閉された状態の製品（他社に生産委託した製品を含む）**を他社から仕入れ、そのまま仕入れた状態で他へ転売する場合、PRTRの届出は必要でしょうか？**

A：この場合、密閉された状態の製品を他社から仕入れ、そのまま仕入れた状態で他へ転売する行為は、対象化学物質の取扱いには該当しないため、PRTRの届出は必要ありません。なお、サンプリング検査のため容器を開封した場合や容器に小分けするため容器を開封した場合は、開封した容器中の製品に含まれる対象化学物質の量を取扱量として算入する必要があります。（出典：経済産業省）

取扱量

Q：ステンレス鋼（ボルト、ナット等）**の金属を製品または製品を構成する部品として顧客に提供しています。このステンレス鋼の中に、クロム、ニッケル、マンガンが含まれていますが、PRTRの届出の必要はありますか？**

A：化管法第2条第1項で規定されている通り、化学物質には元素も含まれ、ス

229

テンレス鋼の金属元素であるクロム、ニッケル、マンガンは、それぞれ「クロム及び三価クロム化合物」、「ニッケル」、「マンガン及びその化合物」として対象物質となります。このため、これら金属からステンレス鋼を製造する事業者や、ステンレス鋼のインゴットなどから溶融工程を経てボルト、ナット等の製品を製造する事業者は、対象物質であるクロム、ニッケル、マンガンを使用したことになり、事業者が常時使用する従業員が21人以上の場合には、各々の対象物質の年間取扱量が1t/年以上の事業所について排出量・移動量の届出が必要です。（注：「ニッケル」の場合、届出対象となる年間取扱量は1t/年以上、「ニッケル化合物」は特定第1種指定化学物質なので、0.5t/年以上です）（出典：経済産業省）

排出量・移動量の算出

Q：トリクロロエチレンを含む廃油をリサイクル業者に搬出していますが、これは「当該事業所の外への移動」として届け出る必要はありますか？

A：リサイクル業者へ有価で売却している場合には、製造品としての搬出量とみなし、届け出る必要はありません。しかし、無価（廃棄物の相当する）で引き渡している場合には、「当該事業所の外へ移動」に含めて届け出る必要があります。（出典：経済産業省）

排出量・移動量の算出

Q：半田の取扱いはどうするのですか？

A：半田付け作業に使用する半田であって、鉛などの対象物質を1質量％以上含有している場合、取扱いの過程で液状となることから、2.2 (5)「排出量・移動量の把握が必要な製品」（法5）の要件を満たす製品に該当します。年間取扱量を算出して届出の必要があるか判断して下さい。（出典：経済産業省）

届出

Q：事務だけの本社が東京にあり、対象物質を取り扱っている工場が茨城県にあります。どこに届出したらよいですか。また、東京都と大阪府の工場でそれぞれ対象物質を取り扱っている場合、東京都の工場が大阪の工場のデータを合算して東京都へ提出しても良いですか？

A：茨城県の工場の届出は、所在する茨城県知事を経由して事業所管大臣宛てに提出します。また、東京都の工場と大阪府の工場は別々にそれぞれが所在する東京都及び大阪府を経由して事業所管大臣に提出します。（出典：経済産業省）

届出

Q：同一敷地内にA社とB社のそれぞれの工場があり、B社がA社の子会社の場合、A社が一括して届け出ることは可能ですか？

A：事業者が異なる（法人格が異なる）場合、同一敷地内にある事業所であっても、届出は原則としてA社とB社がそれぞれ別個に行わなければなりません。（出典：経済産業省）

届出

Q：「事業所」の範囲はどのように考えればいいでしょうか？

A：次の例に従って下さい。

（例1）異なる製品を生産する複数の工場a～cがある場合においても、単一の運営主体のもと、同一のまたは隣接する敷地内で事業活動が行われていれば、全体を一括して一事業所と考えます。

（例2）同一会社のa工場とb工場が離れた場所にある場合、原則として別個の事業所とします。

（例3）例2にかかわらず、同一会社のa工場とb工場が道路や河川等を隔てて設置されているが、近接しており、化学物質管理が一体として行われている場合には、工場aと工場bを一括して一事業所として取り扱って下さい。（出典：経済産業省）

SDS の提供

Q：同一事業者（会社）の事業所間で指定化学物質等を移動する場合も、SDS及びラベルの提供は必要でしょうか？

A：法第14条の規定の通り、SDS及びラベルを提供する場合とは、指定化学物質取扱事業者（SDS対象事業者）が、指定化学物質等を他の事業者に対し譲渡し、または提供するときですので、同一事業者の事業所間であれば必要ありません。ただし、同一事業者内では情報が共有されていることが前提です。（出典：経済産業省「SDSに関するQ&A」）

SDS の提供

Q：化学物質の使用メーカーです。当社の製品を現地で取り付けるための作業をする場合、接着剤を添付するのですが、施工業者に接着剤に関するSDS及びラベルの提供義務はありますか？

A：SDSは、対象物質を規定量以上含む製品（資材等）を事業者間で取引する場合に、譲渡者（販売元）が譲受者（購入者）へ提供するものです。譲渡される資材

が固形状であって溶接、切削等を行わずそのままの形状で使用される場合には、提供の義務はありません（ただし、固体の製品でも使用する過程で溶接等の加工を行ったり、切削屑等が発生する場合には提供する義務があります）。貴社の商品に添付する接着剤が、化管法における製品に該当する場合は、貴社は当該施工業者に対し、当該接着剤に係るSDSを提供し、ラベル表示に努める必要があります。（出典：経済産業省「SDSに関するQ&A」）

対象製品

Q：コンピュータ等に使用されるチップコンデンサー（抵抗）**を製造して出荷しているが、このコンデンサーの足の部分に半田つけのための半田が付着しており質量的に1％を超える場合、SDS及びラベルの提供は必要でしょうか？**

A：出荷先で半田付け作業に使用する半田であって、鉛をチップコンデンサー全体の1質量％以上含有している場合には、取扱いの過程で液状となることからSDSを提供するとともにラベルによる表示が必要となります。なお、すでに半田付けされた製品であり、事業者による取扱いの過程で「固体以外の状態」にならない製品については、SDS及びラベルの提供は不要です。（出典：経済産業省「SDSに関するQ&A」）

対象製品

Q：ガソリンを譲渡等する場合、SDS及びラベルの提供義務がありますか？

A：通常のガソリンは、ベンゼン（特定第1種指定化学物質）を0.1質量％以上、トルエン、キシレン、エチルベンゼン等を1質量％以上含有していますので、事業者から事業者へ譲渡するときまでには、SDSの提供義務及びラベルによる表示の努力義務があります。含有量は製造メーカーにより異なりますので、直接メーカーに確認して下さい。（出典：経済産業省「SDSに関するQ&A」）

対象製品

Q：廃棄物の処理を委託する際に委託先に対してSDS及びラベルを提供する必要がありますか？

A：化管法上、廃棄物は製品ではないため、指定化学物質等（「指定化学物質」＋「それを含有する製品」）に含まれないことと定義されていますので、廃棄物処理を委託する際にSDSの提供義務及びラベル表示の努力義務はありません。（出典：経済産業省「SDSに関するQ&A」）

対象製品

Q：ステンレス鋼（ボルト、ナット等）**の金属を製品または製品を構成する部品として顧客に提供しています。このステンレス鋼の中に、クロム、ニッケル、マンガンが含まれていますが、SDS 及ぶラベル表示の必要はありますか？**

A：ボルト、ナット等が取引先の事業者において部品として使用され、溶融等の加工が行わなければ製品の要件に該当しないため、SDSの提供義務及びラベル表示の努力義務はありません。ただし、インゴット（板、棒等）等、通常取引先の事業者により切断、溶融等の加工が行われる場合には、「取り扱う過程で固体以外の状態」（粉状、粒状、溶かすことにより固体でなくなること等）という製品の要件に該当するため、SDSの提供及びラベル表示が必要となります。（出典：経済産業省「SDSに関するQ&A」）

対象製品

Q：研究用サンプラを他事業者の研究所に無償提供する場合（年間1t未満）、**SDS及びラベルの提供義務はありますか？**

A：譲渡の際、有償無償に関係ありません。また、SDS及びラベルの対象事業者はPRTR対象事業者とは異なり、対象業種、従業員数及び年間取扱量の裾切りはありませんので、取扱量が1t未満であっても、対象物質を1質量％以上（特定第1種指定化学物質で0.1質量％以上）含有する場合にはSDSの提供義務及びラベル表示努力義務があります。したがって、この例の場合もSDSの提供義務及びラベル表示努力義務があります。（出典：経済産業省「SDSに関するQ&A」）

対象製品

Q：ニッケル及びクロムをメッキとして製品に含有している場合、SDS及びラベルの提供義務はありますか？

A：メッキ工程を行う事業者は、その工程で環境への排出の可能性があり、PRTR対象事業者ですが、溶融や電解によりメッキしたあとの製品については、その後の取扱いの過程（他の事業者で行うものも含む）で溶融等により固体以外の状態にならなければ対象製品ではないため、SDSの提供義務及びラベル表示努力義務はありません。塗装した製品も同様です。しかし、これら製品の一部を溶融等を行いを他のもの（製品）に取り付ける場合は、メッキが固体以外の状態になれば、SDSの提供義務及びラベル表示努力義務が必要になります。（出典：経済産業省「SDSに関するQ&A」）

第9章

毒劇法

1節　毒物・劇物とは
2節　毒劇法の関係者と規制等
3節　登録・届出等
4節　毒物劇物取扱責任者
5節　取扱者全員が守るべきルール
6節　情報の提供

9章 | 毒物及び劇物取締法

> この法律は保健衛生上の見地から必要な取締りを行うことを目的に制定された。

法律の成立と経緯

　化学物質規制に関する法律では、毒物及び劇物に関するものが最も古く、1912（大正元）年の毒物劇物営業取締規則に始まり、製造業・輸入業は届出制、販売業は許可制が導入されました。1947（昭和22）年、毒物劇物営業取締法に改められ、販売業では資格を持つ事業管理人（後の毒物劇物取扱責任者に相当）を設置し、その事業所における毒物・劇物の取扱い業務の管理に当たらせました。

　1948（昭和23）年頃は毒物・劇物に係る事件が多発し、また取扱い上の管理不十分に起因する事故が続発していたことから、1950（昭和25）年に法が改正され、製造業・輸入業の厚生労働大臣への登録、販売業の都道府県知事への登録、製造業・輸入業・販売業（「営業者」）に対し毒物劇物取扱責任者の設置の義務と規制対象が新たに業務上取扱者へ拡大されました。1964（昭和39）年には事業管理人が毒物劇物取扱責任者に改称され、要届出取扱者（届出義務のある業務上取扱者）が制度化されました。

　1972（昭和47）年には、シンナー等の溶剤として用いられる毒物・劇物の乱用の禁止、発火性・爆発性の毒物・劇物の使用の規制、毒物・劇物の運搬の規制の強化があり、また1998（平成10）年の毒物混入事件の発生に伴い、アジ化ナトリウムの毒物への指定、2009（平成21）年には、愛知県、新潟県内で劇物製造事業者からの塩素（劇物）の漏えいがあり、流出・漏えい等の事故防止対策が徹底されました。

　2000（平成12）年の一部改正において、毒物劇物営業者が毒物・劇物を販売または授与する際に毒物・劇物の性状、取扱いに関する情報（SDS）の提供が義務づけられ、2012（平成24）年にGHSに基づく情報（SDS）の提供が徹底されました。

※本文において、「毒物及び劇物取締法」を「毒劇法」、「毒物及び劇物」を「毒劇物」または「毒物・劇物」と略すことがあります。

236

毒物及び劇物取締法・年表（●：できごと、●：法令関係）

● **1912**（明治45）年　毒物劇物営業取締規則制定。
※製造業・輸入業は届出制、販売業は許可制を導入

● **1947**（昭和22）年　毒物劇物営業取締法に改められた。
※販売業では、資格を有する事業管理人の設置義務

● **1948**（昭和23）年頃　毒物・劇物による事件多発、また取扱い上の管理不十
分による事故が続発。

● **1950**（昭和25）年　毒物及び劇物取締法に改められた。
※製造業・輸入業は厚生労働大臣への登録制、販売業は都府県
知事への登録制
※製造業・輸入業・販売業（「営業者」）に対し、毒物劇物取扱責
任者設置の義務
※規制対象を業務上取扱者まで拡大

● **1964**（昭和39）年　全面改正。
※事業管理人を毒物劇物取扱責任者に改称
※要届出取扱者（届出義務のある業務上取扱者）を制度化

● **1972**（昭和47）年　一部改正。
※シンナー等の溶剤として用いられる毒物劇物の乱用の禁止
※発火性・爆発性の毒物劇物の使用の制限

● **1998**（平成10）年　毒物混入事件発生（ポットにアジ化ナトリウムを混入）。

● **2000**（平成12）年　一部改正。
※毒物劇物販売者によるSDSの提供の義務

● **2003**（平成15）年　GHSに基づく化学品の危険有害性に係る情報の伝達
について勧告を受ける。
※盗難・紛失防止対策及び流出・漏えい等に事故防止対策の徹底

● **2009**（平成21）年　愛知県内及び新潟県内の劇物製造事業者で劇物の塩
素の漏えい事故発生。

● **2012**（平成24）年　GHSに基づく安全データシート（SDS）に改められた。

毒物・劇物規制のしくみ

日常流通する化学物質のうち、毒物や劇物は毒性が非常に強い物質で、少量でも身体を著しく害します。引火性・爆発性の高いものも多く、事故時には大きな被害が発生するおそれがあります。主として急性毒性による健康被害が発生するおそれが高い物質を毒物または劇物に指定し、保健衛生上の見地から規制しているのが毒劇法です。

毒劇法では、輸入から販売にかかわる**製造業、販売業、小売業は登録、輸送業は届出**が必要になり、「毒物劇物取扱責任者の設置」、「譲渡手続き」、「SDSの提供」など各種規制が課せられます。

工場・学校・研究所・農業等の**業務上取扱者**は登録は不要ですが、「毒劇物の盗難、飛散流出等の防止措置」、「毒物または劇物の表示」、「事故時の措置」などの義務が課せられます。

毒物・劇物の保管においては、「貯蔵庫は毒物劇物を他のものと区別した専用の保管庫で貯蔵する」、「保管場所は鍵のかかる丈夫なものにする」、「一般の人が近づかないところであること」など、**盗難、紛失防止措置**が定められています。

毒物・劇物の取扱いにおいては、「貯蔵する容器やタンクは漏れたりしみ出ないものにする」、「地下にしみ込まないようにコンクリート床にする」、「周囲に防液堤を設ける」など**施設外への飛散、漏れ、流出、地下浸透等の防止措置**が、さらに運搬についても同様なことが定められています。また、間違って人の口に入ることのないよう、「飲食物の容器として通常使用されるものに入れて保存してはならない」よう定められています。

さらに毒物・劇物の容器、包装への表示、**廃棄毒劇物の適正処理（廃棄）、事故時の措置等**が厳密に定められています。

現場担当者が押さえておきたいこと

● 毒物劇物営業者（製造業者、輸入業者、販売業者）か

● 届出が必要な業務上取扱者なのか、業の内容を確認する

● 毒物劇物取扱責任者を設置しているか

● 届出不要な業務上の取扱者であるのか確認する（工場、学校等）

● 毒物劇物が盗難、紛失、流出しないためにどのような措置を講じているか

● 毒物劇物には「医薬用外毒物」、「医薬用外劇物」の文字、毒劇物の名称、成分名、含量等の表示があるか

● 毒物劇物を購入する際、化学品に関する情報（SDS）を入手しているか、その情報が法に従っているか

毒物・劇物規制のしくみ

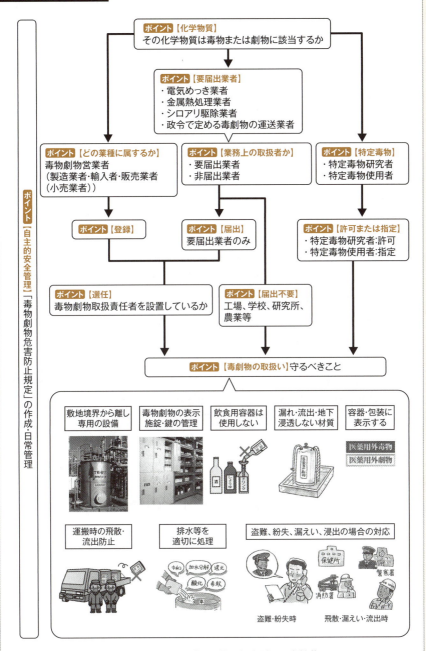

(出典:厚生省「毒劇物盗難等防止マニュアル」、宮城県「毒物・劇物の適正な取扱いの手引き」)

毒劇法の概要

●事業者への規制

　本法（毒物及び劇物取締法）は、毒物及び劇物について、保健衛生上の見地から必要な規制を行うことを目的としています。ここでいう保健衛生上の見地とは、**毒物・劇物の盗難、紛失の防止、毒物・劇物の漏えいの防止**を行うことにより、**人体への健康被害を防止**することを意味しています。

　毒劇物は利用価値が高い反面、危険性を併せもっており、毒劇物による事件・事故が多く発生しています。したがって、毒劇物の取扱いや保管管理については十分な注意が必要であり、本法には、業務で毒劇物を取り扱う場合の様々な厳しい規制が設けられています。

　たとえば、毒劇物を海外から輸入し、届出された「毒物対象運送業者」により「製造工場」に運び込まれ（輸入業者、製造業者（3.1 節））、必要な工程を経てから適正な容器等に入れられ、表示され、「販売業者」に譲渡されます（**販売業者（3.2 節））**。「販売業者」から直接顧客（**業務上取扱者（3.3 節）**）へ販売したり、または「販売業者」から「小売業者」経由で顧客へ販売することがあります。これらの業者はすべて営業者登録が必要となり、顧客である業務上取扱者には業の届出が必要な業種と必要でない業種に分けられます（2 節）。

　製造業者、販売業者、輸入業者（毒物劇物営業者）または届出の必要な**業務上取扱者**は、**毒物劇物取扱責任者（4 節）**を設置し、毒劇物による保険衛生上の危害の防止に当たらせなければなりません。

　また、毒物劇物の取扱い、表示、廃棄方法の遵守、運搬・貯槽に関する技術上の基準等、**すべての取扱者が守るべきルール**があります（5 節）。

　さらに、毒物劇物営業者が毒物・劇物を販売または授与するまでには、譲受人に対し、必ず毒劇物に関する情報である**安全データシート（SDS）**を提供することになっています（6 節）。

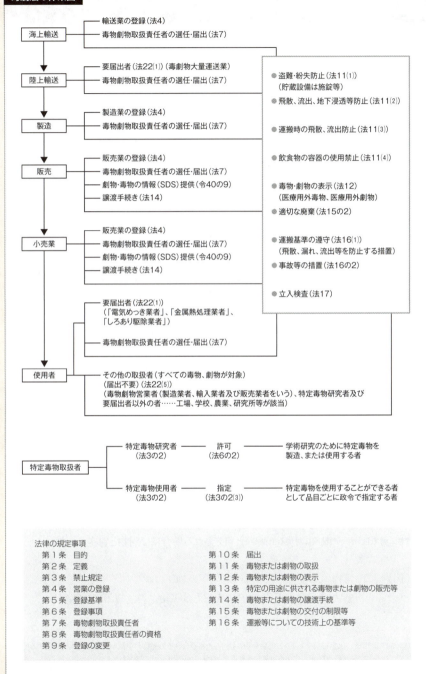

1 毒物・劇物とは

（1）毒物・劇物とは

　毒物、劇物の数は実用レベルで約100万種ともいわれており、その中で、工業薬品、農薬、試薬等の社会経済上有用な化学物質のうち毒性の強い物質が**毒物**、やや弱いものが**劇物**に指定されています。

　毒物とは特に、刺激性、腐食性などの急性毒性等の性質があり、体内に摂取された場合、その機能に障害を与える性質を有するもので、法別表第1ならびに毒物及び劇物指定令第1条で指定された物質であって、医薬品及び医薬部外品以外のものをいいます（法2）（右図）。

　劇物とは、毒劇法別表第2並びに毒物及び劇物指定令第2条で指定された物質であって、医薬品及び医薬部外品以外のものをいいます（法2）（右図）。

　特定毒物とは毒物であって法別表第3に掲げるものをいいます。毒性が極めて強く、当該物質が広く一般に使用されると考えられるもので、危害発生のおそれが著しいものをいいます（法2）。

　法で指定されている毒物・劇物は、**工業用等の目的で市場に流通している物質**であって、市場に流通しない自然毒などは法規制の対象外にしています。

（2）毒物及び劇物の判定基準

　毒物、劇物は、動物における知見、人における知見、またはその他の知見に基づき、当該物質の物性、化学製品としての特質等も勘案して判定されています。

　人における知見は、人の事故事件例等を基礎として毒物を検討しています。

> （例）平成10年にアジ化ナトリウムの毒性を悪用した事件が発生したことを受け、平成11年1月に毒物に指定された。

　動物における知見は、原則として、得られる限り多様なばく露経路（経口、桂皮、吸入（ガス）等）の急性毒性情報を評価し、どれか一つのばく露経路で毒物と判定される場合には**毒物**に、一つも毒物と判定されるばく露経路がなく、どれか一つのばく露経路で劇物（皮膚に対する腐食性、刺激性、目等の粘膜に対する損傷等）と判定される場合には**劇物**と判定されます。

> （例）経口：毒物：LD_{50}*が50mg/kg以下のもの
> 　　　　劇物：LD_{50}が50mg/kgを超え300mg/kg以下のもの 等

＊　LD_{50}：50%致死量。化学物質をラットなど実験動物に投与した場合に、その動物の半数が試験期間内に死亡する用量のことで、投与した動物の50%が死亡する用量を体重当たりの量（mg/kg）としてあらわす。

毒物及び劇物

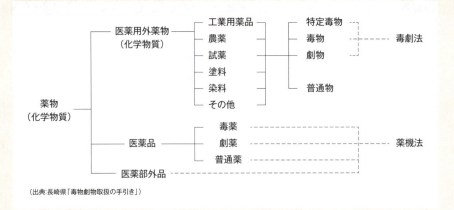

(出典:長崎県「毒物劇物取扱の手引き」)

毒物・劇物・特定毒物の例

◉**毒物の例**
- アジ化ナトリウム及びこれを0.1％超含有する製剤
- 黄燐
- シアン化ナトリウム
- 水銀
- 弗化水素及び弗化水素を含有する製剤
- ヒドラジン　他

◉**劇物の例**
- アンモニア及びこれを10％超含有する製剤
- 塩化水素及びこれを10％超含有する製剤
- 塩素
- 過酸化水素及びこれを6％超含有する製剤
- キシレン
- クレゾール及びこれを5％超含有する製剤
- クロロホルム
- 硝酸及びこれを10％以上含有する製剤
- 水酸化ナトリウム及びこれを5％超含有する製剤
- トルエン
- フェノール及びこれを5％超含有する製剤
- ホルムアルデヒド及びこれを1％超含有する製剤
- メタノール
- 硫酸及びこれを10％超含有する製剤　他

◉**特定毒物の例**
- オクタメチルピロホスホルアミドを含有する製剤
- 四アルキル鉛及びこれを含有する製剤
- テトラメチルピロホスフェイト及びこれを含有する製剤。毒物と重複して19項目ある（則別表第3）

2 毒劇法の関係者と規制等

（1）毒物劇物営業者と業務上取扱者

　毒劇法の規制を受ける関係者は、毒劇物の**製造業者、輸入業者、販売業者**を指す**毒物劇物営業者**と**業務上取扱者**に分けれらます（法3⑶）。

　業務上取扱者は届出が必要な業者と届出が必要でない業者に分けられます。**届出が必要な業者**は以下のとおりです（法22⑴）。

- 電気めっきを行う事業（令41、令42）
  （シアン化ナトリウムまたは無機シアン化合物たる毒物及びこれを含有する製剤を取り扱う者）
- 金属熱処理を行う事業（令41、令42）
  （シアン化ナトリウムまたは無機シアン化合物たる毒物及びこれを含有する製剤を取り扱う者）
- 最大積載量が5,000kg以上の自動車もしくは被牽引自動車に固定された容器を用い、または内容積が四アルキル鉛を含有する製剤を運搬する場合は200L、それ以外の毒物または劇物を運搬する場合の容器は1,000L以上の容器を大型自動車に積載して行う運送の事業（黄燐等23品目の毒物または劇物を取り扱う者）（令41（三）、則13の3、令42）
- シロアリの防除を行う事業（令41、令42）
  （シアン化ナトリウムまたは砒素化合物たる毒物及びこれを含有する製剤を取り扱う者）

　届出が必要でない業者は上記以外の者であって、すべての毒物または劇物を**業務上取り扱う者**が該当します（法22⑸、則18の2）。下記の例が挙げられます。

- 製造途中で毒物・劇物を使用する工場（化学工場、半導体製造工場その他の工場）
- 毒物劇物である農薬を使用する農家
- 研究、教育（理科実験等）の目的で毒物劇物を使用する試験・研究機関、学校など

　その他、特定毒物研究者とは毒物の製造業者または学術研究のため特定毒物（19項目、法別表第3）を製造もしくは使用することができる者として都道府県知事の許可を受けた者をいいます（法3の2⑴）。

（2）毒物劇物取扱責任者

　毒物劇物取扱責任者を設置する義務のある事業者は、**製造業者、輸入業者、販売業者、届出が必要な業務上取扱者**です。

関係者と各種の規制等

		各種規制等			
		登録・届出等	その他	責任者	具体的な規制
毒物劇物営業者	製造業者	・登録（法3、法4）	・譲渡手続き（法14） ・交付制限（法15） ・情報の提供（令40の9）	・毒物劇物取扱責任者の設置（法7、法22(4)）	・毒劇物の取扱い（法11）（貯蔵基準・飛散流出防止等） ・毒劇物の表示（法12） ・廃棄方法の遵守（法15の2） ・運搬基準の遵守（法16） ・事故時の措置（法16の2） ・立入検査（法17）
	輸入業者				
	販売業者				
業務上取扱者	業務上取扱者	・届出（法22(1)）			
	業務上取扱者	・届出不要（法22(5)）			
特定毒物研究者等	（許可要）特定毒物研究者（法3の2、法6の2）				
	（指定要）特定毒物使用者（法3の2(3)）				

（出典：厚生労働省「化学物質の適正な評価・管理と安全性の確保について」より作成）

登録・届出・有効期限

	業種	登録等	登録権限者	有効期間	取扱責任者
営業者	製造業者	製造所ごとに登録	厚生労働大臣	5年	要設置
	輸入業者	営業所ごとに登録	都道府県知事	5年	要設置
	販売業者	店舗ごとに登録	都道府県知事または政令市長	6年	要設置
業務上取扱者	要届出業種（特定の電気めっき業者、金属熱処理業者、シロアリ防除業者他）	届出要	都道府県知事	永久	要設置
	その他の業種（毒劇物を使用する工場、農家、学校他）	届出不要	ー	ー	ー
特定	特定毒物研究者	許可	都道府県知事	期限なし	
	特定毒物使用者	許可	都道府県知事	（特定毒物の品目ごとに指定）	

3 登録・届出等

　毒物劇物営業者（製造業者、輸入業者、販売者）には**業の登録**、業務上取扱者（届出要）には**業の届出**が必要です。ここでは営業者と業務上取扱者についての**登録、届出、責任者の設置等**に係る規制事項を説明します。

3.1 製造業者、輸入業者の場合

（1）登録

　毒劇物の製造業または輸入業の**登録を受けた者**でなければ、販売、授与の目的で製造、輸入してはなりません。ただし、販売、授与の目的で貯蔵、運搬、陳列することは構いません（法3(1)）。

　登録を受けようとする製造業者または輸入業者は、製造所または営業所ごとに都道府県知事を経由して**厚生労働大臣に申請書を提出**しなければなりません（右・提出書類）（法4(1)、(2)）。

　登録後、届出に係る氏名・住所等の変更、営業の廃止、毒物劇物取扱責任者の変更をする場合は、30日以内に厚生労働大臣に届け出なければなりません（法10）。

　厚生労働大臣は、毒劇物に係る設備が基準に適合していないと認めるときは登録してはなりません（法5、則4の4）。設備の適合要件は右のとおりです。

　製造業または輸入業の登録期間は**5年間**です（法4(4)）。

（2）毒物または劇物の譲渡手続き（法14）

　製造業者または輸入業者は、譲受人から**毒劇物の名称、数量、販売（授与）年月日、譲受人の氏名、職業、住所等**を記載し押印した書面（譲受書）の提出を受けなければ、毒劇物を毒物劇物営業者以外の者に販売または授与してはなりません（法14(2)、則12の2）。

　なお譲受にあたっては、身分証明書等により譲受人の身元を確認の上、毒劇物の使用目的及び使用量が適切なものであるかについて十分確認することが必要です。

（3）毒物または劇物の交付の制限等（法15）

　毒物劇物の交付の際に、**18歳未満の者、心身の障害により保健衛生上の危害の防止措置がとれない者、麻薬等の中毒者**には販売してはいけません（法15(1)）。**引火性、発火性または爆発性のある毒劇物**については、交付を受ける者の氏名、住所、毒劇物を必要とする正当な理由を確認したあとでなければ当該毒劇物を交付してはなりません（法15(2)、令32の3）。また毒物劇物営業者は、帳簿を備え、確認事項を記載し、5年間保存しなければなりません（法15(3)、(4)）。

（4）情報の提供（令40の9）

　毒劇物を販売、授与する場合の情報（SDS）の提供については6節参照。

246

提出書類（法4、則1、法7、則5）

- 毒物劇物製造業登録申請書または毒物劇物輸入業登録申請書
- 製造所または営業所の設備の概略図
- 申請者が法人であるときは、定款もしくは寄付行為または登記簿の謄本
- 毒物劇物取扱責任者設置届
- 毒物劇物取扱責任者の資格を証する書類
- 毒物劇物取扱者の医師による診断書
- 毒物劇物責任者の誓約書
- 申請者の毒物劇物取扱責任者に対する使用関係を証する書類
- 厚生労働省の申請システムにより作成したデータ

設備の要件

（1）製造作業を行う場所
- コンクリート、板張りまたはこれに準ずる構造とする等その外に毒物劇物が飛散し、漏れ、しみ出しもしくは流れ出、または地下にしみ込むおそれのない構造であること
- 毒物劇物を含有する粉じん、蒸気または廃水の処理設備または器具があること

（2）毒物または劇物の貯蔵設備
- 毒物劇物とその他とを区分して貯蔵できるものであること
- 毒物劇物を貯蔵するタンク、ドラム缶、その他の容器は、毒物劇物が飛散し、漏れ、しみ出るおそれがないものであること
- 毒物劇物を貯蔵する場所に鍵をかける設備があること。ただし、その場所が性質上鍵をかけられないものであるときは、その周囲に堅固な柵があること（貯蔵タンク等）

（3）陳列する場所
- 毒物劇物を陳列する場所に鍵をかける設備があること

（4）運搬用具
- 毒物劇物の運搬用具は、毒劇物が飛散し、漏れ、しみ出るおそれがないものであること

第9章 毒劇法

3.2 販売業者の場合

　毒物または劇物の販売業の登録を受けた者でなければ、毒劇物を販売し、授与し、または販売、授与の目的で貯蔵、運搬、陳列してはなりません（法3(3)）。販売業の登録の種類には右の3種類があります。

　毒物または劇物の販売業の登録を受けようとする販売業者は、店舗ごとにその店舗の所在地のある都道府県知事、政令市長または区長（保健所長）に申請書を提出しなければなりません（右・提出書類）（法4(1)、(2)）。

　登録後、届出に係る氏名・住所等の変更、**販売の中止**、**毒物劇物取扱責任者の変更**をする場合は、30日以内に都道府県知事にその旨を届け出なければなりません（法10）。

　厚生労働大臣は、店舗における毒物または劇物に係る**設備が基準に適合していないと**認めるときは登録してはなりません（法5、則4の4）。（設備の要件については3.1節参照）

　販売業の登録期間は6年間です（法4(4)）。

3.3 業務上取扱者の場合（届出要）

（1）届出が必要な業務上取扱者
- シアン化ナトリウムまたは無機シアン化合物を使用する電気めっき業者
- シアン化ナトリウムまたは無機シアン化合物を使用する金属熱処理業者
- シアン化ナトリウムまたは砒素化合物を使用するしろあり防除業者
- 政令で定められた毒物劇物をタンクローリー等で運送する業者

（2）届出

　業務上、規定の毒物または劇物を取り扱うこととなった日から30日以内に、事業場ごとに、必要な事項をその事業場の所在地の都道府県知事に届け出なければなりません（法22(1)）。

　また事業の廃止、毒劇物の取扱い停止等の変更があった場合、その旨を当該事業所の都道府県知事に届け出なければなりません（法22(2)）。

（3）運搬（令40の5）

　定められた毒物・劇物を車両を使用して1回につき5,000kg以上運搬する場合、右の運搬基準に適合しなければなりません。

（4）情報提供（令40の6）

　1回当たり1tを越える毒物・劇物の運搬を他社に委託する場合、毒物・劇物の名称及びその含量並びに数量、事故時に講じるべき応急措置内容を記載した書面を交付しなければなりません。

販売業の登録の種類

- 一般販売業の登録
- 農業用品目販売業の登録
    （条件）農業用品目販売業の登録を受けた者は、農業上必要な毒物または劇物であって厚生労働省令*で定めるもの以外のものを販売し、授与し、または販売もしくは授与の目的で貯蔵し、運搬し、陳列することは禁止されている。
- 特定品目販売業の登録
    （条件）特定品目販売業の登録を受けた者は、厚生労働省令**で定める毒物または劇物以外を販売し、授与し、または販売もしくは授与の目的で貯蔵し、運搬し、陳列することは禁止されている。

* 「農業用品目である毒物または劇物」とは、則4の2、別表第1に規定される毒物・劇物である。
　（例）無機シアン化合物及びこれを含有する製剤、燐化アルミニウムとその分解促進剤とを含有する製剤など（以上、毒物）、アンモニア及びアンモニア10％超含有する製剤、シアン酸ナトリウム、硫酸及び硫酸10％超含有する製剤など（以上、劇物）
** 「特定品目である劇物」とは、則4の3、別表第2に規定される毒物・劇物である。
　（例）アンモニア及びアンモニア10％超含有する製剤、塩素、過酸化水素を6％超含有する製剤、クロロホルム、硝酸及び硝酸10％超含有する製剤、水酸化ナトリウム及び水酸化ナトリウム5％超含有する製剤、トルエン、メタノール、硫酸及び硫酸10％超含有する製剤など

提出書類（法4、則1、法7、則5）

- 毒物劇物販売業登録申請書
- 店舗の設備の概略図
- 申請者が法人であるときは、定款もしくは寄付行為または登記簿の謄本
- 厚生労働省の申請システムにより作成したデータ
（以下の書類は、毒物劇物を直接取り扱う営業所のみ必要です）
- 毒物劇物取扱責任者設置届
- 毒物劇物取扱責任者の資格を証する書類
- 毒物劇物取扱者の医師による診断書
- 毒物劇物責任者の誓約書
- 申請者の毒物劇物取扱責任者に対する使用関係を証する書類

運搬基準

- 運搬経路、交通事情、自然条件その他の条件から判断して、以下のいずれかに該当する場合は交替して運転する者を同乗させること
    ・連続運転時間が4時間を超える場合
    ・運転時間が1日当たり9時間を超える場合
- 黒地に白色で「毒」の標識を、車両の前後の見やすい箇所に掲げること
- 車両には、防毒マスク、ゴム手袋その他事故の際に応急措置を講じるための保護具を2人分以上備えること
- 車両には、運搬する毒物劇物の名称、成分及びその含量並びに事故の際に講じるべき措置内容を記載した書面を備えること
- 対象となる品目は、黄燐、塩素、過酸化水素及びこれを6％超含有する製剤、臭素、硫酸及びこれを10％超含有する製剤など23品目

第9章 毒劇法

3.4 業務上取扱者の場合（届出不要）

　届出不要の業務上取扱者の場合は、特に登録、許可に関する規定はありません。毒物劇物取扱責任者の設置の義務もありません。

　業務上取扱者（届出要）に関する規定は、定められた毒劇物を取り扱う場合に限定されていますが、業務上取扱者（届出不要）の場合は、すべての毒劇物が対象となっています。

　また5節「取扱者全員が守るべきルール」を遵守する義務があります。

3.5 特定毒物研究者及び特定毒物使用者の場合

（1）禁止規定（法3の2）

　特定毒物研究者及び特定毒物使用者の場合、右のような禁止規定がありますので、これを遵守して下さい。

（2）特定毒物研究者

　特定毒物研究者は、都道府県知事に申請書を提出しなければなりません（法6の2⑴）。

　都道府県知事は、心身の障害により特定毒物研究者の業務を適正に行えない者として厚生労働省令で定める者または麻薬、大麻、あへんまたは覚せい剤の中毒者その他には特定毒物研究者の許可を与えない場合があります（法6の2⑵）。

　また申請者は、毒物に関し相当の知識を持ち、かつ、学術研究上特定毒物を製造し、または使用することが必要とする者（右）でなければ、特定毒物研究者の許可は与えられません（法6の2⑵）。環境分析機関等に限り、毒物劇物取扱責任者の資格が必要になります。

　次の場合、30日以内に都道府県知事にその旨を届け出なければなりません。

- ● 氏名または住所を変更したとき、特定毒物を必要とする研究事項が変わったとき
- ● 特定毒物の品目が変わったとき
- ● 設備の有用部分が変わったとき
- ● 研究を廃止したとき

（3）特定毒物使用者

　特定毒物は品目ごとに、特定毒物を使用することができる者（特定毒物使用者）と用途が政令で指定されています（右）（法3の2⑸）。特定毒物を使用するときは、**都道府県知事が指定**します（法3の2）。また、特定毒物を品目ごとに定められた用途以外の用途に供してはなりません。

　特定毒物使用者は、使用することができる特定毒物以外の特定毒物の譲受け、譲渡しはできません（法3の2⑾）。

特定毒物の製造・輸入・使用・譲渡し・譲受け

（1）特定毒物の製造
　毒物・劇物の製造業者または学術研究のため特定毒物を製造し、もしくは使用することができるものとして都道府県知事の許可を受けた者（「特定毒物研究者」）でなければ製造できない（第1項）。

（2）特定毒物の輸入
　毒物・劇物の輸入業者または特定毒物研究者でなければ輸入できない（第2項）。

（3）特定毒物の使用
　特定毒物研究者または特定毒物使用者でなければ特定毒物を使用できない（第3項）。

（4）特定毒物の譲渡し、譲受け
　毒物劇物営業者、特定毒物研究者または特定毒物使用者以外はできない（第6項）。

（5）特定毒物の所持
　毒物劇物営業者、特定毒物研究者または特定毒物使用者以外はできない（第10項）。

特定毒物研究者の資格

- 大学（旧制大学、旧制専門学校を含む）において、薬学、医学、化学その他毒物及び劇物に関係する学科を専攻し修了した者
- 農業試験場等において農業関係で使用される特定毒物の効力、薬害、残効性、使用方法等の比較的高度な化学的知識を必要としない研究の場合にあっては、農業用品目毒物劇物取扱責任者と同等の知識を有する者
- 水質汚濁防止法、下水道法、大気汚染防止法等の規定に基づく分析研究を実施するために標準品としてのみ使用する場合にあっては、一般毒物劇物取扱責任者と同等の知識を有する者

（出典：昭和31薬事第339号「特定毒物研究者の資格について」）

特定毒物の指定

●特定毒物の指定例（令1）
- ・品目：四アルキル鉛を含有する製剤
- ・使用者：石油精製業者（原油から石油を精製することを業とする者をいう）
- ・用途：ガソリンへの混入

●その他、政令による指定
　令11 モノフルオール酢酸塩類製剤、令16（ジメチルエチルメルカプトエチルチオホスフェイト製剤）、令22（モノフルオール酢酸アミド製剤）、令28（燐化アルミニウムとその分解促進剤とを含有する製剤）

第9章　毒劇法

4　毒物劇物取扱責任者

（1）毒物劇物取扱責任者の業務

　毒物劇物営業者と業務上取扱者（届出要）は、**毒物劇物取扱責任者**を設置し、毒劇物による保険衛生上の危害の防止に当たらせなければなりません（法7（1）、法22（4））。毒物劇物営業者は、毒物劇物取扱責任者を置いたときは30日以内に届け出なければなりません。

　毒劇物はその取り扱いを誤ると非常に危険ですので、法律では広範囲にわたる業務内容と厳しい資格要件を設けています。昭和50年7月31日薬発第668号厚生省通知「毒物劇物取扱責任者の業務について」には、右の各事項を行うことが毒物劇物取扱責任者の業務であると示されています。

（2）毒物劇物取扱責任者の資格

　次のいずれかの資格を有する者及び欠格事由を持たない者に限定しています（法8）。

> **●資格（法8（1））**
> ・薬剤師
> ・高等学校またはこれと同等以上の学校で、応用化学に関する学課を修了した者
> ・都道府県知事が行う毒物劇物取扱者試験に合格した者
>
> **●欠格事由（法8（2））**
> ・18歳未満の者
> ・心身の障害により毒物劇物取扱責任者の業務を適正に行うことができない者として厚生労働省令で定めるもの
> ・麻薬、大麻、あへんまたは覚せい剤の中毒者　ほか

　都道府県知事が行う毒物劇物取扱者試験は、一般毒物劇物取扱者試験、農業用品目毒物劇物取扱者試験及び特定品目毒物劇物取扱者試験とします（法8（1）（三）、法8（3）、（4））。

　一般毒物劇劇物取扱者試験とは、すべての毒物及び劇物を取り扱う製造業、輸入業、販売業及び業務上取扱者（届出要）において取り扱う責任者となる者が対象となります（法8（3））。

　農業用品目毒物劇物取扱者試験とは、厚生労働省令で定められた農業用品目である毒物または劇物のみを取り扱う輸入業の営業所もしくは農業用品販売業の店舗においてのみ、取り扱う責任者となる者が対象となります（法8（3）、（4）、則4の2、別表第1）。

　特定品目毒物劇物取扱者試験とは、厚生労働省令で定められた特定品目である劇物のみを取り扱う輸入業の営業所もしくは特定品目販売業の店舗においてのみ、取り扱う責任者となる者が対象となります（法8（3）、（4）、則4の3、別表第2）。

　右に「資格」及び「対応可能な業種等」をまとめました。

毒物劇物取扱責任者の業務

◉製造作業場所等について
次の基準の遵守状況の点検、管理に関すること
・製造作業場所、貯蔵設備、陳列場所及び運搬用具の基準（則4の4）
　（3.1右図「設備の要件」参照）

◉表示、着色について
次の基準の遵守状況の点検に関すること
・特定毒物の品質、着色または表示の基準（法3の2⑼）
・毒物・劇物の容器及び被包、貯蔵場所または陳列場所への表示の点検（法12）
　（5.2「毒物・劇物の表示」参照）
・着色すべき農業用劇物（法13）
・劇物たる家庭用品の基準（法13の2）

◉取扱いについて
次の規定の遵守状況の点検に関すること
・盗難または紛失の防止措置（法11⑴）
・施設外への飛散等の防止措置（法11⑵）　　　（5「取扱者全員が守るべきルール」参照）
・飲食物容器の使用の禁止措置（法11⑷）

◉運搬、廃棄に関する技術上の基準について
次の基準等の適合状況の点検に関すること
・運搬時の飛散等の防止措置（法16⑶）　　　（5.2「毒物・劇物の表示」参照）
・運搬容器の基準（法16⑴、令40の2）
・容器または被包の使用（法16⑴、令40の3）
・積載態様の基準（法16⑴、令40の4）
・運搬方法の基準（法16⑴、令40の5）　　　（5.4「運搬の基準」参照）
・荷送人の通知義務（法16⑴、令40の6）
・船舶による運搬（法16⑴、令40の7）
・廃棄方法の基準（法15の2、令40）　　　（5.3「毒劇物の廃棄」参照）

◉事故時の措置等について
次の規定に関すること
・保健所等への届出及び拡大防止の応急措置（法16の2）
・応急措置に関する必要な設備機器等の配備、点検及び管理（法16の2）
・事業所とその周辺事務所等との間の事故処理体制及び応急措置の連絡（法16の2）
・原因調査及び再発防止の措置（法16の2）

◉その他
・毒物劇物の取扱い及び事故時の応急措置等に関する従業員教育・訓練
・業務日誌の作成
・その他保健衛生上の危害防止

毒物劇物取扱責任者の資格と対応可能な業種

資格 ＼ 対応可能な業種	製造業輸入業	販売業 一般	販売業 農業用品目	販売業 特定品目	業務上取扱者
薬剤師	○	○	○	○	○
高等学校以上で応用化学に関する学課の修了者	○	○	○	○	○
一般毒物劇物取扱者試験の合格者	○	○	○	○	○
農業用品目毒物劇物取扱責任者試験の合格者	△	×	○	×	×
特定品目毒物劇物取扱者試験の合格者	△	×	×	○	×

○印：資格あり（例：「薬剤師」は、すべての業種で毒物劇物取扱責任者の資格があり、「農業用品目毒物劇物取扱責任者試験の合格者」は、販売業の中の「農業用品目販売業」においてのみ、毒物劇物取扱責任者になる資格があります）
×印：資格なし、△印：取扱い可能な制限品目の輸入業のみ資格があります。
なお、「販売業」における「一般」、「農業用品目」、及び「特定品目」に関しては、3.2「販売業者の場合」を参照願います。
（出典：長崎県「毒物劇物取扱の手引き」、岡山県「毒物劇物取扱責任者について」より作成）

第9章　毒劇法

253

5 取扱者全員が守るべきルール

　毒物・劇物を取り扱う者は、毒劇物が盗難、紛失、飛散、流出した場合の措置をあらかじめ想定して対策をとることが重要になります。そのルールには次のものがあります。

- ● 毒物または劇物の取扱い（法11、法22 (4)、(5)）
- ● 毒物または劇物の表示（法12、法22 (4)、(5)）
- ● 毒物または劇物の廃棄（法15の2、法22 (4)、(5)）
- ● 毒物または劇物の運搬等の基準（法16）
- ● 事故時の際の措置（法16の2、法22 (4)、(5)）
- ● 立入検査等（法17、法22 (4)、(5)）

　これらの規定は、毒物劇物営業者、特定毒物研究者、業務上の取扱者（届出要、届出不要のいずれの者も含む）等、毒劇物を取り扱うすべての人が守るべきルールです。

5.1　毒物または劇物の取扱い（法11）

（1）盗難、紛失の防止

　毒物劇物営業者、特定毒物研究者及び業務上取扱者（届出の有無は関係ない）は、毒物または劇物が盗難にあい、または紛失することを防ぐのに必要な措置を講じなければなりません（法11 (1)、法22 (4)、(5)）（右図）。

（2）漏えい、飛散等の防止

　毒物劇物営業者、特定毒物研究者及び業務上取扱者（届出の有無は関係ない）は、**政令で定める毒物または劇物を含有するもの***が、その製造所、営業所、店舗、研究所の外に流出、漏えい、飛散またはこれらの施設の地下にしみ込むことを防ぐのに必要な措置を講じなければなりません（法11 (2)、法22 (4)、(5)）。必要な措置の内容は下記のとおりです。

*　政令で定める毒物または劇物を含有するもの：①無機シアン化合物（毒物）を含有する液体状のもの（シアン含有量が1Lにつき1mg以下のものを除く）、②塩化水素、硝酸もしくは硫酸または水酸化カリウムもしくは水酸化ナトリウムを含有する液体状のもの（水で10倍に希釈した場合の水素イオン濃度が水素指数2.0から12.0までの物を除く）（法11 (2)、令38）

- ● 貯蔵設備（保管庫）及び作業場所については、毒劇物が漏れ、流出し、または地下にしみ込むことを防ぐコンクリート、板張りまたはこれに準ずる材質（不浸透性）や構造にすること。周囲に防液堤を設けること

盗難防止のための保管管理

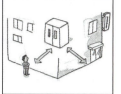

①専用の設備　②柵を儲けること　③敷地境界線から十分離すこと

（出典：厚生労働省「毒劇物盗難等防止マニュアル」）

保管場所の管理

①施錠すること　②保管場所は目の届くところにする　③鍵の管理を徹底する

（出典：厚生労働省「毒劇物盗難等防止マニュアル」）

保管管理の措置

- 毒物・劇物専用の貯蔵設備（保管庫）を使用し、他のもの（一般の薬品等）と区分することにより、危害を防止すること
- 貯蔵設備は敷地境界から十分離し、柵を設けるなど一般の人が容易に近づかないようにすること
- 貯蔵設備（保管庫）は頑丈な構造（柵等）のもので施錠すること。ただしタンク等が必ずしも施錠できないときは、周囲に、堅固な柵を設けること
- 保管場所は目の行き届くところとすること
- 貯蔵設備（保管庫）の鍵の管理者を明確にし、管理を徹底すること
- 日常的な受払記録・在庫量・使用量の管理を行うこと
- 毒物・劇物は貯蔵設備（保管庫）外に放置しないようにすること
- 「医薬用外毒物」、「医薬用外劇物」の表示を行うこと
- 容器等の腐食・破損・亀裂等を定期的に点検すること

（昭和52年3月26日薬発第313号「毒物及び劇物の保管管理について」、東京都福祉保健局「毒物劇物の販売」などから作成）

- 毒物・劇物を含有する粉じん、蒸気または廃水の処理に要する設備または器具を備えること
- 毒物・劇物を貯蔵するタンク、ドラム缶、その他の容器は、毒物・劇物が飛散し、漏れ、またはしみ出るおそれのないものであること
- 貯水池その他の容器を用いないで毒物・劇物を貯蔵する設備は、毒物・劇物が飛散し、地下にしみ込み、または流れ出るおそれのないものであること
- 地震対策として、貯蔵設備（保管庫）に転倒防止措置を講じ、また、中の薬品の転倒・落下、容器破損しないような設備を設けること
- 容器等の腐食、破損、亀裂等を定期的に点検すること

（3）運搬

毒物劇物営業者、特定毒物研究者及び業務上取扱者（届出の有無は関係ない）は、その製造所、営業所、店舗、研究所の外に毒劇物を運搬する場合には、これらのものが飛散し、漏れ、流れ出、またはしみ出ることを防ぐのに必要な措置を講じなければなりません（法11(3)）。必要な措置の内容は下記のとおりです。

- 毒物・劇物が転倒、落下しないように、ロープ等でしっかり固定すること
- 特定の毒劇物については、運搬方法について基準が定められている（令40の5）
  - ・トラックでの運搬は容易に持ち去られないように厳重に管理すること
  - ・防毒マスク・ゴム手袋等を2人分以上備えること
  - ・毒物劇物の名称・成分・応急の措置等を記載した書面を備えること
  - ・車両に **毒** の標識を掲げること
  - ・毒物・劇物の名称、成分、含量並びに応急措置の内容を記載した書面を備えること など

（4）容器

毒物劇物営業者、特定毒物研究者及び業務上取扱者（届出の有無は関係ない）は、毒物または厚生労働省令で定める劇物については、その容器として、飲食物の容器として通常使用されるものを使用してはなりません（法11(4)、法22(4)、(5)）。

- 毒物・劇物はその容器として、飲食物の容器として通常使用されるもの移し替え、使用してはならない
- 飲食物以外の他の容器に移し替えたときは、その容器にも表示しなければならない（法12）

毒劇物の漏えい・飛散等の防止措置

コンクリート製の建物

基礎も漏れたり染みだしたりしない
コンクリートにする

（出典：厚生労働省「毒劇物盗難等防止マニュアル」）

粉じん、蒸気、廃水等の処理設備

粉じんの処理　　蒸気の処理　　廃水等の処理

（出典：厚生労働省「毒劇物盗難等防止マニュアル」）

毒物・劇物の運搬

（出典：宮城県保険福祉部薬務課「毒物・劇物の適正な取扱いの手引き」）

飲食用容器の使用禁止

第9章　毒劇法

5.2 毒物・劇物の表示

（1）毒物・劇物の表示（法12⑴、⑵）

毒物劇物営業者、特定毒物研究者及び業務上取扱者（届出の有無は関係ない）は、毒物または劇物の**容器及び包装**に、「医薬用外」の文字、毒物の場合は赤地に白色で「**毒物**」の文字、劇物については白地の赤色で「**劇物**」の文字を表示しなければなりません（法12⑴、法22⑷、⑸）。その他、毒劇物の名称、成分名、含量、住所・氏名、毒物劇物取扱責任者の氏名の表示が必要となります。

毒物劇物営業者は、その容器及び被包に次の事項を表示しなければ、毒物または劇物を販売し、または授与してはなりません（法12⑵）。

● 毒物または劇物の名称
● 成分及び含量
● 厚生労働省令で定める毒物・劇物（有機燐化合物及びこれを含有する製剤である毒劇物）（則11の5））については、それぞれ厚生労働省令で定める解毒剤の名称
● 取扱い及び使用上特に必要と認めて、**厚生労働省令で定める事項**

◉厚生労働省令で定める事項（則11の6）
● 毒物・劇物の製造業者または輸入業者が、その製造または輸入した毒物・劇物を販売・授与するときは、その氏名及び住所（法人の場合は、その名称及び主たる事務所の所在地）
● 毒物・劇物の製造業者または輸入業者が、その製造または輸入した塩化水素または硫酸を含有する製剤（劇物）（住宅用の洗浄剤で液体状のものに限る）を販売・授与するときは、次の事項
・小児の手の届かないところに保管しなければならないこと
・使用の際、手足や皮膚、特に眼にかからないように注意しなければならないこと
・眼に入った場合は、直ちに流水でよく洗い、医師の診断を受けるべきこと
● 毒物・劇物の製造業者または輸入業者が、その製造または輸入したジメチル−2,2−ジクロルビニルホスフェイト（別名DDVP）を含有する製剤（衣料用の防虫剤に限る）を販売・授与するときは、次の事項
・小児の手の届かないところに保管しなければならないこと
・使用前に開封し、包装紙等は直ちに処分すべきこと
・民間等人が常時居住する室内では使用してはならないこと
・皮膚に触れた場合には、石鹸を使ってよく洗うべきこと
● 毒物・劇物の販売業者が、毒物・劇物の容器または被包を開いて、毒物・劇物を販売・授与するときは、その氏名及び住所（法人の場合は、その名称及び主たる事務所の所在地）並びに毒物劇物取扱責任者の氏名

（2）貯蔵・陳列場所への表示（法12⑶）

毒物劇物営業者、特定毒物研究者及び業務上取扱者（届出の有無は関係ない）は、毒劇物を他のものと区別して専用の設備に保管します。保管場所には、「医薬用外」と「毒物」もしくは「医薬用外」と「劇物」の文字を表示しなければなりません（法12⑶、法22⑷、⑸）。なお貯蔵・陳列場所における表示では、文字について着色の規定はありません。黒い文字でも構いません。

毒物・劇物の容器及び被包への表示

毒物・劇物の容器には、「**医療用外**」の文字及び下記の表示が必要

- 毒物は、**赤字に白色文字**で表示　　毒物
- 劇物は、**白地に赤色文字**で表示　　劇物

別な容器に移し替えるときも必ず表示。間違いが起こらないように名称も記載

（出典：宮城県保険福祉部薬務課「毒物・劇物の適正な取扱いの手引き」）

貯蔵所への表示

（出典：宮城県保険福祉部薬務課「毒物・劇物の適正な取扱いの手引き」）

5.3 毒劇物の廃棄（法15の2）

　毒劇物または法11（2）に規定する政令で定めるもの（5.1（2）脚注参照）は、廃棄の方法について政令（令40）で定める技術上の基準に従わなければ、廃棄してはなりません。毒劇物を廃棄する場合は、中和等により**毒劇物でないものにしてから廃棄**します。毒劇物の状態や性質によってそれぞれ廃棄の方法が定められています（右図・令40）。

　下水道法、水質汚濁防止法、廃棄物処理法、大気汚染防止法等、他の法律にも適合していなければなりません。自己処理できない場合は、都道府県知事の許可を受けた廃棄物処理業者に処理を委託します。

　また都道府県知事は、毒物劇物営業者、特定毒物研究者または業務上取扱者（届出要）が行う毒劇物の廃棄の方法が上記基準（法15の2）に適合しないときは、その者に対し、当該廃棄物の回収または毒性の除去等の必要な措置を講ずるように命令することができます（法15の3）。

5.4 運搬の基準（法16）

　毒劇物の運搬、貯蔵等については以下のような基準が政令で定められています。

（1）荷送人の通知義務（令40の6）

　1回の運搬につき1,000kg以上の毒劇物を車両または鉄道で運搬することを委託するときは、その荷送人は運送人に対し、あらかじめ毒劇物の名称、成分、その含量、数量、事故の際に講じる応急措置の内容を記載した書面を交付しなければなりません。

（2）運搬容器等（令40の3（3））

　車両または鉄道を使用して毒劇物を運送する場合、容器または包装について、右の規定を遵守しなければなりません。

（3）積載の態様（令40の4）

　積載の態様については右の規定があります。

（4）運搬方法（令40の5）

　令別表第2にある23品目を1回に車両を使用して5,000kg以上運搬する場合には、右のような規定があります。

（5）政令で運搬基準が細かく定められている毒物（令40の2、3、4、5、7）

　四アルキル鉛を含有する製剤、無機シアン化合物たる毒物、弗化水素またはこれを含有する製剤（70%以上含有するものに限る）は、容器、被包、積載態様及び運搬方法等が政令で細かく規定されています。

廃棄の方法（令40）

- 中和、加水分解、酸化、還元、希釈その他の方法により、毒物及び劇物並びに法第11条第2項に規定する政令で定めるもののいずれにも該当しないものとすること
- ガス体または揮発性の毒物または劇物は、保健衛生上危害を生じさせない場所で、少量ずつ放出し、または揮発させること
- 可燃性の毒物または劇物は、保健衛生上危害を生ずるおそれがない場所で、少量ずつ燃焼させること
- 廃棄に際しては、あらかじめ作業計画及び作業主任者を定めること（廃棄方法は、厚生労働省薬務局長通知「毒物及び劇物の廃棄の方法に関する基準について」で定められています）

（出典：厚生労働省「毒劇物盗難等防止マニュアル」）

運搬容器の規定

- 容器または被包に収納されていること
- ふたをし、弁を閉じる等の方法により、容器または被包が密閉されていること
- 1回につき1,000kg以上運搬する場合には、容器または被包の外部に、その収納した毒物または劇物の名称及び成分の表示がされていること

積載の態様の規定

- 容器または被包が落下し、転倒し、または破損することのないように積載すること
- 積載装置を備える車両を使用して運搬する場合には、容器または被包が当該積載装置の長さまたは幅を超えないように積載すること

運搬方法の規定

- **標識**：30cm平方の板に黒地に白文字で「毒」を表示し、車両の前後の見やすいところに掲げること
- **保護具**：防毒マスク、ゴム手袋等事故時の応急措置のための保護具を2人分以上備えること
- **交替運転手**：連続運転時間（1回が連続10分以上で、かつ、合計が30分以上の運転の中断をすることなく連続して運転する時間をいう）が4時間を超える場合や、1日当たりの運転時間が9時間を超える場合は、交替して運転する者を同乗させること。
- **書面**：毒物または劇物の名称、成分及びその含量、事故の際の応急措置の内容を記載した書面を携帯すること

5.5 事故の際の措置（法16の2、法22⑷、⑸）

　毒物劇物営業者、特定毒物研究者及び業務上取扱者（届出の有無は関係ない）は、毒劇物または法11⑵に規定する政令で定めるもの（5.1⑵脚注参照）が飛散し、漏れ、流れ出、しみ出、または地下にしみ込んだ場合、不特定または多数の者の保健衛生上の危害が生ずるおそれがあるときは、ただちにその旨を**保険所**、**警察署**または**消防署**に届け出るとともに、必要な応急措置を講じなければなりません（法16の2⑴）。

　また毒劇物が盗難、紛失にあったときは、ただちにその旨を**警察署**に届け出なければなりません（法16の2⑵）。

（1）通報体制の整備

　事故の際の通報のためには、責任者を定め、定期的な在庫量と帳簿量を確認すること等が大切です（右図）。

（2）被害をくい止める措置とその準備

　当事者には被害を最小限にとどめる責任があります。放置すれば他人へ危害を与えるおそれがありますので、速やかに食い止める措置を取る必要があります（右図）。

（3）地震対策

　地震が発生した場合、毒劇物による二次災害が発生するおそれがあります。地震の際の事故の未然防止や被害を最小にするため、毒物・劇物の安全対策が必要です（右図）。

- 保管庫（棚）が転倒しないように壁や床に固定すること
- 保管庫（棚）の中で毒物・劇物が転倒落下しないような設備を設けること

5.6 立入検査等に対する応需義務（法17）

　厚生労働大臣または都道府県知事は、毒劇物の製造業者または輸入業者から必要な報告を徴し、または薬事監視員に製造所、営業所その他業務上毒劇物を取り扱う場所に立ち入り、帳簿等の検査や関係者への質問をすることができます。また、試験のために最小限度の毒劇物またはその疑いのあるものを収去させることができます（法17⑴、⑵）。

事故時の通報体制

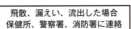

（出典：厚生労働省「毒劇物盗難等防止マニュアル」）

被害をくい止めるための措置例

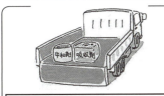

（出典：厚生労働省「毒劇物盗難等防止マニュアル」）

地震対策の例

- ビン等を仕切りを設け、その中に置く
  底面に磁石を備えたカップ状の入れ物の中に入れ、管理する
- 混触発火（2種類以上の薬品が混ざり合うことにより、発火等を起こすこと）を防ぐような薬品の保管配置とする
- 消火器材を整備しておく

（出典：宮城県保健福祉部薬務課「毒物劇物の適正な取扱の手引き」）

6 情報の提供

化学品の適正管理には、有害性、適切な取扱い法等に関する情報が不可欠です。また、化学品の製造等を自ら行う者（サプライチェーン川上のメーカー等）は有害性等の情報を入手、把握しやすい立場にありますが、川下へ行くほど情報が得にくいことが多々あります。

したがって、個々の化学品の危険有害性を知り、適正な防護対策を実施するためには、**有害性等の適切な情報を伝達すること**が非常に重要になるわけです。

6.1 毒物・劇物取締法における情報（SDS）の提供

（1）法律上の規定

毒物劇物営業者は、毒劇物を販売、授与するときは、あらかじめ毒物または劇物の性状及び取扱いに関する情報を提供しなければなりません。ただし、既に情報提供されている場合や厚生労働省で定める場合は、情報提供の必要はありません（令40の9(1)）。

「厚生労働省令で定める場合」とは、「1回につき200mg以下の劇物を販売、授与する場合」、「令別表第1に掲げるもの*を主として生活の用に供する一般の消費者に対し販売・授与する場合」です（則13の10）。

これらの規定は、特定毒物研究者が製造した特定毒物の譲渡しにおいても同じです（令40の9(3)）。

（2）提供すべき情報内容（則13の12）

情報（SDS）提供のイメージ、情報の内容は右図のようになります。

（3）情報提供の方法（則13の11）

情報提供のための情報は日本語で書かれたものでなければなりません。また交付の方法は、**文書の交付または磁気ディスクの交付その他の方法であって、当該方法により情報を提供することについて譲受人が承諾したもの**となります。

6.2 毒物・劇物取締法とGHSラベル

ここでは、容器、被包への表示すべき情報及び伝達すべき情報（SDS）について、**毒劇法とGHS（JIS Z 7253）における違い**をみていきます。

＊　令別表第1に掲げるもの：①塩化水素または硫酸を含有する製剤たる劇物（住宅用の洗浄剤で液体状のものに限る）、②ジメチル－2・2－ジクロルビニルホスフエイト（別名DDVP）を含有する製剤（衣料用の防虫剤に限る）

情報（SDS）提供のイメージ

```
┌─────────────────┐          ┌─────────────────┐          ┌─────────────────────┐
│ ・毒物劇物製造者 │  SDS提供 │                 │  SDS提供 │ ・毒物劇物業務上取扱者│
│ ・毒物劇物輸入業者│ ──────→ │ ・毒物劇物販売業者│ ──────→ │   （工場、学校）      │
│                 │ 販売授与 │                 │ 販売授与 │ ・一般使用者          │
└─────────────────┘          └─────────────────┘          └─────────────────────┘
```

（出典：東京都福祉保健局健康安全部「毒物・劇物」）

提供すべき情報内容

①情報を提供する毒物劇物営業者の氏名及
　び住所（法人にあっては、その名称及び主たる事務
　所の所在地）
②毒物または劇物の別
③名称並びに成分及び含量
④応急措置
⑤火災時の措置
⑥漏出時の措置

⑦取扱い及び保管上の注意
⑧暴露の防止及び化学的性質
⑨物理的及び化学的性質
⑩安定性及び反応性
⑪毒性に関する情報
⑫廃棄上の注意
⑬輸送上の注意

毒劇法とGHSの表示の違い

毒物及び劇物取締法	JIS Z 7253
	危険有害性を表す絵表示（標章）
	注意喚起語 ・危険有害性の程度を表す「危険」または「警告」の文言
	危険有害性情報 ・各危険有害性クラス及びその区分に割り当てられた文言
	注意書き ・危険有害性をもつ製品へのばく露、その不適切な貯蔵や取扱いから生ずる被害を防止するため、または最小にするために取るべき省令措置について規定した文言
毒物または劇物の名称（法12(2)(一)）	**化学品の名称** ・製品名、混合物（法令に従った記載）
毒物または劇物の成分（法12(2)(二)）	
情報を提供する毒物劇物営業者の氏名及び住所（法人は、その名称と主たる事務所の所在地）（則11の6(一)）	**供給者を特定する情報** ・化学品の供給者名、住所及び電話番号
「医薬用外毒物」、「医薬用外劇物」の表示（法12(1)、(3)）	
毒物または劇物の含量（同12(2)(二)）	
厚生労働省令で定める毒物および劇物について、その解毒剤の名称等（則11の5、則11の6）	

（出典：平成24年3月26日（通知）薬食化発0326第1号）

（1）国内外の動き

　国際的には、2003年7月に国際連合で、化学品の危険有害性に関して世界共通の分類と表示を行い、正確な情報伝達を実現し、人の健康を確保し、環境を保護することを目的として**化学品の分類及び表示に関する世界調和システム**（Globally Harmonized System of Classification and Labeling of Chemicals：GHS）が採択されました。

　国内では、GHSに基づく情報提供の規格として、JIS Z 7250「化学物質等安全データシート（MSDS）−内容及び項目の順序」、JIS Z 7251「GHSに基づく化学物質等の表示」及びJIS Z 7252「GHSに基づく化学物質の分類方法」が定められていましたが、平成24年3月25日付で、GHS対応を進める関係法令や事業者の共通基盤としてJISを位置づけるため、JIS Z 7250及びJIS Z 7251が統合され、さらに情報伝達にあたって必要な事項（作業場内の表示、JISを正しく理解するための教育等）を追加した新たな**JIS**（JIS Z 7253「GHSに基づく化学品の危険有害性情報の伝達方法—ラベル、作業場内の表示及び安全データシート（SDS）」）が制定され、平成24年3月26日官報に公示されました。

（2）毒劇法とGHSラベル

　厚生労働省は、「GHS〜毒物・劇物について〜」の中で、毒劇法とGHSについて次のように記載しています。

> 　毒物及び劇物取締法においては、人や動物が飲んだり、吸い込んだり、あるいは皮膚や粘膜に付着した際に、生理的機能に害を与えるものについて、「毒物」または「劇物」として保健衛生上の観点から規制しています。
> 　毒物または劇物について、**GHSに基づく危険有害性に関する絵表示を付し、使用者に注意喚起を促すことは、人の健康被害を回避する上では、推奨されるべきことです。**

　では、GHSの情報伝達としての表示（ラベル）とはどのようなものでしょうか。

> ●**毒物及び劇物取締法における表示**
> 　「毒物または劇物の名称」（法12⑵（一））、「毒物または劇物の成分、含量」（法12⑵（二））、「医薬用外毒物」「医薬用外劇物」の表示（法12⑴、⑶）、「情報を提供する毒物劇物営業者の氏名・住所」（則11の6）、「解毒剤の名称」（則11の5）
>
> ●**GHSに対応するラベル（表示）**
> 　絵表示、注意喚起語と危険有害性情報／注意書き／製品の特定名／供給者の特定

　毒物劇物取締法とGHSによる表示の相違点をまとめたのが前ページの表です。その一例が右図です。また、GHSの絵表示（「標章」ともいう）は9種類あり、世界共通のものです。毒物及び劇物取締法とJIS Z 7253に準拠したSDSへの記載がもとめられる事項は268pに掲げました。

266

毒劇法とGHSの表示の一例

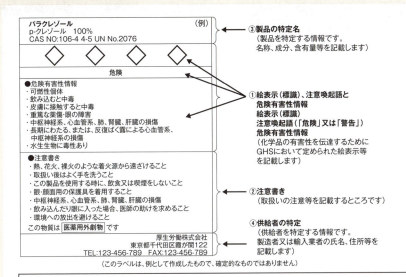

毒物及び劇物取締法に規制されている化学品については、法12条の規定に従い、 医薬用外毒物 または 医薬用外劇物 の文字が記載されています。この記載がないものについては、行政庁に対する登録をしないままで他者に販売・授与することはできません。

加えて、毒劇法第12条、施行規則第11条の5、第11条の6に定められた事項が漏れなく記載されていなければなりません。確認して下さい。

（出典：平成24年3月改訂 厚生労働省「GHS〜毒物・劇物について〜」より作成）

GHSラベル

（出典：経済産業省「化学品の情報伝達の重要性（化学物質管理セミナー）」）

第9章 毒劇法

提供すべき情報

	毒物及び劇物取締法 (則13の12)		JIS Z 7253により SDSへの記載が求められている事項
1	情報を提供する毒物劇物営業者の氏名及び住所 (法人の場合は、その名称及び主たる事務所の所在地) (則13の12(1))	1	化学品及び会社情報 ・化学品の名称、供給者の会社名称、住所及び電話番号
		2	危険有害性の要約
2	毒物または劇物の別 (則13の12(2))		
3	名称並びに成分及びその含量 (則13の12(3))	3	組成及び成分情報 ・化学名または一般名、国内法令によって情報伝達が求められている事項
4	応急措置 (則13の12(4))	4	応急措置 ・異なった暴露経路、即ち吸入した場合、皮膚に付着した場合、眼に入った場合及び飲み込んだ場合に分けて、取るべき高級措置並びに絶対避けるべき行動
5	火災時の措置 (則13の12(5))	5	火災時の措置 ・適切な消火剤並びに使ってはならない消火剤
6	漏出時の措置 (則13の12(6))	6	漏出時の措置 ・人体に対する注意事項、保護具及び緊急時措置環境に対する注意事項、封じ込め及び浄化の方法及び機材
7	取扱い及び保管上の注意 (則13の12(7))	7	取扱い及び保管上の注意 ・取扱いについて、安全取扱い注意事項(接触回避等を含む)、保管について、安全な保管条件、特に容器包装材料
8	暴露の防止及び 保護のための措置 (則13の12(8))	8	ばく露防止及び保護措置 ・適切な保護具
9	物理的及び化学的性質 (則13の12(9))	9	物理的及び化学的性質 ・外観(物理的状態、形状、色等)、臭い、pH、融点・凝固点、引火点、燃焼または爆発範囲の上限・下限、蒸気圧、比重(総体密度)、溶解度、n－オクタノール／水分配係数、自然発火速度、分解温度
10	安定性及び反応性 (則13の12(10))	10	安定性及び反応性 ・反応性、化学的安定性、危険有害反応可能性、避けるべき条件(静電放電、衝撃、振動など)、混触危険物質、危険有害な分解生成物
11	毒性に関する情報 (則13の12(11))	11	有害性情報 ・急性毒性、皮膚腐食性及び皮膚刺激性、眼に対する重篤な損傷性または眼刺激性、呼吸器感作性または皮膚感作性、生殖細胞変異原性、発がん性、生殖毒性、特定標的臓器毒性・単回ばく露、特定標的臓器毒性・反復ばく露、呼吸性呼吸器有害性
		12	環境影響情報
12	廃棄上の注意 (則13の12(12))	13	廃棄上の注意 ・残余廃棄物、汚染容器及び包装について、安全で、かつ環境上望ましい排気のために推奨する方法
13	輸送上の注意 (則13の12(13))	14	輸送上の注意 ・輸送に関する国際規制によるコード及び分類に関する情報、国内規制がある場合には、その情報
		15	適用法令
		16	その他の情報

第9章 ◉ 実務に役立つ Q&A

第9章 毒劇法

定義

Q：バッテリーには電解液として希釈された硫酸が使われていますが、硫酸は劇物です。それでは、バッテリーを輸入する場合には、毒物劇物輸入業の登録が必要でしょうか？

A：硫酸という製剤の状態で輸入し、国内でバッテリーとして組み立てる場合には、毒物劇物輸入業の登録が必要です。しかし、すでに製品化されているバッテリーの状態で輸入する場合、それは一つの「商品」とみなされ、劇物には該当しません。したがって、毒物劇物輸入業の登録は必要ありません。（出典：千葉県「バッテリーを輸入したいが、毒物劇物輸入業者の登録は必要か」）

定義

Q：水銀として輸入する場合、毒物劇物輸入業の登録は必要ですか。また、水銀体温計として輸入する場合はどうですか？

A：水銀は毒物ですので毒物劇物輸入業の登録が必要ですが、水銀体温計は製品とみなされ、毒物の輸入には該当しません。（出典：千葉県「バッテリーを輸入したいが、毒物劇物輸入業者の登録は必要か」、厚生労働省「毒物及び劇物取締法Q&A」より作成）

業務上取扱者

Q：農家で農作物の害虫駆除のためクロルピクリンを業務上使用したが、その取扱いについて守らなければならない規定にはどのようなものがありますか？

A：クロルピクリンは劇物であり、農家は法第22条第5項に定められている業務上取扱者です。従って、農家には営業者等と同様の取扱い上の注意が必要です。次の事項を遵守しなければなりません。

- ・毒物劇物の盗難や紛失を防ぐための措置を講じること
- ・毒物劇物を使用する場所以外に飛散し、漏れ、流れ出し、しみ出しまたは地下へのしみ込みを防ぐこと
- ・劇物の容器には飲食物の容器を用いてはならない
- ・毒物劇物の容器、被包、貯蔵所、陳列所には定められた表示をしなければならない。「医薬用外」、「劇物」または「毒物」の文字を表示すること
- ・取り扱っている毒劇物について、不特定または多数の者に保険衛生上の危害が生ずるおそれがあるときは、保健所、警察署または消防機関に届け出て必要な措置を講じること（法22条第5項、法11条、法16条の2）

269

業務上取扱者

Q：無機シアン化合物を使用し、電気メッキを行う場合で事業場（工場）が2か所にある場合は、主たる業務を行う事業場（工場）1か所を定め、これを知事に届け出ることで問題ありませんか？

A：3.3(2)「届出」において、「業務上、規定の毒物または劇物を取り扱うこととなった日から30日以内に、事業場ごとに、必要な事項をその事業場の所在地の都道府県知事に届け出なければなりません」（法22(1)）とあり、事業場ごとに届け出なければなりません。

毒物劇物取扱責任者

Q：都道府県知事が行う毒物劇物取扱者試験に合格した者には、免許（ライセンス）が発行されるのですか？

A：毒物劇物取扱者試験に合格した者には、免許（ライセンス）ではなく、合格証書が渡されます。（出典：東京都福祉保健局）

毒物劇物取扱責任者

Q：薬剤師または応用化学に関する学課を修了した者は資格を証する書類等がないのですが、会社等で毒物劇物取扱責任者になるときにはどういう形で資格者であることを証明するのですか？

A：薬剤師の場合は薬剤師免許証が、厚生労働省令で定める学校で応用化学に関する学課を修了した者に該当する場合は、卒業証明書または成績証明書（単位取得証明書）が資格を証する書類となります。（出典：岡山県、東京都福祉保健局）

表示

Q：毒物劇物販売者が、毒物または劇物の直接の容器または被包を開いて、毒物または劇物を販売するとき、その容器及び被包には、どのような事項を表示しなければなりませんか？

A：①「医薬用外」の文字、赤地に白色で「毒物」、白地に赤色で「劇物」の文字
　②毒物または劇物の名称
　③毒物または劇物の成分及びその含量
　　❶厚生労働省令で定める毒物または劇物の場合は、その解毒剤の名称
　　❷販売業者の氏名及び住所、法人の場合は、その名称及び主たる事務所の所在地
　　❸毒物劇物取扱い責任者の氏名
　（5.2「毒物・劇物の表示」（法12(1)、(2)）参照）

事故の際の措置

**Q：毒物劇物営業者の貯蔵タンクから劇物が漏れ、付近の住民に危害を生じさせ
るおそれのあるときは警察署に届け出なければなりませんか？ 保管している
劇物が盗難にあったときはどうでしょうか？**

A：法第16条の2第1項において、「毒物・劇物が飛散し、漏れ、流れ出、ま
たは地下にしみ込んだことにより、負特定または多数の者に危害が生ずるおそ
れがあるときは、直ちに保健所、警察署または消防機関に届け出るとあります。
したがって、「警察署」との回答でも間違いではありませんが、保健所及び消
防機関への届出もあることを認識して下さい。「盗難」のときは、警察署が正
しいです。（5.5(1)「通報体制の整備」参照）

第10章

消防法

1節　危険物、指定可燃物とは
2節　火災予防条例
3節　消防法（施設）
4節　消防法（危険物の貯蔵・取扱い・運搬）
5節　消防法（取扱者・管理者）
6節　消防法（火災予防等）

10章 消防法

建築物、工作物、山林、船舶等広い範囲を防火及び消火の対象とし、火の取扱い、放置物件の整理・除去、火災・災害の原因となる可能性が高い「危険物」、さらに防火管理体制、消防設備、救急等について規定。ここでは特に危険物及びその関連について取り上げる。

法律の成立と経緯

1948（昭和23）年に制定された消防法では、「法別表」で第1類から第6類に分類された危険物について、市町村条例で定める数量（後の「指定数量」）以上の危険物を貯蔵所以外の場所で貯蔵・取り扱うこと及び類を異にするものを同一の貯蔵所で貯蔵・取り扱うことが禁止でしたが、1950（昭和25）年には製造所、貯蔵所、取扱所まで拡大され、また指定数量が定められました。

1959（昭和34）年の改正で、製造所、貯蔵所または取扱所（「製造所等」）の設置・変更等の届出制、危険物取扱主任者、運搬基準等が定められました。危険物の規定の細目として、1959（昭和34）年に制定された危険物の規制に関する政令及び同規則では、貯蔵所または取扱所の区分、製造所の基準、完成検査、各種貯蔵所の基準、貯蔵・取扱いの基準、運搬の基準、危険物取扱主任者の選任・解任、標識及び掲示板の設置等が定められました。

1960（昭和35）年の法改正で、「別表で定める数量」未満の危険物等の貯蔵及び取扱いの技術上の基準は市町村条例で定めることが規定され、翌1961（昭和36）年に、火災予防条例準則（後の「火災予防条例（例）」に該当）が制定されました。1988（昭和63）年の法改正では、危険物の範囲が見直されたことを受け、1989（平成元）年、製造所等の位置、構造、設備の技術上の基準全般の見直し、及び指定数量の1/5以上指定数量未満の危険物の貯蔵・取扱いの技術上の基準（標識、掲示板を含む）の見直し等がありました。

その後、地下貯蔵タンクの危険物漏れ防止基準の設定と対応（2010（平成22）年）や、セルフスタンドにおける表示等が定められています（2012（平成24）年）。

消防法・年表 （●：できごと、●：法令関係）

- ●1948（昭和23）年　消防法制定。
- ●1950（昭和25）年　法の対象が、製造所、貯蔵所及び取扱所（「製造所等」）に拡大（当初は、貯蔵所のみが対象）。
- ●1959（昭和34）年　危険物の規制に関する政令・同規則制定、製造所等の設置・変更等の許可制、危険物取扱主任者（現、危険物取扱者及び危険物保管監督者）制度、運搬の基準、危険物の区分、貯蔵所の区分、製造所等の完成検査、貯蔵所及び取扱所の位置、構造及び設備の基準、危険物の貯蔵及び取扱いの基準、標識、掲示板の設置等。
- ●1960（昭和35）年　「法の別表で定める数量」未満の危険物等の貯蔵または取扱いの技術上の基準は、市町村条例で定める。
- ●1961（昭和36）年　火災予防条例準則（後の火災予防条例（例））が制定される。
- ●1971（昭和46）年　危険物保安監督者を設置すべき製造所等、危険物取扱者、危険物保安監督者制度等の改正。
- ●1976（昭和51）年　定期点検が必要な製造所等が規定された。
- ●1988（昭和63）年　危険物の範囲の見直し、指定可燃物の指定等。
- ●1989（平成元）年　指定数量の見直し、製造所等の位置、構造及び設備の技術上の基準全般の見直し、指定数量の1/5以上指定数量未満の危険物の貯蔵及び取扱いの技術上の基準（火災予防条例の対象）。
- ●2003（平成15）年　三重県の三重ごみ固形燃料（RDF）発電所爆発火災事故等により1,000kg以上の再生資源燃料が指定可燃物となる。
- ●2010（平成22）年　地下貯蔵タンクに対する危険物の漏れ防止の基準の強化（一部ガソリンスタンド等）。

危険物規制のしくみ

消防法における危険物の規制はおおまかに、**運搬**及び**貯蔵・取扱い**に分けることができます。

危険物の**運搬**では貯蔵・取り扱う数量に関係なく、**消防法第16条の運搬基準**を守らなければなりません（火災予防条例もこの運搬の基準に従います）。**貯蔵・取扱い**は、貯蔵・取り扱う危険物の量がポイントであって、その量を**指定数量**といい、この指定数量以上または未満に分けて規制されます。

指定数量以上の場合は、**消防法の適用**を受け、施設の設置・変更には許可・承認等が必要となります。

指定数量未満の場合は、**（市町村）火災予防条例**の適用を受け、「指定数量の1/5以上、指定数量未満」の場合はあらかじめの届出が必要です。

指定数量の1/5未満の場合は届出は必要ありませんが、「指定数量未満の危険物の貯蔵・取扱いの基準」を守らなければなりません。

右図は、消防法、火災予防条例それぞれの届出、貯蔵等についての基準を示したものです。各施設ごとの**規制のポイント**を理解しておいてください。

現場担当者が押さえておきたいこと

● 危険物を取り扱っているか確認する

＜火災予防条例関連＞

● 貯蔵または取り扱う危険物の種類及び取扱量を確認する

● 少量危険物貯蔵取扱所があるか確認する

● 少量危険物貯蔵取扱所は、あらかじめ届け出ていることを確認する

● 少量危険物貯蔵取扱所には標識、掲示板があることを確認する

● 指定可燃物の貯蔵・取扱いがあるか、または届出があるか確認する

● 指定可燃物貯蔵取扱所には標識、掲示板があることを確認する

＜消防法関連＞

● 貯蔵または取り扱っている危険物の種類と量を確認する

● 製造所、危険物を貯蔵所または取扱所の種類及び規模を確認する

● 製造所、危険物を貯蔵所または取扱所の設置の許可、変更の届出を確認する

● 製造所、危険物を貯蔵所または取扱所の定期点検及び漏えい点検を確認する

● 見やすいところに標識、掲示板があることを確認する

● 危険物取扱者、危険物保安監督者を確認する

● 消防活動阻害物質があるか、その量と届出を確認する

危険物規制のしくみ

(1) 火災予防条例（屋内少量危険物貯蔵所の例）

ポイント【届出、設置】
・指定数量の1/5以上の貯蔵・取扱いの届出
・見やすい箇所に標識及び掲示板を設置

ポイント【排出設備】
・蒸気、微粉末の排出設備

ポイント【施設の構造材】
壁、床、柱、天井は不燃材料（スチール等）

ポイント【保存環境】
内部は適切な温度、湿度、圧力を保つこと

ポイント【周囲環境】
・危険物の漏れがない
・整理整頓

・みだりに転倒、落下しない

ポイント【基準遵守】
・屋内の貯蔵、屋外の貯蔵、屋外タンクによる貯蔵、地下タンクによる貯蔵のそれぞれの場所の位置、構造及び設備の基準を遵守する
・指定数量以上の危険物を取り扱うことはできない
・運搬基準（容器材質、摩擦・動揺させない等）

ポイント【床の構造】
床は危険物が浸透しない構造

(2) 消防法

ポイント【設置義務】
標識、掲示板の設置

消火設備の設置

・特に、地下タンク貯蔵所は漏れの検知設備の設置
・定期的な漏れの点検（原則年1回以上）
・記録の3年間保存

屋内貯蔵所　　　地下タンク貯蔵所

ポイント【周囲環境】
貯蔵所：
・危険物以外は置かない
・類の異なる危険物は同一の場所に置かない

ポイント【許可・届出・基準の遵守・点検・危険物取扱者等】
・製造所、貯蔵所、取扱所の設置・変更の許可
・完成検査を受検、危険物の修理、数量の変更届出
・製造所、貯蔵所、取扱所の貯蔵・取扱いの技術上の基準の遵守
・施設の定期点検（年1回以上）を実施
・危険物取扱者、危険物保安監督者の設置
・消防活動阻害物質の届出
・運搬基準（容器材質、摩擦・動揺させない等）

第10章 消防法

消防法の概要

◉事業者への規制

　本法の解説では、特に**危険物及びその関連**について取り上げます。消防法上の**危険物**は社会常識上いわれる危険物とは異なり、あくまでも消防法で定義した危険物だけを対象としています。例えば体内に摂取された場合に有害であるという意味での危険性は**労働安全衛生法、毒物及び劇物取締法**等で別途定められています。

　消防法における危険物は石油製品に代表されるもので、社会生活に大きな貢献をしている半面、一たびその取り扱いを誤れば、火災、爆発等の災害を引き起こす危険性があるものです。つまり、消防法で指定している「危険物」とは、

- 火災発生の危険性が大きい、つまり火災の原因となる可能性が大きい
- 火災が発生した場合に火災が拡大する可能性が大きい
- 火災の際の消火が非常に難しい

などの性状を有する物品をいい、火災予防上、その貯蔵、取扱い、運搬方法などについてハード、ソフト両面から安全確保が求められています。

◉消防法の体系

　消防法は政令として、**消防法施行令**以外に**危険物の規制に関する政令**があります。

　消防法施行令は、防火管理者（法8）、住宅用防災機器（法9の2）、消防用設備等の設置・維持（法17）、同設備等の性能評価（法17の2）などに関する規定を実施するために定められたものです。

　危険物の規制に関する政令は、危険物（消防法第3章）の規定を実施するために定められたものです。

　以下の説明において、消防法は「法」、消防法施行令は「令」、消防法施行規則は「則」、危険物の規制に関する政令は「危令」、危険物の規制に関する規則は「危則」、及び危険物の規制に関する技術上の基準の細目を定める告示は「告示」と略します。

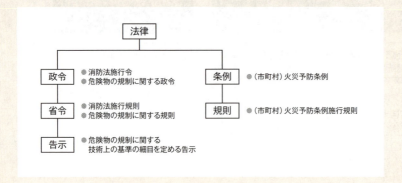

消防法の体系図

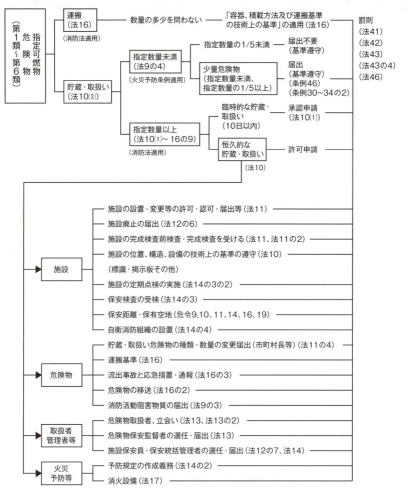

(注)「条例」の条項は、消防庁火災予防条例(昭和36年自消甲予発第73号)の条項をを示す。

法律の規定事項
- 第1章　総則
- 第2章　火災の予防
- 第3章　危険物
- 第3章の2　危険物保安技術協会
- 第4章　消防の設備等
- 第4章の2　消防の用に供する機械器具等の検定等
- 第4章の3　日本消防検定協会等
- 第5章　火災の警戒
- 第6章　消火の活動
- 第7章　火災の調査
- 第7章の2　救急業務
- 第8章　雑則
- 第9章　罰則
- 附則

1 危険物、指定可燃物とは

1.1 危険物の類別・品名とその性質等（法2）

危険物とは法2(7)において定められた引火や酸化、もしくは低温（40℃未満）で引火や出火、自然発火しやすい物質のことです。物質の引火性等の特性に応じて第1類から第6類に分類されており、危険物を取り扱うことができる者（危険物取扱者）の資格の種類（甲種・乙種・丙種）により取り扱うことができるものが異なり、甲種の資格を有する人はすべてを、乙種の資格を有する人は資格を取得した類のものだけを扱うことができます。

右表にそれぞれの類の危険物の性質、品名、指定数量をまとめました。「危険物に該当する物品の例」には代表的な物品の一部を挙げています。

（1）第1類危険物（酸性化固体）の特性

そのもの自体は燃焼しませんが、他の物質を強く酸化させる性質を有する固体であり、可燃物と混合したとき、熱、衝撃、摩擦によって分解し、極めて激しい燃焼を起こさせます。

（2）第2類危険物（可燃性固体）の特性

火炎によって着火しやすい固体または比較的低温（40℃未満）で引火しやすい固体であり、出火しやすく、かつ、燃焼が速く消火することが困難なものです。

（3）第3類危険物（自然発火性物質及び禁水性物質）の特性

空気にさらされることにより自然に発火し、または水と接触して発火し、もしくは可燃性ガスを発生させます。

（4）第4類危険物（引火性液体）の特性

引火性のある蒸気を発生する液体で、一般に水より軽い、水に溶けない等他の類にはない特性があります。

（5）第5類危険物（自己反応性物質）の特性

酸素を含有する固体または液体であって、加熱分解などにより、比較的低い温度で多量の熱を発生し、または爆発的に反応が進行します。

（6）第6類危険物（酸化性液体）の特性

強い酸化性を持ちますが、それ自体は燃焼しない液体です。混在する他の可燃物の燃焼を促進する性質があります。

280

危険物の類ごとの性質、品名、指定数量等（法別表第1、危令別表第3）

類別	性質	品名	危令別表第3に掲げる性質	危険物に該当する物品の例	指定数量
第1類	酸性化固体	1 塩素酸塩類 2 過塩素酸塩類 3 無機過酸化物	第1種酸化性固体	塩素酸ナトリウム 過マンガン酸カリウム 亜硝酸ナトリウム	50kg
		4 亜塩素酸塩類 5 臭素酸塩類 6 硝酸塩類 7 よう素酸塩類 8 過マンガン酸塩類 9 重クロム酸塩類 10 その他のもので政令で定めるもの 11 前号に掲げるもののいずれかを含有するもの	第2種酸化性固体	亜硝酸カリウム 硝酸アンモニウム（粒状） さらし粉	300kg
			第3種酸化性固体	りん硝酸カリ（肥料品） 硝酸アルミニウム（9水塩） 重クロム酸カリウム	1,000kg
第2類	可燃性固体	1 硫化りん 2 赤りん 3 硫黄	―	三硫化りん 赤りん 硫黄	100kg
		4 鉄粉	―	鉄粉	500kg
		5 金属粉 6 マグネシウム 7 政令で定めるもの 8 前号のもののいずれかを含有するもの	第1種可燃性固体	アルミニウム 亜鉛（200メッシュ以下） マグネシウム（80〜120メッシュ）	100kg
			第2種可燃性固体		200kg
		9 引火性固体	―	固形アルコール	1,000kg
第3類	自然発火性物質及び禁水性物質	1 カリウム 2 ナトリウム 3 アルキルアルミニウム 4 アルキルリチウム		カリウム ナトリウム アルキルアルミニウム アルキルリチウム	10kg
		5 黄りん	―	黄りん	20kg
		6 アルキル金属（カリウム、ナトリウム除く）及びアルカリ土類金属	第1種自然発火性物質及び禁水性物質	リチウム（粉末） りん化石灰 水素化ナトリウム	10kg
		7 有機金属化合物（1.3を除く） 8 金属の水酸化物 9 金属のりん過物	第2種自然発火性物質及び禁水性物質	バリウム カルシウム（粒状） 水素化リチウム 水素化カルシウム トリクロロシラン	50kg
		10 カルシウムまたはアルミニウムの炭化物 11 政令で定めるもの 12 前号のいずれかを含有するもの	第3種自然発火性物質及び禁水性物質	ほう素酸ナトリウム	300kg

1.2　指定数量と倍数

　危険物について、その危険性を勘案して定められた数量を**指定数量**といいます（右表「指定数量」を参照）（法9の4(1)）。指定数量以上の危険物を貯蔵・取り扱う場合は、**消防法の規定**を守る必要があります（法10(1)）。一方、指定数量未満の危険物の貯蔵・取扱いは**火災予防条例の基準**に従わなければなりません（法9の4(2)）。

　貯蔵または取り扱う危険物の数量を当該危険物の指定数量で除して得た値を、指定数量の**倍数**といいます（法11の4(1)）。

　（例）軽油の貯蔵：180L、軽油の指定数量：1,000L　したがって、

$$倍数 = \frac{180}{1,000} = 0.18$$

　品名または指定数量を異にする2以上の危険物を貯蔵、または取り扱う場合には、当該危険物の数量を当該指定数量で除して得た値の和についても、指定数量の**倍数**といいます（法11の4(1)）。

$$\frac{Aの貯蔵量}{Aの指定数量} + \frac{Bの貯蔵量}{Bの指定数量} + \frac{Cの貯蔵量}{Cの指定数量} = 倍数$$

　倍数が1未満の場合は、指定数量未満の危険物を貯蔵し、または取り扱っていることになり、**火災予防条例の適用**を受けます。

　倍数が1以上となるときは、指定数量以上の危険物を貯蔵し、または取り扱っているものとみなされ、**消防法の適用**を受けます（法10(2)）。

　（例）火災予防条例の適用

軽油　180L（指定数量　1,000L）
灯油　180L（指定数量　1,000L）
重油　180L（指定数量　2,000L）

$$\frac{180}{1,000} + \frac{180}{1,000} + \frac{180}{2,000}$$

$$= 0.45 （倍数）$$

　（例）消防法の適用

軽油　180L（指定数量 1,000L）
ガソリン　180L（指定数量 200L）

$$\frac{180}{1,000} + \frac{180}{200} = 1.08 （倍数）$$

危険物の類ごとの性質、品名、指定数量等（法別表第1、危令別表第3）

類別	性質	品名	危令別表第3に掲げる性質	危険物に該当する物品の例	指定数量
第4類	引火性液体	1　特殊引火物 （引火点−20℃以下）	—	二硫化炭素、アセトアルデヒド、ジエチルエーテル、酸化プロピレン	50L
		2　第1石油類 （引火点21℃未満）	非水溶性液体	ガソリン、ベンゼン、トルエン、酢酸エチル、メチルエチルケトン、アクリロニトリル	200L
			水溶性液体	アセトン、ピリジン、アチルアミン、アセトニトリル	400L
		3　アルコール類	水溶性液体	メチルアルコール、エチルアルコール、イソプロピルアルコール	400L
		4　第2石油類 （引火点21℃以上70℃未満）	非水溶性液体	灯油、軽油、エチルベンゼン、キシレン、クロロベンゼン、ブチルアルコール（正）	1,000L
			水溶性液体	酢酸、アクリル酸、プロピオン酸	2,000L
		5　第3石油類 （引火点70℃以上200℃未満）	非水溶性液体	重油、クレオソート油、ニトロベンゼン、アニリン	2,000L
			水溶性液体	メタノールアミン、酪酸、エチレングリコール、グリセリン	4,000L
		6　第4石油類 （引火点200℃以上250℃未満）	非水溶性液体	モーター油、ギヤー油、タービン油、シリンダー油、可塑剤	6,000L
		7　動植物油類 （引火点250℃未満）	非水溶性液体	ヤシ油、オリーブ油、落花生油、米ぬか油、アマニ油	10,000L
第5類	自己反応性物質	1　有機過酸化物 2　硝酸エステル類 3　ニトロ化合物 4　ニトロ素化合物 5　アゾ化合物 6　ジアゾ化合物 7　ヒドラジンの誘導体 8　ヒドロキシルアミン 9　ヒドロキシルアミン塩類 10　政令で定めるもの 11　全各号のいずれかを含有するもの	第1種 自己反応性物質	過酸化ベンゾール、ニトログリセリン、ピクリン酸、硝酸エチル、硝酸メチル、トリニトロトルエン	10kg
			第2種 自己反応性物質	硫酸ヒドロキシルアミン、硝酸ヒドロキシルアミン、硫酸ヒドラジン	100kg
第6類	酸化性液体	1　過塩素酸 2　過酸化水素 3　硝酸 4　政令で定めるもの 5　全各号のいずれかを含有するもの	—	過塩素酸（60%）、過酸化水素（60%）、硝酸、発煙硝酸、三ふっ化臭素、五ふっ化臭素	300kg

1.3 指定可燃物

ここまで出てきた**危険物**とは別に、**指定可燃物**があります。危険物と指定可燃物は混同しやすいのでよく理解してください。

指定可燃物とは、火災が発生した場合にその拡大が速やかであり、または消火活動が著しく困難となる物品で、わら製品、木毛、合成樹脂、石炭、木材等が該当します（法9の4、危令別表第4）。右表に指定可燃物の具体的な例として、東京都の例を挙げました。

危険物と同じように**指定数量**が存在し、指定数量を超えた指定可燃物を所有しているところは、消防署への届出や消火設備の設置が義務づけられ、保管場所にも決まりがあります。（2.3(1)参照）

1.4 届出を要する物質の指定（法9の3）

また、消防法における「危険物」ではありませんが、火災等が発生した際に、消火活動に著しい支障を生ずるおそれのある物質を貯蔵、取り扱う場合にあらかじめ届出が義務づけられている物質があります。対象となる物質及び数量は下記の通りです（危令1の10）。

> ● **毒物及び劇物取締法関連：** 水銀（30kg以上）、砒素（30kg以上）、ふっ化水素（30kg以上）、アンモニア（200kg以上）、ホルムアルデヒド（200kg以上）など
> ● **その他：** 生石灰（酸化カルシウム80％以上含有）（500kg以上）、無水硫酸（200kg以上）、液化石油ガス（300kg以上）、圧縮アセチレン（40kg以上）、シアナミド及びこれを含有する製剤（シアナミド10％超含有）（200kg以上）

届出先は所轄の消防長または消防署長となります。貯蔵または取扱いを廃止する場合についても準用されます。ただし、船舶、自動車、航空機、鉄道または軌道により貯蔵し、取り扱う場合はこの限りではありません。

1.5 法律上の扱い

以上、危険物、指定可燃物、届出を要する物質の3種類の物質が出てきました。

指定数量未満の危険物と指定可燃物の貯蔵及び取扱いについては**火災予防条例が適用**されます。

指定数量以上の危険物の貯蔵及び取扱いについては**消防法が適用**されます。

また、危険物・指定可燃物の**運搬**については指定数量の多少を問わず**消防法が適用**されます。

次項より火災予防条例（危険物・指定可燃物）、消防法の順で説明していきます。

指定可燃物

NO	指定可燃物の品名		数量	具体的な例
1	綿花類		200kg	製糸工程前の原毛、羽毛
2	木毛及びかんなくず		400kg	椰子の実繊維、かんなくず
3	ぼろ及び紙くず		1,000kg	使用していない衣類、古新聞、古雑誌
4	糸類		1,000kg	綿糸、麻糸、化学繊維糸、毛糸
5	わら類		1,000kg	乾燥わら、乾燥い草
6	再生資源燃料		1,000kg	廃棄物固形化燃料（RDF等） 廃プラスチック固形燃料（RPF）
7	可燃性固体類		3,000kg	石油アスファルト、クレゾール
8	石炭・木炭類		10,000kg	練炭、豆炭、コークス
9	可燃性液体類		2m³	潤滑油、自動車用グリス
10	木材加工品及び木くず		10m³	家具類、建築廃材
11	合成樹脂類	発泡させたもの	20m³	発泡ウレタン、発泡スチロール、断熱材
		その他のもの	3,000kg	ゴムタイヤ、天然ゴム、合成ゴム

（出典：東京都）

（注）　1.「綿花類」とは、不燃性または難燃性でない綿状またはトップ状の繊維及び麻糸原料をいう。
　　　2.「再生資源燃料」とは、使用済物品等または副産物のうち有用なものであって、原材料として利用できるものまたはその可能性のあるものをいう。
　　　3.「可燃性固体類」とは、固体で、次の①、③または④のいずれかに該当するもの（1気圧において、温度20℃を超え40℃以下の間において液状のもので、次の②、③または④のいずれかに該当するものを含む）
　　　　①引火点が40℃以上100℃未満のもの
　　　　②引火点が70℃以上100℃未満のもの
　　　　③引火点が100℃以上200℃未満で、かつ、燃焼熱量が34KJ/g以上のもの
　　　　④引火点が200℃以上で、かつ、燃焼熱量が34KJ/g以上のもので、融点が100℃未満のもの
　　　4.「可燃性液体類」とは、次のものをいう。
　　　　①1気圧で引火点が40℃以上70℃未満の液体で可燃性液体量が40％以下であって燃焼点が60℃以上のもの
　　　　②1気圧において引火点70℃以上250℃未満の液体（1気圧において温度20℃で液状のものに限る）で可燃性液体量が40％以下のもの
　　　　③1気圧において温度20℃で液状を示すもので引火点が250℃以上のもの
　　　　④動植物油であって、1気圧において引火点が250℃未満の液体（1気圧において温度20℃で液状のものに限る）で一定の要件を満たす屋内貯蔵タンクに保管されているもの
　　　5.「合成樹脂類」とは、不燃性または難燃性でない固体の合成樹脂製品、合成樹脂半製品、原料合成樹脂及び合成樹脂くず（不燃性または難燃性でないゴム製品、ゴム半製品、原料ゴム及びゴムくずを含む）をいい、合成樹脂の繊維、布、紙及び糸並びにこれらのぼろおよびくずを除く。

2 火災予防条例

　総務省火災予防条例（例）（昭和36年自消甲予発第73号）では、「この条例は、法第9条の4の規定に基づき指定数量未満の危険物等の貯蔵及び取扱いに基準等について定めるとともに、○○市（町・村）における火災予防上必要な事項を定めることを目的とする（第1条・一部省略）」となっており、各市町村における火災予防条例の基となっています。（以下、総務省の火災予防条例（例）の条項番号を使用。なお「条例」とあるのは、総務省火災予防条例（例）を指す）

2.1 危険物の規制

　火災予防条例では、①**0以上指定数量未満のすべての量の危険物**の貯蔵・取扱いにおける規制（条例30）と、②**指定数量の1/5以上指定数量未満の量の危険物（少量危険物）**の貯蔵・取扱いの技術上の基準等（条例31〜32）に分けれられます。

　例えば、灯油の指定数量は1,000Lなので、その1/5は200Lです。火災予防条例の規制の多くは、②「灯油200L以上、1,000L未満」の貯蔵・取扱いが対象になりますが、10L（1/5未満）程度の少量の危険物の場合でも、①の条例第30条の基準を守らなければなりません。指定数量未満の場合の**共通の基準**は右の通りです。なお**罰則は指定数量の1/5以上、指定数量未満**の場合にのみ適用されます（条例49〜50）。

2.2 少量危険物の貯蔵及び取扱い

（1）届出等（条例46）

　指定数量の1/5以上（個人の住居の場合は、指定数量の1/2以上）指定数量未満の危険物（少量危険物）を貯蔵し、または取り扱う者は、あらかじめその旨を消防長（消防署長）に届け出なければなりません（第1項）。貯蔵・取扱いを廃止した場合も同様です（第2項）。

（2）技術上の基準（条例31の2⑴）

　貯蔵・取扱いの技術上の基準は右のとおりとなります。

（3）貯蔵・取扱い場所の位置・構造・設備に関する技術上の基準（条例31の2⑵）

　少量危険物の貯蔵・取扱い場所には、見やすい箇所に**標識**（少量危険物貯蔵取扱所等）並びに**掲示板**（危険物の類、品名、最大数量等記載）を設けなければなりません（右図、4.1⑸参照）。

　危険物を取り扱う機械器具その他の設備は危険物の**漏れ**、**あふれ**、**飛散のない構造**であること、危険物を加熱・冷却する設備または加圧する設備では**温度測定装置または圧力計等を設ける**こと、配管は十分な強度があり、劣化のおそれ、熱による変形のおそれがないこと等があります。

指定数量未満の場合の共通の基準

●**危険物の貯蔵・取扱い場所**
- みだりに火気を使用しないこと
- 常に整理及び清掃を行い、みだりに空箱その他不必要なものを置かないこと
- 危険物の漏れ、あふれ、飛散の内容にすること

●**危険物の容器**
- 危険物の性質に適応し、破損、腐食、さけめ等がないこと
- みだりに転倒し、落下し、衝撃を加え、乱暴に扱わないこと
- 地震等により転落し、転倒しないようにすること

少量危険物の貯蔵・取扱いの技術上の基準

- 危険物または危険物のくず、かす等の廃棄は安全な場所で行うこと
- 危険物の貯蔵・取り扱う場所には、危険物の性質に応じ、遮光・換気を行うこと
- 危険物の貯蔵・取扱いでは、適正な温度、湿度または圧力を保つこと
- 収納、詰め替え用の容器の材質はガラス製、プラスチック製、金属等であること また品名、数量、注意事項等を表示すること
- 危険物の詰め替えは、防火上安全な場所で行うこと
- 容器を積み重ねて貯蔵するときは、高さが3m（第4類の第3石油類及び第4石油類は4m）を超えないこと、など

標識、掲示板の例

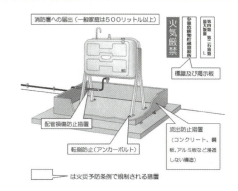

（出典：青森地域広域消防事務組合ホームページ）

少量危険物貯蔵取扱所の例

（4）屋内における貯蔵・取扱いの基準（条例31の3の2）

屋内における貯蔵・取扱いの基準は下記のとおりとなります。

- ● 壁、柱、床及び天井は、不燃材料*で造られ、または覆われたものであること（第1号）
- ● 窓及び出入口には、防火戸を設けること（第2号）
- ● 液状の危険物を貯蔵し、または取り扱う床は、危険物が浸透しない構造であって、適当な傾斜があり、かつ、ためますを設けること（第3号）
- ● 架台を設ける場合は、架台は不燃材料で堅固であること（第4号）
- ● 必要な採光、照明及び換気を行うこと（第5号）
- ● 可燃性の蒸気または微粉末が滞留するおそれがある場合は、それらを屋外の高所に排出する設備があること

　原則として、**同一建築物ごとに一の少量危険物貯蔵取扱所**とします（建築物全体を同一の場所とします）。ただし、次に掲げる場合はそれぞれの場所ごとに一の少量危険物貯蔵取扱所とすることができます。

- ● 危険物を取り扱う設備が次の条件に適合している場合
  - ・危険物を取り扱う設備が、出入口（防火設備）以外の開口部（換気ダクトを除く）を有しない**不燃材料で他の部分と区画（不燃区画）**されている場所に設置されている場合（右図）
  - ・危険物を取り扱う設備の周囲に幅3m以上の**空地が保有**されている場合**（右図）
- ● 容器またはタンクにより貯蔵し、または取り扱う場合（不燃区画を設けること）
- ● 百貨店等で容器入りの危険物が陳列販売されている場合（階ごとに防火上有効に区画された場所とする）
- ● 大学、研究所その他これに類する施設において実験等を行う場合（不燃区画による場所または階ごとに防火上有効な区画されている場所）

---

*　不燃材料の例：コンクリート、鉄鋼、レンガ、ガラス等
**　当該設備から3m未満となる部分の建築物の壁（出入口以外の開口部を有しないものに限る）及び柱が耐火構造である場合は、その設備から壁及び柱までの距離の幅が保有されていること（右図中央の左の「空地不足」）

不燃区画の例

* 耐火構造の例：鉄筋コンクリート造、レンガ造などの構造
(出典：浜松市消防本部「指定数量未満の危険物及び指定可燃物の規制に関する運用基準」)

周囲に幅3m以上の屋内空地の例

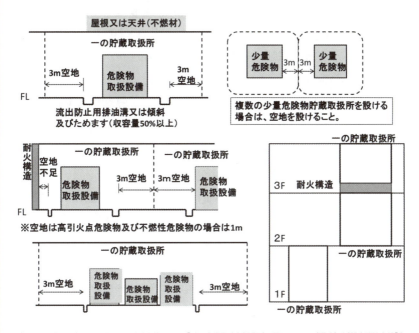

(出典：消防庁平成元年9月19日消防危第87号、「改正火災予防条例準則の運用について(通達)、浜松市消防本部「指定数量未満の危険物及び指定可燃物の規制に関する運用基準」、横浜市)

（5）タンクの基準（条例31の4、31の5）

少量危険物を貯蔵、取り扱うタンク、地下タンクの基準は右のとおりとなります。

（6）屋外における貯蔵・取扱いの基準（条例31の3）

少量危険物を貯蔵・取り扱う屋外の場所の周囲には、容器等の種類及び数量に応じた幅の空地（右表）を保有するか、または防火上有効な塀*を設けなければなりません。ただし、開口部のない防火構造の壁または不燃材料の壁に面するときはこの限りではありません。

また架台で貯蔵する場合、高さは6mを超えてはなりません。架台は不燃材料とします。

2.3 指定可燃物の貯蔵及び取扱い

指定可燃物の貯蔵及び取扱いの技術上の基準は、市町村条例で定めます（法9の4）。

（1）届出等（条例46）

1.3「指定可燃物」の右表で定める数量の5倍（再生資源燃料、可燃性固体類等及び合成樹脂類にあっては、同表で定める数量以上）の指定可燃物を貯蔵し、または取り扱おうとする者は、あらかじめその旨を消防長（消防署長）に届け出なければなりません。

（2）指定可燃物（「可燃性液体類等」）の貯蔵・取扱いの基準（条例33）

可燃性固体類、可燃性液体類、及び指定数量の1/5以上指定数量未満の動植物油（「可燃性液体類等」）の貯蔵・取扱いに係る基準は下記のとおりです。

● 可燃性液体類を容器に収納し、または詰め替える場合、見やすい箇所に下記表示をすること（293p表参照）

・可燃性液体類等の「化学名」または「通称名」

・数量

・「火気厳禁」等

● 可燃性液体類等を収納した容器を積み重ねるときは、高さ4mを超えないこと

● 可燃性液体類等は、炎、火花、高温体との接近または加熱を避け、みだりに蒸気を発生させないこと

---

* 材質は不燃材料、高さは1.5m以上とすること。施設の高さが1.5mを超える場合はこの施設の高さ以上とする。幅は空地を保有できない部分を遮蔽できる範囲等を満たすこと

タンクの基準

- タンクの容量を超えないこと。容量に応じた厚さの鋼板等を使用すること
- 地震等で容易には転倒・落下しないように設けること
- 外面には、錆び止めをする。ただし、アルミ合金、ステンレス鋼等錆びにくいものは除く
- 見やすい箇所に危険物の量を自動的に表示する装置または計量口を設けること
- 引火点が 40℃未満の危険物を貯蔵し、または取り扱う圧力タンク以外のタンクには、通気管または通気口に引火防止措置を講じること
- 屋外設置するもので、タンクの底板が地盤面に接するものは腐食防止措置を講じること
- 危険物が漏れた場合の有効な流出防止措置を講じること

地下タンクの基準

- タンクの容量を超えないこと
- 外面には錆び止めをする。ただし、アルミ合金、ステンレス鋼等錆びにくいものは除く
- 引火点が 40℃未満の危険物を貯蔵し、または取り扱う圧力タンク以外のタンクでは、通気管または通気口に引火防止措置を講じること
- 圧力タンクには有効な安全装置を、圧力タンク以外のタンクには有効な通気管または通気口を設けること
- 地盤面下のコンクリート造り等の室に設置し、または危険物の漏れ防止構造により、地盤面下に設置すること。ただし、第 4 類の危険物のタンクで、その外面がエポキシ樹脂、ウレタンエラストマー樹脂、強化プラスチック等の防食性があるものは、この限りではない
- 自動車等の加重がかかるおそれがあるタンクには、直接加重がかからないように蓋（ふた）を設けること
- 危険物の量を自動的に表示する装置または計量口を設けること
- タンクの配管は、タンクの頂部に設けること
- タンクの周囲に 2 か所以上の管を設ける等液体の危険物の漏れを検知設備を設けること

屋外で貯蔵・取り扱う場合の容器等の空地の幅

容器等の種類	貯蔵し、または取り扱う数量	空地の幅
タンクまたは金属製容器	指定数量の 1/2 以上指定数量未満	1m 以上
その他の場合	指定数量の 1/5 以上 1/2 未満	1m 以上
	指定数量の 1/2 以上指定数量未満	2m 以上

第 10 章　消防法

291

（3）指定可燃物（「綿花類等」）の貯蔵・取扱いの基準（条例34）

綿花類等の貯蔵・取扱いに係る基準は下記のとおりです。

◉綿花類等の貯蔵・取扱いの技術上の基準（第1項）

- ●綿花類等を貯蔵・取り扱う場所は、
  - ・みだりに火気を使用しないこと
  - ・係員以外の者をみだりに出入りさせないこと
  - ・常に整理・清掃を行うこと。地震等により容易に荷くずれ、落下、転倒しないこと
- ●綿花類等のくず、かす等は、1日1回以上安全な場所において廃棄等行うこと
- ●再生資源燃料のうち、廃棄物固形化燃料は発熱等を防ぐため適正な水分管理を行うこと

◉綿花類等を貯蔵・取り扱う場所の位置、構造及び設備の技術上の基準（第2項）

標識及び掲示板（品名、最大数量及び防火に関し必要事項）を設けること（右図参照）

◉合成樹脂類

合成樹脂類の貯蔵・取扱いは、次による。

- ●一集積単位の面積を500m^{2}以下とし、集積単位相互間は1m以上の距離を保つこと（面積100m^{2}以下の場合1m以上、100m^{2}超300m^{2}以下の場合、2m以上、300m^{2}超500m^{2}以下の場合、3m以上）

◉廃棄物固形化燃料

廃棄物固形化燃料等の場合、発熱状況を監視する温度測定装置を設けること

指定可燃物の場合の標識、掲示板の例

（大きさ：30cm×60cm）

標識

指定可燃物貯蔵取扱所

※白地に黒文字

掲示板

火気注意

（綿花類等）

※赤地に白文字

火気厳禁

（可燃性液体類等）

※赤地に白文字

品名　最大数量

※白地に黒文字

指定可燃物の掲示板例

指定可燃物の区分	掲示板	掲示板、文字の色
可燃性液体類等	火気厳禁	地　：赤色 文字：白色
綿花類等	火気注意	

第10章　消防法

293

3 消防法（施設）

消防法は危険物施設において危険物を貯蔵し、または取り扱う際の注意すべきことをまとめたものです。まずは危険物を貯蔵し、取り扱うための危険物施設にはどのようなものがあるかみていきます。

3.1 消防法上の危険物施設とは

指定数量以上の危険物を貯蔵し、または取り扱う施設は以下のとおり、**製造所、貯蔵所、取扱所**の三つに区分されています（法 10 ⑴、危令 2、危令 3）。製造所が 1 種類、貯蔵所が 7 種類、取扱所が 4 種類あります（右表）。

製造所は、危険物を製造する目的で指定数量以上の危険物を取り扱うため、市長村長等の許可を受けた場所です（危令 9）。**貯蔵所**は、指定数量以上の危険物を貯蔵する目的で市町村長等の許可を受けた場所です（危令 10 ～ 16）。**取扱所**は、製造以外の目的で危険物を取り扱う場所です（危令 17 ～ 19）。

消防法では、指定数量以上の危険物は貯蔵所以外で貯蔵し、または製造所、貯蔵所及び取扱所以外の場所で取り扱ってはいけません。ただし所轄消防長または消防署長の承認を受けて 10 日以内の期間、仮に貯蔵・取り扱いをすること（**仮貯蔵・仮取扱い**）は可能です（法 10 ⑴）。

3.2 製造所等の設置、変更の許可・届出

消防法では、製造所、貯蔵所または取扱所の設置には**市長村長、都道府県知事、総務大臣の許可**が必要となります。製造所等の**位置、構造または設備を変更**しようとする場合も同様です（法 11 ⑴、危令 6）。

許可を受けた者が製造所等を設置したときや設備等を変更するときは、市長村長等が行う**完成検査**を受け、技術上の基準に適合していることが認められて初めて使用することができます（法 11 ⑸、危令 8）。

また、貯蔵所の**規模（位置・構造・設備）の変更**を行わずに、貯蔵する危険物の数量を増加するようなことは禁止されています。届出が必要となります（法 11 の 4 ⑴）。

3.3 製造所、貯蔵所または取扱所の位置、構造及び設備の技術上の基準の遵守（法 12 ⑴）

製造所、貯蔵所または取扱所の所有者、管理者または占有者は、製造所等の位置、構造及び設備は**技術上の基準**に適合するように維持しなければなりません（法 10 ⑷、危令 9 ～ 19）。技術上の基準は右表のとおりですが、詳しくは各法令（危令 9 ～ 19）を参照ください。

危険物施設の区分と、位置・構造・設備の技術上の基準

危険物施設の区分		施設の内容	例	定期点検等	位置・構造・設備の技術上の基準	
製造所		危険物を製造する施設	プラント	倍数10以上または地下タンクを有するもの	・建築物の基準：地階を設けないこと等 ・設備の基準：危険物の種類に応じ、必要な設備を設置 ・「標識」及び「掲示板」を設けること（本項目は以下のすべての施設に共通）	危令9
貯蔵所	屋内貯蔵所	容器入りの危険物を建築物内で貯蔵	危険物倉庫	倍数150以上	・一の貯蔵倉庫の床面積は1,000m³を超えないこと ・貯蔵倉庫の壁、柱、及び床は耐火構造、屋根は不燃材料、窓、出入口には防火設備を設置すること等 ・貯蔵倉庫の周囲に空地を保有すること等	危令10
	屋外タンク貯蔵所	屋外にあるタンクで危険物を貯蔵	オイルターミナル	倍数200以上	・タンクの区分ごとに、危険物の引火点ごとに必要な距離を保つこと	危令11
	屋内タンク貯蔵所	屋内にあるタンクで危険物を貯蔵	ボイラー、自家発電用		・平屋建の建築物に設けられたタンク専用室に設置すること等	危令12
	地下タンク貯蔵所	地盤面下にあるタンクで危険物を貯蔵	ボイラー、自家発電用	すべて	・地盤面下に設けられたタンク室に設置すること等	危令13
	簡易タンク貯蔵所	簡易なタンクで危険物を貯蔵	600L以下		・屋外に設置すること（一部例外規定がある）等	危令14
	移動タンク貯蔵所	車両に固定されたタンクで危険物を貯蔵	タンクローリー	すべて	・屋外の防火上安全な場所または壁、床、はり及び屋根を耐火構造とし、もしくは不燃材料で造った建築物の一階に常置すること等	危令15
	屋外貯蔵所	屋外の場所で、限定された危険物を容器等で貯蔵	第2類の一部、第4類のうち第2、3、4石油類、動植物類（ガソリンは不可）等	倍数100以上	・屋外貯蔵所で貯蔵できる危険物には制限がある等	危令16
取扱所	給油取扱所	固定した給油設備によって自動車等の燃料タンクに直接給油する施設	ガソリンスタンド	地下タンクを有するすべての給油取扱所	・「屋外給油取扱所」「屋内給油取扱所」「航空機、船舶等の給油所他」の三つに区分される等	危令17
	販売取扱所	容器に入ったまま危険物を売る施設	塗料販売店など		・指定数量の倍数「15以下」「15超40以下」で販売所の種類が区分される等	危令18
	移送取扱所	パイプで危険物を移送するパイプライン	パイプライン	すべて	・基準は「石油パイプライン事業法」に準じて総務省令で定められている等	危令18の2
	一般取扱所	上記の三つ以外の取扱所	ボイラー、自家発電等	倍数10以上または地下タンクを有するもの	・「給油取扱所」、「販売取扱所」、「移送取扱所」以外の取扱所等	危令19(1)

3.4 定期点検

　政令で定める製造所、貯蔵所または取扱所の所有者、管理者または占有者は、総務省令の定めにより、施設の定期点検、記録の作成、保存をしなければならなりません。記録の未作成、虚偽の記録作成、点検記録の未保存の場合は罰則の対象となります。

（1）定期点検を行う必要のある施設

　定期点検を行う必要のある施設は右表のとおりです（危令8の5）。また、危険物取扱者（甲種、乙種、丙種）、危険物施設保安員、危険物取扱者の立ち会いを受け、点検の方法に関する知識及び技能を有する者は定期点検を実施することができます（危則62の6）。

（2）定期点検の頻度、記録とその保存

　定期点検の頻度は原則として1年に1回以上、**記録の保存**は原則として3年間です。消防署への報告義務はありません。

　点検記録の記載事項は、「点検を実施した製造所等の名称」、「点検の方法及び結果」、「点検年月日」、「点検を行った危険物取扱者もしくは危険物施設保安員または点検に立ち会った危険物取扱者の氏名」となっています。

　点検の内容は、法第10条第4項の位置、構造及び設備が**技術上の基準**（前ページ表）に適合しているかどうかについて実施します（危則62の4(2)）。

◉定期点検項目（例）

- 地下タンクの上部スラグの亀裂・沈下の有無等
- タンク本体：腐食、目詰まり、損傷
- 計測装置：液量自動表示装置、圧力計、計量口
- 漏えい検査管、漏えい検知装置（二重殻タンク）：損傷、土砂等の堆積、警報装置等
- 配管、バルブ等、ポンプ設備等：漏えい、変形、腐食、断線、亀裂等

（出典：平成3年5月28日消防危第48号「製造所等の定期点検に関する指導指針の整備について」）

（3）定期点検の例外事項について

　上記の点検時期及び点検記録の保存期間には例外があります（右）。これらのほとんどが貯蔵タンクと配管からの漏れの点検に係るものです。

定期点検を行う必要のある施設

施設区分	指定数量の倍数等	除かれる施設
製造所	・指定数量が倍数が10以上 ・地下タンクを有するもの	・鉱山保安法に基づく保安規定を定めている製造所等 ・火薬類取締法に基づく危害予防規定を定めている製造所等 ・移送取扱所のうち、配管の延長が15kmを超えるものまたは配管に係る最大常用圧力が0.95MPa以上で、かつ、配管の延長が7km以上15kmのもの ・指定数量の倍数が30以下で、かつ、引火点が40℃以上の第4類のみを容器に詰め替える一般取扱所
屋内貯蔵所	150以上	
屋外タンク貯蔵所	200以上	
屋外貯蔵所	100以上	
地下タンク貯蔵所	すべて	
移動タンク貯蔵所	すべて	
給油取扱所	地下タンクを有するものはすべて	
移送取扱所	すべて	
一般取扱所	・10以上 ・地下タンクを有するもの	

貯蔵タンク及び地下埋設配管の漏れの点検及び記録の保存等について

	点検内容	点検時期	保存期間	関連法条項
1	完成検査を受けた日から15年を超えない地下貯蔵タンクの漏れの点検（危則62の5の2）	3年に1回以上	3年間	
2	地下貯蔵タンクの漏れの点検（危則62の5の2）	1年に1回以上	3年間	危則62の8（二）
3	完成検査を受けた日から15年を超えない地下埋設配管の漏れの点検（危62の5の3）	3年に1回以上	3年間	
4	完成検査を受けた日から15年を超えた地下埋設配管の漏れの点検（危則62の5の3）	1年に1回以上	3年間	危則62の8（三）
5	二重殻タンクの強化プラスチック製の外殻の漏れの点検（危則62の5の2）	3年に1回以上	3年間	
6	移動貯蔵タンクの漏れの点検（危則62の5の4）	5年に1回以上	10年間	危則62の8（四）

点検時期・記録保存の例外

● 対象：特定の屋外貯蔵タンク（1,000kL以上1万kL未満）の内部点検（危則62の5）

● 点検時期：13年に1回以上

● 記録保存期間：26年間

● 関連法条項：危則62の8（一）

3.5 その他の検査等

（1）保安検査（法14の3、危令8の4）

従来、製造所等における安全確保のためのしくみとして「設置の**許可審査**と使用前の安全性確認のための**完成検査**の実施」（法11）、「（使用開始後は）所有者による**施設の基準維持業務**（法12）と消防機関による**立入検査等の措置**」がありました。

しかし、危険物施設の大規模化と集積が進み、それら施設において複雑、多量の危険物を取り扱うことが多くなり（例えば昭和49年末の瀬戸内海への重油流出事故）、屋外タンク貯蔵所の保安の強化が必要となりました。そこで**保安検査**規定が設けられました。

製造所等の所有者、管理者または占有者が自主的に行う定期検査のほかに、市長村長等が行う保安検査を一定期間ごとに受けなければなりません。対象となる施設は、**特定屋内タンク貯蔵所**（最大数量：1万KL以上のもの）、**移送取扱所**です。保安検査を拒み、妨げ、または忌避した者は罰則の対象となります。

（2）自衛消防組織（法14の4、危令38、危令30の3）

膨大な量の危険物を貯蔵、取り扱う事業所では、火災が発生した場合は短時間に拡大する危険性があります。そこで**自衛消防組織**を置くことがが義務づけられました。

同一事業所において、第4類の危険物を一定量以上（下記）貯蔵し、または取り扱う事業所には自衛消防組織を置かなければなりません。

- **製造所**：指定数量の倍数が3,000以上
- **移送取扱所**：指定数量以上（危則47の5）
- **一般取扱所**：指定数量の倍数が3,000以上

3.6 保安距離及び保有空地

保安距離とは、製造所等と保安対象物（住宅、学校、病院等）とのあいだに保有することが定められている距離であり、保安対象物の延焼防止と避難保護等がその目的です。製造所等と保安距離は、右のとおり定められています（危令9(1)(一)）。

保有空地とは、製造所等の周りに消防活動上確保しなければならない空地であり、火災等の延焼防止、消火活動上の支障防止を目的にしています。製造所等と保安距離は、右のとおり定められています（危令9(1)(二)、同10(1)(二)、同11(1)(二)、同14(1)(四)、同16(1)(四)、同19(1)）。

保安距離は対象物件と製造所等の間に所定の距離が保たれていれば、その間に他の工作物があっても差し支えありませんが、**保有空地**は火災等の延焼防止、消火活動の妨げとなるものがあってはならない距離を意味しています。

保安距離

◉保安距離の必要な製造所等
製造所、屋内貯蔵所、屋外タンク貯蔵所、屋外貯蔵所、一般取扱所

◉必要な距離
- 住宅：10m以上
- 学校、病院、劇場、老人福祉施設等：30m以上
- 重要文化財、重要有形民俗文化財等、史跡等：50m以上
- 高圧ガス施設：20m以上
- 特別高圧架空電線（7,000V超〜35,000V以下）：3m
- 特別高圧架空電線（35,000V超）：5m

保有空地

◉保有空地の必要な製造所等
保安距離の場合と同じ

◉保有空地の条件
- 製造所及び一般取扱所の保有空地の例（危令9⑴（ニ））
  - ・指定数量の倍数が10以下の場合：3m以上
  - ・指定数量の倍数が10以上を超える場合：5m以上
- 屋外貯蔵所の保有空地の例（危令10⑴（ニ））
  - ・指定数量の倍数が10以下の場合：3m以上
  - ・指定数量の倍数が10超20以下の場合：6m以上など
- 屋内貯蔵所の保有空地の例
  　以下、「建築物の壁、柱、床が耐火構造のもの」の場合を（A）、「それ以外の場合を（B）とする。
  - ・指定数量の倍数が5以下の場合：（A）規定なし、（B）0.5m以上
  - ・指定数量の倍数が5超10以下の場合：（A）1.0m以上、（B）1.5m以上
  - ・指定数量の倍数が10超20以下の場合：（A）2.0m以上、（B）3.0m以上など
- 屋外タンク貯蔵所の保有空地の例（危令11⑴（ニ））
  - ・指定数量の倍数が500以下の場合：3m以上
  - ・指定数量の倍数が500超1,000以下の場合：5m以上など

4 消防法（危険物の貯蔵・取扱い・運搬）

4.1 危険物の貯蔵・取扱いの技術上の基準（法10⑶）

　ここでは、危険物保安監督者、危険物保安統括者及び危険物施設保安員が危険物を貯蔵し、取り扱う場合の一般的な基準について説明します。

（1）製造所等において行う危険物の貯蔵・取扱いのすべてに共通する一般的な技術上の基準（危令24）

　危険物の貯蔵・取扱いに係るすべてに共通する遵守事項は、右表のとおりです。

（2）貯蔵・取扱いに係る危険物の類ごとに共通する技術上の基準（法10⑶、危令25）

　危険物は、取扱いを間違えると大きな事故につながります。製造所、貯蔵所または取扱所における危険物の貯蔵または取扱いは、右表下の技術上の基準を確認し、十分注意して取り扱わなければなりません（281、283p表を参照して下さい）。

　危険物の「貯蔵」及び「取扱い」については、⑴⑵の基準以外に、それぞれ⑶⑷の基準を守らなければなりません。

（3）危険物の貯蔵の基準（法10⑶、危令26）

　貯蔵所には、危険物以外の物品を貯蔵してはいけません。

　また、281、283p表「危険物の類ごとの性質、品名、指定数量等」（法別表第1）に掲げる「類」が異なる危険物を、同一の貯蔵所（耐火構造の隔壁で完全に区分された室が2以上ある貯蔵所においては、同一の室）において貯蔵してはなりません。

　屋外貯蔵タンク、屋内貯蔵タンク、地下貯蔵タンク、簡易貯蔵タンクの計量口、元弁は使用時以外は閉鎖しておかなければなりません。

（4）危険物の取扱いの基準（法10⑶、危令27）

　危険物を焼却する場合は、安全で、かつ、燃焼または爆発の恐れのない方法で行い、見張人をつけなければなりません。

　埋没する場合は、危険物の性質に応じ、安全な場所で行わなければなりません。危険物は原則として、海中または水中に流出、投下してはなりません。

　その他、蒸留工程、抽出工程、乾燥工程、危険物の詰め替え時、吹付け塗装作業、焼き入れ作業、染色または洗浄作業、バーナー使用時において、守るべき基準が定められています。

　給油取扱所、第1種販売取扱所及び第2種販売取扱所、移送取扱所、移動タンク貯蔵所等については、取扱いの基準が定められています。

危険物の貯蔵・取扱いに係る共通の基準

危令 24	技術上の基準（共通）
第 1 号	製造所等の設置・変更の許可、もしくは届出に係る品名以外の危険物、または許可・届出に係る数量、もしくは指定数量の倍数を超える危険物を貯蔵・取り扱わないこと（3.2「製造所等の設置、変更の許可・届出」、法 11、法 11 の 4 を参照のこと）
第 2 号	製造所等ではみだりに火気を使用しないこと
第 3 号	製造所等には係員以外の者をみだりに出入りさせないこと
第 4 号	製造所等は常に整理・清掃を行い、空箱等の不必要なものを置かないこと
第 5 号	危険物のくず、かす等は、1 日に 1 回以上安全な場所で廃棄等すること
第 6 号	危険物を貯蔵・取り扱う建築物、設備は、適切に遮光または換気すること
第 7 号	危険物は、適正な温度、湿度または圧力を保つように貯蔵・取り扱うこと
第 8 号	危険物が漏れ、あふれ、または飛散しないようにすること
第 9 号	危険物の変質、異物の混入等により、危険物の危険性が増大しないこと
第 10 号	危険物が残存している設備、機械器具、容器等の修理は、安全な場所で、危険物を完全に除去したあとに行うこと
第 11 号	危険物の容器は、危険物の性質に適応し、破損、腐食等がないこと
第 12 号	危険物を入れた容器の貯蔵・取扱いにおいては、みだりに転倒し、落下し、衝撃を加えるなど粗暴な行為をしないこと
第 13 号	可燃性の液体、可燃性の蒸気、可燃性のガスが漏れ、滞留するおそれのある場所または可燃性の微粉が著しく浮遊するおそれのある場所では、電線と電気器具を完全に接続し、かつ、火花を発する機械器具等を使用しないこと
第 14 号	危険物を保護液中に保存する場合、その危険物が保護液から露出しないようにすること

貯蔵・取扱いの危険物の類ごとの共通基準

危険物の類	貯蔵・取扱いの類ごとの技術上の基準
第 1 類	可燃物との接触もしくは混合、分解を促進する物品との接近または過熱、衝撃を避けること。アルカリ金属の過酸化物及びこれを含有するものは、水と接触させないこと
第 2 類	酸化剤との接触・混合、炎・火花・高温体との接近または過熱を避けること。鉄粉、金属粉及びマグネシウム並びにこれらを含有するものは、水または酸との接触を避け、引火物の場合はみだりに蒸気を発生させないこと
第 3 類	自然発火物品（アルキルアルミニウム及び黄りんその他）の場合は、炎・火花・高温体との接近、過熱または空気との接触を避け、禁水性物品では水との接触を避けること
第 4 類	炎、火花もしくは高温体との接近、または過熱を避けるとともに、みだりに蒸気を発生させないこと
第 5 類	炎、火花もしくは高温体との接近、過熱、衝撃または摩擦を避けること
第 6 類	可燃物との接触もしくは混合、分解を促進するものとの接近または過熱を避けること

（5）表示（危令10～危令19）

　消防法では、見やすい箇所に製造所、貯蔵所または取扱所である旨を表示した標識（危則17）及び防火に関し必要な事項を掲示した掲示板（危則18）を設けることが定められています（なお、火災予防条例に関しては、2.2「少量危険物の貯蔵及び取扱い」及び2.3（3）「指定可燃物（「綿花類等」）の貯蔵・取扱いの基準」で説明しました）。

◉**標識**（危則17）
- ●移動タンク貯蔵所（右図参照）
- ●移動タンク貯蔵所以外の製造所等
  - ①大きさ：幅0.3m以上、長さ0.6m以上
  - ②色：地は白、文字は黒
- ●運搬車両の標識（危令30（1）（二）、危則47）
  - ①黒字
  - ②文字は黄色の反射塗料

◉**掲示板**（危則18）
- ●施設概要の掲示板
  - ①大きさ：幅0.3m以上、長さ0.6m以上の板であること
  - ②表示事項：貯蔵し、または取り扱う危険物の種類、品名及び貯蔵最大数量または取扱最大数量、指定数量の倍数並びに危険物保安監督者を置かなければならない製造所等にあっては、氏名または職名（危令31の2、5.2（1）「危険物保安監督者」参照）
  - ③色：地は白、文字は黒
- ●注意事項（に関するの掲示板）
  　貯蔵し、または取り扱う危険物に応じ、次の注意事項を表示した掲示板を設けなければなりません。
  - ・第1類の危険物のうち、アルカリ金属の過酸化物またはこれを含有するものまたは禁水性物品の場合……「禁水」など
  - ・第2類の危険物（引火性固体を除く）の場合……「火気注意」
  - ・第2類の危険物のうち引火性固体、第3類の自然発火性物品及び第4類の危険物、または第5類の危険物の場合……「火気厳禁」
- ●色
  - ・「禁水」は、地は青色、文字は白
  - ・「火気注意」または「火気厳禁」は、地を赤色、文字を白色

移動タンク貯蔵所の標識例

移動タンク貯蔵所
① 大きさ：辺の長さが0.3m以上0.4m以下の正方形
② 色：地は黒、文字は黄色の反射塗料

標識、掲示板の例

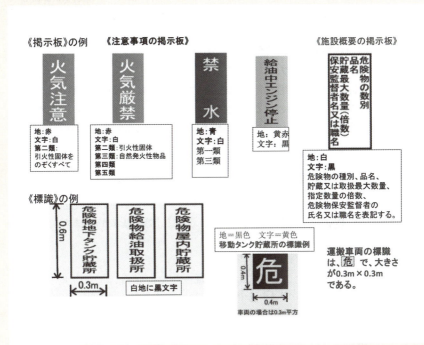

4.2 運搬基準（法16）

（1）運搬

運搬とは、移動タンク貯蔵所以外の車両（トラックなど）によって危険物を他の場所へ運ぶことをいいます（なお、移動タンク貯蔵所（タンクローリーなど）により他の場所へ運ぶことを「移送」といいます）。

危険物の運搬には、**届出や許可の義務はありません。**また、危険物取扱者は同乗しなくてもかまいません（なお、「移送」の場合には危険物取扱者の同乗が必要です）。

運搬の技術上の基準は、量の如何を問わず適用され、運搬容器、積載方法、運搬方法等に関する基準が定められています（なお、以下のこの基準は、火災予防条例に規定が適用される指定数量未満の危険物の運搬でも同じです）。

（2）運搬容器の技術上の基準（危令28、危則41、42、43、別表3～別表第3の4）

容器の材質は、鋼板、アルミニウム板、ブリキ板、ガラス、金属板、紙、プラスチック、ファイバー板、ゴム類、合成繊維、麻、木または陶磁器等とされ、収容する危険物の種類及び**危険等級***に応じ、定められています。容器は堅固で、容易に破損するおそれがなく、かつ、その口から収納された危険物が漏れるおそれがないこととされています。

（3）積載方法の技術上の基準（危令29）

危険物の積載のための**収納方法**は右のとおりです（危令29（一）、危則43の3）。

運搬容器の外部には、危険物の品名、数量、注意事項等を**表示して積載**しなければなりません。表示における注意事項は右のとおりです。その他、「転落、落下、転倒し、破損しないようにすること」（危令29（三））、「収納口を上に向けること」（危令29（四））等の基準があります。

（4）運搬方法（危令30、危則47）

運搬方法としては、「著しく摩擦、動揺をさせないこと」「指定数量以上の危険物を車両で運搬するときは、危 の標識を掲げ、消火器を備えること」等の基準があります。

（5）混載（危令29（六）、危則46）

類を異にする危険物を同時に運搬する場合、混載（一緒に積み込むこと）が禁止されている組み合わせがあります。右表のとおりです。この表は、指定数量1/10以下の危険物については適用されません。

*危険等級とは危険性の高い程度を示し、危険等級Ⅰ、Ⅱ、Ⅲとあり、危険等級Ⅰが危険物の中でも危険性の特に高い危険物とされている（危則39の2）。

収納方法

- 危険物が漏れないよう運搬容器を密封して収納すること
- 危険物の性質に適応した材質の運搬容器に収納すること
- 固体の危険物の収納率は容器の内容積の95%以下とすること
- 液体の危険物は、容器の内容積98%以下の収納率で、かつ、55℃以上で漏れないように空間があること

第**10**章
消防法

表示における注意事項

- **第1類**（**アルカリ金属の過酸化物、この含有品**）：火気・衝撃注意、可燃物接触注意、禁水
- **第1類**（**その他のもの**）：火気・衝撃注意、可燃物接触注意
- **第2類**（**鉄粉、金属粉、マグネシウム、これらの含有物**）：火気注意、禁水
  - （**引火性固体**）：火気厳禁
  - （**その他のもの**）：火気注意
- **第3類**（**自然発火性物品**）：空気接触厳禁、火気厳禁
  - （**禁水性物品**）：禁水
- **第4類**（**引火性液体**）：火気厳禁
- **第5類**（**自己反応性物質**）：火気厳禁、衝撃注意
- **第6類**（**酸化性液体**）：可燃物接触注意

危険物の混載の可否

	第１類	第２類	第３類	第４類	第５類	第６類
第１類		×	×	×	×	○
第２類	×		×	○	○	×
第３類	×	×		○	×	×
第４類	×	○	○		○	×
第５類	×	○	×	○		×
第６類	○	×	×	×	×	

×印は混載禁止　○印は、混載可能

305

5 消防法（取扱者・管理者）

5.1 危険物取扱者とは

危険物取扱者とは危険物取扱者免状の交付を受けた者をいい、免状の種類には、甲種、乙種及び丙種の3種類があります（法13の2(1)）。製造所、貯蔵所及び取扱所においては、危険物取扱者以外の者は、甲種または乙種危険物取扱者が立ち会わなければ危険物を取り扱うことはできません（丙種は立会いはできません）。

◉ 危険物取扱者の種類（法13の2(2)、(3)）

危険物取扱者の種類	取扱い	立会い	危険物保安監督者
甲種	消防法で定めるすべての危険物	消防法で定めるすべての危険物	消防法で定めるすべての施設で可
乙種	免状に指定された類の危険物のみ	免状に指定された類の危険物のみ	免状に指定された類の危険物のみ
丙種	第4類の指定された危険物*	危険物の立ち会いはできない	保安監督者にはなれない

*ガソリン、灯油、軽油、第3石油類（重油、潤滑油及び引火点130℃以上のものに限る）、第4石油類、及び動植物油類に限る（特殊引火物、アルコール類は取り扱えない）

5.2 危険物保安監督者、危険物保安統括管理者及び危険物施設保安員の選任とその業務

（1）危険物保安監督者

製造所、屋外タンク貯蔵所、給油取扱所及び移送取扱所は、条件（危険物の種類、指定数量の倍数、引火点の温度）に関係なく、必ず**危険物保安監督者**を選任しなければなりません。右表に選任の条件をまとめました（危令31の2）。

危険物保安監督者になるには、**甲種危険物取扱者**または**乙種危険物取扱者**の免状がなければなりません。また、製造所等での6か月以上の危険物取扱いの実務経験が必要です（法13(1)、危則48の2）。届出の義務があります（法13(2)）。

（2）危険物保安統括管理者（法12の7(1)）

製造所、移送取扱所（除外施設あり）または一般取扱所（除外施設あり）において取り扱う第4類の危険物が指定数量の3,000倍になる事業所は**危険物保安統括管理者**を選任しなければなりません（危令30の3）。資格はありませんが、届出の義務があります（法12の7(2)）。

（3）危険物施設保安員（法14）

製造所、一般取扱所で指定数量の倍数が100以上の施設、移送取扱所は**危険物施設保安員**を選任しなければなりません（危令36）。資格・届出義務はありません（危則60）。

危険物保安監督者、危険物保安統括管理者、危険物施設保安員の選任義務

施設区分	危険物保安統括管理者	危険物保安監督者						危険物施設保安員	予防規定	定期点検
		第4類の危険物				第4類の危険物以外				
		指定数量の倍数が30以下		指定数量の倍数が30を超えるもの		指定数量の倍数が30以下	指定数量の倍数が30を超えるもの			
		（引火点）40度以上	40度未満	40度以上	40度未満					
製造所	第4類の危険物を指定数量の3,000倍以上取り扱うもの	○	○	○	○	○	○	指定数量の倍数が100以上	指定数量の倍数が10以上	指定数量の倍数10倍以上または地下タンクを有するもの
屋内貯蔵所	×	×	×	○	○	○	○	×	指定数量の倍数が150以上	指定数量の倍数が150以上
屋外タンク貯蔵所	×	○	○	○	○	○	○	×	指定数量の倍数が200以上	指定数量の倍数が200以上
屋内タンク貯蔵所	×	×	×	○	○	○	○	×	×	×
地下タンク貯蔵所	×	×	×	○	○	○	○	×	×	すべて
簡易タンク貯蔵所	×	×	×	○	○	○	○	×	×	×
移動タンク貯蔵所	×	×	×	×	×	×	×	×	×	すべて
屋外貯蔵所	×	×	×	○	○	○	○	×	指定数量の倍数が100以上	指定数量の倍数が100以上
給油取扱所	×	○	○	○	○	×	×	×	自家用屋外給油取扱所以外	地下タンクを有するものすべて
第1種販売取扱所	×	×	×	○	○	○	○	×	×	×
第2種販売取扱所	×	×	×	○	○	○	○	×	×	×
移送取扱所	指定数量以上	○	○	○	○	○	○	すべて	すべて	すべて
一般取扱所	第4類の危険物を指定数量の3,000倍以上取り扱うもの	○ ただし、以下を除く ①ボイラー、バーナーその他これらに類する装置で危険物を消費するもの ②危険物を容器に詰替えるもの	○	○	○	○	○	指定数量の倍数が100以上（危則第60条に該当する者を除く）	指定数量の倍数が10以上	指定数量の倍数10倍以上または地下タンクを有するもの

○印：設置が必要、×印：設置は必要ない　　　　　（出典：岡山県「危険物規制の概要」より作成）

6 消防法（火災予防等）

6.1 予防規程（法14の2）

製造所、貯蔵所、取扱所の所有者、管理者、占有者は、火災を予防するため、**予防規程**を定め、市長村長等の認可を受け、またその規程を守らなければなりません。（法14の2(1)、(4)）

4.1「危険物の貯蔵・取扱いの技術上の基準」では、製造所等における危険物の貯蔵・取扱い上の一般的な遵守事項を説明しましたが、それだけでは十分ではなく、特に製造所等の火災の予防に関して個々の製造所等の特殊性に応じて具体的に「やるべき事項」が定められています。これが**予防規程**です。この決まりは、予防規程を製造所等の所有者等に作成させ、**認可**という形でこれを消防機関にチェックさせるとともに、予防規程を作成した所有者等にこれを遵守させることが狙いです。

（1）予防規程を定め、許可を必要とする施設（危令7の3、危令37、危則9の2、危則61）

予防規程の作成義務のある施設及び除外される施設は右表の通りです。危険物の種類、指定数量の倍数、引火点の温度などに関係なく、予防規程の作成が義務づけられているのは**給油取扱所、移送取扱所のすべての施設**です。

また、製造所、屋内タンク貯蔵所、地下タンク貯蔵所、屋外貯蔵所及び一般取扱所であって、指定数量等の要件に該当する施設が作成義務の対象となります。

（2）予防規程に定める事項（危則60の2）

予防規程には右の事項に関することを定めなければなりません。

（3）許可

製造所、貯蔵所または取扱所の所有者、管理者または占有者は、予防規程を定めた場合は、市長村長等の許可を受けなければなりません（法14の2(2)）。

予防規程を定め、認可を必要とする施設

施設区分	指定数量の倍数等	除外されるもの
製造所	10 以上	・鉱山保安法に基づく保安規程を定めている製造所等 ・火薬類取締法に基づく危害予防規程を定めている製造所等 ・自家用給油取扱所のうち屋内給油所以外のもの ・容器詰め替え用一般取扱所（指定数量の倍数が30以下で、引火点が40℃以上の第4類の危険物の取扱いに限る）
屋内貯蔵所	150 以上	
屋外タンク貯蔵所	200 以上	
屋外貯蔵所	100	
給油取扱所	すべて	
移送取扱所	すべて	
一般取扱所	10 以上	

予防規程に定める事項

- 危険物の保安管理の業務を行う者の職務及び組織に関すること
- 危険物保安監督者の職務を代行する者に関すること
- 化学消防自動車の設置等自衛消防組織に関すること
- 危険物の保安に従事する者に対する保安教育に関すること
- 危険物の保安のための巡視、点検及び検査に関すること
- 危険物施設の運転または操作に関すること
- 危険物の取扱作業の基準に関すること
- 補修等の方法に関すること
- 施設工事における火気の使用・取扱いの管理または危険物等の管理等安全管理に関すること
- 製造所、一般取扱所における危険物の取扱工程または設備等の変更に伴う危険要因の把握とその対策に関すること
- 顧客等に自ら給油等をさせる給油取扱所における顧客に対する監視・その他保全のための措置に関すること
- 配管の工事現場における責任者の条件等（移送取扱所に限る）に関すること
- 災害等の非常の場合に取るべき措置に関すること
- 地震発生における施設・設備の点検・応急措置等に関すること
- 危険物の保安に関すること
- 製造所等の位置、構造、設備を明記した書類及び図面整備に関すること
- 警戒宣言が発せられた場合の、伝達、避難、施設点検等の被害発生防止、防災訓練、被害発生の防止・被害の軽減のための教育及び広報に関すること（地震防災対策強化地域及び地震防災対策推進地域に限る）

第10章 消防法

309

6.2 消火設備

消火設備には、以下のものがあります。

（1）消火設備の区分

消火設備には5種類の区分があり、それぞれは下表の通りです（危令20、別表第5）。

◉ 消火設備の区分

消火設備の区分	消火設備の内容
第1種消火設備	屋内消火栓設備（危則32）、屋外消火栓設備（危則32の2）
第2種消火設備	スプリンクラー設備（危則32の3）
第3種消火設備	水蒸気消火設備（危則32の4）または水噴霧消火設備（危則32の5）、泡消火設備（危則32の6）、不活性ガス消火設備（危則32の7）、ハロゲン化物消火設備（危則32の8）、粉末消火設備（危則32の9）
第4種消火設備 （危則32の10）	大型消火器（危令別表第5備考）（棒状の水、霧状の水、棒状の強化液、霧状の強化液、泡、二酸化炭素、ハロゲン化物、消火粉末のいずれかを放射する消火器）
第5種消火設備 （危則32の11）	小型消火器、水バケツまたは水槽、乾燥砂、膨張ひる石または膨張真珠岩（危令別表第5備考）

（2）設置すべき消火設備

消火設備は、製造所等の区分、危険物の品名・最大数量等に応じて、「著しく消火困難」、「消火困難」、「その他」の3種類に分けられ、それぞれの区分に応じて設備する消火設備等が決められています（下表）。

消火設備を設置すべき「製造所等の区分」に対する危険物施設は、製造所、屋内貯蔵所、屋外タンク貯蔵所、屋内タンク、地下タンク貯蔵所、屋外貯蔵所、給油取扱所及び一般取扱所のそれぞれが対象となります。

下表には、その一部を挙げました。詳細は、危令20、危則33、34及び35を参照して下さい。

◉ 製造所等の区分と設置すべき消火設備の例

製造所等の区分	危険物施設の例	設備する消火設備
著しく消火困難な製造所等（危則33）	延床面積が1,000m² 以上の製造所または一般取扱所・セルフスタンド など	第1種、第2種、第3種のいずれか＋第4種＋第5種
消火困難な製造所等（危則34）	・一部の屋内給油取扱所 ・メタノールを取り扱う給油取扱所	第4種＋第5種
その他の製造所等（危則35）	・地下タンク貯蔵所 ・移動タンク貯蔵所 ・一般の屋外給油取扱所	第5種 （地下タンク貯蔵所：第5種の消火設備2本） （移動タンク貯蔵所：自動車用消火器）

（3）消火設備の種類

参考として、消火設備の種類を右表に挙げました。

310

消火設備の種類（危令別表第５）

消防設備の区分		建築物その他の工作物	電気設備	第1類の危険物 アルカリ金属の過酸化物またはこれを含有するもの	第1類の危険物 その他の第1類の危険物	第2類の危険物 鉄粉、金属粉もしくはマグネシウムまたはこれらのいずれかを含有するもの	第2類の危険物 引火性固体	第2類の危険物 その他の第2類の危険物	第3類の危険物 禁水性物品	第3類の危険物 その他の第3類の危険部物	第4類の危険物	第5類の危険物	第6類の危険物
第1種	屋内消火栓設備または屋外消火栓設備	○			○		○	○		○		○	○
第2種	スプリンクラー設備	○			○		○	○		○		○	○
第3種	水蒸気消火設備または水噴射消火設備	○	○		○		○	○		○	○	○	○
第3種	泡消火設備	○			○		○	○		○	○	○	○
第3種	不活性ガス消火設備		○				○				○		
第3種	ハロゲン化物消火設備		○				○				○		
第3種	粉末消火設備 りん酸塩類等を使用するもの	○	○		○		○	○		○	○		○
第3種	粉末消火設備 炭酸水素塩類等を使用するもの		○	○		○	○		○		○		
第3種	粉末消火設備 その他のもの			○		○			○				
第4種または第5種	棒状の水を放射する消火器	○					○	○		○		○	○
第4種または第5種	霧状の水を放射する消火器	○					○	○		○		○	○
第4種または第5種	棒状の強化液を放射する消火器	○					○	○		○		○	○
第4種または第5種	霧状の強化液を放射する消火器	○	○				○	○		○	○	○	○
第4種または第5種	泡を放射する消火器	○					○	○		○	○	○	○
第4種または第5種	二酸化炭素を放射する消火器		○				○				○		
第4種または第5種	ハロゲン化物を放射する消火器		○				○				○		
第4種または第5種	消火粉末を放射する消火器 りん酸塩類等を使用するもの	○	○		○		○	○		○	○		○
第4種または第5種	消火粉末を放射する消火器 炭酸水素塩類等を使用するもの		○	○		○	○		○		○		
第4種または第5種	消火粉末を放射する消火器 その他のもの			○		○			○				
第五種	水バケツまたは水槽	○					○	○		○		○	○
第五種	乾燥砂			○		○	○	○	○	○	○	○	○
第五種	膨張ひる石または膨張真珠岩			○		○	○	○	○	○	○	○	○

第10章 消防法

第10章 ◉ 実務に役立つ Q&A

危険性

Q：ガソリンや軽油はなぜ危険なのですか？

A： ガソリンは気温が−40℃（軽油は＋40℃）でも気化し、小さな火花でも爆発的に燃焼する物質です。ガソリン等の蒸気は空気より重いため、穴やくぼ地など溜まりやすく、離れたところにある、思わぬ火花などによって引火する危険性があるからです。（出典：北海道）

ガソリン・軽油の保管

Q：購入したガソリンや軽油を保管する場合の注意点はありますか？

A： ガソリンは、火災の発生危険が極めて高く、火災が発生すると爆発的に延焼拡大するため、ガソリンを容器に入れて保管することは極力控えて下さい。

消防法令に適合した容器で保管する場合でも、合計40L以上のガソリンまたは合計200L以上の軽油を保管する場合は、次の通り建物の大幅な改修が必要です。

①40L以上200L未満のガソリンまたは200L以上1,000L未満の軽油を保管する場合は、ガソリンや軽油の保管場所の構造等、市町村の火災予防条例により、保管場所の壁、柱、床及び天井が不燃材料であることなど、構造等の要件が当該条例の基準に適合している旨の書類を添えて、あらかじめ消防機関への届出が必要です。

②200L以上のガソリン、または1,000L以上の軽油を保管する場合は、消防法により、壁、柱及び床を耐火構造とするなど、一定の構造等の基準に適合していることについて、市長村長等の許可を得なければなりません。（出典：北海道）

合成樹脂類

Q：使用済みの古タイヤを一時的に自社倉庫に保管しています。おおよそ5t程度まとまったら、産業廃棄物として委託処理することにしています。現在は約3tあります。倉庫には特に標識・掲示板はありませんし、届出もしていません。大丈夫でしょうか？

A： 古タイヤは指定可燃物の「合成樹脂類」の「その他のもの」に該当します。285p表で定める数量（3t）以上の古タイヤを貯蔵し、または取り扱う者は、あらかじめ届け出なければなりません。また、2.3(3)「指定可燃物（「綿花類等」

の貯蔵・取扱いの基準」に従い、標識及び掲示板を設けなければなりません。

貯蔵所

Q：地下タンク貯蔵所とは、自動車等の燃料タンクに給油する施設をいう。正しいでしょうか？

A：間違いです。地下タンク貯蔵所とは、地盤面下に埋設されたタンクにおいて危険物を貯蔵し、または取り扱う施設をいいます。自動車等の燃料タンクに給油する施設は給油取扱所です。

危険物保安監督者

Q：危険物保安監督者は、危険物取扱者ならば誰でもなれますか？

A：危険物保安監督者の選任要件として、甲種または乙種危険物取扱者であって、6か月以上の実務経験が必要です。実務経験の内容は、製造所等における危険物取扱いの実務経験です。また、丙種危険物取扱者には資格はありません。

地下タンクの検査

Q：なぜ、地下タンクの検査をやらなければならないのですか？

A：腐食等により地下タンク本体、または埋設配管に穴が開き、危険物がもれることがあります。このような事態にならないように、法14の3の2による定期検査が義務づけられています。

運搬

Q：灯油用の18Lポリ容器でガソリンを運搬することはできますか。エンジンオイル缶、一斗缶等の金属製容器はどうですか？

A：できません。ガソリンの運搬は、プラスチック容器の場合、最大容積10L以下の容器で行うことが決められています。しかし10L以下のプラスチック容器であっても、ガソリン用として性能試験をクリアしたものでなければ、運搬容器として使用することはできません。また、エンジンオイル缶や一斗缶等の金属製容器であっても、ガソリン用として性能試験をクリアした金属製容器であることが必要です。（出典：札幌市）

第11章

高圧ガス保安法

1節　高圧ガスとは
2節　高圧ガスの製造
3節　高圧ガスの貯蔵
4節　高圧ガスの消費
5節　高圧ガスの販売、移動、廃棄
6節　保安統括者等の届出
7節　容器に関する規制、危険時・事故時の措置

11章 | 高圧ガス保安法

> この法律は、高圧ガスの製造・販売・貯蔵・移動・消費と、容器の製造・取扱いを規制することにより、高圧ガスによる災害を防止することを目的に制定された。

法律の成立と経緯

酸素瓦斯製造工場や現場でのアセチレン発生器の爆発事故等、設備の不良や操作の不慣れなどによる事故が多発したことを受け、1922（大正11）年、圧縮瓦斯及び液化瓦斯取締法が制定されましたが、高圧ガスの種類、利用方法を含め簡単な規制内容でした。

1951（昭和26）年、高圧ガスの製造、販売、貯蔵、移動その他の取扱い及び消費並びに容器の製造及び取扱いの規制を含む高圧ガス取締法が制定され、高圧ガスによる災害の防止、公共の安全の確保を目的としました。これによりかなり法律の内容は充実しました。しかし、昭和40年代にコンビナート等の大規模事業所における事故が多発したことを受け、防災設備の設置義務、自主保安体制（保安に関する管理・技術・教育面）の強化が強く求められました。

そして1996（平成8）年に高圧ガス技術の進展等を踏まえた規制体系全般を見直し、高圧ガス保安法へ移行しました。高圧ガス事業に係る保安検査、容器検査・再検査等の法定検査の定期自主検査を義務づけし、また製造許可に係る処理容積30m³/日以上から100m³〜300m³/日以上へ緩和、第1種ガスの指定、販売許可制を届出制へ移行、一定量以上の高圧ガスの貯蔵を許可制、保安教育計画の自主作成の義務づけ、危害予防規定の認可の廃止と提出等（自主策定へ移行し、提出のみ）が規定されました。

さらに2011（平成23）年の東日本大震災を受け、2014（平成26）年高圧ガス設備の耐震性向上対策が義務づけられました。その後は、燃料電池自動車及び圧縮水素スタンド、圧縮水素自動車用容器等に係る各種の規定が設けられています。

高圧ガス保安法・年表 (●：できごと、●：法令関係)

- ● 1922（大正11）年　圧縮瓦斯及び液化瓦斯取締法の制定。
- ● 1951（昭和26）年　高圧ガス取締法の制定。
- ● 1963（昭和38）年　法改正（自主保安思想への移行）。
- ● 1965（昭和40）年　防災設備の設置義務化。
- ● 昭和40年代後半　石油化学コンビナートにおいて事故が多発。
- ● 1975（昭和50）年　事故多発に対応した保安体制の強化。
- ● 1991（平成 3）年　特殊材料ガスの消費等への対応。
- ● 1996（平成 8）年　高圧ガス取締法から高圧ガス保安法へ移行。
- ● 2002（平成14）年　総理指示により燃料電池に係る規制の検討進める。
- ● 2005（平成17）年　圧縮水素自動車用容器等の技術基準改正。
- ● 2011（平成23）年　東日本大震災発生。高圧ガス貯蔵施設に亀裂等の事故対応。
- ● 2014（平成26）年　高圧ガス設備の耐震性向上への対応。
- ● 2015（平成27）年　燃料電池自動車及び圧縮水素スタンドへの対応強化。
- ● 2016（平成28）年　小規模な圧縮水素スタンドの設置基準整備。

第11章　高圧ガス保安法

317

高圧ガス規制のしくみ

　高圧ガス保安法における**製造**とは、高圧ガスの圧力や状態を変化させるすること等を指しており、原料から新たな物質をつくり出すことという意味は含まれていません。本法では高圧ガスの製造者について、一定規模以上の設備を有するものは**第 1 種製造者**、一定規模以下の設備を有するものは**第 2 種製造者**として規制してます。

　貯蔵とは、容器に充塡した高圧ガスを置くこと、または貯槽に高圧ガスを充塡して置くことをいいます。

　販売とは、高圧ガスの引き渡しを継続かつ反復して、営利の目的をもって行うことをいい、販売の事業を営むことを目的として届け出たものを**販売業者**といいます。ただし液化石油ガスを一般消費者等に販売する事業については高圧ガス保安法は適用されません（「液化石油ガス法」が適用）。

　消費とは高圧ガスを減圧・燃焼・化学反応等により**高圧ガスでない状態にして**そのガスを使用することをいいます。

　工場・事業場は、各段階できめ細やかな規制を受けています。それぞれの**規制のポイント**を理解しておいてください。

現場担当者が押さえておきたいこと

- 取り扱っている特定高圧ガスとその取扱量を確認する
- 特殊高圧ガスがあるか確認する
- 高圧ガスを製造しているか。第 1 種製造者または第2製造者か確認する
- 高圧ガスを貯蔵しているか確認する
- 高圧ガスを消費しているか、どのような形で消費しているか。消費設備の定期自主検査を確認する
- 特定高圧ガス取扱主任者の選任・届出を確認する
- 保安検査あるいは自主検査をしていることを確認する。検査結果はどうか
- 保安統括者、保安技術管理者、保安係員、保安主任者の選任・届出を確認する
- 従業員に対する保安教育とその記録はどうかを確認する
- 法定量未満の可燃性ガス・毒性ガス・酸素・空気を消費しているか、基準を遵守しているか確認する
- 見やすい箇所に警戒標があることを確認する
- 容器の検査を受け、規格に合格していること、刻印や表示があることを確認する

高圧ガス規制のしくみ

製造

ポイント【高圧ガスの製造】
高圧ガスの製造行為（圧縮機によるガスの圧縮、蒸発器による気化、容器への充填等をいう。冷凍設備の場合も該当する）

ポイント【事業所設置時】
・第1種製造者の許可／第2種製造者の届出
・危害予防規程の届出
・有資格者の選任・届出

ポイント【工事・施工】
・完成検査の受検
・定期自主検査の実施と検査記録の保存
・警戒標の設置

ポイント【保安検査】
・保安検査の受検
・定期自主検査の実施と検査記録の届出
・従業員への保安教育の実施
・帳簿の記載・保存

貯蔵

ポイント【高圧ガスの貯蔵】
高圧ガスを容器または貯槽に充填して置く。

ポイント【事業所設置時】
・第1種貯蔵者の許可／第2種貯蔵者の届出

ポイント【工事・施工】
・完成検査の受検
・自主検査の実施と検査記録の届出
・警戒標の設置

ポイント【容器による貯蔵】
・通風の良いところ。転倒・転落防止
・容器置場の周囲2m以内火気禁止
・充填容器等は40℃以下
・刻印等の製造年月日から15年経った容器には貯蔵しない

ポイント【保安教育等】
・従業員への保安教育の実施
・帳簿の記載・保存

販売

ポイント【高圧ガスを販売】
容器の充填したもの、導管によるもの、ガスが封入されている冷凍設備ごと販売等

ポイント【事業開始時】
・販売事業の届出
・有資格者の選任・届出

ポイント【事業開始後】
・従業者への保安教育の実施
・帳簿の記録・保存
・購入者への周知義務

酸素ガス（黒）、炭酸ガス（緑）、塩素ガス（黄）、水素ガス（赤）、アンモニアガス（白）、アセチレンガス（茶）、それ以外（ネズミ色）

（出典：新潟県）

消費

ポイント【高圧ガスの消費】
減圧設備（減圧弁等）により高圧ガスが出ない状態にし、使用する

ポイント【事業所設置時】
・消費の届出（特殊高圧ガスの有無、特定高圧ガスの種類と量を確認）
・責任者の選任・届出
・警戒標の設置

ポイント【事業開始後】
・定期自主検査の実施と検査記録の作成・保存
・従業員に保安教育実施
・消費機器の危険時の応急措置と届出
・事故時の届出

ポイント【技術上の基準】
・バルブ、コックには開閉方法、配管のガスの種類・方向が表示してある
・配管からの漏えい時の措置
・使用開始時及び使用終了時に消費設備の異常の有無を点検
・1日1回以上の消費設備の作業状況の点検等

ポイント【容器】
・温度：40℃以下
・転倒・落下防止、バルブ損傷防止
・2m以内火気等の使用禁止

第11章 高圧ガス保安法

高圧ガス保安法の概要

◉事業者への規制

　本法は、高圧ガスによる災害を防止するため、高圧ガスの**製造**、**貯蔵**、**販売**、**移動**その他の取扱い及び**消費**並びに**容器の製造**及び取扱いを規制することにより、公共の安全を確保することにあります。この目的を達成するために、以下の活動を行います。

● 高圧ガスを取り扱う者に対して行政による許可・検査等の規制を行うこと
● 民間事業者や高圧ガス保安協会の自主的な保安に係る活動を促進すること

◉本法の適用対象
（1）対象事業場

　高圧ガスの製造、貯蔵、消費、販売、輸入、移動、廃棄を行う事業場。

（注）上記のいずれかの段階で高圧ガスを取り扱っていれば、法律の適用を受けます。

（2）容器の取扱いの規制

　高圧ガスは気密性を有する装置や容器に入った状態で取り扱われます。その装置や容器に欠陥があると、破裂事故や漏えい事故につながる危険性があり、容器の製造や充填、容器の検査等を細かく規制しています。

（3）適用を受ける事業場の責務

● 各段階での許可・届出の義務を履行すること
● 施設の基準維持、保安検査を受けること
● 保安統括者・保安主任者等の選任、届出、従業員への保安教育を行うこと

　では、以下に高圧ガスの「製造」→「貯蔵」→「消費」→「販売」→「移動」→「廃棄」の順に流れに沿って説明します。

高圧ガス保安法の体系図

第11章 高圧ガス保安法

(1) 製造関係

（第1種製造者）

製造の許可（法5(1)）
- 完成検査（法20(1)）── 製造開始の届出（法21(1)）
- 変更の許可（法14(1)）── 特定変更工事の完成検査（法20(3)）
- 軽微な変更の工事の届出（法14((2)）
- 事故時の届出（法63）
- 廃止の届出（法21(1)）

- 危害予防規程の届出・遵守（法26）
- 保安教育計画の策定・実施（法27）
- 保安統括者等の選任・解任の届出（法27の2）
- 定期自主検査の実施（法35の2）
- 施設基準・方法基準の遵守・維持（法11）
- 帳簿の記載・保持（法60(1)）

報告徴収（法61）
立入検査（法62）
保安検査（法35(1)）

罰則
（法80）
（法81）
（法82）
（法83）

（第2種製造者）

製造の届出（法5(2)）
- 変更の届出（法14(4)）
- 事故時の届出（法63）
- 廃止の届出（法21(2)）

- 従業員への保安教育計画の実施（法27(4)）
- 施設基準・方法基準の遵守・維持（法12）
- 保安統括者等の選任・解任の届出（法27の2）
- 定期自主検査の実施（法35の2）

報告徴収（法61）
立入検査（法62）

罰則
（法83）

(2) 貯蔵関係
（注）第1種製造者の貯蔵は第1種製造者の規制による。（法15(1)、16(1)）

（第1種貯蔵者）

貯蔵所の許可（法16(1)）
- 完成検査（法20(1)）
- 変更の許可（法19）── 特定変更工事の完成検査（法20(3)）
- 軽微な変更工事の届出（法19(1)）
- 事故時の届出（法63）
- 廃止の届出（法21(3)）

- 従業員への保安教育の実施（法27(4)）
- 施設基準の遵守・維持（法18(1)）
- 帳簿の記載・保存（法60(1)）

報告徴収（法61）
立入検査（法62）

罰則
（法81）
（法83）

（第2種貯蔵者）

貯蔵所の届出（法17の2(1)）
- 変更の届出（法19(4)）
- 事故時の届出（法63）
- 廃止の届出（法21(4)）

- 従業員への保安教育（法27(4)）
- 施設基準の遵守・維持（法18(2)）
- 帳簿の記載・保存（法60(1)）

報告徴収（法61）
立入検査（法62）

罰則
（法82）
（法83）

(3) 販売関係

販売事業の届出（法20の4(1)）
- ガスの種類の変更の届出（法20の7）
- 廃止の届出（法21(5)）
- 事故時の届出（法63）

- 従業者への保安教育の実施（法27(4)）
- 販売の技術上の基準の遵守（法20の6）
- 帳簿の記載・保存（法60）
- 販売主任者の選任解任の届出（法28(1)、(3)）
- 一般消費者への周知（法20の5）

報告徴収（法61）
立入検査（法62）

罰則
（法82）
（法83）

(4) 消費関係

特定高圧ガス消費の届出（法24の2(1)）
- 変更の届出（法24の4(1)）
- 事故時の届出（法63）
- 廃止の届出（法24の4(2)）

- 従業者への保安教育の実施（法27(4)）
- 取扱主任者の選任解任の届出（法28(2)、(3)）
- 定期自主検査の実施（法35の2）
- 施設に係る技術上の基準の遵守・維持（法24の3）

報告徴収（法61）
立入検査（法62）

罰則
（法82）
（法83）

(5) 移動関係

方法基準・技術基準の遵守（法23）── 事故時の届出（法63）── 罰則（法83）

(6) 廃棄

技術上の基準の遵守（法25）── 罰則（法83）

法律の規定事項
- 第1章　総則（第1条～第4条）
- 第2章　事業（第5条～第25条の2）
- 第3章　保安（第26条～第39条）
- 第3章の2　完成検査及び保安検査に係る認定（第39条の2～第39条の12）
- 第4章　容器等（第40条～第58条の2）
- 第4章の2　指定試験機関等（第58条の3～第59条）
- 第4章の3　高圧ガス保安協会（第59条の2～第59条の36）
- 第5章　雑則（第60条～第79条の3）
- 第6章　罰則（第80条～第86条）
- 附則

1　高圧ガスとは

（1）高圧ガスとは

　ガスは気体なので大気圧（1気圧）の状態では体積がかなり大きくなります。そこでガスに圧力をかけて液体にしたものがカセットコンロ用燃料ボンベ（缶）やライター、スプレー缶、プロパンガス（液化石油ガス（LPガス））などで、これらを**高圧ガス**といいます。

　高圧ガスは化学工業の原材料をはじめ、各種産業の燃料等として広く使用されています。圧力が高いため、取扱いを誤ると、爆発・火災、ガス中毒、窒息などの災害、そして人身事故を引き起こすおそれがあります。毎年、高圧ガス関係で多くの災害がみられます。

　そこで高圧ガス保安法では、ガスの製造、貯蔵、消費等、責任者の設置、容器等に厳しいルールを設けています。許認可・検査等を実施することにより、高圧ガスによる災害事故の発生を防止し、産業の保安を確保することを目指しているのです。

（2）高圧ガスの定義

　高圧ガスとは、次のいずれかに該当するものをいいます（法2）。

◉**圧縮ガス**
- 常用の温度（通常使用している温度）で圧力が 1.0MPa（大気圧の10倍）以上となる圧縮ガス
- 温度 35℃*で圧力が 1.0MPa 以上となる圧縮ガス
  - （例）酸素、水素、窒素、メタン、空気など

◉**圧縮アセチレンガス****
- 常用温度（通常使用している温度）で圧力が 0.2MPa 以上となる圧縮アセチレンガス
- 温度 15℃で圧力が 0.2MPa 以上となる圧縮アセチレンガス
  - （例）圧縮アセチレンガス

◉**液化ガス**
- 常用の温度（通常使用している温度）で圧力が 0.2MPa 以上となるものであって、現にその圧力が 0.2MPa 以上である液化ガス
- 圧力が 0.2MPa となる場合の温度が 35℃以下である液化ガス
  - （例）液化窒素、炭酸ガス、アルシン、液化石油ガス（LPG）など

◉**その他の液化ガス**
- 35℃において圧力が 0Pa を超える液化ガス（令1）
  - （例）液化シアン化水素、液化ブロムメチル、液化酸化エチレン

*　日本の夏の外気温がおよそ 35℃になることによる。
**　アセチレンは自己分解性を持つ不安定なガスであり危険性が高いことから、他の圧縮ガスと異なる定義がされている。

322

液化石油ガス容器

（出典：経済産業省「LPガス用一般複合容器を基準化します」）

法の適用を除外されるガス（法3⑴（一）～（八））

- 電気事業法、ガス事業法等により規制される鉄道、船舶、航空機等における高圧ガス（個別法により規制）
- その他災害の発生のおそれがない高圧ガス（法3⑴（八）、法3⑵）
  ・圧縮装置を使用した圧縮空気であって、温度35℃において圧力5MPa以下のもの
  ・圧縮装置を使用した第1種ガス（空気を除く）であって、温度35℃において圧力が5MPa以下のもの
  ・冷凍能力が3t以上5t未満の冷凍施設内の高圧ガスである二酸化炭素及び不活性フルオロカーボン（令2⑶（四））
  ・内容積1リットル以下の容器内における液化ガスであって、温度35℃において圧力0.8MPa（液化ガスがフルオロカーボンの場合は、2.1MPa）以下のもののうち、経済産業大臣が定めるもの（例：内容積30cm^{3}以下の容器に充填された液化ガス）（令2⑶（八））

その他高圧ガス（特定高圧ガス、特殊高圧ガス、第1種ガス）

高圧ガス	例
特定高圧ガス	圧縮水素、圧縮天然ガス、液化酸素、液体アンモニア、液化石油ガス、液化塩素、及び特殊高圧ガス（法24の2⑴、令7⑵）
特殊高圧ガス	次に掲げる圧縮ガス及び液化ガス：モノシラン、ホスフィン、アルシン、ジボラン、セレン化水素、モノゲルマン、ジシラン（法24の2⑴、令7⑴）
第1種ガス	ヘリウム、ネオン、アルゴン、クリプトン、キセノン、ラドン、窒素、二酸化炭素、フルオロカーボン（可燃性のものを除く）、空気、フルオロカーボンのうち可燃性の低いもの（特定不活性ガス）（フルオロオレフィン1234yf、フルオロオレフィン1234ze）（令3、一般則2（四の二））

2 高圧ガスの製造

2.1 高圧ガスの製造とは

この法律では**製造**という用語は、何かつくることとは違った意味で使用されています。すなわち、ガス（または液化ガス）を圧縮、液化その他の方法により高圧ガスの状態にすることをいい、次のいずれかに該当することを意味しています。

- ●**圧力を変化させる行為**
  - ● 高圧ガスでないガスを高圧ガスにする（圧縮機、ポンプ等を使用）
  - ● 高圧ガスをさらに圧力上昇させる（圧縮機、ポンプ等を使用）
  - ● 高圧ガスを減圧して圧力の低い高圧ガスにする
- ●**状態を変化させる行為**
  - ● 気体を高圧ガスである液化ガスにする（凝縮機等を使用）
  - ● 液化ガス（高圧でないものを含む）を気化器等で気化させて高圧ガスにする
- ●**その他の行為**
  - ● 容器へ高圧ガスを充填する
  - ● 高圧ガス容器から別の容器に移充填する

2.2 製造に対する主な規制

（1）許可・届出が必要な製造者の種類

冷凍設備と冷凍以外の高圧ガス設備とではそれぞれ規制が異なります。それらを右表にまとめました。第1種製造所の設置者を**第1種製造者**、第2種製造所の設置者を**第2種製造者**といい、右表の処理能力（処理容積）により分別します。

（2）第1種製造者に求められること

（i）製造の許可等

1日の処理容積が右表の第1種製造者の欄の数値以上の高圧ガス製造者は、事業所ごとに都道府県知事の許可を受けなければなりません。また、完成検査を受けたあとでなければ施設の使用はできません（法5(1)、令4、一般高圧ガス保安規則（以下「一般則」）3）。

（ii）完成検査

製造施設の設置の工事が完成したあと、知事等による完成検査を受け、合格しなければなりません（法20(1)、一般則31）。

許可・届出が必要な製造者

	高圧ガス設備 冷凍設備	高圧ガスの種類	第1種製造者 （許可）	第2種製造者 （第1種製造所以外の高 圧ガス製造者）（届出）
1	冷凍以外の高圧ガス設備（一般高圧ガス、LPガス）の場合 （例） ●工場 ●LPガス充填所 ●タンクローリー	①第1種ガス以外	1日の処理能力が100m³以上	1日の処理能力が100m³未満
		②第1種ガス （不活性ガス）	1日の処理能力が300m³以上	1日の処理能力が300m³未満
		③第1種ガスとそれ以外のガスの両方を含む	Xm³／日[注1] X＝100m³超300m³以下に限る	Xm³／日未満[注2]
2	冷凍設備の場合 （例） ●パッケージ型フルオロカーボン冷凍設備 ●アンモニア冷凍設備等	①不活性のフルオロカーボン	1日の冷凍能力が50t以上	1日の冷凍能力が20t以上50t未満
		②アンモニア及び不活性でないフルオロカーボン	1日の冷凍能力が50t以上	1日の冷凍能力が5t以上50t未満
		②のガス以外のガス	1日の冷凍能力が20t以上	1日の冷凍能力が3t以上20t未満

（注1）　$X = R + S \geq 100 + (2/3) \cdot S$　が成立するときは、「第1種製造者」
（注2）　$X = R + S < 100 + (2/3) \cdot S$　が成立するときは、「第2種製造者」
　　　　　X：当該事業所における1日の処理能力の合計値 [m³]
　　　　　R：第1種ガス以外のガスの1日の処理能力 [m³]
　　　　　S：第1種ガスの1日の処理能力 [m³]
（算定例）
処理量が、酸素50m³、窒素180m³の事業所の場合。
①処理容積の合計 $X = R$（酸素）$+ S$（窒素）$= 50$（酸素）$+ 180$（窒素）$= 230$
②S（窒素）$= 180$m³　→　$100 + (2/3) \cdot S = 100 + (2/3) \cdot 180 = 220$
③結果
　$X = 230 \geq 220$　よって、当該事業所は第1種製造者となる。

（ⅲ）技術上の基準の遵守

製造設備に関する**法で定められた技術上の基準**に従って製造設備を維持し、製造の方法に関する技術上の基準に従って高圧ガスを製造しなければなりません（法8、法11、一般則5、同6）。

（ⅳ）危害予防規程

第1種製造者は、**危害予防規程**を定め、届け出ること。第1種製造者の義務となります。各事業所の実態を踏まえて必要な事項を自主的に設定し、これに沿った事故防止に取り組むことが必要です（法26、一般則63）。

（ⅴ）統括者等の選任

事業所ごとに、保安統括者、保安技術管理者、保安企画推進員、保安主任者及び保安係員等及びこれらの代理者を選任し、それぞれ高圧ガス製造に係る保安業務を行わなければなりません（法27の2〜27の4、法33、一般則64、同70）。

（ⅵ）保安教育

保安教育計画を定め、従業員に保安教育を施す必要があります（法27(3)）。

（ⅶ）保安検査

製造施設について、年に1回保安検査を受け（法35、一般則79）、かつ、定期自主検査を年1回以上行い、記録を保存しなければなりません（法35の2、一般則83）。

（ⅷ）製造設備の変更等

製造設備・製造方法を変更する場合は、知事の許可を受け、届け出る必要があります（法14(1)、一般則14）。

（ⅸ）廃止

高圧ガスの製造を開始または廃止したときは、知事に届け出なければなりません（法21(1)、一般則42）。

（ⅹ）火気

何人も、製造所等の指定する場所で火気を使用してはなりません（法37）。

（ⅺ）警戒標

見やすいところに**警戒標**を設けること（法8（一）、一般則6(1)）。第1製造者が法5(1)の許可を受けて貯蔵する場合、または液化石油ガス法第6条の販売事業者が供給設備もしくは貯蔵施設において液化石油ガスを貯蔵する場合は、許可または届出の必要はありません。

危害予防規程

　危害予防規程とは、災害の発生の防止や災害の発生が起きた場合において、事業所自らが行うべき保安活動について規定したもので、おおよそ、以下の項目に関することが含まれる必要がある。

- 施設の位置、構造及び設備、製造方法に係る技術上の基準
- 保安管理体制並びに保安統括者、保安技術管理者、保安係員の職務の範囲
- 製造設備の運転・操作
- 製造設備の巡視・点検
- 製造施設の新増設工事及び修理作業の管理
- 製造設備が危険な状態となったときの措置及びその訓練方法
- 協力会社の作業の管理
- 従業員に対する当該規程の周知方法及び当該規程に違反した者に対する措置
- 保安に係る記録
- 危害予防規程の作成及び変更の手続き
- その他

警戒標の例

（出典：北海道石狩振興局「ガス警戒標の例」）

第11章　高圧ガス保安法

（3）第 2 種製造者に求められること

（ⅰ）製造の届出

1 日の処理容積が 325p 表の第 2 種製造者の欄に掲げる数値以上の高圧ガス製造者は、事業所ごとに、事業または製造開始の 20 日前までに、都道府県知事に届け出なければなりません（法 5(2)、令 4、一般則 4）。

（ⅱ）技術上の基準適合

技術上の基準（製造設備に関する技術上の基準、製造の方法に関する技術上の基準）に従って製造設備の維持と高圧ガスの製造を行う必要があります（法 12、一般則 10 ～ 12）。

（ⅲ）保安教育

従業者への保安教育を実施しなければなりません（法 27(4)）。

（ⅳ）自主定期点検

処理能力 30m^3/日以上の第 2 種製造者は、年 1 回以上の製造設備の自主点検を実施し、検査結果を保存しなければなりません（法 35 の 2、一般則 83）。

（ⅴ）変更の届出

製造施設や製造方法を変更した場合は知事へ届出が必要です（法 14(4)、一般則 16）。

（ⅵ）保安統括者等の選任

可燃性ガスの液化ガスを加圧するためのポンプを設置する第 2 種製造者であって、処理能力が 30m^3/日以上の者は、事業所ごとに保安統括者、保安技術管理者、保安係員等及びこれらの代理者を選任し、それぞれ高圧ガス製造に係る保安業務を行わせること（法 27 の 2、法 33、一般則 64 ～同 69）。

（ⅶ）廃止の届出（法 21、一般則 42）

（ⅷ）製造所での火気等の取扱制限（法 37）

（ⅸ）警戒標の設置

製造施設がある場合には、事業所の境界線を明示し、かつ、事業所外部から見やすいところに**警戒標**を設けること（法 12(1)、一般則 6(1)、一般則 10）。

製造者の法的要求事項（まとめ）

（処理能力単位：m³／日）

	第1種製造者	第2種製造者	
		（A）	（B）
第1種ガス	300以上	30以上、300未満	30未満
それ以外のガス	100以上	30以上、100未満	30未満
【法的要求事項】			
危害予防規程	○	＊	＊
保安教育計画	○	＊	＊
保安教育	○	○	○
定期自主検査	○	○	＊
保安統括者、保安係員等の選任	○	＊（注○）	＊
施設設置許可・届出	○（許可）	○（届出）	○（届出）
製造に係る技術上の基準	○	○	○
貯蔵に係る技術上の基準	○	○	○
移動に係る技術上の基準	○	○	○
完成検査	○	＊	＊
保安検査	○	＊	＊

（○：義務、＊：非義務）

（注）可燃性ガスの液化ガス（LPガスを含む）を加圧するためのポンプを設置する第2種製造者であって、処理能力が30m³／日以上の者は、事業所ごとに、その事業の実施を統括管理する保安統括者等を選任しなければなりません（法27の2(1)（二））。

第11章　高圧ガス保安法

329

3 高圧ガスの貯蔵

3.1 高圧ガスの貯蔵とは

本法において「高圧ガスの貯蔵」とは、**容器に充填した高圧ガスを置くこと、貯槽に高圧ガスを充填して置くこと**を意味しています。

3.2 貯蔵に対する主な規制

（1）許可・届出が必要な貯蔵者の種類

第1種貯蔵所と第2種貯蔵所は、右表の貯蔵容量により区分されます。貯蔵についても製造の場合と同じく、第1種ガスのみ貯蔵する場合、第1種ガス以外のガスのみを貯蔵する場合、そして、第1種ガスとその他のガスの両方を貯蔵する場合があります。第1種ガスとその他のガスの両方を貯蔵する場合の取扱いについては、欄外で説明しました。第1種貯蔵所の設置者を**第1種貯蔵者**、第2種製造所の設置者を**第2種貯蔵者**といいます。

（2）第1種貯蔵者に求められること

（ⅰ）設置の許可

右表の数量以上の高圧ガスを貯蔵する場合、第1種貯蔵所の設置に係る都道府県知事の許可を受ける必要があります（法16、一般則20）。

（ⅱ）技術上の基準の遵守

第1種貯蔵所の**貯蔵の方法に係る技術上の基準**にしたがって管理すること（法15、一般則18）。位置、構造及び設備について技術上の基準に適合しなければなりません（法16(2)、一般則21〜23）。

（ⅲ）完成検査

第1種貯蔵所は、貯蔵設備に係る完成検査を受けなければなりません（法20、一般則31）。

（ⅳ）変更の工事

第1種貯蔵所の位置、構造または設備の変更の工事は、都道府県知事の許可を受けなければなりません（法19(1)、一般則27）。

（ⅴ）軽微な変更

第1種貯蔵所の位置、構造または設備についての軽微な変更の場合は、都道府県知事に届け出なければなりません（法19(2)、一般則28(2)）。

貯蔵に係る許可・届出と貯蔵所

	第 1 種貯蔵所	第 2 種貯蔵所
施設設置の許可・届出	許可	届出
第 1 種ガス[※2]	容積（貯蔵能力）[※1] 3,000m³（30t）	容積（貯蔵能力）[※1] 300m³（3t）以上 3,000m³（30t）未満
その他のガス	容積（貯蔵能力）[※1] 1,000m³（10t）	容積（貯蔵能力）[※1] 300m³（3t）以上 1,000m³（10t）未満

※1　容積（貯蔵能力）：
・液化ガスの場合、10kg＝1m³ に換算
・法的な貯蔵の規制を受けない容積は 0.15m³（1.5kg）以下
・貯蔵の場合、容積 0～300m³（3t）未満の場合は、貯蔵所の設置の許可、届出は必要がない。しかし、技術上の基準（法 15、一般則 18）を遵守する義務がある。

※2　第 1 種ガス：表1「特定高圧ガス、特殊高圧ガス、及び第1種ガス」を参照

（注）第 1 種ガスとその他のガスを貯蔵する場合の取扱い
Y＝K＋M≧1,000＋（2／3）・M　が成立する場合は、第 1 種貯蔵所に該当する
Y＝K＋M＜1,000＋（2／3）・M　が成立する場合は、第 2 種貯蔵所に該当する。
Y：当該貯蔵所における貯蔵能力の合計値［m³］
K：第1種ガス以外のガスの貯蔵能力［m³］
M：第1種ガスの貯蔵能力［m³］

容器の場合の技術上の基準例

● 可燃性ガス、毒性ガスの容器は、通風の良い場所に置くこと
● 充填容器と残ガス容器に区分して容器置き場に置くこと
● 容器置き場の周囲 2m 以内での火気の使用禁止、かつ、引火性・発火性のものを置かない
● 充填容器は、常に 40℃以下に保つこと
● 落下、転倒等、バルブの損傷等を防止すること など

（ⅵ）保安教育（法27（4））

（ⅶ）帳簿（法60、一般則95）

（ⅷ）貯蔵所での火気の取扱の制限（法37）

（ⅸ）貯蔵所の廃止の届出（法21（4）、一般則43）

（ⅹ）警戒標（法16（2）、一般則22）

（3）第2種貯蔵者に求められること

（ⅰ）届出

331p表の容量以上の高圧ガスを貯蔵しようとする第2種貯蔵所の所有者または占有者（「**第2種貯蔵者**」）は、都道府県知事へ届け出る義務があります（法17の2、一般則25）。

（ⅱ）技術上の基準の遵守

第2種貯蔵所の位置、構造及び設備の変更（軽微な場合を含む）について届け出ること、及び**技術上の基準**に適合すること（法18（2）、法19（4）、一般則26〜29）。

（ⅲ）保安教育（法27（4））

（ⅳ）帳簿（法60、一般則95）

（ⅴ）貯蔵所での火気の取扱の制限（法37）

（ⅵ）貯蔵所の廃止の届出（法21（4）、一般則43）

（ⅶ）警戒標（法16（2）、一般則22）

3.3 貯蔵の方法に係る技術上の基準（法15、一般則18）

貯蔵の方法に係る技術上の基準は、右のとおりです。

3.4 移動（輸送）に対する規制

高圧ガスは**移動**することもあり、貯蔵では必ず関係してくるものです。移動についての規制は5.2「高圧ガスの移動」を参照して下さい。

貯蔵の方法に係る技術上の基準

◉特に、容器により貯蔵する場合
- ● 可燃性ガス、毒性ガスの充填容器は通風の良いところに置く
- ● 充填容器及び残ガス容器は区分して容器置場に置く
- ● 可燃ガス、毒性ガス、酸素の充填容器等は区分して置く
- ● 不活性ガス及び空気を除く容器置場の周囲2m以内では火気の使用禁止、引火性、発火性のものを置かない
- ● 充填容器等は、常に40℃以下に保つ
- ● 転倒、転落等による衝撃、バルブの損傷防止、粗暴に扱わない
- ● 刻印等の製造年月から15年経過した一般複合容器には貯蔵しない
- ● 貯蔵は、船、車両もしくは鉄道車両に固定し、または積載した容器により行わない など

◉貯槽により貯蔵する場合
- ● 可燃ガスまたは毒性ガスの貯槽は、通風の良い場所に設置する
- ● 貯槽（不活性ガス、空気は除く）の周囲2m以内は火気の使用禁止、かつ、引火性または発火性のものは置かない
- ● 貯槽への液化ガスの充填容量は、常用温度で内容積の90%を超えない
- ● 貯槽（貯蔵能力100m³または1t以上のものに限る）には、沈下状況を測定できる措置を講じ、沈下状況を測定する
- ● バルブに過大な力を加えない措置を講じる など

貯蔵所に係る法的要求事項（まとめ）

（貯蔵量単位：m³）

	第1種貯蔵者	第2種貯蔵者	その他の貯蔵者
第1種ガス	3,000以上	300以上、3,000未満	300未満
それ以外のガス	1,000以上	300以上、3,000未満	300未満

【法的要求事項】	第1種貯蔵者	第2種貯蔵者	その他の貯蔵者
保安教育計画	＊	＊	＊
保安教育	○	○	＊
定期自主検査	＊	＊	＊
保安統括者、保安係員等の選任	＊	＊	＊
許可・届出	○（許可）	○（届出）	＊
貯蔵に係る技術上の基準	○	○	○
移動に係る技術上の基準	○	○	○
完成検査	○	＊	＊
保安検査	＊	＊	＊

（○：義務、＊：非義務）

4 高圧ガスの消費

4.1 高圧ガスの消費とは

　本法において**高圧ガスの消費**とは、高圧ガスを減圧、燃焼、化学反応等により廃棄以外の目的のために減圧設備（減圧弁等）により高圧ガスから高圧でない状態にし、そのガスを使用することをいいます。

　消費に対する主な規制は、特定高圧ガスに加え、可燃性ガス、毒ガス、酸素、空気の消費は、以下の基準に従って行うことなどです。

　では高圧ガス消費者が守るべきこととして、どのようなものがあるでしょうか。まず、消費に係る法的要求事項を右表にまとめました。

4.2 守るべきこと

（1）届出（法24の2、一般則53）

　右表に掲げる高圧ガスの種類と数量以上の高圧ガス（「**特定高圧ガス**」）を消費する者（貯蔵能力が右欄の数量以上である者または他の事業所から導管により特定高圧ガスの供給を受ける者。「**特定高圧ガス消費者**」）は、事業所ごとに、消費開始の20日前までに特定高圧ガス消費届出書を都道府県知事に届け出なければなりません（法24の2(1)、令7(1)、(2)）。

　消費のための設備または消費しようとする特定高圧ガスの種類もしくは消費の方法の変更等を行う場合には、軽微な変更を除き、あらかじめ都道府県知事に届け出なければなりません（**特定高圧ガス消費施設用変更届**）（法24の4、一般則56）。

　特定高圧ガス消費者は、特定高圧ガスの消費を廃止した場合は、遅滞なく、その旨を都道府県知事に届け出なければなりません（法24の4(2)、一般則58）。

　廃止届は、特定高圧ガス消費者が事業所ごとに特定高圧ガスの消費をすべて廃止したときに届け出るものであり、施設ごとに届け出るものではありません。

（2）特定高圧ガス取扱主任者の選任・届出

　特定高圧ガス消費者は、事業所ごとに、特定高圧ガス取扱主任者を選任し、規定の業務を行わなわなければなりません（法28(2)、一般則73）。

　特定高圧ガス取扱主任者を選任したときは、遅滞なく、その旨を都道府県知事に届け出なければなりません。また、解任したときも同様の届出が必要です（法28(2)、(3)、法27の2(5)、一般則75)）。

消費に係る法的要求事項

	特定高圧ガスの消費者	特定高圧ガス以外のガスの消費者
保安教育	○	＊
消費設備の定期自主検査	○	＊
特定高圧ガス取扱主任者	○	＊
特定高圧ガスの消費の許可・届出	○ 届出	＊
貯蔵に係る技術上の基準 （高圧ガスを貯蔵する場合）	○	○
特定高圧ガスの消費に係る技術上の基準	○	＊
その他消費に係る技術上の基準	＊	○（可燃性ガス、毒性ガス、酸素の場合） ＊（上記以外のガスを消費する場合）
移動に係る技術上の基準	○	○
消費設備の完成検査		＊
消費設備の保安検査		＊

（○：規定あり　＊：規定なし）

特定高圧ガスと届出対象数量

特定高圧ガスの種類	届出対象数量（貯蔵能力）
（特殊高圧ガス） モノシラン、ホスフィン、アルシン、ジボラン、セレン化水素、モノゲルマン、ジシラン（この 7 物質及びこのガスの混合物）	規定数量なし（0 を超える数量）
圧縮水素、圧縮天然ガス	300m^3 以上
液化酸素、液化アンモニア	3,000kg（3t）以上
液化石油ガス	3,000kg（3t）以上（液化石油ガス法の一般消費者を除く。一般消費者以外の業務用は 10t 以上）
液化塩素	1,000kg（1t）以上

第**11**章　高圧ガス保安法

335

（3）定期自主検査

特定高圧ガス消費者は、消費の設備について、1年に1回以上定期自主検査を行い、記録を作成し保存します（法35の2、一般則83）。

（4）保安教育

特定高圧ガス消費者は、その従業員に対し保安教育を施さなければなりません（法27⑷）。

（5）火気等の制限（法37）

何人も、特定高圧ガス消費者が指定する場所で火気を取り扱ってはなりません。

（6）特定高圧ガスの消費に係る技術上の基準（法24の3、一般則55）

この基準は、特定高圧ガスを消費する者に対する基準です。

高圧ガスを消費する場合は、「消費に係る技術上の基準」に従って使用しなければなりません。右に主な基準を示します。

（7）その他消費に係る技術上の基準（法24の5、一般則60）

この基準は、特定高圧ガス消費者に該当しない場合でも、可燃性ガス（自動車燃料用に消費する場合を除く）、毒性ガス、酸素及び空気以外のガス（特定高圧ガス以外のガス）を消費する場合に守るべき基準（法24の5）であり、この基準に従って消費しなければなりません。

政令で定める量（335p下表）未満の特定高圧ガス、あるいはこれ以外のガスで可燃性ガス、毒性ガス、酸素及び空気を消費する場合の基準で、その主なものを右に示しました。容器は、いわゆるボンベを想定しています。

（8）貯蔵の方法に係る技術上の基準（法15、一般則6、同18）

高圧ガスを $0.15\mathrm{m}^3$ 以上貯蔵する場合、法15における貯蔵に関する技術上の基準に従う必要があります。特に容器により貯蔵する場合には、**貯蔵の方法に係る技術上の基準**に従って貯蔵しなければなりません。右に基準のおもなものを示します。

（9）移動に係る技術上の基準（法23、一般則49、同50）

5.2「高圧ガスの移動」を参照して下さい。高圧ガスの消費では必ず関係します。

特定高圧ガスの消費に係る技術上の基準

- 特定高圧ガスの消費者は、消費のための施設の位置、構造及び設備に係る技術上の基準に適合するように維持すること（法24の3(1)、一般則55(1)）
- 事業所の境界線を明示し、かつ、事業所の外部から見やすいように警戒標を掲げること
- 保安物件（重要施設や民家など）に対し設備距離を確保すること
- 消費設備に使用する材料は、ガスの種類、性状、温度、圧力等に応じ安全であること
- 消費設備に設けたバルブ、コックには作業員が適切に操作できるようにすること（開閉方向の明示、配管のガスの種類と方向の表示等）
- 使用開始時及び使用終了時に消費設備の異常の有無を点検すること
- 1日1回以上消費設備の作動状況の点検等を行うこと
- 配管からの漏えい検知・警報する設備の設置とガスを遮断する措置が講じられていること など

その他消費に係る技術上の基準

- 充填容器等のバルブは静かに開閉すること
- 転倒、転落等による衝撃、バルブの損傷を防止し、粗暴に取り扱わないこと
- 可燃性ガスまたは毒性ガスの消費は、通風の良い場所で、かつ、容器は40℃以下に保つこと
- 容器等は湿気・水滴等による腐食を防止する措置を講じること
- 可燃性ガス・酸素の消費設備から5m以内での喫煙・火気の使用を禁止
- 可燃性ガスの貯蔵には静電気除去の措置を講じること
- 可燃性ガス、酸素の消費施設には消火設備を設けること
- 高圧ガスの消費は、消費設備の使用開始時及び使用終了時に消費設備の異常の有無を点検するほか、1日に1回以上消費設備の作動状況を点検し、異常があれば危険防止の措置を講じること
- 溶接または熱切断用のアセチレンガスの消費は、当該ガスの逆火、漏えい、爆発等による災害防止の措置を講じること
- 酸素または三ふっ化窒素の消費は、バルブ及び消費に使用する器具の石油類、油脂類その他可燃性の物を除去したあとにすること など

貯蔵の方法に係る技術上の基準

- 充填容器は、常に40℃以下に保つこと
- 充填容器と残ガス容器を区分して容器置き場に置くこと
- 充填容器等には、転落、転倒等による衝撃及びバルブの損傷を防止する措置を講じ、かつ、粗暴な扱いをしないこと
- 容器置き場の2m以内においては、火気の使用を禁じ、かつ、引火性または発火性のものを置かないこと など

第11章 高圧ガス保安法

337

5 高圧ガスの販売、移動、廃棄

5.1 高圧ガスの販売

本法において**高圧ガスの販売の事業**とは、高圧ガスの引渡しを継続かつ反復して営利の目的で行うことをいい、この販売に事業を営むことを目的として届け出た者を**販売業者**といいます。

ただし、高圧ガス販売のうち、液化石油ガス（LPG）（高圧ガスの一種類）を一般消費者等（家庭用または飲食店等の業務のための消費者）に販売する事業に対しては、高圧ガス保安法は適用されず、液化石油ガス法が適用されます。

販売所ごとに、事業開始の日の20日前までに、販売する高圧ガスの種類を記載した書面等を添えて、その旨を都道府県知事に**届け出**なければなりません（法20の4）。

溶接用のアセチレン、天然ガス、酸素等省令で定める高圧ガスの販売を消費事業者に対して行う場合は、災害防止に必要な事項を購入者へ**周知**しなければなりません（法20の5、一般則38）。

また、**技術上の基準**（右）に従って高圧ガスの販売を行わなければなりません（法20の6）。

ほか、保安教育の実施（法27⑷）、ガスの種類を変更した場合の届出（法20の7、一般則41）、帳簿（法60）、販売主任の選任（法28、一般則72）等について定められています。

5.2 高圧ガスの移動

高圧ガスの「移動」とは、高圧ガスを充塡した容器を移動する場合または導管により高圧ガスを輸送する場合をいいます。

高圧ガスを移動するときは、**移動に係る技術上の基準**を遵守しなければなりません（法23、一般則49、同50）。

容器を運搬（移動）する場合は、「移動に係る技術上の基準」に沿って運搬しなければなりません。右に基準の一部を示しています。

5.3 高圧ガスの廃棄

高圧ガスの「廃棄」とは、容器または設備内にある高圧ガスを安全な状態で大気等に放散させて捨てることをいいます。

経済産業省令で定める高圧ガスの廃棄は、廃棄の場所、数量その他廃棄の方法について、**廃棄に係る技術上の基準**に従って行わなければなりません（法25、一般則61）。

販売に係る技術上の基準

- 販売業者等に係る技術上の基準（一般則40）
- 貯蔵の方法に係る技術上の基準（法15、3.4 右表「貯蔵の方法に係る技術上の基準」）
- 移送に関する技術上の基準（法23、5.2「高圧ガスの移動」）

移動に係る技術上の基準の一部

- 高圧ガスを移動する場合には、車両の見やすい箇所に警戒標を掲げること
- 容器は常に40℃以下に保つこと
- 容器は転倒転落防止措置を講じ、粗暴な扱いをしないこと
- 毒性ガスの容器には木枠またはパッキンを施すこと
- 可燃性ガス、酸素の容器は、消火設備、災害発生防止のための応急措置に必要な資材、工具を携行すること
- 導管による高圧ガスの輸送は、技術上の基準に従うこと
- 可燃性ガス、酸素を300m³以上または毒性ガスを100m³以上または特殊高圧ガスを移動するときは、移動監視者が乗車し、運転時間によっては運転者を2名充て、容器が危険な状態の場合または事故が発生した場合に必要な措置をあらかじめ講じておくこと など

経済産業省令で定める高圧ガス

- 可燃性ガス
- 毒性ガス
- 酸素
- 特定不活性ガス（不活性ガスのうち、フルオロオレフィン1234yf、フルオロオレフィン1234ze及びフルオロカーボン32をいう）（一般則3（四の二））

廃棄に係る技術上の基準

- 廃棄は、容器とともに行わないこと
- 可燃性ガスの廃棄は、火気を取り扱う場所、引火性・発火性の物等が堆積している場所等を避け、かつ、大気放出して廃棄するときは、通風の良い場所で少量ずつ行うこと
- 毒性ガスを大気中に放出して廃棄するときは、危険・損害等を及ぼさない場所で、少量ずつ行うこと
- 充填容器等は静かに開閉すること など

第11章 高圧ガス保安法

339

6　保安統括者等の届出

6.1　保安統括者等の選任が必要な事業所

（1）第1種製造者

　第1種製造者は、その事業所の規模や形態に応じて**保安統括者等**を選任し、都道府県知事に届け出なければなりません（法27の2(1)(一)、一般則64(1)、(2)）。ただし、右表の「選任不要の事業所」の欄に記載した者の場合は、保安統括者等の選任は不要です。

（2）第2種製造者

　可燃性ガス（LPガスを含む）の液化ガスを加圧するためのポンプを設置するものであって、処理能力が$30\mathrm{m}^3$／日以上の第2種製造者は、**保安統括者等**を選任し、都道府県知事に届け出なければなりません。ただし、右表の「選任が不要の事業所または施設」の欄に記載した者の場合は、保安統括者等の選任は不要です（法27の2(1)(二)、一般則64(3)）。

6.2　保安統括者等の職務等

　保安統括者は、高圧ガスの製造に係る保安に関する業務を統括管理します（法32(1)）。
　保安技術管理者（有資格者）は、保安統括者を補佐して高圧ガスの製造に係る保安に関する技術的事項を管理します（法32(2)）。**保安主任者（有資格者）**は、担当する製造施設について保安技術管理者を補佐して保安係員を指揮します（法32(4)）。
　保安係員（有資格者）は、担当する製造施設の維持、製造方法の監視その他の高圧ガスの製造に係る保安に関する技術的事項で、省令で定めるものを管理します（法32(3)、一般則76）。
　保安企画推進員は、危害予防規程の立案及び整備、保安教育計画及び推進その他高圧ガスの製造に係る保安に関する業務であって省令で定めるものに関し、保安統括者を補佐します（法32(5)、一般則77）。
　保安監督者は、高圧ガスの製造に係る保安について監督します。しかし法的には定義はないので、法律上の選任・解任の届出は必要ありません。条例等により義務づけている自治体があり、保安のためには各事業所において選任される体制が求められます。

6.3　高圧ガス保安統括者等の選任・解任届

　保安統括者は選任・解任後、遅滞なく届け出ること（法27の2(5)）。**保安技術管理者、保安主任者、保安係員、保安企画推進者**は、その年の前年8月1日からその年の7月31日までの期間内にした選任・解任について当該期間終了後、遅滞なく届け出ること（法27の2(6)、一般則67、法27の3(3)、一般則71）。

保安統括者等の資格と選任の概要

名称	選任の区分	資格要件	選任が不要の事業所または施設
保安統括者	事業所ごとに1人 代理者1人	不要	第1種製造者 ①移動式製造設備により、六ふっ化硫黄ガス、空気、液化ヘリウム、液化アルゴン、液化窒素、液化酸素、液化炭酸ガス、液化六ふっ化硫黄もしくは液化フルオロカーボンを製造する者*1 ②気化器もしくは減圧弁によりヘリウムガス、アルゴンガス、窒素ガス、酸素ガスもしくは炭酸ガスを製造する者*1 ③気化器または減圧弁またはこれらと同様の機能を有するバルブにより炭酸ガスを製造する者 ④処理能力が1,000m³/日未満のスクーバダイビング用等呼吸用の空気を充填するための定置式製造設備（自動停止機能を有するものに限る）を設置する者*1 ⑤処理能力が25万m³/日未満で、車両の燃料として使用される専ら天然ガスまたは液化石油ガスを車両に固定された容器に充填する者（スタンド）*1 ⑥容積10m³以下の空気または窒素ガスを使用するダイキャスト機、水圧蓄圧機またはアキュムレータを使用する者
			第2種製造者 ①処理能力（不活性ガスまたは空気については、その処理能力に3分の1を乗じた容積）100m³/日未満の処理設備を設置する者（可燃性ガスの液化ガスまたは液化石油ガスを加圧するためのポンプを設置する場合であって処理能力が30m³/日以上100m³/日未満の処理設備の設置者を除く） ②認定指定設備を設置する者
保安技術管理者	事業所ごとに1人 代理者1人	①保安用不活性ガス以外の処理能力100万（充填は200万）m³/日以上（甲化*2、甲機*3）+経験 ②保安用不活性ガス以外の処理能力100万（充填200万）m³/日未満（甲化、甲機、乙化*4、乙機*5、丙化*6）+経験	保安統括者の欄に示すものに加え、保安統括者が必要な事業所のうち、 ①保安統括者が左の欄の「有資格者+経験」の場合 ②処理能力　25万m³/日未満で、次の場合 ・気化器・減圧弁による可燃性ガス、毒性ガスの製造 ・消費（燃焼）の目的で可燃性ガスの製造 ・特定液石油ガスの容器又は貯槽への充填 ・可燃性ガス、毒性ガス以外の製造 ③移動式製造設備の場合
保安企画推進員	事業所ごとに1人 代理者1人	所定の知識経験	保安統括者の欄に示すものに加え、保安統括者が必要な事業所のうち、 ・保安用不活性ガス以外の処理能力100万（貯槽を設置して充填を行う場合は200万）m³/日未満の場合
保安主任者	製造施設の区分ごとに1人 代理者1人	（甲化、甲機、乙化、乙機、丙化）+経験	保安企画推進員の欄に同じ
保安係員	製造施設の区分ごとに1人 代理者1人	（甲化、甲機、乙化、乙機、丙化（液石））+経験	保安企画推進員の欄に同じ

（出典：茨城県等）

*1　保安統括者①〜⑤の者は保安統括者等の選任は不要だが、所定の経験、学歴、資格等を有する者による保安に関する監督が必要（「保安監督者」の選任）である。
*2　甲化：甲種化学製造保安責任者免状所有者
*3　甲機：甲種機械製造保安責任者免状所有者
*4　乙化：乙種化学製造保安責任者免状所有者
*5　乙機：乙種機械製造保安責任者免状所有者
*6　丙化（液石）：丙種化学製造保安責任者免状所有者（液化石油ガスに関するもの）

第11章　高圧ガス保安法

7 容器に関する規制、危険時・事故時の措置

　高圧ガスを充塡するための容器、いわゆるボンベの表示・充塡・再検査などの取扱いについては容器保安規則に規定されていますが、容器の移動（運搬）などについては、法23及び一般則49で規定されています（高圧ガスの移動については、5.2「高圧ガスの移動」を参照して下さい）。

7.1 容器に関する規制

（1）刻印等

　高圧ガスの容器製造業者は、技術上の基準にしたがって容器を製造しなければなりません（法41）。

　容器を製造または輸入した者は、容器について容器検査を受け、これに合格したものとして、**刻印**または**標章の掲示**がされていなければ、この容器を譲渡し、または引渡してはなりません（法44、法46、法49の3）。

　規定された期間を経過した容器または損傷した容器は、容器再検査（下表）に合格し、刻印または標章がされているものでなければなりません（法48、49）。

　容器付属品（バルブ、安全弁、緊急しゃ断装置など）も、検査または再検査に合格し所定の刻印が必要です（法49の2、49の4）。

　上記の刻印または標章の表示のある容器でなければ高圧ガスを充塡できません。充塡ガスの種類・圧力等は**刻印の条件に合致**していなければなりません（法48）。

　容器に充塡するガスの種類、圧力を変更するときは申請し、刻印等を変更しなければなりません（法54）。

　また、容器に圧縮ガスを充塡する場合は、容器に刻印された**最高充塡圧力**（記号：FP）以下の圧力としなければなりません。

　再検査の有効期間を過ぎた容器にガスを充塡したり、最高充塡圧力を超えた圧力間で充塡すると、安全弁が作動したり、容器が破裂する恐れがあります。

● 主な容器の再検査期間の例

区分	製造後の経過年数	容器再検査の期間
溶接容器	20年未満	5年
溶接容器	20年以上	3年
一般継目なし容器	—	5年
一般複合容器	—	3年
LPガス自動車燃料用容器	20年未満	6年
LPガス自動車燃料用容器	20年以上	2年

（出典：富山県高圧ガス安全協会「保安管理のノウハウ集」）

刻印（法45⑴、容器則8）

容器には外表面の見やすい個所に以下の項目を刻印で表示する。

容器の刻印のイメージ

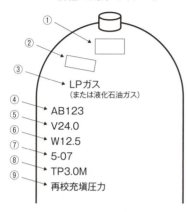
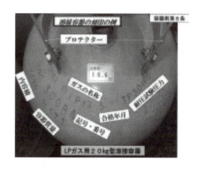

（出典：兵庫県LPガス協会）

●刻印すべき事項
①検査実施者の名称の符号
②容器製造業者の名称またはその符号
③充塡すべき高圧ガスの種類
④容器の記号（3文字以上に限る）及び番号（5桁以下に限る）
⑤内容積（記号V、単位L）
⑥附属品（取り外しのできるものに限る）を含まない質量（記号W、単位kg）
⑦容器検査に合格した年月
⑧耐圧試験における圧力（記号TP、単位MPa及びM）

標章（法45⑵、容器則8⑶）

「標章」を掲示しようとする者は、容器則第8条各号の容器の区分に応じてそれぞれの方式により行うこと
（例）一般継目なし容器、溶接容器、超低温容器及び液化天然ガス自動車燃料装置用容器の場合は、前記の「刻印すべき事項」を明確に、消えないように打刻したものを、取れないように容器の肩部その他見やすいところに溶接し、半田付けし、またはろう付けする方式による。

（2）塗色

　容器に充塡されているガスの種類を一目で判別できるように、容器外表面の塗色は右表のように定められています（右図表）。

（3）容器の運搬

　5.2「高圧ガスの移動」を参照して下さい。

7.2　危険時の措置及び届出（法36、一般則84）

（1）対象施設等

　高圧ガスの製造施設、貯蔵施設、販売施設、特定高圧ガス消費施設、高圧ガス充塡容器。

（2）行うべきこと

（ⅰ）製造施設または消費施設が危険な状態になった場合

　ただちに応急措置を講じ、製造・消費作業を中止し、製造施設・消費施設内のガスを安全な場所に移し、または大気中に放出し、必要な作業員以外はすべて退避させます。

（ⅱ）第1貯蔵所、第2貯蔵所または充塡容器等が危険な状態になった場合

　ただちに応急措置を講じ、充塡容器等を安全な場所に移し、必要な作業員以外はすべて退避させます。

（ⅲ）届出

　都道府県知事または警察官等に届け出なければなりません。

7.3　事故時の届出（法63）

（1）対象者

　第1種製造者、第2種製造者、販売業者、高圧ガスを貯蔵し、または消費する者、容器製造業者、容器の輸入業者その他高圧ガスまたは容器を取り扱う者。

（2）実施時期

　高圧ガスについて、事故（災害発生、容器喪失等）が発生した場合。

（3）実施すべきこと

　遅滞なく、その旨を都道府県知事または警察官に届け出なければなりません。

高圧ガスの容器の塗色

高圧ガスの種類	塗色の区分
酸素ガス	黒色
水素ガス	赤色
液化炭酸ガス	緑色
液化アンモニア	白色
液化塩素	黄色
アセチレンガス	かっ色
その他の種類の高圧ガス	ねずみ色

高圧ガス容器

各種容器

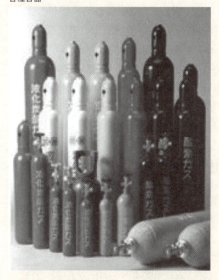

LPガス容器

その他のガス容器

（出典：新潟県消防課高圧ガス保安課）

第11章　高圧ガス保安法

第11章 ● 実務に役立つ Q&A

圧縮機による充填

Q：圧縮機により空気をスクーバダイビング用容器へ充填する行為について規制はありますか？

A：空気を圧縮機により昇圧する行為または容器へ充填する行為は、高圧ガス保安法上、高圧ガスの「製造」となり、規制がかかります。その場合、スクーバダイビング用容器への充填が高圧ガスであることが条件です。

　また、圧縮機の処理能力により規制区分が異なりますが、高圧ガス保安法第5条第1項第1号（施行令第3条）により、1日に処理することができるガス（空気の場合）の容積が300m³（温度0℃、圧力零パスカルの状態に換算した容積をいう）以上であれば第1種製造者として都道府県知事への製造許可申請が必要であり、高圧ガス保安法第5条第2項第1号より、容積300m³未満であれば第2種製造者として都道府県知事への製造の届出が必要となります。なお、第1種製造者に該当する場合、有資格者が必要になります（注：空気の場合、その処理能力は1/3を乗じた容積、この例では100m³とする。100m³未満の処理設備を設置している場合、有資格者（保安技術管理者等）の必要はないことになります）。

高圧ガスの減圧

Q：容器内の高圧ガス（例えば窒素ガス）を減圧弁により減圧して使用する場合、法令の規制はありますか？

A：一般的に容器内の高圧ガス（圧縮ガス）の圧力は14.7MPaまたは19.6MPaですが、このガスを減圧したあとも高圧ガスの状態であれば、高圧ガスの「製造」の規制がかかります。

　なおこの場合、高圧ガスの処理能力は0m³となり、高圧ガス保安法第5条第2項第1号により第2種製造者として都道府県知事への届出が必要となります。また減圧したあとが高圧ガスの状態でない場合は「消費」という行為となります。可燃性ガス、毒性ガス、酸素及び空気の消費は一般則60で定めた「消費の基準」に従わなければなりません（4.2（7）「その他消費に係る技術上の基準」を参照して下さい）。（出典：高圧ガス保安協会）

液化石油ガスの貯蔵

Q：液化石油ガス（3,000kg）を貯蔵し、工業用途で消費する場合、何か規制はありますか？

A：特定高圧ガス消費者の規制がかかります。このガスを3,000kg以上貯蔵して消費する場合、法24の2により、事業所ごとに、消費開始20日前までに、消費する特定高圧ガスの種類、消費のための施設の位置、構造及び設備並びに消費の方法を記載した書面を添えて、その旨を都度府県知事に届け出なければなりません。

貯蔵能力

Q：酸素容器（47L）及びアセチレン容器（41L）をそれぞれ1本貯蔵する場合、どのような規制がかかりますか？

A：貯蔵能力が0.15m^3（液化ガスは1.5kg）を超える高圧ガスの貯蔵は高圧ガス保安法第15条により規制されており、この規制は高圧ガスを貯蔵する者が守らなければならない基準です（3.3「貯蔵の方法に係る技術上の基準」を参照（法15、一般則18））。代表的な基準として、次のようなものがあります。

- 可燃性ガスまたは毒性ガスの充塡容器等の貯蔵は、通風の良い場所ですること
- 貯蔵は、船、車両もしくは鉄道車両に固定し、または積載した容器によりしないこと

など

貯蔵能力による都道府県知事への許可または届出の区分は以下の通りです。

- 貯蔵能力300m^{3}以上……第2種貯蔵所（届出）
- 貯蔵能力1,000m^3（第1種ガスは3,000m^3）以上……第1種貯蔵所（許可）

液化ガスの貯蔵

Q：エアゾール缶、カセットコンロ用燃料容器の貯蔵について

A：高圧ガス保安法施行令第2条第3項第8号により内容積1L以下の容器内における液化ガスであって、温度35℃において圧力0.8MPa（当該液化ガスがフルオロカーボン（可燃性のものを除く）である場合にあっては、2.1MPa）以下のもののうち、毒性ガスを含まない液化ガスまたは殺虫剤に用いる250g以下の液化ガス（クロルメチルの質量が全質量の56%以下で他の毒性ガスを含まないものに限る）である場合、すなわち、高圧ガス保安法施行令関係告示（平成9通告第139）第4条第3号で定められたものであるエアゾール缶等については、高圧ガス保安法の適用除外となります。したがって、上記適用除外品を多量に貯蔵しても高圧ガス保安法の適用となりません。なお、カセットコンロ用燃料容器内のLPガスについては、他法令（消防法など）で規制を受ける場合があるので注意して下さい。（出典：高圧ガス保安協会）

高圧ガスの溶接等の場合の使用

Q：酸素・アセチレン等による溶接、切断作業をする際の基準はありますか？

A：この行為は、高圧ガスの消費と貯蔵の基準を遵守する必要があります。消費については、一般則60（4.2（7）「その他消費に係る技術上の基準」参照）に記載されており、代表的な基準として次のようなものがあります。

- 充填容器等のバルブは、静かに開閉すること
- 充填容器等は、転落、転倒等による衝撃またはバルブの損傷を受けないよう粗暴な取扱いをしないこと
- 溶接または熱切断用のアセチレンガスの消費は、このガスの逆火、漏えい、爆発による災害を防止するための措置を講じること（消火設備には逆火防止装置を設ける）
- 酸素の消費は、バルブ及び消費に使用する器具の石油類、油脂類その他可燃性の者を除去した後にすること など
- 貯蔵については、3.3「貯蔵の方法に係る技術上の基準」を参照して下さい。（出典：高圧ガス保安協会）

販売主任者

Q：一般高圧ガス保安規則第72条第1項に販売主任者の選任が必要な高圧ガスが規定されているが、ここに規定されていない高圧ガスを販売する場合、販売主任者を選任しなくてよいのでしょうか？

A：販売主任者の選任は不要です。一般則第71条第1項にある高圧ガスを販売する場合のみ、販売主任者の選任が必要です。

※選任が必要な高圧ガスの種類

アセチレン、アルシン、アンモニア、塩素、クロルメチル、五ふっ化ヒ素、五ふっ化リン、酸素、三ふっ化窒素、三ふっ化ほう素、三ふっ化リン、シアン化水素、ジシラン、四ふっ化硫黄、四ふっ化けい素、ジボラン、水素、セレン化水素、ホスフィン、メタン、モノゲルマン及びモノシラン（出典：高圧ガス保安協会）

危機時の措置

Q：高圧ガスを充填した容器が危険な状態となったとき、とは具体的にどのような状態でしょうか？

A：高圧ガスが近隣の火災等により災害の発生のおそれが生じたとき、または、自己の事業所内において、取扱いの誤り等により高圧ガスその者が災害を発生するおそれを生じたときをいいます。（出典：愛知県）

第12章

廃棄物処理法

1節　廃棄物の種類
2節　廃棄物の処理とは
3節　廃棄物の保管
4節　廃棄物を自社で処理する場合
5節　廃棄物処理を他人に委託する場合
6節　マニフェストとは
7節　産業廃棄物及び特別管理産業廃棄物の管理体制
8節　その他

12章 廃棄物処理法

> この法律は、廃棄物の排出抑制、適正な分別、保管、収集、運搬、再生、処分等を行うことにより、生活環境の保全と公衆衛生の向上を図ることを目的としている。

法律の成立と経緯

　歴史的には、汚物の処理及び公衆衛生の向上を目的とする1900（明治33）年制定の汚物清掃法、1954（昭和29）年制定の清掃法があります。しかし、戦後の高度経済成長に伴う廃棄物の量的増大と質的変化を受け、時代に即した廃棄物処理体制を確立するために、1970（昭和45）年に清掃法を改め廃棄物処理法が制定されました。これにより、一般廃棄物の処理責任は市町村に、産業廃棄物の処理責任は事業者にあること、廃棄物処理基準の設定、廃棄物処理業の許可制、廃棄物処理施設の設置の届出制等が定められました。

　昭和40年代のクロム鉱さいによる六価クロム問題を契機に、1975（昭和50）年には産業廃棄物の処理委託基準が設定されましたが、その後も不法投棄等の不適切処理の問題を受け、1991（平成3）年に特別管理産業廃棄物の処理基準の設定、特別管理産業廃棄物管理責任者及び特別管理産業廃棄物管理票（マニフェスト）制度の創設、さらに廃棄物処理業者の許可期限を5年とし、許可の更新制度の導入、委託契約書制度が採用されました。その後も最終処分場の逼迫や不法投棄等の問題はますますひどくなり、1997（平成9）年の改正で、マニフェスト制度をすべての産業廃棄物に適用拡大、電子マニフェストの活用、不法投棄の罰則強化等が決められました。

　引き続き2000（平成12）年には特別管理産業廃棄物管理責任者の資格要件の設定、野外焼却の禁止等、2003（平成15）年には一般廃棄物の処理委託は許可業者等とされました。2006（平成18）年頃には石綿を含有する廃棄物の処理基準の設定、PCB廃棄物の焼却施設、無害化処理施設等の規定が整備されました。

　さらに2010（平成22年）の改正では、建設工事に伴う廃棄物の排出場所以外での保管の事前の届出制等が定められ、2014（平成26）年には、東日本大震災に伴う原子力発電所の災害に伴う災害廃棄物への対応、水銀に係る水俣条約の締結に伴い水銀を含む廃棄物の処理基準が定められました。

廃棄物処理法・年表（●：できごと、●：法令関係）

- ● 1900（明治 33）年　汚物清掃法制定。
- ● 1954（昭和 29）年　清掃法制定。
- ● 昭和 40 年代　クロム鉱さいによる六価クロムによる土壌汚染問題発生。
- ● 1970（昭和 45）年　廃棄物処理法制定。
- ● 昭和 50 年代　廃棄物の排出量増大・質的変化、最終処分場の確保困難、不法投棄問題発生。
- ● 1991（平成　3）年　特別管理産業廃棄物制度、特別管理産業廃棄物管理責任者制度の創設、特別管理産業廃棄物管理票制度の導入、産業廃棄物処理業の許可期限を 5 年とし、許可の更新制度導入、委託契約書制度を導入。
- ● 1995（平成　7）年頃　産業廃棄物の最終処分場の逼迫、不法投棄多発。
- ● 1997（平成　9）年　産業廃棄物管理票制度をすべての産業廃棄物に適用拡大、電子マニフェスト制度、不法投棄の罰則強化。
- ● 2000（平成 12）年　特別管理産業廃棄物管理責任者の資格要件の設定、野外焼却の禁止。
- ● 2003（平成 15）年　一般廃棄物の他人への処理委託は一般廃棄物許可業者等にすること。
- ● 2006（平成 18）年　石綿含有廃棄物の処理基準を設定。
- ● 2009（平成 21）年　微量PCB汚染廃電気機器等の無害化処理。
- ● 2009（平成 21）年頃　巧妙かつ悪質な不適正処理が依然として多く発生。
- ● 2010（平成 22）年　建設工事に係る廃棄物の排出場所以外での保管と事前届出制、排出事業者による処理状況に関する確認の努力義務、建設工事に係る廃棄物の排出事業者は元請業者に、優良産業廃棄物処理業者認定制度。
- ● 2011（平成 23）年　東日本大震災による原子力発電所事故により生じた膨大な量の「災害廃棄物」の迅速な処理が喫緊の課題に。
- ● 2014（平成 26）年　わが国は平成 26 年、水銀に関する水俣条約を締結。
- ● 2015（平成 27）年　水銀廃棄物及びその処理基準が定められる。
- ● 2017（平成 29）年　廃棄物不適正処理への対応強化、特定の産業廃棄物を多量排出する事業者に対する電子マニフェストの使用義務化、有害使用済機器の適正保管等、親子会社における廃棄物処理の特例措置等。

廃棄物適正処理のしくみ

　廃棄物処理法は、事業活動に伴って生じた廃棄物を排出事業者が自らの責任において適正に処理しなければならないことを明確にしています。これは**排出事業者責任**と呼ばれ、廃棄物処理の重要な原則になっています。

　排出された産業廃棄物は、事業者が自ら処理する場合と、都道府県等から許可を受けた処理業者等に委託して処理する場合があります。処理業者に委託する場合は、排出事業者責任を果たすために、排出事業者と処理業者の間で適正な**委託契約**を結ぶことが求められます。適正な委託契約を結ぶためには、「委託先が許可業者であること」「委託しようとする産業廃棄物の処理が事業の範囲に含まれていること」「委託契約は書面で行うこと」等の**委託基準**に従わなければなりません。

　排出事業者は、収集運搬の委託は**収集運搬業の許可を持つ収集運搬業者**と、中間処理（再生を含む）の委託は**処分業の許可を持つ処分業者**と契約しなければなりません。

　排出事業者が収集運搬業者と処分業者を含めた**3者間で契約を結ぶことは禁じられています**。それは排出事業者が処分業者の処理能力等を確認することなく契約することにより、不法投棄等の不適正処理に結びつくことが想定されているからです。廃棄物の処理を適正に行い、金銭の流れを透明にしてそれぞれの業者に適正な料金を支払うためにも、排出事業者は収集運搬業者と処分業者のそれぞれと**個別の契約**（2者契約）を結ぶ必要があります。

　再委託の禁止も同様の理由です。排出事業者と委託契約を結んだ処理業者が、受託した廃棄物の処理を他の者に委託することは原則として禁止されています。再委託することで産業廃棄物処理の責任の所在が不明確になり、不適正処理に結びつく恐れがあるからです。

現場担当者が押さえておきたいこと

- 自社が扱うごみの種類と量を把握する
- ごみの処理方法を確認する
- 産業廃棄物処理業者の許可の有無を確認する
- 最終処分場の現地確認も義務づけられていることを確認する

廃棄物適正処理のしくみ

第12章 廃棄物処理法

ポイント【排出事業者】
・廃棄物を適正に処理（事業者の責務）
・廃棄物保管（保管基準の遵守、詰め替え保管基準の遵守）
・特別管理産業廃棄物管理者責任の設置
・委託基準の遵守
・多量排出事業者（前年度の産廃1,000t以上、特管産廃：50t以上）
・不法投棄、不法焼却禁止

排出事業者

ポイント【廃棄物の委託処理】
●委託基準を確認する
　・許可業者であること
　・委託しようとする廃棄物の許可があること
　・特別管理産業廃棄物の委託では、あらかじめ、種類、数量、性状、取扱上の注意事項等を書面で通知すること
●マニフェストを交付、送付されたマニフェスト5年間保存、または電子マニフェストの登録
●処理業者による処理状況を確認する
●処理業者（収集運搬または中間処理業者）から処理困難の通知を入手した日から30日以内に都道府県知事へ報告する

ポイント【委託契約①】
・契約は書面で行う
・2者契約
・マニフェストの回付・送付
・再委託原則禁止

収集運搬業者

ポイント【自社処理】
●運搬：許可不要、ただし、表示と書面の備え置き
　処分：許可不要、ただし、処理施設の許可が必要
●帳簿記載の義務

ポイント【委託契約②】
・契約は書面で行う
・2者契約
・マニフェストの回付・送付
・再委託原則禁止

中間処理業者

ポイント【処理業者による通知】
●処理業者は、委託を受けている廃棄物の適正処理が困難の場合には、排出事業者にその旨を通知する
●再委託のときは、排出事業者の承諾を得る

ポイント【活用】優良産業廃棄物処理業者制度

収集運搬業者

ポイント【委託契約③】
・契約は書面で行う
・2者契約
・マニフェストの回付・送付
・再委託原則禁止

ポイント【中間処理業者の義務】
・産業廃棄物処理施設の設置申請・許可
・処理施設の定期検査を受検
・産業廃棄物処理責任者の選任
・技術管理者の選任
・帳簿の記載
・事故時の措置
・不法投棄、不法焼却禁止

最終処分業者（再生を含む）

ポイント【委託契約④】
・契約は書面で行う
・2者契約
・マニフェストの回付・送付
・再委託原則禁止

ポイント【最終処分業者の義務】
・産業廃棄物処理施設の設置申請・許可
・処理施設の定期検査
・産業廃棄物処理責任者の選任
・技術管理者の選任
・帳簿の記載
・事故時の措置
・不法投棄、不法焼却禁止

353

廃棄物処理法の概要

●事業者への規制

　本法では、廃棄物の処理責任を明確にするとともに、処理方法などを規制することにより、生活環境の保全と公衆衛生の向上を図ることを目的としており、廃棄物の分別、保管、収集、運搬、再生及び処分方法に関する基準や、排出事業者、地方公共団体等の責務が規定されています。

　廃棄物とは不要物であり、かつ、そのものが自ら利用したり他人に有償で売却できなくなったものをいい、大きく**産業廃棄物**と**一般廃棄物**の二つに分けられます（1節）。

　産業廃棄物は事業活動に伴って生じた廃棄物のうち、廃棄物処理法で定められた20種類と輸入された廃棄物をいい、その**処理責任は排出事業者**に課せられています。産業廃棄物以外の廃棄物を一般廃棄物といい、その処理は市町村の責務となっています（事業系の一般廃棄物については、事業者に処理責任があります）（2節）。

　排出事業者が「自らの責任において適正に処理する」とは、排出事業者が自ら処理すること（4節）のほか、廃棄物処理法に基づき定められた基準に従って、処理業者や再生利用業者、市町村等に委託（5節）して適正に処理（分別、保管（3節）、収集・運搬、再生または処分（中間処理及び埋立処分）等）することが含まれています。

　さらに委託契約とは別に、産業廃棄物の適正な処理を確保するため、排出事業者が産業廃棄物の処理を他人に委託する場合は、**産業廃棄物管理票**（マニフェスト）の使用が義務づけられています（6節）。マニフェストの不交付等に対しては罰則が科せられるとともに、中間処理を委託したときは最終処分（埋立処分、再生等）の処理状況を確認することが義務づけられています。

●処理計画、不法投棄・焼却の禁止

　一定量以上の産業廃棄物を発生させる事業者（多量排出事業者）はすべて、産業廃棄物（特別管理産業廃棄物）に関する減量等の**処理計画を策定**しなければなりません。事業者自らが産業廃棄物の減量化の計画を策定することにより、廃棄物に対する意識の高揚が図られるほか、計画及び実施状況が公表されることにより、透明性が図られることとなります（7節）。

　法令で規定される**産業廃棄物処理施設**を設置する場合は、知事または政令市長の許可を受けなければなりません（8節）。

　また、**廃棄物の投棄、野外焼却**（野焼き）は原則禁止されており、直接罰の対象となっています。投棄、焼却の未遂行為についても同様です。なお、野外焼却に関して、風俗慣習、宗教上必要な焼却や、農林水産業を営むために必要な焼却など、法令で別に定められた焼却については、罰則の適用から除かれる場合があります（8節）。

廃棄物処理法の体系図

第12章 廃棄物処理法

排出事業者
- 事業者の責務:適正処理(法3)
- 特別管理産業廃棄物管理責任者の設置(法12の2⑻)
- 保管基準の遵守(法12⑵、法12の2⑵)
- 多量排出事業者 ── 処理計画・実施状況の提出(法12⑼、⑽、法12の2⑽、⑾)

(自社処理)
- 廃棄物処理基準の遵守(法12⑴、法12の2⑴)
- 帳簿の記載(処分) ── 保存(法12⒀、法12の2⒀)

(処理委託)
- 委託基準の遵守(法6の2⑹、⑺、法12⑹、法12の2⑹)
- 処理(運搬、処分・再生)状況の確認(法12⑺、法12の2⑺) ──── 措置命令(法19の5)
- マニフェスト交付・保存・交付状況報告書の提出(法12の3⑴、⑹、⑻)
- 不法投棄の禁止(法16)
- 不法焼却の禁止(法16の2)

収集運搬業者

収集運搬業の許可(法14⑴、法14の4⑴)
- 処理(収集運搬)基準の遵守(法14⑿、法14の4⑿)
- 帳簿の記載・保存(法14⒄、法14の4⒅)
- 再委託の原則禁止(法14⒃、法14の4⒃)
- マニフェストの回付(法12の3⑶、⑻)
- 不法投棄の禁止(法16)
- 不法焼却の禁止(法16の2)

処分・再生業者

処分業の許可(法14⑹、法14の4⑹)
- 処理(処分・再生)の基準の遵守(法14⑿、法14の4⑿)
- 処理施設の申請・許可(法15⑴)
- 処理施設の定期検査(法15の2の2)
- 帳簿の記載・保存(法14⒄、法14の4⒅)
- 再委託の原則禁止(法14⒃、法14の4⒃)
- マニフェストの回付(法12の3⑷、⑸、⑽)
- 産業廃棄物処理責任者の選任(法12⑻)
- 技術管理者の選任(法21)
- 事故時の措置(法21の2)
- 不法投棄の禁止(法16)
- 不法焼却の禁止(法16の2)

法律の規定事項
第1章　総則(第1条～第5条の8)
第2章　一般廃棄物
　第1節　一般廃棄物の処理(第6条～第6条の3)
　第2節　一般廃棄物処理業(第7条～第7条の5)
　第3節　一般廃棄物処理施設(第8条～第9条の7)
　第4節　一般廃棄物の処理に係る特例(第9条の8～第9条の10)
　第5節　一般廃棄物の輸出(第10条)
第3章　産業廃棄物
　第1節　産業廃棄物の処理(第11条～第13条)
　第2節　情報処理センター及び産業廃棄物適正処理推進センター
　　第1款　情報処理センター(第13条の2～第13条の11)
　　第2款　産業廃棄物適正処理推進センター(第13条の12～第13条の16)
　第3節　産業廃棄物処理業(第14条～第14条の3の3)
　第4節　特別管理産業廃棄物処理業(第14条の4～第14条の7)
　第5節　産業廃棄物処理施設(第15条～第15条の4)
　第6節　産業廃棄物の処理に係る特例(第15条の4の2～第15条の4の4)
　第7節　産業廃棄物の輸入及び輸出(第15条の4の5～第15条の4の7)
第3章の2　廃棄物処理センター(第15条の5～第15条の16)
第3章の3　廃棄物が地下にある土地の形質の変更(第15条の17～第15条の19)
第4章　雑則(第16条～第24条の6)
第5章　罰則(第25条～第34条)
附則

355

1 廃棄物の種類

（1）廃棄物の定義

　ごみはすべての事業所から排出されます。たとえばオフィスからは紙くずやペットボトル、工場からは汚泥や廃液など、さまざまな種類のごみが事業活動のなかで排出されています。

　では廃棄物とは何でしょうか。ものが廃棄物かどうかについては、通知（平成25年3月29日環境省通知：環廃産発第130299号「行政処分の指針について」）では次のように判断するとされています。

> 　「廃棄物」とは、占有者が自ら利用し、または他人に有償で売却できないために不要となったものをいい、これに該当するか否かは、そのものの性状、排出状況、通常の取扱い形態、取引価値の有無及び占有者の意思等（「五つの判断要素」）を総合的に勘案して判断*すべきものである。

　つまり、売買の対象とならない不要なものについて五つの要素から**総合的に廃棄物に該当するかどうかを判断**（総合判断説）するわけですが、実際の運用では廃棄物かどうか迷うケースが多くでてきており、**廃棄物として処理すべきところを有価物と称して不適正な処理をする**など、違反事例が多数発生しています。

（2）一般廃棄物と産業廃棄物

　廃棄物は一般廃棄物と産業廃棄物に区別されます。法律では産業廃棄物以外のものを一般廃棄物と定義しています。つまり、産業廃棄物以外は一般廃棄物と考えてまず間違いありません。そのため、まず産業廃棄物が何であるかを押さえておく必要があります。産業廃棄物は20種類（と輸入廃棄物）に区分されています。

　なお、事業所から排出されていても、産業廃棄物に該当していなければ一般廃棄物として扱うことになります。たとえば、紙くずは業種指定にあげられている建設業、パルプ製造業などの指定の業種以外から排出されれば、一般廃棄物（正確には「事業系一般廃棄物」）として処理することになります。廃棄物の分類のポイントは次のとおりです。

- 産業廃棄物以外は一般廃棄物
- 排出元の業種等により産業廃棄物になるものと一般廃棄物になるもの

---

*総合判断説。豆腐製造業者からおからを引き取り、処分していた業者が無許可で産業廃棄物処理を行ったとして告発された事件（おから裁判）で最高裁は総合判断説を採用した。そこでは、おからが「腐敗しやすい」という客観的状況、「大部分は有効利用されていない」という通常の取扱い形態、「処理料金を受領していた」という事実により産業廃棄物に該当するという判断がなされている。

廃棄物の分類

```
                    ┌─ 家庭系廃棄物 ──┬─ 一般廃棄物
                    │                └─ 特別管理一般廃棄物
廃棄物 ──────────────┤
                    │                ┌─ 事業系一般廃棄物
                    └─ 事業系廃棄物 ──┤
                                     └─ 産業廃棄物 ──┬─
                                                    └─ 特別管理産業廃棄物
```

第**12**章　廃棄物処理法

事業系一般廃棄物の例（自治体により異なるケースがあるので注意）

● 事業所、商店等から出る雑誌、段ボール、ＯＡ用紙、飲料紙パック、その他の紙類
● プラスチック類（食品トレイ・使い捨て弁当類、ビニール袋）、ペットボトル*
● 飲食店、従業員食堂、卸小売業から出る残飯・厨芥類、野菜くず、魚介類等
● 金属類：空き缶*
● ガラス類：空きビン*
● 事業所、商店等から出る木製の机・椅子・棚など
● 板きれ、竹、枯草木、剪定枝、など

*従業員の飲食や嗜好により排出されるものに限るが、自治体により「産業廃棄物」として扱うケースがあり、各自治体にて確認が必要である。

例）横浜市：「産業廃棄物」、さいたま市、函館市、秋田市：「事業系一般廃棄物」など

特別管理一般廃棄物

● 感染性一般廃棄物：医療機関等から排出される血液等の付着した包帯、脱脂綿、ガーゼ、紙くず等の感染性病原体を含むまたはおそれのある一般廃棄物*
● PCB使用部品：日常生活のもの（廃エアコンディショナー、廃テレビジョン受信機、廃電子レンジ）
● ゴミ処理施設からの集じん施設で生じたばいじんまたはその処理物
● ダイオキシン類対策特別措置法に定める廃棄物焼却炉の廃棄物（ばいじん・燃え殻等）でダイオキシン類含有量が 3ng-TEQ/g 超のもの、同焼却炉の排ガス洗浄施設からの汚泥
● 一般廃棄物である水銀使用製品（蛍光灯、水銀体温計など）から回収した廃水銀

*発生施設として、病院、診療所、衛生検査所、介護老人保健施設、助産所、動物の診療施設及び試験研究所が定められている。（施行令別表第1の4の項・施行規則第1条第5項に掲げる施設）

（参考）「感染性産業廃棄物」は特別管理産業廃棄物であり、例えば、血液等（血液、血清、血漿等）、血液等が付着した鋭利なもの（注射針、メス等）、血液が付着した実験・手術用の手袋等である（平成16年3月16日環境省報道発表資料）。

（3）一般廃棄物

一般廃棄物は家庭からでるごみが該当します。**事業系一般廃棄物**には事業所、商店などが事業活動に伴って排出する産業廃棄物以外の廃棄物が該当します（前ページ図）。

一般廃棄物のうち、爆発性、毒性、感染性その他の人の健康または生活環境に係る被害を生ずるおそれのある廃棄物を**特別管理一般廃棄物**と定義しています（法2⑶、令1）。特別管理一般廃棄物は、厳しい処理基準（令4の2）が設けられ、通常の一般廃棄物（令3）よりも厳しく規制されているので取扱いには注意が必要です。

（4）産業廃棄物及び特別管理産業廃棄物

産業廃棄物は、右図に示すように20種類（と輸入廃棄物）に区分されています（法2⑷、令2）。

業種指定の業種に該当しない場合は**事業系一般廃棄物**として処理します。たとえば右表上の13項をみると、印刷発行を行う新聞業が排出する紙くずは産業廃棄物になりますが、新聞小売業が排出する紙くずは一般廃棄物となります。

産業廃棄物のうち、爆発性、毒性、感染性その他の人の健康または環境に係る被害を生ずるおそれのある性状を有するものは**特別管理産業廃棄物**として定義されています（法2⑸、令2の4）。特別管理一般廃棄物と同様に特別管理産業廃棄物には厳しい処理基準が設けられ、普通の産業廃棄物よりも厳しく規制されているので取扱いには注意が必要です（右図下）。

（右表上「産業廃棄物の例」の注）

＊1 「合成ゴムくず」は廃プラスチック類に該当する。

＊2 PCBが染みこんだ「紙くず」「木くず」「繊維くず」は、業種に関係なく「産業廃棄物」に該当する。

＊3 「木くず」のうち、貨物の流通のために使用した「廃木製パレット」及びパレットに付随する「梱包用木材」は、業種に関係なく「産業廃棄物」に該当する（平成20年4月1日施行）。

（右表下「特別管理産業廃棄物の例」の注）

＊1 廃棄物処理法には定められていないが、特別管理産業廃棄物の廃油は、引火点70℃未満の燃焼しやすいものとして条例などで取り扱われている。

＊2 「PCB処理物の判断基準」に適合しないものに限る。

＊3 施行令別表3の施設またはその施設を有する工場・事業場からのもの及びこれらを処分するために処理したもので、「PCB処理物の判断基準」（則1の2⑷）及び「特別管理産業廃棄物の判定基準」（令2の4、則1の2）に適合しないもの

産業廃棄物の例

	種類		具体的例
1	全業種対象	燃え殻	廃活性炭、焼却灰、石炭がら、炉清掃排出物等
2		汚泥	排水処理汚泥、メッキ汚泥、研磨かす、建設系汚泥、生コン残さ、製紙汚泥等
3		廃油	廃切削油、廃潤滑油、廃絶縁油、廃溶剤等
4		廃酸	廃硫酸、廃塩酸、廃定着液、廃塩酸等
5	全業種対象	廃アルカリ	廃アンモニア液、廃現像液、廃自動車不凍液等
6		廃プラスチック類	合成樹脂くず、合成繊維くず、廃タイヤ等
7		ゴムくず	天然ゴムくずに限る*1
8		金属くず	鉄くず、アルミくず、切削くず、半田くず等
9		ガラスくず・コンクリートくず・陶磁器くず	板ガラス、陶磁器くず（レンガくず、かわら、タイル）、石膏ボード、ALC板、サイディング板
10		鉱さい	高炉、転炉、電気炉等の残さ、鋳物廃砂等
11		がれき類	工作物の新築、改築または除去に伴って生ずるコンクリートの破片、モルタル片等
12		ばいじん	大気汚染防止法のばい煙発生施設、ダイオキシン類特措法の特定施設・廃棄物焼却施設の集じん施設で集められたもの
13	業種指定	紙くず	建設業（工作物の新築・改築・除去に限る）、パルプ製造業、製紙業、新聞業、出版業等、（注）PCBが染みこんだもの*2
14		木くず*3	建設業（工作物の新築・改築・除去に限る）、木材または木製品製造業、パルプ製造業等、（注）PCBが染みこんだもの*2
15		繊維くず	建設業（工作物の新築・改築・除去に限る）、繊維工業（縫製を除く）（注）PCBが染みこんだもの*2
16		動物または植物性残さ	食品製造業、医薬品製造業等で原料として使用した動物・植物で固形状の不要物
17		動物系不要固形物	畜産業のと畜場で解体等した牛・豚・食鳥等の不可食部分等の不要物
18		動物のふん尿	畜産農業で牛、馬、豚、鶏等のふん尿
19		動物の死体	畜産農業で牛、馬、豚、鶏等の死体
20	上記産業廃棄物を処理する為に処理したもの		
輸入された廃棄物			航行廃棄物及び携帯廃棄物を除く廃棄物

特別管理産業廃棄物の例

主な分類		具体的例
廃油		揮発油類、灯油類、軽油類*1
廃酸		pH2.0以下の廃酸（廃硫酸、廃塩酸等）
廃アルカリ		pH12.5以上の廃アルカリ（廃苛性ソーダ等）
感染性産業廃棄物		病院、診療所等から排出される産業廃棄物であって、感染性病原体が付着しているおそれのあるもの（血液、体液、注射針、メス、血液のついた手袋等）
特定有害産業廃棄物	廃PCB等	廃PCB及びPCBを含む廃油
	PCB汚染物	PCBが付着した紙くず、木くず、プラスチック類等
	PCB処理物	廃PCB等またはPCB汚染物の処理で基準*2に適合しないもの
	指定下水汚泥	下水道法施行令第13条の4の規定により指定された汚泥
	廃石綿等	建築物その他の工作物から除去した、飛散性の吹付け石綿・石綿含有保温材・断熱材及び耐火被覆材、その除去工事から排出された廃プラスチックシート、防塵マスク等
	廃水銀等	①特定の施設から発生した廃水銀、②水銀もしくはその化合物が含まれている産業廃棄物または水銀使用製品が産業廃棄物となったものから回収した廃水銀
	鉱さい	重金属類の有害物質を一定濃度以上含むもの*3
	ばいじんまたは燃え殻	重金属類等の有害物質を一定濃度以上含むもの*3
	廃油（廃溶剤）	有害物質を一定濃度以上含むもの*3
	汚泥、廃酸または廃アルカリ	重金属類等の有害物質を一定濃度以上含むもの*3

2 廃棄物の処理とは

（1）廃棄物の「処理」と「処分」

　一般的にごみを「処理する」「処分する」というと同じ意味に聞こえますが、廃棄物処理法では、「処理」と「処分」という言葉を明確に使い分けています。

- **「処理」とは、保管、収集、運搬、処分、及び再生をいう**
- **「処分」とは、中間処理**（焼却、中和、脱水、破砕、圧縮等）**及び最終処分**（埋立処分、海洋投入処分、再生（リサイクル））**をいう**

　つまり、「処分」とは「処理」の中の一つの過程であり、「廃棄物処分業者」といえば「廃棄物の中間処理または最終処分を行う業者」ということになり、「廃棄物処理業者」はそれに加えて「廃棄物の収集、運搬、保管」を行う業者を含みます。

（2）廃棄物処理の流れ

　ではそのうえで廃棄物処理の流れをみていきましょう。

　一般廃棄物と産業廃棄物の大きな違いは処理責任のありかです。

- **一般廃棄物の処理責任は市町村にある**
- **産業廃棄物の処理責任は排出事業者にある**

　まずはこのことを理解しましょう。

　そのために二つの処理の流れは異なります。以下、それぞれの流れと事業者が守るべきことについてみていきます。

（3）事業系一般廃棄物を処理する場合

　仕事（事業活動）から出た廃棄物でも、産業廃棄物以外のものは事業系一般廃棄物となります（右図上）。

　一般廃棄物の処理のポイントは右図下の通りです。

①事業系一般廃棄物の処埋は、基本的に所管の市町村が一般廃棄物処理計画に従って行います。事業者には、適正な分別、保管等を行って市町村に協力する義務があります。従って、市町村が収集、運搬及び処分を行う場合は、それに従います。

②事業者が自社で処理する場合は、自ら運搬・中間処理を行って、最終処分を自社または他人に委託します。

③事業者が他人に委託して処理する場合は、収集運搬または中間処理、最終処分を委託します。その場合、「業の許可」を有している一般廃棄物の収集運搬業者及び処分業者に委託しなければなりません（法6の2⑹）。

　また、一般廃棄物については、各処理業者が委託された業務を別の業者に再委託することは禁止されています（法7⑭）。これは、再委託によって責任の所在があいまいになり、**不法投棄等に結びつくおそれ**があるからです。

一般廃棄物処理フロー

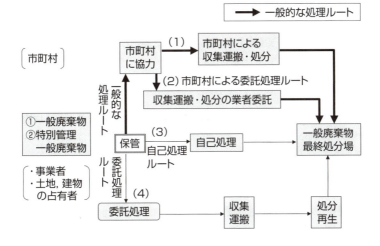

排出事業者が守るべきこと

一般廃棄物について排出事業者の守るべきこと

【処理基準の遵守】(法6の2(2)、令3及び令4)
- 市町村及び事業者は、一般廃棄物処理基準に従うこと

【自己処理の原則】(法6の2(4))
- 土地又は建物の占有者は、できるだけ一般廃棄物を自ら処分すること

【保管基準の遵守】(法6の2(4))
- 土地又は建物の占有者は、一般廃棄物を自ら処分しない場合には、適正に分別し保管する等、市町村及び許可業者が行う収集、運搬及び処分に協力すること

【委託基準の遵守】(法6の2(6)、同(7)、則1の18、令4の4)
- 事業者は、一般廃棄物の処理を他人に委託する場合は、一般廃棄物の許可業者に委託すること
- 特別管理一般廃棄物の処理を委託の場合、事業者は、あらかじめ、委託しようとする特別管理一般廃棄物について、種類、数量、性状、取扱注意事項等を文書で業者(収集運搬業者、中間処理業者)に通知すること

【多量排出事業者の義務】(法6の2(5))
- 市長村長は、多量の一般廃棄物を生ずる土地・建物の占有者に対し、**一般廃棄物の減量の計画等**の作成等を指示できる

（4）産業廃棄物を処理する場合

前項で「産業廃棄物の処理責任は排出事業者にある」と書きました。この法律の運用では、廃棄物の**排出事業者**が誰かを把握しておく必要があります。なぜなら、法的義務が課されたり、罰則が適用されたりするのが排出事業者だからです。法制定（昭和45年）当時よりも排出事業者の責任がますます重くなっていることからも、「排出事業者が誰か」を認識することの重要性は理解できると思います。

事業者は、その事業活動に伴って生じた廃棄物を自らの責任において適正に処理しなければなりません（法3⑴）。

ここでいう**処理**とは、廃棄物の適正な処理に関する一連の流れを意味し、**保管、収集、運搬及び処分**（中間処理、最終処分）のことを指します。排出事業者はそれらの処理を適正に行う責任があり、処理を他人に委託しているか否かは関係ありません。

法律ではまた、「事業者は、その産業廃棄物を自ら処理しなければならない」と規定されています（法11⑴）。この**自ら処理**には、他人に委託することも含まれることに注意しましょう。通常は収集運搬や中間処理を処理業者に委託することが多いと思いますが、排出事業者は委託も含めて廃棄物を最終処分まで適正に処理する責任があるのです。

（5）産業廃棄物の処理の流れ

産業廃棄物の処理には二つの流れがあります（右図上）。

● **自社で処理をする場合**

● **処理を他人に委託する場合**

自社で処理する場合は、適正保管後に産業廃棄物を自ら運搬して中間処理業者へ委託するか、または自ら運搬及び中間処理をおこない（自社または他人の）最終処分場で処分します。この場合、保管、収集運搬、処分等は産業廃棄物処理基準に従う必要があります（法12⑴、令6）。

他人に処理を委託する場合は、保管基準、委託基準、マニフェスト交付・管理等の基準等に従わなければなりません（法12⑸、⑹、則8の2、3、令6の2）。

次節からは産業廃棄物の処理の流れを次の四つに分けてみていくことにしましょう。

３節　排出事業者の守るべき保管のルール

４節　排出事業者の自社処理のルール

５節　排出事業者が他人に委託する場合のルール（委託契約）

６節　他人に委託する場合のもう一つの大切なルール（マニフェスト制度）

産業廃棄物の処理

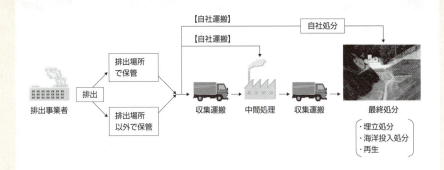

産業廃棄物について排出事業者の守るべきこと

```
産業廃棄物・特別管理産業廃棄物ついて事業者が守る事項
```

- **【自己処理の原則】**(法3、法11)
  - 事業者は、産業廃棄物を**自ら処理**しなければならない。
- **【処理基準の遵守】**(法12(1)、令6、法12の2(1)、令6の5)
  - 事業者は、収集、運搬、処分の基準に従わなければならない。
  - 産業廃棄物の**自社運搬**の場合、運搬車への表示、書面を車内に備え置く。
- **【保管基準の遵守①】**(法12(2)、則8、法12の2(2)、則8の13)
  - 事業者は、廃棄物が運搬されるまでの間、**保管基準**に従う。
- **【保管基準の遵守②】**(法12(3)、則8の2)
  - **建築工事の排出事業者**(元請業者)は、建築工事に伴う(特別管理)産業廃棄物を排出場所以外の300m²以上の土地で保管する場合、あらかじめ、その旨を知事に届け出る。
- **【委託基準の遵守】**(法12(5)(6)、令6の2、法12の2(5)(6)、令6の6)
  - 事業者は、産業廃棄物の収集運搬、処分を他人に委託するときは**委託基準**に従う。
  - **特別管理産業廃棄物の委託**では、あらかじめ、収集運搬業者及び中間処理業者に廃棄物の性状、取扱注意事項等を文書で通知する。
- **【処理業者の処理状況の確認】**(法12(7)、法12の2(7))
  - 事業者は、(特別管理)産業廃棄物の運搬または処分を他人に委託するときは、その**廃棄物の処理状況**を確認し、適切な措置を講じる。
- **【マニフェスト(産業廃棄物管理票)の交付と保管】**(法12の3(1)、(8))
  - 事業者は、産業廃棄物の処理を他人に委託するときは、**マニフェストを交付**する。
  - 他に、電子マニフェスト制度がある(法12の5(1))
- **【責任者等の設置】**(法12(8)、法12の2(8)、法21)
  - 特別管理産業廃棄物を生ずる事業場の設置者は、**特別管理産業廃棄物管理責任者**を設置する。
  - 産業廃棄物処理施設を設置する事業者は、**産業廃棄物処理責任者及び技術管理者**を設置する。
- **【多量排出事業者】**(法12(9)、(10)、法12の2(10)(11))
  - 前年度、1,000トン以上の産業廃棄物、または50トン以上の特別管理産業廃棄物の廃棄物を排出した事業者は自ずと**多量排出事業者**となり、廃棄物の減量等の計画及び当該計画の実施状況を知事に提出する。

3 廃棄物の保管

（1）排出場所における保管の要件（産業廃棄物の場合）

廃棄物は多量、多種類になるため、処理委託する前に長期間、自社施設内に保管することが多くなります。廃棄物を保管する場合は産業廃棄物保管基準を遵守しなければなりません（法12⑵）。

屋内で保管することが望ましいのですが、腐敗・悪臭の飛散・流出等を起こさない廃棄物であれば屋外の保管が可能になります。その場合、積み上げ高さの基準が追加適用されます。産業廃棄物の保管の基準は下記の通りとなります（則8）。

産業廃棄物の保管の基準

①周囲に囲い（廃棄物の荷重がかかる場合は構造耐力上安全なもの）があること
②掲示板（図）を見やすい箇所に設けること（大きさ60cm以上×60cm以上）
③掲示内容
　（特別管理）産業廃棄物の保管場所である旨の表示
　・保管する産業廃棄物の種類
　・保管場所の管理者の氏名または名称及び連絡先
　・屋外で容器を用いないで保管する場合は、最大積み上げ高さ（右図参照）
④産業廃棄物が飛散、流出等しないこと
⑤ねずみ、蚊、ハエ等の害虫の発生がないこと
⑥石綿含有産業廃棄物の場合
　・保管の場所には、石綿含有産業廃棄物が他の物と混合しないように、仕切り等を設けること。「種類」として、石綿含有産業廃棄物と表示する。覆いを設ける、梱包する等の措置を講じること
　・産業廃棄物に石綿含有産業廃棄物が含まれる場合は、掲示板の産業廃棄物の種類に、その旨を表示すること
⑦水銀使用産業廃棄物が含まれる場合はその旨を記載すること。保管場所では、特管産廃と同様に他のものと混合するおそれがないように仕切り等を設けること

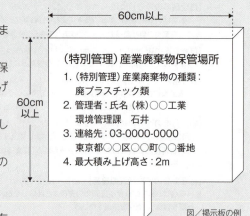

図／掲示板の例

屋外における保管高さの基準例

●屋外で容器を用いずに保管する場合の高さ制限

①廃棄物が囲いに接しない場合：囲いの下から勾配50％以下
②廃棄物が囲いに接する場合：囲いの内側2m未満、囲いの高さより50cm以下、または囲いの2mを超える以上内側は2m線から勾配50％以下等

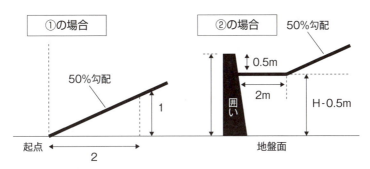

●一方の囲いが堅牢である場合の例

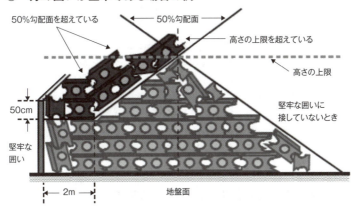

＊囲いの構造耐力上の安定性を確保
　➡荷重等に耐えうる材質で、産業廃棄物の荷重により変形しないこと
＊公共用水域や地下水の汚染防止
　➡必要な排水溝等を整備し、底面を不浸透性の材料で覆うこと

（出典：北海道ホームページ）

（2）排出場所における保管の要件（特別管理産業廃棄物の場合）

　特別管理産業廃棄物は普通の産業廃棄物よりも厳しく規制されています。保管については(1)の要件に次の要件が加わります（則8の13）。

- 特別管理産業廃棄物に他のものが混入しないように右図のような仕切り等を設けなければならない（則8の13（四））。ただし、感染性産業廃棄物と感染性一般廃棄物は混合しても構わない。
- 特別管理産業廃棄物の種類に応じ、それぞれの保管方法等に従うこと（右表）

（3）排出場所以外の場所における保管の要件（積替え保管基準）

　産業廃棄物または特別管理産業廃棄物の排出事業者が、右図下において、廃棄物を排出場所A以外の場所Cで保管する場合は**積替え保管基準**に従います。この場合、特に事前の届出の必要はありません。排出場所以外の場所での保管は、積替えを行う場合を除き禁止です。

　積替え保管の基準は下記の通りとなります（令6(1)(一)ハ、ホ、則1の5、則1の6）。

- あらかじめ、**運搬先**を決めておかなければならない。
- 囲いがあること
- 積替えのための保管場所の掲示版があること（右図）
- 掲示内容：産業廃棄物の積替え保管場所であることの表示／産業廃棄物の種類／保管の場所の管理者の氏名または名称及び連絡先／屋外で保管する場合の保管の高さ／**保管可能量**（保管する産業廃棄物の数量が、その場所における1日当たりの平均的な搬出量の7日分を超えない量）
- 廃棄物が飛散、流出等しないこと
- ねずみ、蚊、ハエ等の害虫の発生がないこと

（4）建設系廃棄物の排出場所以外における保管基準

　排出事業者（元請業者のみ）は、建設工事に伴い生ずる（特別管理）産業廃棄物を排出場所以外において自ら保管するとき、しかも保管場所の面積が300m² 以上の場合は、あらかじめ、その旨を都道府県知事に届け出なければなりません（法12(3)、則8の2〜則8の2の7、法12の2(3)、則8の13の2〜則8の13の5）。また、届出事項を変更する場合も事前に届け出なければなりません。届出に係る保管を止めた場合はその日から30日以内に届け出ます。

（5）保管基準違反に対する罰則の新設

　平成22年改正により、保管基準違反は措置命令（法19の5(1)）の対象になり、罰則（5年以下の懲役もしくは1,000万円以下の罰金、またはこれを併科、法人は1,000万円以下の罰金）が科せられます。

仕切りの例

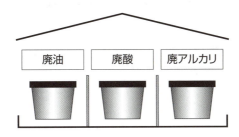

（出典：大阪市ホームページ）

保管方法

種類	定められた保管方法
廃油 PCB汚染物 PCB処理物	容器に入れ密封（揮発防止）、及びPCB汚染物またはPCB処理物は高温防止等
廃酸、廃アルカリ	容器に入れ密封、腐食防止等
PCB汚染物 PCB処理物	腐食防止等
廃石綿	梱包（飛散防止）等
腐敗のおそれのあるもの	腐敗防止（容器に入れ密封）等
感染性産業廃棄物	保管は極力短時間、保管場所に関係者以外立ち入れない配慮、金属製、プラスチック製で耐貫通性の容器に入れ密閉保管、容器にはバイオハザードマーク表示等

掲示板（積替え保管）の例

産業廃棄物積替え保管場所 （60cm以上 × 60cm以上）	
廃棄物の種類	廃プラスチック類
保管場所の管理者の氏名又は名称	○○○○○部 △△太郎
連絡先	TEL：0000-0000
最大積み上げ高さ	3m
保管可能数量	30m^3

排出場所における保管の流れ

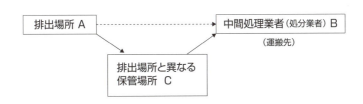

4　廃棄物を自社で処理する場合

　事業者が廃棄物を処理する場合、自社で処理する場合と業者に委託する場合があります。ここでは自社で処理する場合の決まりについてみていきましょう。

　事業者は、自らその産業廃棄物の運搬または処分を行う場合には、政令で定める産業廃棄物の収集、運搬及び処分に関する基準（産業廃棄物処理基準）に従わなければなりません（法12⑴、令6、令6の5）。

　産業廃棄物の収集、運搬、または処分を業として行おうとする者は、都道府県知事の許可を受けなければなりません。ただし、事業者（自ら運搬または処分を行う場合に限る）はその限りでないとあり、**（排出）事業者による自社運搬及び処分は許可なく行うことができます**（法14⑴、⑹）。

　特別管理産業廃棄物についても産業廃棄物の場合と同じです。

　すなわち、事業者は定められた**産業廃棄物処理基準**または**特別管理産業廃棄物処理基準**に従わなければなりませんが、**業の許可を受ける必要はありません**。

　ただし、中間処理や最終処分のための処理施設の設置には自社処理用として設置する場合でも設置許可が必要となることがあります（（法12⑴、令6⑴（一）、法12の2⑴、令6の5⑴（一））

（1）自社で収集・運搬する場合

　処理（収集・運搬）**に関する基準例**は右のとおりです。

（2）自社で処分・再生する場合

　処分に関する基準例は以下のとおりです（法12⑴、令6⑴（二）、法12の2⑴、令6の5⑴（二））。

- ● 処分に伴い廃棄物を飛散、流出させないこと
- ● 処分に伴い悪臭、騒音または振動を発生させないこと
- ● 廃棄物の焼却または熱分解は、定められた構造を有する設備で、かつ定められた方法で行わなければならない（施行：平成14年12月1日）。
- ● 廃棄物の処分に伴う保管は、3「廃棄物の保管」の例によることとし、「産業廃棄物の保管場所」は「産業廃棄物の処分のための保管の場所」の表示に読み替える。（3⑴「排出場所における保管の要件（産業廃棄物の場合）」、3⑵「排出場所における保管の要件（特別管理産業廃棄物の場合）」参照）
- ● 掲示板への産業廃棄物の処分のための保管可能量（保管上限量）の表示は、産業廃棄物の処理施設の1日あたりの処理能力に相当する数量に14を乗じた数量とすること。（3⑶「排出場所以外の場所における保管の要件（積替え保管基準）」）

（特別管理）産業廃棄物処理（収集、運搬）基準の例*

- 廃棄物を飛散・流出させないこと
- 悪臭、騒音または振動のないようにすること
- 廃棄物の運搬車、運搬容器は、廃棄物が飛散し、流出し、並びに悪臭が漏れないこと
- 積替えは、3(3)「排出場所以外の場所における保管の要件（積替え保管基準）」の基準を遵守すること
- 運搬車への表示及び書面を車内へ備え置くこと（下図）
- 特別管理産業廃棄物の収集または運搬では、他の廃棄物と混合しないように区分すること

*収集運搬における具体的な基準の適用例（東京都）
- 飛散や流出防止のため、産業廃棄物やその運搬容器は丁寧に扱う。
- 運搬車両については、アイドリングストップを励行する。
- 液状の廃棄物を運搬する場合は、廃棄物の性状に応じた運搬容器またはタンク車を使用する。
- 積み込み等に重機を使う場合は、可能な限り低騒音型のものを使用する。
- 臭気の強い産業廃棄物の場合は密閉容器を用い、車両に積載後カバー（ほろ）を掛ける。

表示と書面の例

産業廃棄物収集運搬車　5cm以上
有限会社○○○建設　3.2cm以上

【書面記載事項】
- 氏名または名称及び住所
- 運搬する産業廃棄物の種類及び数量
- 廃棄物の積載日及び積載した事業場の名称、所在地及び連絡先
- 運搬先の事業場の名称、所在地及び連絡先

（出典：環境省）

5 廃棄物処理を他人に委託する場合

（1）他人に委託する場合に守るべきこと

廃棄物処理法では、産業廃棄物の処理（運搬・処分）を他人に委託する場合、その**運搬については法14⑫に**規定する産業廃棄物収集運搬業者その他環境省令（則8の2の8）で定める者に、その**処分については**同項に規定する産業廃棄物処分業者その他環境省令（則8の3）で定める者にそれぞれ委託しなければなりません（法12⑤）。

事業者は、その産業廃棄物の運搬または処分を委託する場合には、**政令（令6の2）で定める基準（委託基準）に従わなければなりません**（法12⑥）。

この基準に違反した場合は最高で懲役5年もしくは1,000万円以下の罰金、またはこれを併科という罰則規定があります。また令6の6（「委託の基準」の⑤）の基準違反は、3年以下の懲役もしくは300万円以下の罰金、またはこれを併科。両罰規定もあります。

事業者は、産業廃棄物の運搬または処分を委託する場合には、**当該産業廃棄物の処理の状況に関する確認**を行い、当該産業廃棄物について発生から最終処分が終了するまでの一連の処理の行程における処理が適正に行われるために必要な措置を講ずるように努めなければなりません（法12⑦）。特別管理産業廃棄物の場合も同様となります。

（2）委託基準

①処理を委託する相手はそれぞれ**処理業（収集運搬業、処分業）の許可**が必要です。

②委託する許可業者は、委託しようとする種類の（特別管理）産業廃棄物を取り扱う許可を有している業者でなければなりません。①及び②はいずれも「許可証」で確認できます。

③委託契約を結ばなければなりません（右図上）。排出事業者は、収集運搬業者及び処分（中間処理）業者と別々に処理委託の契約①、②を締結します。処分（中間処理）業者は、収集運搬業者及び最終処分業者と別々に処理委託の契約③、④を締結します。

④**委託契約は書面で行うこと。**契約書には、必ず「許可証の写し」を添付しなければなりません。収集運搬業者との契約の場合は、廃棄物の積込地（A県）及び積卸地（D県）のそれぞれの許可証の写しが必要となります。処分業者の場合は、業を営む県の許可証の写しが必要です（右図中）。ただし、通過県（B県、C県）の許可は必要ありません。

⑤特別管理産業廃棄物の処理を委託する場合は、排出事業者は、委託しようとする収集運搬業者及び処分業者に対して、あらかじめ、**廃棄物の種類、数量、性状、荷姿、取扱い上の注意事項等を書面で通知**しなければなりません（令6の6、則8の16）。

⑥委託契約書等は、契約終了の日から5年間保存しなければなりません。

（3）委託契約書

委託契約書に含まれるべき事項（共通事項）は373p表のとおり、共通事項以外に特に重要な事項は右のとおりです。

産業廃棄物処理委託のフロー

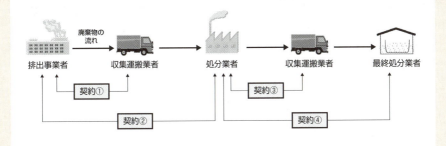

産業廃棄物の動き

共通事項以外に重要な事項

●収集運搬の場合

運搬契約書では、①**運搬の最終目的地**（例：処分（中間処理）業者）、②積替えまたは保管を伴う委託の場合には、その積替えまたは保管の場所の所在地、保管できる廃棄物の種類、保管の上限等に関する事項

●処分の場合

処分契約書では、①処分（中間処理）または再生の場所の所在地（例：処分（中間処理）業者の所在地）、②処分・再生の方法、③中間処理から生ずる廃棄物の**最終処分の場所の所在地**、④**埋立処分・再生方法**、⑤**埋立処分・再生施設の処理能力に関する事項**

（4）処理状況の確認

　排出事業者は、（特別）産業廃棄物の運搬または処分を他人に委託するときは、その廃棄物の処理状況に関する確認を行い、廃棄物の発生から最終処分終了まで適切に処理されるために必要な措置を講じるように努めなければなりません（法12⑺、法12の2⑺）。

　排出事業者は、廃棄物処理に必要な情報を処理業者に提供するとともに、**処理業者が適正に処理できるか否か**を確認しなければなりません。確認の責任は排出事業者にあります。確認する事項として、「業の許可内容と処理業者の実態は一致するか」、「処理施設・保管場所は清潔か」、「中間処理施設は使用可能状況にあるか」等があります。

（5）処理困難通知への対応

　産業廃棄物処理業者は下記のような事由が生じ産業廃棄物の適正な処理が困難となった場合、その事由が生じた日から10日以内に委託者（排出事業者）に対し書面でその旨を通知しなければなりません。書面を受けた委託者（排出事業者）は適切な措置を講じなければなりません。通知の写しは5年間保存する義務があります（法14⑬、⑭、則10の6の2～4、法14の4⑬、⑭、則10の18の2～4）。

●**適正処理が困難な例**
- ●処理施設の破損等の事故により廃棄物保管量の上限に達した場合
- ●収集、運搬事業の全部または一部の廃止、埋立処分が終了した場合
- ●産業廃棄物処理施設を廃止または休止した場合
- ●欠格要件（廃棄物処理法等の違反で罰金以上の刑で5年未経過の者等）に該当した場合等

●**委託者（排出事業者）の取るべき措置例**
- ●処理業者が適正処理を行えるようになるまでは新たな廃棄物の処理を委託しない
- ●委託を解除して廃棄物を引き取り、他の処理業者に委託する
- ●再委託が可能な場合は、再委託基準に従い、承諾の書面を交付し、通知を発した処理業者に依頼して再委託させる
- ●処理困難の通知を受けた場合において、処理が終了した旨のマニフェストの送付を受けないときは、通知を受けた日から30日以内に、措置内容に関する報告書を都道府県知事に提出する（則8の29）

（6）再委託の原則禁止

　収集運搬・処分業者は、他の処理業者に委託してはなりません（法14⑯、法14の4⑯）。

　適切な手続きが取れなくなるおそれがあること、責任の所在が不明確になること、無許可営業、廃棄物処理の丸投げなど、不法行為の温床となることなどが理由として挙げられます。

　ただし、排出事業者があらかじめ書面で承諾する等、再委託の基準を満たした場合は1回に限り再委託が可能となります。

委託契約書に含まれるべき事項

必須事項	委託の種類	
	収集運搬業	処分業
委託する産業廃棄物の種類	○	○
委託する産業廃棄物の数量	○	○
運搬の最終目的地の所在地（運搬を委託する場合）	○	
処分または再生を委託する場合 ·処分または再生の場所の所在地 ·処分または再生の方法 ·処分または再生施設の処理能力 ·最終処分の場所の所在地 ·最終処分の方法 ·最終処分の施設の処理能力（埋立容量等）		○
委託契約の有効期間	○	○
委託者が受託者に支払う料金	○	○
産業廃棄物許可業者（収集運搬、処分）の事業の範囲	○	○
積替えまたは保管（収集運搬業者が積替え、保管を行う場合に限る） ・積替え保管場所の所在地 ・積替え保管場所で保管できる産業廃棄物の種類及び保管上限 ・安定型産業廃棄物の場合、他の廃棄物と混合することの許諾等の事項	○	
委託者側からの適正処理に必要な情報の提供 ・産業廃棄物の性状及び荷姿に関する情報 ・通常の保管で腐敗・揮発等の性状変化がある場合の情報 ・他の廃棄物と混合等により生ずる支障等の情報 ・当該産業廃棄物が次に掲げる産業廃棄物であって、日本工業規格C0905号に規定する含有マークが付されたものである場合には、当該含有マークの表示に関する事項（則8の4の2⑹ニ） （1）廃パソコン （2）廃ユニット型エアコン （3）廃テレビジョン受像機 （4）廃電子レンジ （5）廃衣類乾燥機 （6）廃電気冷蔵庫 （7）廃電気洗濯機 ・委託する産業廃棄物に石綿含有産業廃棄物が含まれる場合は、その旨 ・その他取り扱いの際に注意すべき事項 含有マーク（オレンジ色）	○	○
委託契約の有効期間中に、廃棄物の性状等が契約締結時の内容から変更を生じた場合、変更情報が受託者側に適切に提供されるよう、変更に伴う情報伝達方法に関する事項（環境省 廃棄物データシート参照）	○	○
受託業務終了時の受託者の委託者への報告に関する事項	○	○
委託契約を解除した場合の処理されない産業廃棄物の取扱に関する事項	○	○

第12章 廃棄物処理法

373

6 マニフェストとは

（1）マニフェスト制度とは

　排出事業者は、委託した産業廃棄物が適正に処理されたかどうか**確認する義務**があり、そのために作成する書類を**マニフェスト（産業廃棄物管理票）**といいます（法12の3⑴）。マニフェストには、「どの種類の産業廃棄物の処理を委託するのか」「量はどれくらいあるのか」「どの収集運搬業者がどこへ運ぶのか」「どの処分業者が処分するのか」「最終処分の所在地はどこか」等を記載します。排出事業者は委託するたびにマニフェストを交付し、処理業者はいつ業務を終了したかという情報等を記載したマニフェストの写しを排出事業者に返送します。

　このようにして産業廃棄物が委託内容通りに適正に処理されたことを確保する制度が**マニフェスト制度**です。これは**委託契約とは別に必要とされる排出事業者の義務**です。

（2）マニフェストの流れ

　マニフェストは「産業廃棄物を管理するための伝票」として使用され、処理が終わるまで産業廃棄物と一緒に旅をします。マニフェストを適正に使用しなかったり、虚偽の記載をした場合は行政処分や罰金が科せられます。マニフェストには、紙によるマニフェストと電子情報処理組織を使用する電子マニフェストの2通りがあります。

　排出事業者は、廃棄物の引渡しと同時に運搬受託者（処分のみの委託の場合は、処分業者）に対し、必要事項を記載したマニフェスト（通常6枚つづり）を交付しなければなりません。また、交付したマニフェストの写し（A票）は、**マニフェスト交付日から5年間保存しなければなりません。**

　運搬受託者は、運搬終了後、マニフェストに必要事項を記載し、（運搬終了後）**10日以内**にマニフェスト交付者にそのマニフェストの写し（B2票）を送付しなければなりません。また、中間処理を委託した者があるときは、その中間処理受託者にマニフェスト（C1票）を回付しなければなりません。

　中間処理受託者は、処理終了後、マニフェストに必要事項を記載し、（処理終了後）**10日以内**にマニフェスト交付者にそのマニフェストの写し（D票）を送付しなければなりません。そのマニフェストが運搬受託者により回付されたものであるときは、回付した者にもそのマニフェストの写し（C2票）を送付しなければなりません。

　中間処理業者は、その処理に係る中間処理産業廃棄物の最終処分が終了した旨が記載されたマニフェストが（最終処分業者から）送付されてきたときは、排出事業者が交付または運搬受託者から回付されたマニフェスト（E票）に最終処分が終了した旨を記載し、マニフェスト交付者に対し、最終処分終了した旨を記載したマニフェスト受領後**10日以内**にそのマニフェストの写し（E票）を送付しなければなりません。

　マニフェスト交付者は、マニフェストの写しの送付を受けたときは、その運搬、中間処理または最終処分が終了したことをそのマニフェストの写しにより確認し、かつ、そのマニフェストの写し（B2票、D票、E票）の**送付を受けた日から5年間保存する義務**があります。

マニフェストの流れ

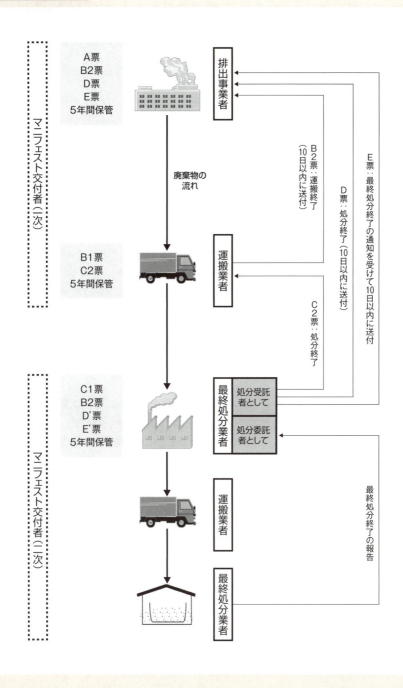

（3）マニフェストにおける記載義務事項

マニフェスト（産業廃棄物管理票）は、右図のような様式が省令で定められています（則8の21⑵）（右図上）。

（4）産業廃棄物管理票交付状況報告書

排出事業場ごとに、**毎年6月30日**までにその前年度1年間のマニフェスト交付状況を「産業廃棄物管理票交付状況報告書」により都道府県知事に報告しなければなりません（法12の3第7項、則8の27）。

（5）マニフェストが戻ってきたら

以上、マニフェストの交付から返送の流れと、それにかかわる手続きについて説明しました。ただ、委託した廃棄物の処理が適正に行われ、規定通りにマニフェストが戻ってきたというだけでは、排出事業者としての責任を果たしたことにはなりません。適正に処理されたことを記載内容から確認することが必要です。

万が一、マニフェストが期限（B2票、D票は交付の日から90日（特別管理産業廃棄物は60日）、E票は180日）を過ぎても戻ってこない場合、もしくは虚偽のマニフェストの写しを受けた場合、処理業者について処理の状況を確認し、生活環境上の保全上の支障の除去または発生の防止のために必要な措置を講じなければなりません。

また、期限を経過した日から**30日以内**に都道府県知事に措置内容等を提出しなければなりません（法12の3⑧、則8の29）。

（6）電子マニフェスト

1998（平成10）年2月に電子マニフェスト制度が創設され、実施は環境大臣により公益財団法人 日本産業廃棄物処理振興センターが情報処理センターとして指定されています。

排出事業者、運搬業者、中間処理（処分）業者が電子情報を扱える環境にあり、情報処理センターへ登録することにより電子マニフェストの使用が可能となります（法12の5⑴、則8の31の2）。

紙マニフェストと電子マニフェストの比較を右表に示しました。

電子マニフェストの流れは下記のとおりです。

- 排出事業者は、委託後3日以内に廃棄物についての情報をパソコンから入力し（以下同）、情報処理センターへ登録します。
- 収集運搬業者は、運搬終了後3日以内に情報処理センターへ運搬終了報告をします。
- 処分業者は、適正処理終了後3日以内に情報処理センターへ処分終了報告をします。
- 情報処理センターは、処分業者からの報告を受けたら排出事業者と収集運搬業者に終了の通知をします。

マニフェストの記載事項

（1）排出事業者の記載事項（義務）（則 8 の 21）
　法的には、以下の 14 項目の記載が義務づけられている。
　①マニフェストの交付年月日
　②交付番号
　③交付担当者の氏名
　④排出事業者の氏名または名称及び住所（電話番号）
　⑤産業廃棄物を排出した事業場の名称及び所在地（電話番号）
　⑥産業廃棄物の種類（産業廃棄物は 20 分類に従う）
　　※当該産業廃棄物に石綿含有産業廃棄物が含まれる場合は、その旨を空欄に記載する。
　⑦数量（産業廃棄物の 20 分類ごとに）
　　※石綿含有産業廃棄物が含まれる場合は、その数量を記載する。
　⑧産業廃棄物の荷姿
　⑨当該産業廃棄物に係る最終処分を行う場所の所在地
　⑩運搬を受託した者の氏名、名称、住所、電話番号
　⑪運搬先の事業場の名称及び所在地並びに運搬を受託した者が廃棄物の積替えまたは保管を行う場合には、その場所及び所在地
　⑫処分を受託した者の氏名、名称、住所、電話番号
　⑬運搬を受託した者が廃棄物の積替えまたは保管を行う場合には、当該積替えまたは保管の場所の所在地
　⑭中間処理業者の場合には、交付または回付された廃棄物に係るマニフェスト交付者の氏名または名称及びマニフェストの交付番号、なお排出事業者の場合は斜線を引くこと

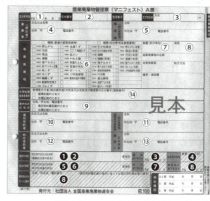

※例：全国産業廃棄物連合会作成のマニフェスト

（2）運搬受託者の記載事項（義務）（則 8 の 22）
　❶受託者の氏名または名称
　❷運搬を担当した者の氏名
　❸運搬を終了した年月日
　❹積替えまたは保管場所において受託した廃棄物に混入しているもの（有価に限る）の拾集量

（3）処分業者の記載事項（義務）（則 8 の 24）
　❺氏名または名称
　❻処分を担当した者の氏名
　❼処分を終了した年月日
　❽当該処分が最終処分の場合にあっては、最終処分が終了した旨

紙マニフェストと電子マニフェストの比較

	紙マニフェスト	電子マニフェスト
排出事業者	①マニフェスト交付：処理業者に交付 ②運搬・処分終了の確認 ③マニフェストの写しの保存：5年間 ④交付状況の報告 ⑤未回収報告（マニフェストの未回収を実際に確認し、及び知事へ報告） ＊交付の日から90日以内に写しの送付がない場合（特別管理産業廃棄物の場合60日以内、最終処分終了の写し（E）180日以内）	①パソコンから入力 ②パソコンで確認 ③情報処理センターが代行 ④情報処理センターが代行 ⑤情報処理センターから未回収通知（未回収の通知を受けた後、処理状況を把握した上で、都道府県知事に報告（様式第4号））
処理業者	①運搬先の処理業者に回付 ②マニフェスト交付者への写しの送付・処理後、10日以内 ③マニフェストの写しの保存：5年間	①パソコンから入力 ②パソコンから入力 ③情報処理センターが代行

7　産業廃棄物及び特別管理産業廃棄物の管理体制

（1）特別管理産業廃棄物管理責任者の役割と資格

　特別管理産業廃棄物を排出する事業場の設置者は、事業場ごとに**特別管理産業廃棄物管理責任者**を設置しなければなりません（法12の2(8)、則8の17）。設置しない場合は30万円以下の罰金に処せられます。

　特別管理産業廃棄物管理責任者は、特別管理産業廃棄物の**排出状況を把握し、処理計画を立案**する義務があります。また、廃棄物の適正処理のための**保管状況の確認**（保管基準の遵守）、**適切な委託処理業者の選定、委託基準の遵守、マニフェストの記載、保管等**を行わなければなりません（環境省「特別管理廃棄物規制の概要」）。

　特別管理産業廃棄物管理責任者は有資格者でなければなりません（右）。感染性産業廃棄物を生ずる事業場とそれ以外の事業場では資格は異なります。例えば、医師はPCB廃棄物を排出する事業場の特別管理産業廃棄物管理責任者にはなれません。その逆も同じです（法12の2(9)、則8の17）。

（2）多量排出事業者及びその義務

　事業活動において**前年度**に多量の（特別管理）産業廃棄物を排出した事業場の設置者を**多量排出事業者**といいます。産業廃棄物は**1,000t以上**、特別管理産業廃棄物は**50t以上**の事業者が多量排出事業者となり、以下の義務が発生します。

> ● その事業場における産業廃棄物または特別管理産業廃棄物の**減量等に関する処理計画**を作成し、6月30日までに都道府県知事に提出（則8の4の5、則8の17の2）
> ● さらにその計画の実施状況について、翌年度の6月30日までに**都道府県知事に報告**（則8の4の6、則8の17の3）（知事は、この計画及びその実施状況をインターネットで公表します）

　「減量等に関する処理計画」には、産業廃棄物または特別管理産業廃棄物の処理に係る**管理体制**に関すること、廃棄物の**排出、抑制、分別、再生利用、中間処理、埋立処理または海洋投入処分**に関すること、廃棄物の**処理の委託**に関すること等が含まれています。

（3）帳簿の備え付けが必要な事業者

　産業廃棄物処理施設の設置者、産業廃棄物処理施設以外の焼却施設（許可対象とされていない規模の焼却施設）において自ら焼却を行う事業者、産業廃棄物を生ずる事業場の外で自らその産業廃棄物の処分を行う者、事業活動に伴い特別管理産業廃棄物を生ずる事業者で自ら運搬または処分を行う者は、定められた事項を帳簿に記載し、一定期間事業場に保存しなければなりません。

感染性産業廃棄物を生じない事業場の場合の管理責任者の資格

	資格・学歴	課程	修了した科目・学科	実務経験[*1]
1	環境衛生指導員			職歴2年以上
2	大学等	理学、薬学、工学、農学	衛生工学、化学工学	卒業後2年以上
		理学、薬学、工学、農学、これらに相当する課程	衛生工学、化学工学以外	卒業後3年以上
3	短大・高専	理学、薬学、工学、農学、これらに相当する課程	衛生工学、化学工学	卒業後4年以上
			衛生工学、化学工学以外	卒業後5年以上
4	高校・旧制中学		土木科、化学科、これに相当する学科	卒業後6年以上
			理学、農学、工学またはこれらに相当する科目	卒業後7年以上
5	（学歴要件なし）			10年以上
6	1から5までと同等以上の知識を有すると認められる者[*2]			

[*1] 「実務経験」とは、卒業後、廃棄物の処理に関する技術上の実務に従事した年数をいう。

[*2] 「同等以上の知識を有すると認められる者」とは、特別管理産業廃棄物管理責任者講習会の修了者が含まれる。講習は、公益財団法人 日本産業廃棄物処理振興センター（JWセンター）が実施している。

感染性産業廃棄物を生ずる事業場に必要な管理責任者[*]

1	医師、歯科医師、薬剤師、保健師、獣医師、助産師、看護師等
2	環境衛生指導員であって、職歴2年以上の経験者
3	大学、高専等で医学、薬学、保健学、衛生学、獣医学の課程の修了者または同等以上の有識者

[*] 「感染性産業廃棄物を管理する資格者」が、感染性以外の特別管理産業廃棄物、例えば、特別管理産業廃棄物である廃酸・廃アルカリを併せて管理することは、資格要件が異なるためできない（則8の17）。

第12章 廃棄物処理法

8　その他

（1）産業廃棄物処理施設の種類

　産業廃棄物処理施設には、右にある種類の施設が規定されています。事業活動において生ずる産業廃棄物を処理するために産業廃棄物処理施設を設置している事業者は、その産業廃棄物の処理を適切に行わせるため、事業場ごとに、産業廃棄物処理責任者を設置しなければなりません（法12⑻）。

　また、処理施設の維持管理に関する技術上の業務（施設維持管理の記録・閲覧、帳簿の記載義務、事故時の措置）を行わせる技術管理者を設置しなければなりません。技術管理者は資格を有するものでなければなりません（法21⑴、⑶）。産業廃棄物処理施設を設置、変更等する場合は、設置しようとする都道府県知事の許可が必要となります（法15⑴、令7）。

（2）産業廃棄物処理施設の設置

　施設の設置には、設置しようとする地を管轄する都道府県知事の許可が必要で、次のような順序によります（法15⑴）。

　①設置には、必要事項を記載した申請書を提出しなければなりません。その際、生活環境影響を調査した結果を申請書に添付します（法15⑶）。

　②申請に係る内容が技術上の基準、申請者の能力に関する基準等に適合している場合、都道府県知事は設置を許可しなければなりません。

　③施設の設置後は、産業廃棄物処理責任者及び技術管理者を設置し、施設の維持管理等を行わなければなりません（法12⑻、法21）。

　④ある一部の産業廃棄物処理施設（右表で番号に網掛けをした施設）については、都道府県知事が行う定期点検を受け、さらに当該施設の維持管理状況を3年間公表する義務があります（法8の3⑵、則4の5の2、則4の5の3、法15の2の3⑵、則12の7の2、則12の7の3）。

（3）投棄・焼却の禁止

　一般廃棄物、産業廃棄物の種類に関係なく、すべて廃棄物は廃棄物処理法に従わずに捨てることが禁止されています。捨てた場合は**不法投棄**となります。

　また、一般廃棄物処理基準、特別管理一般廃棄物処理基準、産業廃棄物処理基準または特別管理産業廃棄物処理基準に従った廃棄物の焼却、その他の法令等による廃棄物の焼却、**公益上もしくは社会の慣習上やむを得ない廃棄物の焼却等**以外は禁止されています。やむを得ない廃棄物の焼却等とは、「国や地方公共団体の施設管理」、「災害の予防、応急対策または復旧」、「風俗習慣・宗教上の行事」、「農業、林業または漁業」、「たき火、キャンプファイヤーその他日常生活」等のための焼却があります（令14）。

　これらに対する罰則は、5年以下の懲役もしくは1,000万円以下の罰金、またはこの併科、法人の場合3億円以下の罰金が科せられます。投棄・焼却の**未遂者も同罪**です。

産業廃棄物処理施設一覧

	処理施設名	処理能力等
1	汚泥の脱水施設	処理能力10m³/日を超えるもの
2	汚泥の乾燥施設	処理能力10m³/日を超えるもの (天日乾燥施設:100m³/日超)
3	汚泥の焼却施設 (PCB汚染物及びPCB処理物を除く)	·処理能力5m³/日を超えるもの ·処理能200kg/時以上のもの ·火格子*²面積2m²以上のもの
4	廃油の油水分離施設	処理能力10m³/日を超えるもの
5	廃油の焼却施設(廃PCB等を除く)	·1m³/日を超えるもの ·200kg/時以上のもの ·火格子面積2m²以上のもの
6	廃酸または廃アルカリの中和施設	処理能力50m³/日を超えるもの
7	廃プラスチック類の破砕施設	処理能力5t/日を超えるもの
8	廃プラスチック類の焼却施設 (PCB汚染物及びPCB処理物を除く)	·処理能力100kg/日を超えるもの ·火格子面積2m²以上のもの
8-2	木くずまたはがれき類の破砕施設	処理能力5t/日を超えるもの
9	有害物質*¹またはダイオキシン類を含む汚泥のコンクリート固型化施設	すべての施設
10	水銀またはその化合物を含む汚泥のばい焼施設	すべての施設
10-2	廃水銀等の硫化施設 (H27.11.11日公布、H29.10.1施行)	すべての施設
11	汚泥、廃酸または廃アルカリに含まれるシアン化合物の分解施設	すべての施設
11-2	廃石綿等または石綿含有産業廃棄物の溶融施設	すべての施設
12	廃PCB等、PCB汚染物またはPCB処理物の焼却施設	すべての施設
12-2	廃PCB等(PCB汚染物に塗布され、染み込み、付着し、または封入されたPCBを含む)またはPCB処理物の分解施設	すべての施設
13	PCB汚染物またはPCB処理物の洗浄施設または分解施設	すべての施設
13-2	上記3、5、8、12以外の焼却施設	·処理能力200kg/時以上のもの ·火格子面積2m²以上のもの
14	最終処分場 ·有害な産業廃棄物及び特別管理産業廃棄物の埋立処分場 ·安定型産業廃棄物の埋立処分の場所 ·上記以外の産業廃棄物の埋立処分場	·遮断型処分場 ·安定型処分場 ·管理型処分場

※網掛け数字は、定期検査の対象施設を表す。
＊1 「有害物質」とは、施行令別表第3の3に定める33の物質をいう。
＊2 「火格子」とは、炉のたき口と火堰(ひせき)との間に設け、廃棄物等をのせる格子場の装置をいう。

第12章 ◉ 実務に役立つ **Q&A**

注：以下の事例は出典の自治体の考えであり、他の自治体の場合は確認が必要です。

形式的な有価物

Q：輸送費が売却代金を上回る場合は廃棄物となりますか？

A：売却代金と運送費を相殺すると排出事業者側に経済的損失がある場合（「運賃による逆有償」とか「手元マイナス」といわれます）は廃棄物に該当し、受入側事業者における再生利用後に客観的に有償売却できる性状となった時点で初めて廃棄物でなくなるものであり、それまでは再生利用施設における保管や処理を含めて廃棄物として規制され、廃棄物処理法の規定が適用されます。受入事業者側で本来は処理費が必要であるにもかかわらず、売却代金を支払う形にし、その分を運搬費に上乗せするような有償譲渡を偽装した脱法的な行為は認められません。（出典：大阪市）

廃棄物の種類

Q：次の産業廃棄物はどの種類に該当しますか？
　　①液状の廃合成塗料
　　②塗料以外の不純物が混合して、泥状となっている廃合成塗料
　　③溶剤が揮発し、固形状（粉状のものを含む）**となっている廃合成塗料**
　　④事業活動に伴って排出される合成ゴム製品である自動車専用のタイヤ

A：次の例を参考にして下さい。
　　①廃油と廃プラスチック類の混合物に該当します。
　　②汚泥に該当します。ただし、油分をおおむね５％以上含む場合は、汚泥と廃油の混合物に該当します。
　　③廃プラスチック類に該当します。
　　④廃プラスチック類に該当します。（出典：昭和51年環水企181・環産17、昭和54年環整128・環産42）

廃棄物の種類

**Q：事務所で使用した事務机を捨てたいのですが、産業廃棄物になりますか？
また、産業廃棄物の品目は何になりますか？**

A：廃事務机は産業廃棄物です（木製の机は事業系一般廃棄物です）。品目は金属くず、廃プラスチック類の混合物です。両方の許可を持つ処理業者への委託となります。（出典：東京都）

廃棄物の種類

Q：特別管理産業廃棄物である「廃油」にはアルコール類も含まれますか？

A：特別管理産業廃棄物として、法律的には、揮発油類、灯油類及び軽油類（タールピッチ類を除く）が該当します。しかし、条例等実務的には、引火点70℃未満の液状を呈する廃油（廃溶剤を含む）を特別管理産業廃棄物の「廃油」として扱っています。具体的には、廃メタノール等の廃アルコール類、アセトン、ベンゼン、トルエン、キシレン等の廃溶剤で引火点が概ね70℃未満のものは特別管理産業廃棄物となります。（出典：大阪府）

廃棄物の種類

Q：鉛、六価クロム等の有害重金属を含む合成樹脂塗膜は、特別管理産業廃棄物に該当しますか？

A：合成樹脂塗膜は廃プラスチック類に該当しますが、鉛、六価クロム等の有害重金属を含んでいても特別管理産業廃棄物には該当しません。特別管理産業廃棄物の中の特定有害産業廃棄物の一種には、有害物質（鉛、六価クロム等の有害重金属、有害塩素化合物等）を含む産業廃棄物がありますが、特別管理産業廃棄物に該当する産業廃棄物の種類は、汚泥、廃油、廃酸、廃アルカリ、燃え殻、ばいじん、鉱さいに限られており、しかも判定基準を超えて有害物質を含むものが該当します（鉱さい以外 は、特定の業種・施設から排出されるものに限られます）。（出典：大阪府）

排出事業者

Q：販売業者（例：タイヤ販売店）**が使用済み製品**（例：廃タイヤ）**をユーザーから下取りする場合、販売業者は使用済み製品の排出事業者になりますか？**

A：次のすべての要件を満たす場合、廃棄物処理法の特例である「下取り行為」となり、販売業者が引き取った「使用済み製品」（産業廃棄物）は販売事業活動に伴い排出された廃棄物として、当該販売業者がその処理責任を負うことになります。従って、販売業者による廃棄物の運搬行為には産業廃棄物収集運搬業の許可は不要であり、また引き取った「使用済み製品」の排出事業者となります。

　　・①新しい製品の販売の際に、
　　・②商慣習として、
　　・当該製品を購入する消費者から③同種の製品で使用済みのものを④無償で引き取る（回収）こと
　　・⑤使用前後で性状が変化しないこと

ただし、下取りした使用済み製品の運搬を他社に委託することは産業廃棄物の委託行為になります。下取りした使用済み製品は販売業者が排出事業者として適正に処理する必要があります。同種の製品であれば他社製品の下取りも可能です。引き取りのタイミングはかならずしも新製品の購入と同時である必要はありません。（出典：平成12年衛産第79、大阪府）

排出事業者

Q：自動車整備工場においてタイヤ交換により発生する廃タイヤやガソリンスタンドにおいてオイル交換により発生した廃油は誰が排出事業者になりますか？

A：自動車整備及び燃料の給油という事業活動に伴い排出される廃タイヤや廃油にあたりますので、自動車整備工場やガソリンスタンドが排出事業者となります。営業者だけでなく、一般ユーザー（営業者以外）の自動車のタイヤ交換・オイル交換に伴い発生したものも産業廃棄物です。そのため、自動車整備工場やガソリンスタンドが排出事業者として、自らの責任において適正に処理しなければなりません。（出典：大阪府）

排出事業者

Q：設備やビルのメンテナンスに伴い発生する産業廃棄物は誰が排出事業者になりますか？

A：メンテナンスが廃棄物処理法第21条の3第1項に規定する建設工事（土木建築に関する工事（建築物その他の工作物の全部または一部を解体する工事を含む））に該当する場合は、排出事業者は工事の元請業者です。建設工事に該当しない場合には、設備のメンテナンスに伴い生ずる部品、廃油等やビルのメンテナンスに伴い生ずる床ワックス剥離廃液等については、当該廃棄物を支配管理していて排出事業者責任を負わせることが最も適当なものとして、メンテナンス事業において産業廃棄物を発生させたメンテナンス業者または設備やビルを支配管理する所有者または管理者が排出事業者となります。この場合、メンテナンス契約において、産業廃棄物の排出事業者責任の所在及び費用負担についてあらかじめ定めておくことが望ましいです。ただし、廃水処理に伴って発生した汚泥、劣化したろ過材やイオン交換樹脂等の排出事業者は、廃水処理施設の設置者が該当します。（出典：大阪府）

産業廃棄物処理業

Q：ある電気関連企業では、梱包用廃プラスチック類を自社の運搬車により、直接、社員が中間処理業者まで運搬し、中間処理してもらっています。この会社は産業廃棄物収集運搬業の許可を持っていません。問題ありませんか？

A：違反ではありません。法第14条第1項において、「産業廃棄物の収集または運搬を業として行おうとする者は、都道府県知事の許可を受けなければならない。ただし、事業者（自らその産業廃棄物を運搬する場合に限る）、専ら再生利用の目的となる産業廃棄物のみの収集または運搬を行う者その他環境省令で定める者については、この限りでない」とあります。（出典：環境省）

産業廃棄物処理業

Q：親会社が子会社の産業廃棄物を無償で引き取り、自社の産業廃棄物と併せて処理する場合の親会社は産業廃棄物処理業の許可は必要ですか？

A：親会社、子会社の関係にあっても、独立した法人同士であれば、その親会社は他人の産業廃棄物の処理を業として行っていることになるので、許可が必要です。（出典：京都市情報館）

（注）親子会社が一体的な経営を行うものである等の要件に適合する旨の知事の認定を受けた場合には、この親子会社は、廃棄物処理業の許可を受けずに相互に親子会社間で産業廃棄物の処理を行うことができる（平成29年6月16日法律第61号、施行は公布の日から1年以内）。

産業廃棄物処理業

Q：複数の事業場を有する事業者が、各事業場から発生する産業廃棄物を一つの事業場に運搬して処分する場合、産業廃棄物収集運搬業の許可は必要ですか？

A：許可は不要です。同一の事業者から発生する産業廃棄物を自ら収集、運搬、処分する場合は自己処理に該当し、産業廃棄物処理業の許可は不要です。なお、（特別管理）産業廃棄物処理基準、運搬及び処分の基準、保管の基準等を遵守する必要があります。

産業廃棄物処理業

Q：ビール会社Ａ社においてはビールを生産する過程で不要物として余剰のビール酵母が発生するが、このビール酵母を原料として、製薬会社Ｂ社では医薬品を、食品会社Ｃ社では食料品（おつまみ類）を生産している。また、Ａ社は現在当該ビール酵母をＡ社からＢ社またはＣ社までの運搬を自ら行っている。Ａ社は、今後Ｂ社またはＣ社への運搬をＤ社に委託することを検討している

が、Ｄ社に運搬費用として支払う料金をＢ社またはＣ社から受け取るビール酵母の売却代金と比較すると運搬費用のほうが高い（10倍程度）。この場合、
①Ｄ社は産業廃棄物収集運搬業の許可を取得する必要がありますか?
②Ｂ社及びＣ社は産業廃棄物処理施設及び産業廃棄物処理業に係る許可が必要ですか?

A：①Ｄ社は産業廃棄物収集運搬業の許可*を取得する必要があります。
②Ｂ社及びＣ社はいずれも産業廃棄物処理施設及び廃棄物処理業の許可を取得する必要はありません。（出典：環境省平成17年環廃産発第050325002号）
*ビール酵母はＡ社から排出される産業廃棄物であり、当該産業廃棄物の運搬を受託する者は収集運搬の許可を有する者でなければならない。

保管基準の遵守

Q：囲いが設置されていない保管場所の面積はどのように算定するのですか?

A：囲いを設置せずに廃棄物を保管することは、処理基準違反です。算定は、「囲い」やコンテナ等により他の用地と明確に区分された保管用地の区域を除外します。なお、保管用地が明確に特定できない場合は、保管に供する場所を含む一体の事業場の敷地のうち、建物の面積を除いた場所の面積となります。全面積500m^{2}で、建物50m^{2}と仮定すると、（500－50）m^2＝450m^{2}が保管の場所と算定できます。（出典：環境省平成23年Q&A、神奈川県相模原市ホームページ）

自社処理

Q：排出事業者が現場から事務所へ産業廃棄物を持ち帰ってくるような場合も、表示や書面携帯は必要なのでしょうか?

A：必要です。構内運搬する場合を除き、排出事業者が産業廃棄物を事務所へ持ち帰る場合であっても、表示及び書面携帯が義務づけられています。（出典：環境省「産業廃棄物収集運搬者への表示・書面備え付け義務について」）

処理状況の確認

Q：処理状況の確認努力義務について、中間処理業者に委託している場合は、中間処理後の産業廃棄物の最終処分場の確認まで必要ですか?

A：中間処理業者が排出事業者としての立場で最終処分場における処理状況の確認を行うこととなります。排出事業者は、中間処理業者から情報提供を受けることによって、
・中間処理業者と最終処分業者との契約書や二次マニフェストの写し

・最終処分業者の許可証の写し

・最終処分場の残存容量

等の資料を確認し、必要に応じて現地を確認することが望まれます。確認した資料は中間処理業者との契約書とともに保管しておくことが望まれます。ただしこれは大阪府の考えであり、他の自治体の場合は確認する必要があります。

（出典：大阪府ホームページ）

委託基準

Q：ビルのテナントですが、管理会社が廃棄物集積場所から処理業者に産業廃棄物を引き渡しています。この場合、処理委託契約書は誰が交わすのでしょうか？

A：ビルのテナント（賃借人）が自己の事業活動から発した産業廃棄物は、各テナントが排出事業者として処理業者と処理委託契約を直接結ばなければなりません。ビルの共用部分から排出される産業廃棄物は、原則としてビルの所有者の事業活動から発生した廃棄物とみなし、同様の契約が必要です。ただし、マニフェストの交付事務は、個々の排出事業者（テナント等）の依頼を受けて、廃棄物集積場所を提供している管理会社が行うことは認められています。（出典：環境省平成13年環廃産116、東京都環境局ホームページ、大阪府ホームページ）

委託基準

Q：自社の工場敷地内で他社に運搬を委託する場合、委託基準が適用されますか？

A：運搬の範囲が、公道を通過しないで自社の工場敷地内に限られるものであれば適用されません。自社の工場敷地内で産業廃棄物を運搬する行為は、敷地内において産業廃棄物を排出場所から保管場所まで移動し集積させたにすぎず、廃棄物処理法に規定する「産業廃棄物の運搬」にはあたらないので委託基準は適用されず、マニフェストの交付義務もありません。また、運搬車への表示、書面の備え置きの必要もありません。「産業廃棄物の運搬」とは、自社の保管場所から敷地外への運搬を意味しています。ただし、工場敷地内で焼却、脱水等の処分行為を委託する場合や、自社の工場敷地内の自家処理施設までの運搬を委託する場合は、委託基準が適用されます。（出典：大阪府ホームページ）

委託基準

Q：排出事業者が自ら、その排出する産業廃棄物を中間処理業者（処分業者）へ運搬し処分を委託する場合、委託契約の締結及びマニフェストの交付は必要ですか？

A：排出事業者は排出した産業廃棄物を許可なく中間処理業者まで運搬すること

ができます。しかし、その後の中間処理を業者に委託する場合は、当然、中間処理業者との委託契約書の締結及びマニフェストの交付が必要となります。

処理状況の確認

Q：必ずしも実地確認を行わなくてもよいのですか？

A1：処理の状況について適切に確認していれば、必ずしも実地に行うことを求めているものではありません。（環境省平成23年Q&A）

A2：排出事業者が、委託先において産業廃棄物の処理が適正に行われていることを確認する方法としては、まず当該処理を委託した産業廃棄物処理業者等の処理施設を実地に確認する方法が考えられます。それが困難な場合は、次のような委託先が公表している情報により間接的に確認する方法も考えられます。いずれの場合も確認結果を記録し、保存しておくことが望まれます。

　　　・優良認定処理業者に処理を委託している場合は、処理業者による産業廃棄物の処理状況に関するインターネットによる公開情報
　　　・産業廃棄物処理施設（焼却施設等）の維持管理の状況に関するインターネットによる公開情報等（出典：大阪府ホームページ）

マニフェスト

Q：マニフェストは産業廃棄物の種類ごとに交付しなければならないと規定されていますが、例えばシュレッダーダストのように複数の産業廃棄物が発生段階から一体不可分の状態で混合している場合、分別してマニフェストを交付し処理委託する必要がありますか？

A：「産業廃棄物の種類ごとに交付する」ことを原則としていますが、例えばシュレッダーダストのように複数の産業廃棄物が発生段階から一体不可分の状態で混合しているような場合には、これを一つの種類としてマニフェストを交付しても構いません。（出典：環境省平成23年環廃産1130317001）

マニフェスト

Q：マニフェストでは「最終処分を行う場所の所在地」を記載することが義務づけられていますが、具体的には何を記載すればよいでしょうか？　また、中間処理後の廃棄物の一部が「再生」され、一部が「埋立処分」される場合の記載はどのようにすればよろしいでしょうか？

A：「最終処分を行う場所の所在地」は、最終処分を行う予定地の事業場の所在地を記載することで差し支えありません。また、「最終処分」とは、埋立処分、海洋投入処分または再生をいうことから、委託した産業廃棄物について、中間

処理後に一部分が「再生」されその余りの部分が「埋立処分」される場合には、再生処理施設と最終処分場のいずれも記載しなければなりません。なお、最終処分の予定先が複数である場合などマニフェストに記載することが困難である場合には、「別途委託契約書に記載された通りである」ことを記載しても構いません。（出典：環境省平成23年環廃産1130317001）

マニフェスト

Q：廃プラスチック類と金属くずの排出で1枚のマニフェストを交付した。その際、数量欄は空欄とし、処理業者が台貫秤で計量し、記載することで問題ありませんか？

A：マニフェストは適正処理の履行を確認するためのもので、決済や計量のためのものではありません。形状または荷姿を表示し、その数量の記載が必要です。数量の記載はマニフェストの交付時に排出事業者が記載するもので、「数量」の記載は重量、体積、個数等その単位系は限定しないことになっていて、「4トン車1台」等でも可能です。空欄のままの交付は廃棄物処理法違反（マニフェストの未記載）に該当し、罰則の対象となります。（出典：環境省平成23年環廃産1130317001、大阪府ホームページ）

マニフェスト

Q：ビルの管理者が当該ビルの賃借人の産業廃棄物の集積場所を提供する場合、事業者の依頼を受けて、当該集積場所の提供者が自らの名義においてマニフェストの交付等の事務を行っても良いでしょうか？

A：①産業廃棄物を運搬受託者に引き渡すまでの集積場所を事業者に提供している実態があり、②当該産業廃棄物が適正に回収・処理されるシステムが確立されている場合には、③事業者から依頼を受けて、当該集積場所の提供者が自らの名義に置いてマニフェストの交付等の事務を行っても差し支えありません。なお、この場合においても、委託契約は、各事業者が排出事業者として行う必要があります。（出典：環境省平成23年環廃産発第110317001号）

マニフェスト

Q：産業廃棄物をリサイクルするので、マニフェストを使用しなくてもよいでしょうか？

A：たとえリサイクルする場合であっても、産業廃棄物に変わりありませんので、マニフェストを交付する必要があります。その場合は、リサイクル（再生）は中間処理であり、かつ最終処分に該当します。

特別管理産業廃棄物管理責任者

Q：事業者は、特別管理産業廃棄物管理責任者を設置したときは、都道府県等に届け出る必要がありますか？

A：事業者が特別管理産業廃棄物管理責任者を設置したときは、都道府県等に報告する義務がありましたが、平成12年規則改正で報告する必要はなくなりました。ただし、都道府県等によっては、設置届出を条例等で規定しているところがありますので、ご確認下さい。（出典：公益財団法人 日本産業廃棄物処理振興センター）

多量排出事業者

Q：多量排出事業者制度の該当の要件である産業廃棄物発生量について、汚泥については脱水後の量でとらえて良いですか？

A：脱水前の汚泥（スラリー）の量でとらえて下さい。汚泥の脱水施設は排水処理工程の一部であって、汚泥の発生量を脱水ケーキの量で把握しているところが多いという実態があるものの、汚泥の発生量を把握する時点については、汚泥が発生した時点すなわち脱水前の時点としています。（出典：大阪府）

定期検査

Q：休止中の焼却施設や埋立終了後廃止前の最終処分場は定期検査の対象となりますか？

A：対象となります。（出典：環境省Q&A）

定期検査

Q：施設設置の許可を受けたが、実際にはほとんど使用していない場合でも、定期検査を受けなくてはならないのですか？

A：受ける必要があります。（出典：環境省Q&A）

第13章

PCB特別措置法

1節　PCBとは
2節　廃棄物処理法におけるPCB廃棄物の取扱い
3節　PCB特別措置法
4節　電気事業法、その他関係法
5節　PCB廃棄物収集・運搬ガイドラインの概要
6節　PCB廃棄物の処分

13章 PCB特別措置法

PCBが難分解性の性状であり、人の健康被害を生じるおそれがある物質であり、かつわが国では長期間処分されない状況があったので、その適切な保管、処分を規定し、廃棄物の処理体制の整備を進める。

法律の成立と経緯

ポリ塩化ビフェニル（以下「PCB」）は、絶縁性、不燃性に優れていて広く使用されてきましたが、1968（昭和43）年に発生した**カネミ油症事件**がきっかけで生体・環境への影響が明らかとなり、1972（昭和47）年に製造・輸入・使用が中止されました。さらに1973（昭和48）年10月に**化学物質の審査及び製造等の規制に関する法律**（化審法）が制定され、PCBは同法に基づく第1種特定化学物質に指定され、事実上、**製造・輸入が禁止**されました。しかし、PCB廃棄物は保管が長期にわたっているため、紛失等環境汚染が懸念されていました。

このような状況を受けて2001（平成13）年に、「ポリ塩化ビフェニル廃棄物の適正な処理の推進に関する特別措置法」（「PCB特別措置法」）が制定され、PCB廃棄物の保管事業者は2016（平成28）年までに適正に処理することが義務づけられました。また、2001（平成13）年には残留性有機汚染物質に関するストックホルム条約（「POPs条約」）が制定され、わが国は翌年、条約に加入しました。この条約では2025（平成37）年までの全廃、2028（平成40）年までの適正処理等を定めています。

わが国は、環境事業団（現、中間処理・環境安全事業株式会社（JESCO））により、2004（平成16）年から全国5か所において高濃度PCB廃棄物の処理を開始しました。一方、低濃度のPCB廃棄物の無害化処理等を進めるために、2014（平成26）年、特別管理産業廃棄物処理業者、無害化認定業者に対するPCB廃棄物の譲渡し、譲受けを可能にしました。

しかし、5,000mg/kg前後の低濃度のPCB廃棄物の量は非常に多く、当初予定の2016（平成28）年までの処理は不可能なため、2012年（平成24）年に2027（平成39）年3月末日までの延長を決定しました。これはPOPs条約の処理予定時期とほぼ同じです。さらに、現在使用されているPCB使用製品についても同様の時期までに処分する予定になっています。

PCB特別措置法・年表 (●：できごと、●：法令関係)

● 1954（昭和29）年　　PCBの国内における製造開始。

● 1968（昭和43）年　　カネミ油症事件発生（PCBを原因とする食中毒事件）
　　　　　　　　　　　　PCB毒性が社会問題化。

● 1972（昭和47）年　　行政指導により製造中止、回収等を指示。

● 2001（平成13）年　　PCB特別措置法制定される。
　　　　　　　　　　　　・保管の届出、廃棄物の処理の義務化（平成28年まで
　　　　　　　　　　　　　に適正処理）。

● 2001（平成13）年　　ストックホルム条約（POPs条約）が制定され、2016（平
　　　　　　　　　　　　成28）年までのPCB廃棄物の処理に取り組む。

● 2002（平成14）年　　微量PCB汚染廃電気機器等（微量のPCBに汚染された
　　　　　　　　　　　　絶縁油を含むもの）があることが判明。

● 2004（平成16）年〜　環境事業団は、北九州、豊田、東京、大阪、北海道の
　　2008（平成20）年　5か所で高圧トランス、コンデンサの処理に着手、
　　　　　　　　　　　　2009年に北九州で安定器等・汚染物の処理に着手。

● 2006（平成18）年　　無害化処理認定制度創設。

● 2009（平成21）年　　無害化処理の対象として微量PCB汚染廃電気機器等
　　　　　　　　　　　　を選定。

● 2012（平成24）年　　PCB廃棄物の処分期間が、当初の平成28年7月か
　　　　　　　　　　　　ら平成39年3月末日まで約10年間延長された（比
　　　　　　　　　　　　較的濃度の低いPCB廃棄物の量が非常に多いことによる）。

● 2014（平成26）年　　特別管理産業廃棄物処理業者、無害化認定業者に対
　　　　　　　　　　　　するPCB廃棄物の譲渡し、譲受けが可能になった（従
　　　　　　　　　　　　来は特別な場合を除いて、譲渡し、譲受けが禁止されていた）。

● 2016（平成28）年　　新たにPCB使用製品も保管届等の処理対象とし、処
　　　　　　　　　　　　分期間（PCB廃棄物の種類ごと、保管場所ごとに政令で定める
　　　　　　　　　　　　期間）内に廃棄することを義務づける（平成28年5月2
　　　　　　　　　　　　日公布）。

PCB処理・保管のしくみ

PCB廃棄物は、PCB濃度により**高濃度PCB廃棄物**と**低濃度PCB廃棄物**に分類されます。高濃度PCB廃棄物はPCB濃度が0.5%（＝5,000mg/kg）を超えるものとなります。高圧変圧器・コンデンサー等の高濃度PCB廃棄物は中間貯蔵・環境安全事業株式会社（JESCO）で、低濃度PCB廃棄物については環境大臣が認定する無害化処理認定施設及び都道府県知事等が許可する施設で処理を行っています。

PCB廃棄物の収集・運搬・処分の技術的な取扱いについては**廃棄物処理法**、**労働安全衛生法**などが、処分・移動等の届出に関しては**PCB特別措置法**、**PRTR法**が、使用・変更・廃止等については**電気事業法**が関わってきます。廃棄物処理法上では**特別管理産業廃棄物**に指定されており、適切に処理するには同法に従わなければなりません。

PCB廃棄物の**保管の基準**については、特別管理産業廃棄物の保管基準である「周囲に囲いが設けられていること」「見やすい箇所に掲示板」「PCBが飛散・流出・地下浸透しない措置」「他の廃棄物と区別すること」「高温にさらされないための措置」「機器類の腐食防止のための措置」以外に、右図のような基準が定められています。

また、2016（平成28）年の法改正では、**使用中の高濃度PCB使用製品も法律の対象になったこと**、高濃度及び低濃度PCB廃棄物の**保管及び処分の届出**、高濃度PCB使用製品の**廃棄の見込みの届出**、高濃度PCB使用製品及び高濃度PCB廃棄物の**処分期限は、製品及び廃棄物の種類ごと、保管の場所ごとに規定された処分期限までに処分しなければならないこと、処分終了の届出、改善命令、報告の徴収・立入検査権限が強化**されたことなど、全面的に規制が強化されました。低濃度PCB廃棄物の処分終了期限は平成39年3月31日とされています。

現場担当者が押さえておきたいこと

- PCB使用製品を現在使用しているかを確認する
- 電気事業法における使用の届出を出しているかを確認する
- PCB廃棄物の種類と量を確認する
- PCB廃棄物の保管は保管基準を遵守しているかを確認する
- PCB廃棄物の保管場所は大丈夫か、表示はあるかを確認する
- 特別管理産業廃棄物管理責任者は誰かを確認する
- PCB廃棄物の処理予定はどのようになっているかを確認する
- PCB廃棄物の譲受け、譲渡しが原則禁止されていることを認識しているかを確認する

PCB 処理・保管のしくみ

労働安全衛生法／特化則

廃棄物となったもの（特別管理産業廃棄物）

廃棄物処理法

廃PCB等

PCB特別措置法

トランス　コンデンサ

ポイント【分析等】
PCBの濃度、または含有しているかメーカー等に確認

消防法

化審法

PCB汚染物

PCB処理物

ポイント【責任者と保管】
・特別管理産業廃棄物管理責任者の設置
・保管基準の遵守（下記参照）

PRTR法

●安定器等・汚染物
●微量PCB汚染廃電気機器等

コンデンサ

ポイント【届出】
・PCB廃棄物の保管・処分状況を知事へ届け出る

電気事業法
電気関係報告規制

使用中のPCB含有電気機器等

ポイント【処理】
・PCB廃棄物を収集運搬業者、処分業者へ処理委託
・低濃度PCB廃棄物（PCB濃度5,000mg/kg以下）は無害化処理等が行われている
・高濃度PCB廃棄物は、中間処理・環境安全事業株式会社（JESCO）へ処理委託

ポイント【PCB廃棄物の保管の基準】
特別管理産業廃棄物保管基準に以下の基準を加える

ポイント【建屋の強度】
耐震性のある建屋で保存しているか

ポイント【保管容器など】
蓋つきの金属製容器、受皿等で保管しているか
さびはあるか

ポイント【屋根】
雨漏りしていないか
湿度、温度が高くないか

PCB

PCB

ポイント【表示、掲示板】
・収容容器には、見やすい箇所にラベル表示
・見やすい箇所に掲示板（縦横60cm以上）
・PCB使用電気機器の表示
・保安容器：密封、高温防止、腐食防止

ポイント【混入】
PCB廃棄物以外のものが混入していないか

ポイント【固定】
ロープ等で固定しているか

ポイント【床面】
床にひび割れはないか

（出典：環境省「PCB廃棄物の期限内処理に向けて」、香川県「保管事業者への規則」）

PCB特別措置法の概要

◉保管及び処分の状況の届出

　PCB廃棄物を保管している事業者は、毎年度、そのPCB廃棄物の保管及び処分の状況に関して都道府県知事（政令で定める市にあっては市長、以下同）に届け出なければなりません。都道府県知事は毎年度、事業者から提出された上記保管等の届出書について、PCB廃棄物の保管及び処分の状況を一般に公表することとなっています。

◉期間内の処分

　高濃度PCB廃棄物の保管事業者及び高濃度PCB使用製品の所有事業者は、その種類ごと及び保管・使用の場所ごとに、**処分期間内**に、また低濃度PCB廃棄物は**平成39年3月31日までに**自ら処分するか、もしくは処分を他人に委託しなければなりません。環境大臣または都道府県知事は、事業者が上記期間内の処分に違反した場合には、その事業者に対し、期限を定めてPCB廃棄物及び高濃度PCB使用製品の処分など必要な措置を講ずべきことを命ずることができます。

◉譲渡し及び譲受けの制限

　PCB廃棄物の譲り渡し、譲り受けは原則禁止です。

◉承継

　事業者について相続、合併または分割があったときは、その事業者の地位を承継するものとされています。承継した者は承継があった日から30日以内に、その旨を都道府県知事に届け出ることになっています。

◉特別管理産業廃棄物管理責任者の設置

　PCB廃棄物の処理に関する業務を適正に行わせるために、事業所ごとに廃棄物処理法に基づく**特別管理産業廃業物管理責任者**を置かなければなりません。

◉電気事業法との関係

　電気事業法における電気工作物である高濃度PCB使用製品の処分については**電気事業法**に従います。処分期限までに廃棄されなかった高濃度PCB使用電気工作物は高濃度PCB廃棄物とみなし、PCB特別措置法及び廃棄物処理法が適用されます。

PCB特別措置法の体系図

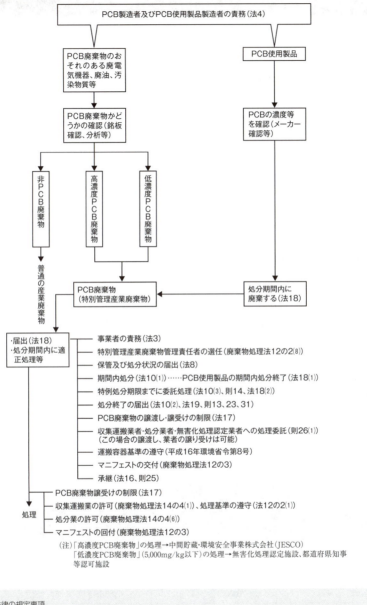

1 PCBとは

（1）PCBの毒性

　ポリ塩化ビフェニル（PCB）は、熱により分解しにくい、不燃性、電気絶縁性が高いなど、化学的に安定な性質を有することから、右表のとおり電気機器（トランス、コンデンサ等）の絶縁油、熱交換器の熱媒体、ノンカーボン紙など、様々な用途、業種で利用されてきました。

　PCBは脂肪に溶けやすいという性質から、慢性的な摂取により体内に徐々に蓄積し、目やに、爪や口腔粘膜の色素沈着、ざ瘡様皮疹（塩素ニキビ）、爪の変形、瞼や関節の腫れなど様々な中毒症状を引き起こすことが報告されています。わが国では、1968（昭和43）年に食用の米ぬか油（ライスオイル）の脱臭工程において熱媒体として使用されたPCBが食用油に混入し、西日本を中心に広域にわたり健康被害を発生させた**カネミ油症事件**が起きました。当時の患者数は約1万3,000名に上ったといわれています。その後、様々な生物や母乳等からもPCBが検出され、その毒性が社会問題となりました。

（2）PCB処理の現状

　わが国ではこれまで約5万9,000tのPCBが生産され、このうち約5万4,000tが国内で使用されてきました。現在では、PCBの製造・輸入は禁止され、PCBを含む各種製品の使用も制限されています。PCBを閉鎖系で絶縁油として使用するトランス、コンデンサは例外的に使用が認められていますが、移設しての使用は**電気事業法**により禁止されており、かつ、故障しても修理できません。また2002（平成14）年には、PCBの製造が中止されたあとに製造された変圧器などの重電機器中の絶縁油に微量のPCBが含まれている事例が確認されています。

　環境省の「ポリ塩化ビフェニル廃棄物処理基本計画」によると、2004（平成16）年に開始されたPCB廃棄物処理は着々と進んでいますが、現在保管されている廃棄物の量及び現在使用中で将来廃棄物となる製品の量もいまだ多く残っているのが現状です。

PCB廃棄物の発生量、保管量、処分量の見込量

	2015（平成27）年度末まで			2016（平成28）年度以降見込	
	処分量	保管量	所有量	発生量※	処分量
大型変圧器等（台）	13,299	3,313	337	3,650	3,650
大型コンデンサー（台）	234,421	67,378	12,878	80,256	80,256
安定器（個）	1,978,205	3,781,921	79,785	3,861,706	3,861,706
小型変圧器・コンデンサー（個）	647,209	598,804	1,136	599,940	599,940
その他汚染物（t）	280	660	0	660	660

※（2016年度以降）発生量＝（2015年度末）保管量＋所有量

（出典：環境省「ポリ塩化ビフェニル廃棄物処理基本計画（平成28年7月26日改定版）」）

PCBの用途

絶縁油	トランス用	ビル・病院・鉄道車両・船舶等のトランス
	コンデンサ用	蛍光灯安定器・白黒テレビ・電子レンジ等の家庭用コンデンサ、直流用コンデンサ、蓄電用コンデンサ
熱媒体（加熱用、冷却用）		各種化学工業・食品工業・合成樹脂工業等の諸工業における加熱と冷却、船舶の燃料油予熱、集中暖房、パネルヒーター
潤滑油		高温用潤滑油、油圧オイル、真空ポンプ油、切削油、極圧添加剤
可塑剤	絶縁用	電線の被覆・絶縁テープ
	難燃用	ポリエステル樹脂、ポリエチレン樹脂
	その他	ニス、ワックス・アスファルトに混合
感圧複写紙 塗料・印刷インキ		ノンカーボン紙（溶媒）、電子式複写紙 印刷インキ、難燃性塗料、耐食性塗料、耐薬品性塗料、耐水性塗料
その他		紙等のコーティング、自動車のシーラント、陶器ガラス器の彩色、農薬の効力延長剤、石油添加剤

（出典：環境省「PCB廃棄物の期限内処理に向けて」）

高圧トランス、高圧コンデンサ、安定器

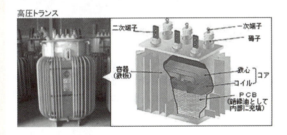

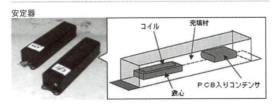

（出典：中間貯蔵・環境安全事業株式会社 (JESCO)ホームページ）

399

2 廃棄物処理法におけるPCB廃棄物の取扱い

PCB廃棄物に関しては、**廃棄物処理法**、**PCB特別措置法**、**電気事業法**に重要な届出規定等があります。罰則を伴うので十分に注意する必要があります。その他、関係する国内法について右にまとめました。

ではまず、廃棄物処理法におけるPCB廃棄物の取扱いについてみていきます。廃棄物処理法では、PCB廃棄物は**特別管理産業廃棄物**であり、適切に処理するには同法の委託を含む収集・運搬及び処分・再生の基準等に従う必要があります。この項では、廃棄物処理法を「廃法」、同施行令を「廃令」、同規則を「廃則」と略します。

2.1 PCB廃棄物とは

PCB廃棄物とは、**廃PCB等**、**PCB汚染物**及び**PCB処理物**をいいます。以下、3種類についてみていきます（廃令2の4（五））。

（1）廃PCB等

不要となったPCB、PCBを含む廃油（PCBを含む絶縁油、熱媒体、潤滑油等）をいいます。**低濃度PCB廃油**には右表のようなものがあります。

（2）PCB汚染物

PCBが塗布され、染み込み、付着し、もしくは封入された汚泥、紙くず、木くず、繊維くず、廃プラスチック類、金属くず、陶磁器くず及び工作物の新築、改築または除去に伴って生じたコンクリートの破片その他これに類する不要物をいいます。**低濃度PCB汚染物**には右表のようなものがあります。

（3）PCB処理物

廃PCB等またはPCB汚染物を処分するために産業廃棄物処理施設（PCB廃棄物の焼却施設、分解施設、洗浄施設）で処理したもので、特別管理産業廃棄物の判定基準*に適合しない燃えがら、汚泥、ばいじん、廃油、廃酸、廃アルカリ、廃プラスチック類、金属くず等をいいます。右表下に示すPCB含有量、溶出量等の基準を超えるものがPCB処理物に該当し、**特別管理産業廃棄物**（廃令2の4（五）ハ、則1の2(4)）です。

低濃度PCB処理物には右表のようなものがあります。

* 「廃棄物処理法施行規則別表第1、及び金属等を含む産業廃棄物に係る判定基準を定める省令（昭和48年総理府令第5号）別表第1、第5」に定められた基準

PCB 廃棄物に関する関係法

● **収集・運搬あるいは処分の技術的な取扱い**
　・廃棄物処理法　（→ 2 節）
　・労働安全衛生法　（→ 4 (2) 節）
　・消防法　（→ 4 (3) 節）
　・危険物船舶運送及び貯蔵規則（船舶による輸送のみ）　（→ 4 (4) 節）

● **PCB 廃棄物の処分及び移動等の状況の届出**
　・PCB 特別措置法　（→ 3 節）
　・特定化学物質の環境への排出量の把握及び管理の改善の促進に関する法律
　　（いわゆる「PRTR 法」）　（→ 4 (5) 節）

● **使用、変更、廃止（使用中止）、絶縁油の漏えい等に届出**
　・電気事業法　（→ 4 (1) 節）

低濃度 PCB 廃棄物の区分

	微量PCB汚染廃電気機器等	低濃度PCB含有廃棄物
低濃度 PCB廃油	微量PCB汚染絶縁油	低濃度PCB含有廃油
	電気機器またはOFケーブルに使用された絶縁油であって微量のPCBに汚染されたもの	PCB濃度が5,000mg/kg以下の廃油等（主として液状物）
低濃度 PCB汚染物	微量PCB汚染物	低濃度PCB含有汚染物
	微量PCB汚染絶縁油が塗布され、染み込み、付着し、または封入されたものが廃棄物となったもの	汚泥、汚泥、紙くず、木くずまたは繊維くずに塗布され、またはしみ込んだPCBの濃度が5,000mg/kg以下であるもの
		廃プラスチック類に付着し、または封入されたPCBの濃度が5,000mg/kg以下であるもの
		金属くず、陶磁器くず及び工作物の新築、改築または除去に伴って生じたコンクリートの破片その他これに類する不要物（「金属くず等」）に付着し、または封入されたPCB濃度が5,000mg/kg以下のもの（主として固形物）
低濃度 PCB処理物	微量PCB処理物	低濃度PCB含有処理物
	微量PCB汚染絶縁油、微量PCB汚染物を処分するために処理したもの	PCB廃棄物を処分するために処理したものであって、PCB濃度が5,000mg/kg以下のもの（金属くず等は付着物のPCB濃度）

（注）5,000mg/kg＝5,000ppm＝0.5%

環境に影響を及ぼすおそれが少ない廃棄物（PCB 廃棄物）の基準

廃棄物の種類	廃棄物処理法施行規則等で定める基準 （上記の特別管理産業廃棄物判定基準に同じ）
廃油	0.5mg／kg以下
廃酸または廃アルカリ	0.03mg／L以下
廃プラスチック類または金属くず	付着していないことまたは封入されていないこと
陶磁器くず	付着していないこと
上記以外のもの	0.003mg／L以下（溶出試験値）

※この基準を超えるものがPCB処理物に該当

2.2 事業者の責務（廃法3）

事業者は、その事業活動に伴って生じた廃棄物を自らの責任において適正に処理しなければなりません。

- 事業活動に伴って生じた廃棄物を自らの責任において適正に処理すること
- 事業活動に伴って生じた廃棄物の再生利用等を行うことにより、その減量に努めること
- 事業活動において、物の製造、加工、販売等に際して、その製品等が廃棄物となった場合のことを考え、適正な処理が困難とならないようにすること

2.3 事業者の特別管理産業廃棄物に係る処理（廃法12の2）

事業者は、自らその特別管理産業廃棄物（PCB廃棄物）の収集、運搬及び処分を行う場合には、**特別管理産業廃棄物処理基準**に従わなければなりません（いわゆる「自社処理」）（廃法12の2(1)）。

特別管理産業廃棄物（PCB廃棄物）の収集または運搬は、必ず密閉できる運搬容器に収納して行わなければなりません（廃令6の5(1)(一)ロ、ハ）。また、他のものと混合するおそれのないように区分して収集、運搬を行わなければなりません（廃令6の5(1)(一)、廃令4の2(一)）。

運搬車または運搬容器は、飛散、流出等がない構造でなければなりません（廃令6の5、廃令4の2(一)ロ）。

収集運搬を行う者は、特別管理産業廃棄物（PCB廃棄物）の種類、取扱い注意事項等を文書に記載し、かつ携帯しなければなりません（廃令4の2(一)ニ、廃則1の10）。

運搬車の両側面に特別管理産業廃棄物（PCB廃棄物）収集運搬車である旨等を表示し、かつ所定事項を記載した書面を車に備え置かなければなりません（廃令6(1)(一)イ）。

2.4 特別管理産業廃棄物（PCB廃棄物）の保管基準（廃法12の2(2)、廃則8の13）

(1)保管基準

事業者は、その特別管理産業廃棄物（PCB廃棄物）が運搬されるまでの間、**特別管理産業廃棄物保管基準**に従い、生活環境保全上の支障のないように保管しなければなりません。

廃棄物処理法によるPCB廃棄物の保管基準は、右のように定められています。

保管基準

● **保管場所の周囲に囲いが設けられていること。**
  ● 屋根のある建屋内で保管すること（図1）
  ● 容易に人が立ち入ることのないようにすること
  ● 倉庫や保管庫等、施錠できる場所が望ましい

● **保管場所の見やすい箇所に、次の事項を記載した掲示板**（60cm以上×60cm以上）**が設けられていること**（表、図2）
  ● 特別管理産業廃棄物の保管場所である旨
  ● 保管する特別管理産業廃棄物の種類（例：PCB汚染物等）
  ● 保管の場所の管理者の氏名または名称及び連絡先

図1／PCB廃棄物保管の例

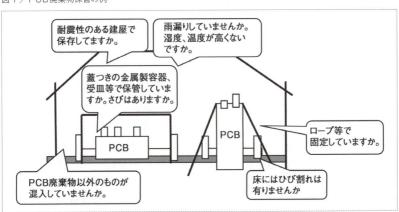

（出典：香川県「保管事業者への規制」）

表／保管場所の掲示板の表示の例

特別管理産業廃棄物保管場所	
廃棄物の種類	廃PCB等
管理責任者氏名・名称	管理部長　○○三男
管理者連絡先	管理部管理課
	内線　4321
注意事項	関係者以外立ち入り禁止
	移動、持ち出し禁止

（出典：埼玉県「PCB廃棄物の適正保管について」より作成）

図2／保管場所の表示の例

```
特別管理産業廃棄物
PCB廃棄物保管場所
関係者以外の者の立入を禁止する
住所：○○　　○○
会社名：△　　△　　□　　□
特別管理産業廃棄物管理責任者：○○
連絡先：123-456-789
```

（出典：愛知県「PCB問題を正しく理解するために」を参考に作成）

（2）運搬容器（廃則1の11）

廃棄物を収納する保管・運搬容器の構造は、**密閉できることその他のPCBの漏えいを防止するために必要な措置を講じられていること、収納しやすいこと、損傷しにくいこと**です。

保管容器は廃棄物の性状・形状を勘案して選択してください。

（3）PCB廃棄物の積替え保管（廃則8の10（一））

PCB汚染物またはPCB処理物は、容器に入れ密封し（揮発させない）、高温にさらさず、腐食の防止措置を講じなければなりません。保管場所は、点検用の通路等を確保し、定期的にPCB廃棄物の状況を確認できるようにします。

PCB汚染物である廃蛍光ランプ用安定器、廃水銀ランプ用安定器及び廃ナトリウムランプ用安定器については、形状を変更（破砕等）してはいけません。

その他、特別管理産業廃棄物の保管基準（則8の13）を遵守してください。

2.5 委託基準等（廃法12の2（5）、（6）、（7）、廃法12の3）

PCB廃棄物の処理を他人に委託する場合には、次の委託基準に従う必要があります。

PCB廃棄物の運搬または処分を委託する場合には、**都道府県知事または政令市長の許可を受けた者に委託しなければなりません**（廃法12の2（5））。

委託にあたっては、**書面により委託契約をしなければなりません**（廃法12の2（6））。

委託しようとするPCB廃棄物の種類、数量、性状、荷姿、取扱いに関する注意事項を、あらかじめ処理業者に**書面により通知**しなければなりません（廃令6の6）。

事業者は、特別管理産業廃棄物の処理を委託する場合は、廃棄物の処理状況を確認し、廃棄物の発生から最終処分終了まで**適切に処理**が行われるように努めなければなりません（廃法12の2（7））。

事業者は、PCB廃棄物の処理を委託する際には、**産業廃棄物管理票（マニフェスト）を交付しなければなりません**（廃法12の3）。または**電子マニフェスト**を使用します（廃法12の5（1））。

事業者は、委託契約書及び産業廃棄物管理票の写しを契約終了の日から**5年間保管**しなければなりません（廃法12の3（2）、廃則8の21の2）。

2.6 特別管理産業廃棄物管理責任者の設置（廃法12の2（8））

PCB廃棄物を排出する事業者は、PCB廃棄物を保管する事業場ごとに**特別管理産業廃棄物管理責任者**を選任しなければなりません。詳細は3.7「特別管理産業廃棄物管理責任者の設置」を参照ください。

2.7 投棄の禁止（廃法16）

何人も、みだりに廃棄物をすててはいけません。

保管基準（続き）

- 保管の場所から、特別管理産業廃棄物（ＰＣＢ廃棄物）が飛散し、流出し、及び地下に浸透し、並びに悪臭が発散しないように必要な措置を講じること
- 地下浸透防止のため、ひび割れや継ぎ目のないコンクリート床上、樹脂コーティング床上で保管すること
- 保管場所には、ねずみが生息し及び蚊、はえその他の害虫が発生しないこと
- 特別管理産業廃棄物に他のものが混入しないように仕切りを設けること等必要な措置を講じること
- ＰＣＢ廃棄物は、容器に入れ密閉すること等ＰＣＢの揮発の防止のために必要な措置及び高温にさらされないような措置を講じること
  - ・蓋つきの金属容器、受皿等で保管し、高温にさらされないようにすること
  - ・ドラム缶等の密閉容器で保管することが望ましい
  - ・ボイラー室等高温にさらされる場所は、避けることが望ましい
- ＰＣＢ汚染物またはＰＣＢ処理物にあっては、腐食の防止のための措置を講じること
  - ・温度・湿度の高いところを避け、雨漏り等に注意すること
  - ・転倒防止のため、容器に収納したり、ロープで固定等容易に倒れないようにすること

運搬容器

◎廃ＰＣＢ等の場合

ＰＣＢ及びＰＣＢを含む廃油の保管は密閉できるケミカルドラムまたは金属製のドラム缶が最適ですが、やむを得ずポリタンク等で保管する場合は、密栓したあと、さらに厚手のプラスチック袋等で２重、３重に密封して下さい。また多量な場合には専用の保管タンクを設置することも考慮してください。

◎ＰＣＢ汚染物の場合

●紙くず・繊維くず・木屑・廃プラスチック類・金属くずの場合

比較的小さなものの保管は、密封できるケミカルドラムまたは金属製のドラム缶が最適ですが、金属性または耐久性のあるプラスチック性で、密封できるコンテナ等も利用できます。

密封性が悪い蓋のコンテナ等を使用する場合は、汚染物をあらかじめ厚手のプラスチック袋、シート等で２重、３重に密封したあと、コンテナに入れ、かつ、蓋をシールします。

●トランス・コンデンサ・安定器の場合

小型のものであれば密封できるケミカルドラムまたは金属製のドラム缶を利用します。大型のもので、かつ、ＰＣＢが漏れ出している場合などは、専用の容器で密封できる措置を講じて下さい。

なお、腐食していないトランス、コンデンサ等を容器に入れ保管するときは、ＰＣＢが揮発しない措置を講じます。

トランス・コンデンサ等は、保管容器の有無にかかわらず機器が１台ずつ識別できるように番号を付して管理します。

●ＰＣＢ処理物の場合

液状の廃棄物である場合には、廃ＰＣＢ等と同様の扱いです。

（出典：以上のうち、ＰＣＢの保管容器については「ポリ塩化ビフェニル廃棄物の適正管理の手引き」（平成26年11月川崎市）による）

3　PCB特別措置法

以上で、PCB廃棄物に関係する廃棄物処理法についての規定をみてきました。次はその規定をみながらPCB特別措置法について説明します。PCB廃棄物の処理は廃棄物処理法の**特別管理産業廃棄物の基準**に従います。

3.1　PCB廃棄物に対する対応

PCB廃棄物の保管事業者は、右図の流れに従い、PCB廃棄物について届出・適正保管し、廃棄物処理法に従い処分しなければなりません。

まず、事業活動で使用した電気機器等、廃油あるいは汚染物等について、PCBを有するもの、PCBで汚染されたおそれのあるものを調べます。

次に、それらが本当にPCBで汚染またはPCBを有しているか否か、機器の銘板や直接分析、製造業者等へ依頼等により確認します。

> ◉**確認のポイント**
> ●**高濃度PCB**：昭和28（1953）年から昭和47（1972）年に国内で製造された変圧器・コンデンサーには絶縁油にPCBが含まれているものがある。
> ●**低濃度PCB**：コンデンサーで平成3（1991）年以降のもの、変圧器で平成6（1994）年以降のものにはPCB汚染の可能性はないとされている。

この確認により、PCBで汚染またはPCBを有しているものを高濃度PCB廃棄物、低濃度PCB廃棄物及び非PCB廃棄物に分類します。高濃度PCB廃棄物と低濃度PCB廃棄物は特別管理産業廃棄物に該当し、PCB特別措置法による対応が必要です。非PCB廃棄物は通常の「産業廃棄物」となります。

高濃度PCB廃棄物と低濃度PCB廃棄物の場合、PCB特別措置法による**届出**と**適正保管**の義務があります。高濃度PCB廃棄物、低濃度PCB廃棄物及び非PCB廃棄物は廃棄物処理法に従って処分しなければなりません。

3.2　PCB廃棄物の分類と処理

国はPCB廃棄物の処理について、右図のように考えています。つまり、高濃度PCB廃棄物と低濃度PCB廃棄物は別々の施設で処理（処分）するということです。

PCB廃棄物はPCB濃度等により、**高濃度PCB廃棄物**と**低濃度PCB廃棄物**に分類されます。右にそれぞれの廃棄物の具体例を挙げました。高濃度PCB廃棄物の処理は中間貯蔵・環境安全事業株式会社（略称：JESCO）で行い、低濃度PCB廃棄物は、無害化処理認定施設、都道府県知事等許可施設により処理します。

PCB廃棄物の処理の流れ

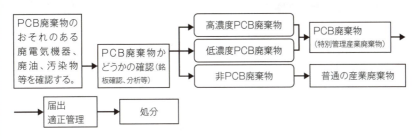

（出典：環境省「ポリ塩化ビフェニル（PCB）廃棄物の期限内処理に向けて」）

PCB廃棄物の分類と処理

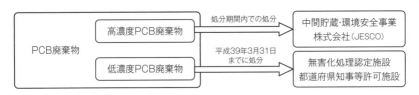

（出典：環境省「ポリ塩化ビフェニル（PCB）廃棄物の期限内処理に向けて」）

◉**高濃度PCB廃棄物**（法2⑵、令2）
　高圧トランス、高圧コンデンサ、安定器等
　● PCB原液が廃棄物となったもの
　● PCBを含む油は廃棄物となったもののうち、PCBの割合が5,000mg/kgを超えるもの
　● 以下のPCBが塗布され、染み込み、付着し、または封入されたものが廃棄物となったもののうち、PCBを含む部分に含まれるPCBの割合が5,000mg/kgを超えるもの（則7）
　　・汚泥、紙くず、木くずまたは繊維くずその他PCBが塗布され、または染み込んだものが廃棄物となったもの
　　・金属くず、ガラスくずまたは陶磁器くずまたは工作物の新築、改築、除去において生じたコンクリートの破片等
　　（注）5,000mg/kg＝5,000ppm＝0.5％

◉**低濃度PCB廃棄物**（401p参照）
　● PCB濃度が5,000mg/kg以下のPCB廃棄物
　● 微量PCB汚染廃電気機器等（PCBを使用していないとする電気機器等であって、数mg/kg程度のPCBに汚染された絶縁油を含む）

◉**非PCB廃棄物**（法2⑴、令3、則2）
　非PCB廃棄物とは、PCBの割合が低濃度PCB廃棄物よりも低く、しかも施行令第3条、規則第2条に規定する「環境に影響を及ぼすおそれが少ない廃棄物の基準」（401p図）を超えるPCBを含む廃棄物をいう。

3.3 高濃度PCB廃棄物の規制

（1）保管及び処分状況の届出

　まず、2.4「特別管理産業廃棄物の保管基準」に従い、PCB廃棄物を保管しなければなりません。高濃度PCB廃棄物を保管・処分を行った者（事業者及びPCB廃棄物処分業者）は、毎年度6月30日までに、前年度の状況に関して保管場所を管轄する都道府県知事または政令市長宛に届け出なければなりません（法8、則9）。都道府県知事・政令市長は毎年度、保管・処分の状況を一般に公表します（法9、則12）。

　保管事業者は原則、**保管の場所を変更できません**（法8(2)）（高濃度PCB廃棄物の種類に応じて定められた区域内（則10）では可能）。

（2）期間内の処分（法10）

　保管事業者は、高濃度PCB廃棄物の種類ごと及び保管の場所の所在する区域ごとに、**処分期間内**（右図）に、自ら処分または他人に処分を委託しなければなりません（法10(1)、令6別表）。保管事業者は、すべての高濃度PCB廃棄物の処分を終了したときは、その旨を都道府県知事または政令市長に届け出なければなりません（法10(2)、則13）。届出は自ら処分または他人に処分委託した日から20日以内に行います。

　また、次のいずれかの要件を満たす者は、上記規定にかかわらず、**特例処分期限日**（処分期間の末日から起算して1年を経過した日＝計画的処理完了期限に同じ）までに、自ら処分または他人に処分委託しなければなりません（法10(3)、則14）。

- 特例処分期限日までに自ら処分、または他人への処分委託が確実であること
- 所定の届出書に必要な書類を添付して都道府県知事（政令市長）に届け出ること

（3）改善命令（法12）

　環境大臣または都道府県知事等は、事業者が上記「期間内の処分」に違反した場合、期限を定めて、高濃度PCB廃棄物の処分等の必要な措置を講じるよう命令できます。

（4）代執行（法13、則19）

　高濃度PCB廃棄物の確実・適正な処理上の支障が生ずるおそれがある場合、かつ、次の各々の場合等、環境大臣は自らその処分等の措置の全部または一部を実施することができます。処分等の措置に要した費用は、保管事業者から徴収することができます。

- 改善（法12(1)）を命じられた保管事業者が期限までに措置を行わない場合
- 緊急に処分等の措置を実施する必要がある場合

届出書類

◉高濃度PCB廃棄物の保管及び処分状況等届出書（則9、様式第1号（1）、（2））

高濃度PCB廃棄物を保管する事業者及び高濃度PCB廃棄物を処分した者は、高濃度PCB廃棄物の保管及び処分の状況について、届出書を提出しなければならない。
- 提出期限：毎年6月30日（則9）

（添付資料）
- 保管する事業者は、中間処理または最終処分が終了した旨を記載した産業廃棄物管理票（マニフェスト）の写しを複写したもの
- 処分した者は、最終処分が終了した旨を記載したマニフェストの写しを複写したもの

◉高濃度PCB廃棄物の保管事業場の変更届出書（則10（2）、様式第2号）
- 提出期限：変更があった日から10日以内（則10）。

計画的処理完了期限、処分期間と特例処分期限等

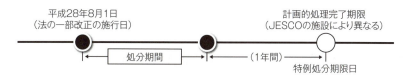

計画的処理完了期限とは、JESCO各施設の各事業の進捗状況や施設の能力等により、高濃度PCB廃棄物の処理を計画的にかつ早期に完了する期限として決められたもの

高濃度PCB廃棄物の地域ごとの、種類ごとの処分期間

JESCOの処理施設	高濃度PCB廃棄物の種類	保管の場所の所在する区域	処分期間	計画的処理完了期限（特例処分期限日）
北九州	廃PCB等、廃変圧器、廃コンデンサー等	鳥取県、島根県、岡山県、広島県、山口県、徳島県、香川県、愛媛県、高知県、福岡県、佐賀県、長崎県、熊本県、大分県、宮崎県、鹿児島県及び沖縄県	平成30年（2018年）3月31日まで	平成31年（2019年）3月31日まで
大阪	廃PCB等、廃変圧器、廃コンデンサー等	滋賀県、京都府、大阪府、兵庫県、奈良県及び和歌山県	平成33年（2021年）3月31日まで	平成34年（2022年）3月31日まで
豊田		岐阜県、静岡県、愛知県及び三重県	平成34年（2022年）3月31日まで	平成35年（2023年）3月31日まで
東京		埼玉県、千葉県、東京都、神奈川県	平成34年（2022年）3月31日まで	平成35年（2023年）3月31日まで
北海道		北海道、青森県、岩手県、宮城県、秋田県、山形県、福島県、茨城県、栃木県、群馬県、新潟県、富山県、石川県、福井県、山梨県、長野県	平成34年（2022年）3月31日まで	平成35年（2023年）3月31日まで
北九州	上記以外の高濃度PCB廃棄物（安定器、汚染物等）、3kg未満の廃変圧器等及びこれらの保管容器	岐阜県、静岡県、愛知県、三重県、滋賀県、京都府、大阪府、兵庫県、奈良県、和歌山県、鳥取県、島根県、岡山県、広島県、山口県、徳島県、香川県、愛媛県、高知県、福岡県、佐賀県、長崎県、熊本県、大分県、宮崎県、鹿児島県、沖縄県	平成33年（2021年）3月31日まで	平成34年（2022年）3月31日まで
北海道		北海道、青森県、岩手県、宮城県、秋田県、山形県、福島県、茨城県、栃木県、群馬県、埼玉県、千葉県、東京都、神奈川県、新潟県、富山県、石川県、福井県、山梨県、長野県	平成35年（2023年）3月31日まで	平成36年（2024年）3月31日まで

3.4　低濃度PCB廃棄物の規制

（1）保管及び処分状況の届出（法15、則20）

　保管と届出については、高濃度PCB廃棄物（3.3節）と同じです。

　低濃度PCB廃棄物を保管する場所を変更したときは、変更の日から10日以内に、届出書を変更前の保管場所及び変更後の保管場所をそれぞれ管轄する都道府県知事に提出しなければなりません（則21）。低濃度PCB廃棄物の場合、**保管場所の変更の特例**はありません。

（2）期間内の処分（法14）

　低濃度PCB廃棄物は、**平成39年3月31日**までに処分終了しなければなりません（令7）。また低濃度PCB廃棄物については、高濃度PCB廃棄物における**特例処分期限日**の規定はありません。すべての低濃度PCB廃棄物の処分を終えた者は、処分終了した日から20日以内に、処分終了の届出書を保管の場所を管轄する都道府県知事に提出しなければなりません（法15、則23）。

　改善命令（法15、法12）については、高濃度PCB廃棄物を参照してください。

3.5　PCB廃棄物の譲渡し及び譲受けの制限（法17、則26）

　従来、PCB廃棄物を他人への譲渡し、または譲り受けることは**原則禁止**されていましたが、現在は処理を促進するため、禁止規定の一部見直しが行われました。その例外規定が右の通りです（則26(1)）。PCB廃棄物を譲り受けた者は、譲り受けた日から30日以内にPCB廃棄物の保管の場所を管轄する都道府県知事に届け出なければなりません（則26(2)）。

3.6　承継等

（1）承継（法16）

　相続、合併、分割によって事業の全部を承継した法人は、その事業者の地位を承継することとなります（法16(1)）。承継した者は30日以内に都道府県知事・政令市長に届け出なければなりません（法16(2)）。

（2）報告の徴収（法24）、立入検査（法25）

　環境大臣または都道府県知事は、保管事業者等に対し、保管または処分状況について必要な報告を求め、その事務所や事業場等へ立ち入り、調査することができます。

3.7　特別管理産業廃棄物管理責任者の設置

　PCB廃棄物の処理に関する業務を適正に行わせるため、事業所ごとに、廃棄物処理法に基づく**特別管理産業廃棄物管理責任者**を置かなければなりません（右）。特別管理産業廃棄物管理責任者は「資格・学歴」にかかわらず、必ず「実務経験」が必要になります。

譲渡し、譲受け禁止の例外

- 保管事業者または特別管理産業廃棄物収集運搬業者もしくは特別管理産業廃棄物処分業者が、ＰＣＢ廃棄物の処理を委託する場合であって、次の場合（則26(1)(三)）

  ①保管事業者がそのＰＣＢ廃棄物の処理を廃棄物処理法第12条の2第5項（許可業者または認定業者）及び第6項（委託基準）の規定に従って収集運搬業者もしくは処分業者または無害化処理認定業者（廃法15の4の4）に委託する場合

  ②収集運搬業者が、保管事業者から委託を受けたＰＣＢ廃棄物の収集または運搬を、処分業者が、保管事業者から委託を受けたＰＣＢ廃棄物の処分を、それぞれ廃棄物処理法の第14条の4第16項のただし書きの規定（再委託の基準）に従って委託する場合

  ③処分業者が、廃棄物処理法第12条第5項に規定する中間処理産業廃棄物の処理を同法第12条の2第5項（許可を受けた者）及び第6項（委託基準）の規定に従って収集運搬業者もしくは処分業者または無害化処理認定業者に委託する場合

- 収集運搬業者または無害化処理認定業者が、ＰＣＢ廃棄物の収集または運搬を、処分業者または無害化処理認定業者が、ＰＣＢ廃棄物の処分を、それぞれ廃棄物処理法第14条の4第15項*の規定に従って受託する場合
  など（則26(1)(四)）

- ＰＣＢ廃棄物の処理技術の試験研究または処理施設の試運転を目的とする場合であって、都道府県知事・政令市長が認めた場合（則26(1)(五)）

- そのＰＣＢ廃棄物を確実かつ適正に処理する十分な意思と能力を有する者として都道府県知事が認める者に譲り渡すか、譲り受ける場合（則26(1)(六)）

*廃棄物処理法第14条の4第15項：特別管理産業廃棄物収集運搬業者その他環境省令で定める者以外の者は特別管理産業廃棄物の収集または運搬を、特別管理産業処分業者その他環境省令で定める者以外の者は特別管理産業廃棄物の処分を、それぞれ受託してはならないとある。

特別管理産業廃棄物管理責任者の役割

- ＰＣＢ廃棄物の排出状況を把握する
- ＰＣＢ廃棄物の処理計画を立てる
- 適正処理の確保
- ＰＣＢ廃棄物の保管状況の確認
- ＰＣＢ廃棄物の委託業者の選定、法に基づき適正な委託の実施
- 産業廃棄物管理票（マニフェスト）の交付及び保管、保管状況の報告書作成・提出

3.8 高濃度PCB使用製品

2016（平成28）年の法改正で、使用中の**高濃度PCB使用製品**も法律の対象になったことにより、高濃度PCB廃棄物と高濃度PCB使用製品の定義が明確になりました。

高濃度PCB使用製品とは、PCB原液またはPCBを含む油もしくはPCBが塗布され、染み込み、付着し、または封入された製品（ただし、環境に影響を及ぼすおそれの少ないものを除く）をいいます（法2⑷、令4、則7）。**環境に影響を及ぼすおそれの少ないもの**とは、製品に含まれるPCBを含む油について、PCBの量がその油1kgにつき0.3mg以下のものです（則5）。

（1）高濃度PCB使用製品の規制等（法18）

所有事業者（PCB使用製品を所有する事業者）は、処分期間（409p表）内に、その高濃度PCB使用製品を廃棄しなければなりません（法18⑴）。

また、次の要件のいずれかに該当する所有事業者は、処分期間に関係なく特例処分期限日までに、その高濃度PCB使用製品を廃棄しなければなりません（法18⑵）。

- 廃棄した高濃度PCB使用製品を特例処分期限日までに、自ら処分し、または処分を他人に委託することが確実であること
- 必要事項を記載した届出書を都道府県知事に届け出ること

（注）「処分期間」及び「特例処分期限日」については、「3.3（2）期間内の処分」に同じ

同時に、すべての高濃度PCB使用製品の廃棄を終えた日から20日以内に、廃棄終了の届出書をその製品の所在の場所を管轄する都道府県知事に提出しなければなりません（法10⑵、則31）。

処分期間内または特例処分期限日までに廃棄されなかった高濃度PCB使用製品は、これを高濃度PCB廃棄物とみなされ、この法律及び廃棄物処理法が適用されます（法18⑶）。

（2）保管等の届出（法19、法8⑴、則27）、所在の場所の変更（則28）

所有事業者は、毎年度6月30日までに、前年度における高濃度PCB使用製品の**廃棄の見込み**について、製品の所在の場所を管轄する都道府県知事に届け出なければなりません。高濃度PCB使用製品の所在場所を変更したときは、変更の日から10日以内に、届出書を変更前後の所在の場所を管轄する都道府県知事に提出しなければなりません。

（3）その他

高濃度PCB使用製品を譲り受けた者は、譲り受けた日から30日以内に、その製品の所在の場所を管轄する都道府県知事に届け出なければなりません（則36）。

その他、地位の承継（法16、則35）、報告の徴収（法24）、立入検査（法25）の規定があります。

高濃度PCB使用製品の基準 (法2⑷、令4)

- PCB原液
- PCBを含む油のうち、これに含まれるPCBの割合が1kgにつき5,000mgを超えるもの（＝5,000ppm）
- PCBが塗布され、染み込み、付着し、または封入された製品であって、PCBを含む部分に含まれるPCBの割合が以下のものを超えるもの（基準は以下の通り）

①紙、木または繊維その他PCBが塗布され、または染み込んだ製品	当該製品のうちPCBを含む部分1kgにつき5,000mg
②金属、ガラスまたは陶磁器その他PCBが付着し、または封入された製品 当該製品に付着し、または封入されたもの	1kgにつき5,000mg

第13章 PCB特別措置法

4 電気事業法、その他関係法

（1）電気事業法

　PCBを含有する絶縁油を使用した変圧器、コンデンサ等の電気工作物については、経年劣化によるPCBの漏えいなどが懸念されています。このため、平成28年9月23日電気関係報告規則が改正され、PCB含有絶縁油を使用した電気工作物の使用及び廃止に係る報告制度が創設され、新たに、特に高濃度PCB含有電気工作物が届出対象となりました（高濃度PCBに関する定義はPCB特別措置法に同じ）。また電気事業法第39条で電路への新規の施設が禁止されているPCB含有の電気機械器具（高濃度PCB含有電気工作物及び低濃度PCB含有電気工作物を含む）のうち、特に高濃度PCB含有電気工作物について処分期間を創設し、処分期間内における電路への施設を禁止することで、事実上の使用禁止となりました。PCB含有電気工作物の設置場所と処分期間（使用期限）は409p表に同じです。

（2）労働安全衛生法（以下、「安衛法」）

　PCBをその重量の1％を超えて含有するものは特定化学物質の第1類物質に指定され、表示対象物質（安衛法57）、通知対象物（安衛法57の2）及びリスクアセスメント対象物質（安衛法57の3）に指定され、また、特定化学物質障害予防規則（「特化則」）に具体的な作業方法、作業環境、健康管理等が規定されています。

（3）消防法

　危険物の取扱いについて、**危険物の規制に関する政令**及び**危険物の規制に関する規則**において貯蔵所の基準、運搬方法等に関する定めがあり、引火点等に応じた取扱い等の対応が必要です。絶縁油については、消防法危険物のうち、危険物第4類第3石油類（引火点70℃以上200℃未満、指定数量2,000L）または第4石油類（200℃以上250℃未満、指定数量6,000L）に該当すると考えられます。

　しかし、さらに低い引火点の物質を含有している場合には、当該物質の引火点に応じた取扱いが必要となります（厚生労働省「職場のあんぜんサイト」におけるSDSでは、PCBの引火点は、195℃、176℃～180℃の二通りあります）。

（4）危険物船舶運送及び貯蔵規則

　PCB濃度が50mg/kg超のPCB廃棄物は有害性物質とされ、船舶により運搬する場合の荷役、運搬容器等の運搬方法が定められています。

（5）PRTR法

　PCBはPRTR法における第1種指定化学物質に指定されていますので、PCBとしての排出量及びPCB廃棄物としての移動量の届出が定められています。

PCB含有絶縁油を使用した電気工作物の使用及び廃止に係る報告制度

●本制度の対象となる機器

（高圧用、低圧用）変圧器（トランス）、（高圧用、低圧用）電力用コンデンサ、計器用変成器、リアクトル、放電コイル、OFケーブル、電圧調整機、整流器、開閉器、遮断器、中性点抵抗器、避雷器が対象です。このうち、PCB含有の電気機器等としては、（高圧用、低圧用）変圧器（トランス）、（高圧用、低圧用）電力用コンデンサ、計器用変成器、リアクトル、放電コイル、OFケーブルです。

●報告内容

(ⅰ) 設置報告（電気関係報告規則4の2第1項表中第1号）

現にPCB使用の電気工作物を設置している事業者等は、PCB電気工作物の使用に係る事項（設置者氏名、名称、住所、事業場の名称、所在地、電気工作物の種類、製造者名、製造年月、設置年月等）について、PCB含有電気工作物の設置場所を管轄する産業保安監督部長に使用届出書を提出する義務がある。なお、以下の書類の届出先は、すべてPCB含有電気工作物の設置場所を管轄する産業保安監督部長。

(ⅱ) 変更報告（電気関係報告規則4の2第1項表中第2号）

(ⅰ)の事項のうち氏名もしくは住所（所在地）に変更があった場合には、変更に係る事項について**変更届出書**を提出する。

(ⅲ) 廃止（使用中止）報告（電気関係報告規則4の2第1項表中第3号）

使用していたPCB含有電気工作物の使用を廃止した（電路から外した）事業者等は、PCB電気工作物の廃止の理由（損壊、焼損の場合を含む）等を含む**廃止届出書**を提出する。

(ⅳ) 絶縁油の漏えい報告（電気関係報告規則4の2第1項表中第4号）

事業者等は、PCB含有電気工作物の破損などにより絶縁油が構内以外に排出、または**地下に浸透した場合は、管轄する産業保安監督部長**に絶縁油漏えいに係る事故届出書を提出する義務がある。

(ⅴ) 管理情報（廃止予定年月）の届出（電気関係報告規則4の2第2項）

高濃度PCB含有電気工作物を設置または有している者は、高濃度PCB電気工作物について、毎年度の**管理状況**を翌年度の6月30日までに届け出る義務がある。

(ⅵ) 廃止予定年月の変更（電気関係報告規則4の2第2項）

上記(ⅴ)で届け出された管理状況に記載した高濃度PCB含有電気工作物の**廃止予定年月**を変更したときも、遅滞なく届け出る義務がある。

(ⅶ) 電気主任技術者の職務（主任技術者制度の解釈及び運用（内規）平成28年10月改正）

主任技術者の職務として、高濃度PCB含有電気工作物の有無の確認が追加された。

(ⅷ) PCB使用電気機器表示ラベル（下図）

PCB使用機器には、見やすい箇所に耐久性のある材質を使用した表示が必要。（出典：PCB電気機器の取扱規定5.(1)(JEAC8102-1993)）

●表示の例

（出典：川崎市「ポリ塩化ビフェニル廃棄物の適正管理のてびき」）

5 PCB廃棄物収集・運搬ガイドラインの概要

(1) 収集・運搬（廃棄物処理法）

　PCB廃棄物は他のものと区分して適切な運搬容器に収納し、委託契約及び廃棄物処理法の処理基準に従って収集・運搬しなければなりません。保管事業者がPCB廃棄物の運搬を委託する場合には**産業廃棄物管理票**（マニフェスト）を使用します。

(2) 積込み、積下し

　PCB廃棄物の積込み、積下しをする場合、**特別管理産業廃棄物管理責任者**（またはその職務を代行する者）が立ち会う必要があります。PCB廃棄物はできるだけ保管場所で運搬容器に収納します。PCB廃棄物が運搬容器内で移動し、転倒し、破損しないように収納します。PCB廃棄物の種類等に応じて適切な荷役を行います（例：クレーン、フォークリフト等の使用）。

(3) 表示・標識

(ⅰ) 廃棄物処理法

　収集・運搬を行う場合には、廃棄物処理法の規定により、特別管理産業廃棄物の収集・運搬している旨を運搬車の両側面に表示するとともに、その他関係法令の規定により、運搬車及び運搬容器に必要な表示をしなければなりません（右図）（廃令6の5、廃則8の5の3）。

(ⅱ) 労働安全衛生法

　PCB含有率が1%を超えるPCB廃棄物の運搬容器には、労働安全衛生法の特定化学物質障害予防規則（特化則）により、その見やすい箇所に名称（PCBあるいは微量PCB）及び取扱い上の注意事項を表示しなければなりません（特化則25(2)、詳細は省略）。

(ⅲ) 消防法

　危険物の規制に関する政令29（二）、危険物の規制に関する規則44の規定に従い、運搬容器の外側に表示しなければなりません（①危険物の品名、危険等級及び化学名、②危険物の数量、③「火気厳禁」等）（詳細は省略）。

(4) 携行書類（廃棄物処理法）

　収集運搬を行う場合には、PCB廃棄物の種類及び当該PCB廃棄物を取り扱う際に注意すべき事項を記載した文書その他必要な書類を携帯しなければなりません（右図）。

　その他、運搬容器の基準（労働安全衛生法 特化則第25条第1項、消防法第16条（危険物の運搬基準）等が関連）、収集・運搬従事者の教育、運搬計画、運搬状況の把握、運行記録等が重要になります。事故時、緊急時の対策も規定されています。

PCB廃棄物の安全な収集運搬

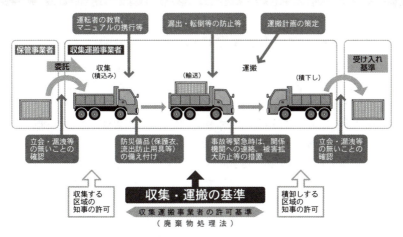

(出典:環境省「ポリ塩化ビフェニル廃棄物の期限な処理に向けて」)

収集・運搬の表示

特別管理産業廃棄物(PCB)を収集運搬している旨の表示(「特別管理産業廃棄物(PCB)収集運搬車」等)、氏名または名称、**(収集運搬業者は)許可番号**

「廃棄物処理法」における携行書類

●自社運搬の場合の書面
氏名または名称・住所、廃棄物の種類(PCB廃棄物の種類)及び数量、廃棄物を積載した日並びに積載した事業場の名称、所在地及び連絡先、運搬先の事業場の名称、所在地及び連絡先(廃令6の5、廃則8の5の4)

●収集運搬業者の場合の書面
許可証の写し、マニフェストの写し、電子マニフェスト加入証の写し、など(他、自社運搬に同じ。詳細は省略)

＊本節は「PCB廃棄物収集・運搬ガイドライン」(平成23年8月改定 環境省)、「低濃度PCB廃棄物収集・運搬ガイドライン」(平成25年6月 環境省)を参考に作成。

6 PCB廃棄物の処分

6.1 中間貯蔵・環境安全事業株式会社（JESCO）について

中間貯蔵・環境安全事業株式会社（JESCO）は、1974（昭和49）年にPCBの製造や新たな使用が禁止されて以来、約30年間保管の続いていたPCBを処理するため、PCB特別措置法（2001年制定）に基づき2004（平成16）年4月に設立され、国の指導・監督等を受けながら、全国5か所の事業所で事業者が保管する**高濃度PCB廃棄物**（大型変圧器等、大型コンデンサー等、廃PCB等、安定器及び汚染物等）の処理が開始されました。

しかし、高濃度PCB廃棄物の化学的処理技術の安全対策等の課題への対応と処理すべきPCB廃棄物の量が非常に多いことから、当初予定の2016（平成28）年3月までの処理事業の完了は困難となりました。このために2012（平成24）年12月、PCB特措法の施行後15年間で処理を完了するという当初の処理完了の予定は変更され、その期間は2027（平成39）年3月31日までとされました。そして2014（平成26）年6月に**PCB廃棄物処理の基本計画**が変更され、JESCOに対し処分委託を行う期限として、**計画的処理完了期限**が設けられ、計画的処理完了期限のあとに**事業終了準備期間**が設けられました。計画的処理完了期限は最も早いもので平成30年度末、最も遅いもので平成35年度末とされました。

この計画的処理完了期限と事業終了準備期限は、**拠点的広域処理施設**が立地する地元公共団体との約束で設定されたものですが、その達成には多くの問題があることから、計画的処理完了期限よりも前の時点に処分期間を設定し、この期間内での**高濃度PCB廃棄物**及び**高濃度PCB使用製品**を自ら処分または処分委託もしくは廃棄することが義務づけられました。

6.2 無害化処理認定施設及び都道府県知事等の許可施設

微量PCB廃電気機器等、**低濃度PCB含有廃棄物等**（廃油、トランス・コンデンサ等、その他汚染物、処理物）は、廃棄物処理法第15条の4の4第1項に基づく**無害化処理認定施設**で処理されます。処理方式は**焼却、洗浄、分解洗浄**の3種類で、現在33件が認定されています（環境省公表平成29年6月7日現在）。

廃棄物処理法に基づき、**微量PCB汚染廃電気機器等**の処理業に係る都道府県知事等の許可を受けた施設は5件です（環境省公表平成29年2月13日現在）。

またPCB廃棄物を処理する過程におけるPCB廃棄物（コンデンサ充填材固定型安定器・コンデンサ外付け型安定器）の分解・解体は、周囲の環境汚染を引き起こすおそれがあるため、原則、認められません（H26.9.16公布）。

拠点的広域処理施設一覧（JESCO）

事業	処理対象	事業対象地域	処理能力	計画的処理完了期限	事業終了準備期間
北九州事業	高圧トランス・コンデンサ等	A地域	1.5t／日 （PCB分解量）	平成31年 3月31日	平31.4.1 ～平34・3・31
北九州事業	安定器等・汚染物	A地域、B地域 C地域	10.4t／日 （安定器等・汚染物量）	平成34年 3月31日	平34.4.1 ～平36・3・31
大阪事業	高圧トランス・コンデンサ等	B地域	2.0t／日 （PCB分解量）	平成34年 3月31日	平34.4.1 ～平37・3・31
大阪事業	安定器等・汚染物	B地域	2.0t／日 （PCB分解量）	平成34年 3月31日	平34.4.1 ～平37・3・31
豊田事業	高圧トランス・コンデンサ等	C地域	1.6t／日 （PCB分解量）	平成35年 3月31日	平35.4.1 ～平38・3・31
豊田事業	安定器等・汚染物	C地域	1.6t／日 （PCB分解量）	平成35年 3月31日	平35.4.1 ～平38・3・31
東京事業	高圧トランス・コンデンサ等	D地域	2.0t／日 （PCB分解量）	平成35年 3月31日	平35.4.1 ～平38・3・31
東京事業	安定器等・汚染物	D地域	2.0t／日 （PCB分解量）	平成35年 3月31日	平35.4.1 ～平38・3・31
北海道事業	高圧トランス・コンデンサ等	E地域	1.8t／日 （PCB分解量）	平成35年 3月31日	平35.4.1 ～平38・3・31
北海道事業	安定器等・汚染物	D地域 E地域	12.2t／日 （安定器等・汚染物量）	平成36年 3月31日	平36.4.1 ～平38・3・31

A地域：鳥取、島根、岡山、広島、山口、徳島、香川、愛媛、高知、福岡、佐賀、熊本、大分、宮崎、鹿児島、沖縄
B地域：滋賀、京都、大阪、兵庫、奈良、和歌山
C地域：岐阜、静岡、愛知、三重
D地域：埼玉、千葉、東京、神奈川
E地域：北海道、青森、岩手、宮城、秋田、山形、福島、茨城、栃木、群馬、新潟、富山、石川、福井、山梨、長野
（出典：環境省「ポリ塩化ビフェニル廃棄物処理基本計画」）

処理の方法（例）

◉ 処理の方法（例）
● 焼却方式
・ロータリーキルン式焼却溶融炉及びロータリーコンベア連続方式加熱炉
・ロータリーキルン式焼却炉及び固定床炉
・ストーカー式焼却方式及び固定床炉　など
● 洗浄方式
・加熱強制循環洗浄法
● 分解・洗浄
・浄化絶縁油再充填加熱処理法
・金属ナトリウム添着セラミックス分解・洗浄法

第13章 ● 実務に役立つ **Q&A**

PCB 含有機器

Q：使用中の電気機器にPCBが含まれていることが確認された場合どうすればよいですか？

A：電気事業法（電気関係報告規則）に基づき、PCB含有が判明したあと遅滞なく所管する産業保安監督部等にPCB含有電気工作物の使用に係る届出を行う必要があります。現在使用中のものについても、PCB廃棄物の処理施設の操業期間（平成39年3月31日）を勘案し、計画的に使用をやめて処理を行うことが必要です。

PCB 含有機器

Q：PCB含有電気工作物の使用を終えた場合には、どうすればよいですか？

A：電気事業法（電気関係報告規則）に基づき、PCB含有電気工作物の使用を終えたあと遅滞なく当該機器が設置されている場所を管理する産業保安監督部等にPCB含有電気工作物の廃止に係る届出を行う必要があります。また使用を終えたPCB含有電気工作物について、PCB特別措置法に基づき、事業所所在地の都道府県知事への届出が必要になるほか、PCB廃棄物を適正に処分を委託しなければなりません。（出典：環境省「ポリ塩化ビフェニル（PCB）廃棄物の期限内処理に向けて」）

PCB 含有物

Q：PCBは具体的にどんなものに使用されていますか？

A：家電製品としてエアコン、テレビ受信機、電子レンジ、電気機器として変圧器や高圧進相用コンデンサ、サージ吸収用コンデンサ、低圧用コンデンサ、リアクトル、放電コイル、計器用変圧器に使用されているほか、感圧複写紙にも使用されています（感圧複写紙は、現在は製造禁止）。

処理・保管の責任

Q：なぜ、当社が保管や処理の責任を負うのですか？

A：廃棄物処理法やPCB特措法では、事業者の責務として、その事業活動に伴って生じた廃棄物を自らの責任において適正に処理しなければならないこと、処理するまでの間、適正に保管することなどが定められています。

　したがって、PCBを含む電気機器や感圧複写紙等を使用してきた事業者自

身が、不用となったこれらの機器の保管や処理に責任を有します（出典：埼玉県「PCB廃棄物の適性保管について」）

処理・保管の責任

Q：PCB使用製品を使用してもいいですか？

A：高濃度PCBを含有する製品は、処分期間（3.3(2)「期間内の処分」参照）までに使用を止めて廃棄しなければなりません。それ以外のPCB使用製品（低濃度PCB使用製品）は、平成39年3月31日までに使用を止めて処分してください。なお、高濃度PCB使用製品（電気事業法の電気工作物を除きます）の廃棄の見込み等について、県（または政令で定める市）へ届出を行う必要があります。

　万一使用中に、故障や破損によってPCBを含む廃液などが漏れだした場合には、ただちに使用を止めて、人体や周辺環境に影響が生じることのないよう措置し、飛散や流出等のおそれがないよう保管し、県（または政令で定める市）へPCB廃棄物の保管届出を行ってください。（出典：埼玉県「PCB廃棄物の適正保管について」）

使用済みコンデンサ

Q：PCBを含むコンデンサを所有しています。どうしたらよいでしょうか？

A：処分を行うまでの間、廃棄物処理法に定める特別管理産業廃棄物の保管基準に従い、廃PCB等が漏えいしないよう適正な保管施設において適切に保管を行うほか、毎年、保管状況・処分状況について事業所所在地の都道府県知事への届出が必要です。なお、変圧器などの電気機器中の絶縁油（PCBを絶縁油として使用しているもの）から微量のPCBが検出された事例があります。変圧器などの使用を終え、廃棄しようとする場合には、銘板を確認し、電気機器メーカー、日本電気工業会等にPCB混入の可能性の有無について確認して下さい。

蛍光灯

Q：事務所内で古い型の蛍光灯器具を使用していますが、これにPCBは使われているのでしょうか？

A：昭和32年1月から昭和47年8月までに製造された業務用・施設用の蛍光灯器具のラピッドスタート式高力率のもの、水銀灯の別置安定器及び低圧ナトリウム灯器具（トンネル用）には、PCBを含むコンデンサが使用されている可能性があります。ただし、一般家庭用の蛍光灯には、PCBは使用されていません。（出典：環境省「ポリ塩化ビフェニル廃棄物の適正な処理に向けて（2012年12月版）」）

PCB廃棄物の移動

Q：PCB廃棄物を保管しています。工場移転を予定していますが、どうすればよいでしょうか？

A：PCB廃棄物を移動する際、自ら運搬する場合にあっては、特別管理産業廃棄物管理責任者の指示のもと、廃棄物処理法に定める処理基準に従い、適正な管理のもと運搬しなければなりません。また、他人に収集運搬を委託する場合にあっては、都道府県からPCB廃棄物の収集または運搬の許可を得ている業者に委託する必要があります。なお、移転先において引き続き、廃棄物処理法に基づき、適正な保管及び管理を行うことに加え、PCB特別措置法に基づく、移転前後の設置場所の所在地の都道府県知事・政令市長に対し届出を行う必要があります。（2.4「特別管理産業廃棄物の保管基準」、3.3(1)「保管及び処分状況の届出」、5(3)「表示・標識」、5(4)「携行書類」を参照）（出典：環境省「ポリ塩化ビフェニル（PCB）廃棄物の期限内処理に向けて」（2012年12月版）より作成）

PCB廃棄物の譲渡

Q：電気設備工事に伴って生じたPCB廃棄物について、電気設備者が保管事業者となることができますか？

A：PCB特別措置法では、有償か無償か処理料金を払うか否かを問わずPCB廃棄物の譲渡し、譲受けは原則禁止です（法17）。そのため、電気設備工事に伴って生じたPCB廃棄物は電気設備の所有者のものであり、その工事を請け負った設備工事業者が保管事業者となることはできません。したがって、工事業者は工事完了後に速やかに電気設備の所有者にPCB廃棄物を引き渡して下さい。

PCB使用電気機器の譲渡

Q：現在使用中のPCB使用電気機器を譲渡することはできますか？

A：PCB使用電気機器または微量PCB汚染絶縁油が封入された電気機器で現在使用中のものは引き続き使用することはできます。また、使用中のものは「PCB廃棄物」に該当しませんので、PCB特別措置法で定める譲渡し、譲受け原則禁止の規定は適用されません。ただし、使用中の機器についても処分期間までに処理を行う必要がありますので、計画的に使用していない機器と交換し、処分してください。また、電路から一度外したPCB含有電気工作物は、電気事業法（電気設備に関する技術基準を定める省令）により、移設して電路への再使用はできません。将来、機器の老朽化等により使用を止めて電路から取り外した時点でPCB廃棄物となり、その時点での所有者がPCB廃棄物の保管事業者となります。そして電路への再施設や譲渡し、譲受けが禁止されると

ともに、保管事業者はPCB特別措置法によるPCB廃棄物保管状況の届出を
し、保管事業者の責任で当面は適正に保管し（特別管理産業廃棄物管理責任者の設
置を含む）、将来的には保管事業者の費用負担で適正に処理しなければなりませ
ん。また、使用中のPCB使用電気機器等を売買により譲渡した（または譲渡さ
れた）場合、電気事業法に基づく電気関係報告規則の規定により、譲渡した者
は「廃止報告」を、譲渡されたものは「使用報告」を国へ提出する必要があり
ます。（出典：大阪府「PCB廃棄物のQ&A」より作成）

保管の委託

Q：保管のみを他人に委託することができますか？

A：保管を委託した者及び委託を受けた者双方ともに禁止されている譲渡し、及
び譲受けの行為に該当し、罰則の対象なりますので絶対に行ってはなりません。
（出典：環境省「ポリ塩化ビフェニル（PCB）廃棄物の期限内処理に向けて」（2012年12
月版））

電気事業法関係

Q：現在保管中のPCB機器について報告する必要がありますか？

A：平成13年10月15日現在使用しているPCB（含有）電気工作物は届出の
対象となります。また、PCB特別措置法に基づく届出、廃棄物処理法に基づ
く管理等の義務があります。

Q：PCB（含有）電気工作物を含む設備を売買等により譲渡した（または、譲渡された）
場合はどうするのですか。事業の承継を行ったときはどうですか？

A：譲渡した者はPCB（含有）電気工作物の廃止報告が必要です。または譲渡さ
れた者は新たに使用報告を行う必要があります。なお、事業用電気工作物を
承継した場合には、PCB（含有）電気工作物の報告の義務も承継します。（出典：
経済産業省原子力安全・保安院「電気事業法／電気関係報告規則の一部改正について」）

マニフェスト

Q：無害化処理認定制度では、産業廃棄物管理票（マニフェスト）**の適用関係はどの
ようになっていますか？**

A：無害化処理認定制度が、人の健康及び生活環境に係る被害を生ずるおそれが
ある廃棄物を対象としていること、その処理の流れを適正に把握することが必
要であること等から、無害化処理認定を受けた者に対しても産業廃棄物管理票
に係る義務が適用されます。

第14章

労働安全衛生法

1節　ラベルの表示制度
2節　リスクアセスメント
3節　化学物質関連の遵守事項
4節　特定化学物質障害予防規則(特化則)
5節　有機溶剤中毒予防規則(有機則)

14章 労働安全衛生法

主に化学物質の危険有害性に限定して解説する。

法律の成立と経緯

安全衛生体制を整えるための工場法の制定（1911（明治44）年）と改正（1923（大正12）年）を経て、1947（昭和22）年、労働基準法が制定されました。特に有害化学物質の規制では、例えば、1960（昭和35）年の有機溶剤中毒予防規則、1971（昭和46）年に特定化学物質障害予防規則等の制定があり、1972（昭和47）年には、労働者の安全と健康の確保、快適職場の形成促進を目的として労働安全衛生法が制定されました。さらに、作業環境測定（1975（昭和50）年）等による職場環境の保全と従業員への周知が図られました。

その後、1976（昭和51）年頃の六価クロムや塩化ビニル等による重篤な職業疾病の問題を契機に、1977（昭和52）年の新規化学物質の有害性の調査等の導入、1999（平成11）年の化学物質等の譲渡・提供時の文書（SDS）の交付義務、2005（平成17）年のGHS勧告を踏まえた容器・包装へのラベル表示・文書交付制度の改善、そして2006（平成18）年には化学物質リスクアセスメント指針の公表がありました。

しかし、2007（平成19）～2009（平成21）年頃の化学物質のリスクアセスメント実施事業場は非常に少なく、化学物質に起因する労働災害は年間700件近く発生しました。そこで2012（平成24）年の改正で、労働者に危険または健康障害を及ぼすおそれのあるすべての危険有害物質等について、ラベル表示とSDSの交付が義務化され、さらに2014（平成26）年の改正で新たにリスクアセスメントの実施とリスク低減措置及び結果の労働者への周知が義務づけられ、対象物質はラベル表示（2015年改正）、SDS交付対象物質と同じ663物質（2017年には27物質追加）となりました。その際、労働者にがん等の重篤な健康障害をおよぼすおそれのあるインジウム化合物、1,2－ジクロロプロパン、クロロホルム等、ナフタレン等の規制が強化されました。

労働安全衛生法・年表（●：できごと、●：法令関係）

- ● 1911（明治44）年 　工場法制定。
- ● 1923（大正12）年 　法改正。
- ● 1947（昭和22）年 　労働基準法制定。
- ● 1960（昭和35）年 　労働基準法に基づき、有機溶剤中毒予防規則制定。
- ● 1971（昭和46）年 　労働基準法に基づき、特定化学物質等障害予防規則制定。
- ● 1972（昭和47）年 　労働安全衛生法が制定される。
- ● 1975（昭和50）年 　作業環境測定法制定。
- ● 1975年頃 　六価クロム、塩化ビニル等の化学物質による重篤な職業性疾病の問題が社会的に大きな関心を呼んだ。
- ● 1977（昭和52）年 　化学物質の有害性の調査等の規制。
- ● 1988（昭和63）年 　安全衛生管理体制の充実、化学物質の有害性の調査。
- ● 1999（平成11）年 　化学物質等による労働者の健康障害防止措置の充実、SDSの交付義務、労働者への周知。
- ● 2003（平成15）年 　GHSに基づくラベル表示及びSDSの交付についてOECD勧告。
- ● 2005（平成17）年 　OECDによる勧告を受け、ラベル表示とSDS文書の交付制度の改正。
- ● 2007（平成19）〜
　　 2009（平成21）年 　化学物質による労働環境悪化・化学物質に起因する労働災害が年間60万700件発生。
- ● 2012（平成24）年 　労働者に危険または健康障害を及ぼすおそれのあるすべての危険有害性化学物質等について、容器または包装にラベル表示とSDSの交付等の努力義務化。
- ● 2012（平成24）〜
　　 2014（平成26）年 　インジウム化合物、1,2-ジクロロプロパン、クロロホルム等10物質その他有害物質の取扱いが規制された。
- ● 2014（平成26）年 　化学物質リスクアセスメントの義務化。
- ● 2015（平成27）年 　対象物質はラベル表示物質、SDS交付物質と同じ（640物質）。
- ● 2016（平成28）年 　対象物質として27物質が追加された（施行は2017年3月1日）。

労働現場におけるリスク管理のしくみ

　労働安全衛生法は作業者の健康や安全を守るためのもので、**化学物質の取扱い、事故時の措置等**については地域環境への影響が大きく、**化学物質に関する規制部分**は環境法としての役割が高いと考えられます（毒劇法、消防法も同様）。右図の**規制のポイント**を理解しておいてください。

現場担当者が押さえておきたいこと

- 最近、化学物質に関係した労働災害があったか確認する
- その労働災害の原因対策、労働者への周知を確認する
- 社内でGHS情報を利用しているか確認する
- 化学物質を購入・取扱いをしているか、化学物質の種類を確認する
- 化学物質の容器または包装に必要な表示がされているか確認する
- その化学物質に関する文書（SDS＝安全データシート）を入手しているか確認する
- 入手した化学物質に関する情報を取り扱う労働者に周知しているか確認する
- 表示または文書の交付義務対象物質としては何があるか確認する
- 表示または文書交付の努力義務の化学物質には何があるか確認する
- リスクアセスメントをどの時期に行っているか確認する
- リスクの見積り結果、リスク低減措置の情報等を労働者にどのように周知しているか確認する
- 作業環境測定の結果・管理状況及び対策について労働者に周知していることを確認する

【特化則】

- 特化則に関係する化学物質を取り扱っているか、それは何かを確認する
- 特定化学設備があるか、また漏えい対策を確認する
- 発散抑制設備等の定期自主点検を行っていることを実施記録により確認する
- 特別管理物質を使用しているか、作業の記録及び保存しているか確認する

【有機則】

- どの種類（第1種有機溶剤等）の有機溶剤を取り扱っているか確認する
- 使用している有機溶剤等の危険有害性を確認し、労働者へ周知していることを確認する
- 有機溶剤の発散抑制装置として何を使っているか確認する

労働現場におけるリスク管理のしくみ

（例：金属メッキ脱脂洗浄作業）

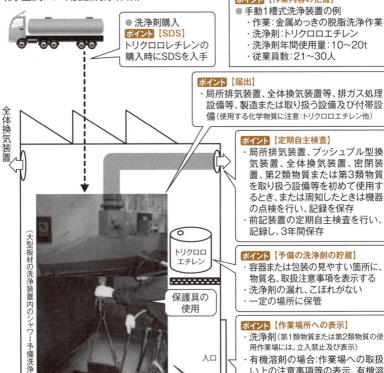

●洗浄剤購入
ポイント【SDS】
トリクロロエチレンの購入時にSDSを入手

ポイント【作業内容の把握】
●手動1槽式洗浄装置の例
・作業：金属めっきの脱脂洗浄作業
・洗浄剤：トリクロロエチレン
・洗浄剤年間使用量：10～20t
・従業員数：21～30人

ポイント【届出】
・局所排気装置、全体換気装置等、排ガス処理設備等、製造または取り扱う設備及び付帯設備（使用する化学物質に注意：トリクロロエチレン他）

ポイント【定期自主検査】
・局所排気装置、プッシュプル型換気装置、全体換気装置、密閉装置、第2類物質または第3類物質を取り扱う設備等を初めて使用するとき、または周知したときは機器の点検を行い、記録を保存
・前記装置の定期自主検査を行い、記録し、3年間保存

ポイント【予備の洗浄剤の貯蔵】
・容器または包装の見やすい箇所に、物質名、取扱注意事項を表示する
・洗浄剤の漏れ、こぼれがない
・一定の場所に保管

ポイント【作業場所への表示】
・洗浄剤（第1類物質または第2類物質の使用作業場には、立入禁止及び表示）
・有機溶剤の場合：作業場への取扱い上の注意事項等の表示、有機溶剤の区分の表示等

ポイント【リスクアセスメント】
・SDSの交付が譲渡者に義務づけられている化学物質を取り扱うときは、危険性または有害性等の調査（リスクアセスメント）を実施する。
・リスクアセスメント実施対象物質は、SDS交付物質及びラベル表示物質と同じ（平成28.6現在：663物質）

ポイント【すべての危険有害化学物質等】
すべての危険有害化学物質等について、SDS交付、ラベル表示及びリスクアセスメントを実施することは事業者の努力義務となっている

ポイント【作業の環境保全と健康診断】
・作業主任者の選任
（例）
＊特化則：特定化学物質作業主任者
＊有機則：有機溶剤作業主任者　など
・作業環境測定及び評価
・結果等を労働者に周知
・健康診断の実施
・保護具の使用

ポイント【腐食防止】
設備からの洗浄剤の漏えい防止措置を講じる

ポイント【労働者への周知】
SDS、ラベル表示等で得られた事項を労働者に周知すること

（写真出典：環境省他「VOC排出抑制」）

第14章 労働安全衛生法

労働安全衛生法の概要

◉労働衛生に関する法体系

労働衛生とは、労働者の健康を維持するために職場の労働条件や作業環境を改善することであり、そのための法体系は右図のとおりとなります。労働安全衛生法、同施行令、同規則及び厚生労働省令（特別規則）、さらに作業環境が労働者の健康に影響する場合に作業環境改善を行うための作業環境測定法等で構成されています。

◉労働安全衛生法の基本的なしくみ

労働安全衛生法は、職場における労働者の安全と健康を確保し、快適な職場環境の形成を促進することを目的としています。同法は職場の安全衛生に関し網羅的な法規制を行っており、右図のとおり全12章から成っています。本章では同法をおもに**化学物質による労働者の健康障害防止対策**という観点でとらえ、特に**危険物及び有害物に関する規制**を中心に解説していきます。

（1）安全衛生管理体制（法第3章）

労働災害は、各事業場においてそれぞれ事業者の責任により防止しなければなりません。法の目的において労働者の安全と健康確保のため、責任体制の明確化と自主的活動の促進のための措置を講ずることが明記されており、これを受け、法第3章で**安全衛生管理体制**について定めています。

一定規模以上の事業場では**総括安全衛生管理者、安全管理者、衛生管理者**の選任が義務づけられているなど、様々な定めがあります。

事業者には、労働災害を防止するための管理が必要な作業について**作業主任者**を選任し、労働者の指揮等を行わせることを義務づけています。例えば**特定化学物質**の製造、取り扱い、屋内作業場等でのトルエン等有機溶剤の製造、取り扱いが該当します。

（2）労働者の危険または健康障害を防止するための措置（法第4章）

事業者には、様々な労働災害防止のために必要な措置を講じることを義務づけています。例えば、機械・設備による危険、爆発物・発火物・引火物による危険、採掘・荷役、伐木等の業務に伴う危険を対象としています。

また、様々な健康障害防止のための必要な措置を講じることを義務づけています。例えば、原材料・ガス・酸素欠乏等、または建築物・設備・原材料・ガス等、さらに作業行動等に起因する危険性・有害性等の調査と健康障害防止措置を義務づけています。

※以下、「労働安全衛生法」を「法」、「労働安全衛生法施行令」を「令」、「労働安全衛生規則」を「則」と略します。

第14章 労働安全衛生法

労働衛生に関する法令

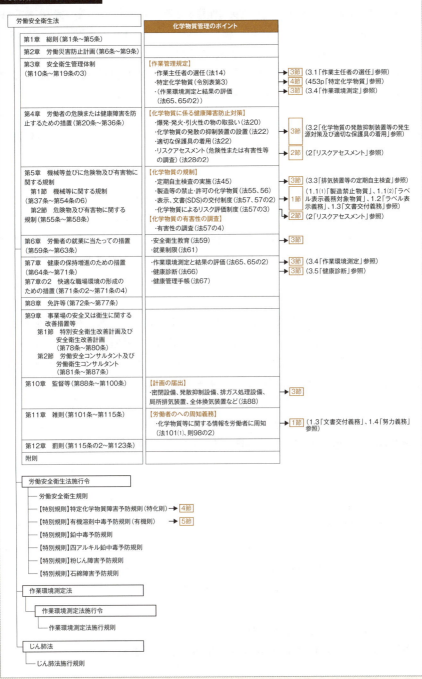

（3）機械等並びに危険物及び有害物に関する規制（法第5章）

　機械等の規制に関しては、特に危険な作業を必要とするボイラー等の機械（特定機械等）等の製造・輸入についての許可、検査を義務づけています。有害物の規制に関しては、石綿等の**製造、輸入、譲渡、提供、使用の禁止**、ポリ塩化ビフェニル（PCB）等の**製造の許可**、アセトンなどを譲渡・提供する場合の**容器または包装への表示、文書（安全データシート（SDS：Safety Data Sheet））の交付等**を義務づけています。

　事業者は化学物質（表示、SDS交付対象物質）の危険性または有害性を調査（**リスクアセスメント**）し、労働者の危険または健康障害を防止する必要な措置を講じる義務があります。

（4）労働者の就業に当たっての措置（法第6章）

　労働災害を防止するため、事業者には労働者を雇い入れまたは作業内容を変更したときには、遅滞なく、機械等、原材料等の危険性または有害性及びこれら機械等の取扱方法、安全装置、有害物抑制装置、保護具の性能及びこれら装置等の取扱方法など、労働者が従事する業務に関して必要な安全衛生教育を行うことを義務づけています。

（5）健康の保持増進のための措置（法第7章）

　ベンゼン等を製造しまたは取り扱う屋内作業場等については、事業者に対し必要な作業環境測定を義務づけ、作業環境評価基準に従って測定結果を評価すること、さらにボイラー等の取扱業務及び塩素やベンゼン等の製造等に携わる労働者に対する健康診断、医師が必要と認めるときは、就業場所の変更等の措置を講じることとされています。

（6）法令等の周知（第11章）

　事業者には、化学物質等に関する情報等の労働者への周知を義務づけています。

◉化学物質管理の体系について

　右図は、労働安全衛生法関係法令における主な化学物質管理の体系です。事業者及び労働者が化学物質の危険有害性を認識し、事業者がリスクに基づく必要な措置を検討し実施するしくみであって、令別表第9に掲げる663*の化学物質及びその製剤について、次の**三つの対策**を講じることが強く求められています。

　①譲渡または提供する際の容器または包装へのラベル表示
　②安全データシート（SDS）の交付
　③化学物質等を取り扱う際のリスクアセスメントの実施
　表示・文書（SDS）制度は、化学物質管理の原点といえます。

労働安全衛生法令における化学物質管理体系

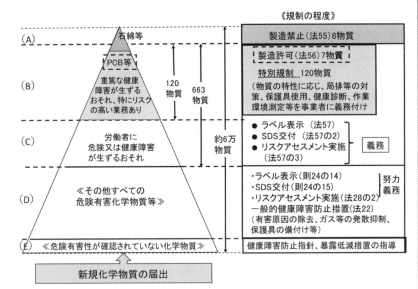

(出典：平成 27 年 7 月 24 日「労働安全衛生法施行令の一部を改正する政令案要綱」より作成)

表示・SDS 制度の目的

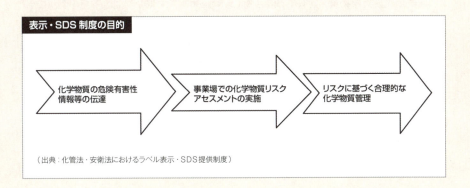

(出典：化管法・安衛法におけるラベル表示・SDS 提供制度)

＊政令の一部改正(平成 28 年 2 月 24 日公布、平成 29 年 3 月 1 日施行)により、令別表第 9 の 640 物質に対し、新たに 27 物質が追加された。しかし、従来の 640 物質のうち 1 物質が削除され、3 物質の一部が重複しているので、物質数としては 663 物質になった。

1　ラベルの表示制度

1.1　対象物質

化学物質管理の体系（前ページ図）における物質は下記に分けられます。

（1）製造禁止物質（法55⑴）

製造禁止物質とは石綿等**8物質**（前ページ図・上部）です。法では危険物及び有害物の中でも、労働者に重度の健康障害があり、十分な防止対策のない一定のものの製造、輸入、譲渡、提供、使用を禁止しています。

（2）ラベル表示義務対象物質（令18、則30、則31、別表第2）

ラベル表示義務対象物質とは、**製造許可対象物質（7物質）**（法56⑴、令17別表第3第1号）、令で定める**ラベル表示義務対象物質（656物質）**（法57⑴、令18別表第9）、そしてこれら663物質を含有する混合物です。混合物の場合、ラベル表示義務対象物質ごとに裾切値が定められています（裾切値は文書交付物質と異なるものがあります）。

> ◉**対象物質と混合物の裾切値例**（則別表第2参照）
>
> 　表示義務対象物質を含有する混合物（表示対象物質ごとに裾切値）は、下記のように定められています。
> - ●アセトン及びこれを1％以上含有する製剤・混合物
> - ●トルエン及びこれを0.3％以上含有する製剤・混合物
> - ●ベンゼン及びこれを0.1％以上含有する製剤・混合物 など

1.2　ラベル表示義務

（1）ラベル表示事項（法57⑴、則32、33）

ラベルに記載する事項は右の通りです。

（2）注意事項

研究開発目的としてのサンプル提供の際でも、表示対象物質を含有していればラベル表示は必要です。次（436p）の19物質にあっては、純物質であって、譲渡、提供の過程（運搬や貯蔵）において固体以外の状態にならず、かつ粉状にならないものについては、譲渡または提供の際に危険または健康障害が生ずるおそれがないものとして、表示義務の対象物質から除かれました（令18）（平成27年6月10日及び平成28年2月24日公布、平成28年6月1日施行）。

434

標章（絵表示）

【炎】
可燃性/引火性ガス
（化学的に不安定なガスを含む）
エアゾール
引火性液体
可燃性固体
自己反応性化学品
自然発火性液体・固体
自己発熱性化学品
水反応可燃性化学品
有機過酸化物

【円上の炎】
支燃性/酸化性ガス
酸化性液体・固体

【爆弾の爆発】
爆発物
自己反応性化学品
有機過酸化物

【腐食性】
金属腐食性物質
皮膚腐食性
眼に対する重篤な損傷性

【ガスボンベ】
高圧ガス

【どくろ】
急性毒性
（区分1～区分3）

【感嘆符】
急性毒性（区分4）
皮膚刺激性（区分2）
眼刺激性（区分2A）
皮膚感作性
特定標的臓器毒性（区分3）
オゾン層への有害性

【環境】
水生環境有害性
（急性区分1、
長期間区分1
長期間区分2）

【健康有害性】
呼吸器感作性
生殖細胞変異原性
発がん性
生殖毒性
特定標的臓器毒性
（区分1、区分2）
吸引性呼吸器有害性

（出典：経産省・厚労省「化管法・安衛法におけるラベル表示・SDS提供制度」）

ラベル表示の例

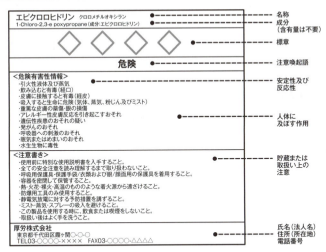

① 名称：化学物質または製品の名称を記載
② 成分：成分（各成分のうち表示義務対象物質に該当するもののみを記載。成分ごとの含有量の記載は不要）
③ 人体に及ぼす作用：原則として、危険有害性情報を記載
④ 貯蔵または取扱い上の注意：化学物質等のばく露または不適切な貯蔵・取扱いから生ずる被害を防止するための推奨できる措置を記載
⑤ 注意喚起語：「危険」または「警告」のいずれかを記載
⑥ 安定性及び反応性
⑦ 標章（絵表示）（9種類）
⑧ 表示をする者の氏名、住所及び電話番号（化学物質等を譲渡しまたは提供する者の氏名、法人の場合は法人名、住所、電話番号を記載）

アルミニウム、イットリウム、インジウム、カドミウム、銀、クロム、コバルト、すず、タリウム、タングステン、タンタル、銅、鉛、ニッケル、白金、ハフニウム、フェロバナジウム、マンガン、モリブデン、もしくはロジウムの単体の20物質。なお、例えばイットリウム化合物、カドミウム化合物等の純物質は、適用除外の対象とはなりません。

1.3 文書（SDS）交付義務

（1）文書交付義務の対象物質（「通知対象物」ともいう）（令18の2（二）、則34の2、別表第2）

文書交付義務の対象物質とは、**製造許可の対象物質（7物質）**（法56(1)、令17別表第3第1号）、令で定める**文書交付義務対象物質（656物質）**（法57の2、令18の2別表第9）、そしてこれら663物質を含有する混合物です。混合物の場合、文書交付義務対象物質ごとに裾切値が定められています（裾切値はラベル表示義務物質と異なるものがあります）。

> ◉**対象物質と混合物の裾切値例**（則別表第2参照）
> ● 塩素、水酸化ナトリウム、硫酸、硝酸及びこれらを1重量％以上含有するもの
> ● 塩化水素、灯油、軽油、アセトン、過酸化水素、アンモニア、エタノール、エチルベンゼン、キシレン、シアン化ナトリウム、スチレン、トリクロロエチレン、テトラクロロエチレン、トルエン及びこれらを0.1重量％以上含有するもの

（2）SDS記載事項（法57(2)、則34）

SDS（安全データシート）に記載する事項は、右の通りです。

（3）法令等の周知（法101(2)、則98の2(2)）

事業者は、SDSにより通知された事項について、当該SDSに係る化学物質や化学物質を含有する製剤等を取り扱う各作業場の見やすい場所に常時掲示、備付、書面交付等の方法により、取り扱う労働者に周知させなければなりません。違反した場合には罰則が科されます。

安全データシート（SDS）の例（抜粋）

安全データシート（Safety Data Sheet）

1. 化学品及び会社情報

化学品の名称：	トルエン
製品コード：	○○○
会社名称：	○○○株式会社
住所：	東京都△△区○○町△町目○○番地
電話番号：	03-1234-5678
緊急時の電話番号：	03-1234-5678
FAX番号：	03-1234-5678
推奨用途及び使用上の制限：	本物質の主な用途は、塗料、香料、……医薬品、塗料・インキ溶剤等である

2. 危険有害性要約

GHS分類

健康に対する有害性	火薬類	分類対象外
	可燃性・引火性ガス	分類対象外
	引火性液体	区分2
	⋮	
健康に対する有害性	急性毒性（経口）	区分5
	急性毒性（吸入:蒸気）	区分4
	呼吸器感作性	分類できない
	⋮	
環境に対する有害性	水生環境急性有害性	区分1
	⋮	

ラベル要素
絵表示またはシンボル

注意喚起語：　危険
危険有害性情報：
　　飲み込むと有害のおそれ（経口）
　　吸引すると有害（蒸気）
　　中枢神経系の障害
　　　　　：
注意書き：
　　【安全対策】
　　保護手袋、保護眼鏡、保護面を着用すること
　　ミスト、蒸気、スプレーを吸入しないこと

（出典：厚生労働省安全衛生情報センター「製品安全データシート」（トルエン）から抜粋）

● SDS記載事項

① 名称（化学物質または製品の名称を記載）
② 成分及び含有量（各成分のうち文書交付義務対象物質に該当するもののみをを記載）
③ 物理的及び化学的性質：化学物質等の外観、pH、融点、凝固点、沸点初留点、引火点等の情報を記載
④ 人体に及ぼす作用：急性毒性、皮膚腐食性・刺激性等の有害性に関する情報を記載
⑤ 貯蔵または取り扱い上の注意：適切な保管条件、取り扱い上の注意等の情報を記載
⑥ 流出その他の事故が発生した場合の応急措置：緊急時の応急措置、火災時の措置、漏出時の措置を記載
⑦ 通知を行う者の氏名（法人にあっては、その名称）、住所、電話番号
⑧ 危険性または有害性の要約：危険有害性クラス、危険有害性区分、標章（絵表示）、注意喚起語、危険有害性情報及び注意書きを記載
⑨ 安定性及び反応性：避けるべき条件、混触危険物質、予想される危険有害な分解生成物等の情報を記載
⑩ 適用される法令：化学物質等に適用される法令の名称及び当該法令に基づく規制に関する情報を記載
⑪ その他参考となる事項：当該物を取り扱う上で重要な記載事項を記載

1.4 努力義務

1.2「ラベル表示義務」、1.3「文書（SDS）交付義務」はいずれも義務規定ですが、法においては、化学物質等の供給者が新たに物理化学的有害性または健康有害性を一つでも有する化学物質を譲渡・提供する際には、**ラベル表示及び文書（SDS）の交付を努力義務**としました（平成24年1月27日公布、同年4月1日施行）。

したがって、現在使用されているほとんどすべての化学物質について、その譲渡・提供の際の表示及び文書の交付を行わなければなりません。逆に、化学物質を受け取る側は必ず表示事項を確認し、文書の交付を求めることが必要です。

（1）指針（この規定は平成24年4月1日に施行）

この項に関して、「化学物質等の危険性または有害性等の表示または通知等の促進に関する指針」（「指針」）が公示されました。

（2）ラベル表示対象物質（容器または包装への表示努力義務）

ラベル表示対象物質は、433p図（D）の化学物質が該当します。対象化学物質は**危険有害化学物質等**です（則24の14(1)、平成24年告示第150号）。

本項で定める化学物質等はJIS Z 7253附属書Aに定める**物理化学的危険性***または**健康有害性***を一つでも有するものです（環境有害性は考慮の対象外とされる）。

（3）文書（SDS）交付対象物質

文書（SDS）交付対象物質は、433p図（D）の化学物質が該当します。対象化学物質は**特定危険有害化学物質等**です（則24の15(1)、指針3）。本項で定める化学物質等は、JIS Z 7253附属書Aに定める物理化学的危険性または健康有害性を一つでも有するものです。

（4）労働者への周知（則24の16）

事業者は、化学物質等を労働者に扱わせるときは、通知すべき事項が記載された文章等（SDS）を常時作業場の見やすい場所に掲示、備付等の方法により労働者に周知しなければなりません（指針5）。事業者は化学物質等の危険性・有害性の調査、労働災害防止のための教育でSDSを活用することとなりました（指針5、法28の2(1)）。

1.5 適用除外

主として一般消費者の生活の用に供される製品（右図）については、通知対象物の譲渡・提供する場合の表示・文書交付は除かれます。

---

* 物理化学的危険性：爆発性、可燃性・引火性液体、高圧ガス等
　健康有害性：急性毒性、発がん性、皮膚腐食性、皮膚刺激性等

表示

- 表示すべき事項：名称、人体に及ぼす作用、貯蔵または取扱い上の注意、表示者の氏名（法人はその名称）、住所及び電話番号、注意喚起語、安定性及び反応性、標章：絵表示（平成24年告示151号）
- 前記の表示は、その容器または包装に、表示事項を印刷し、または表示事項を印刷した票せんを貼り付けて行うこと（則24の14(2)、指針2）
- 業者は、容器に入れ、または包装した化学物質を労働者に取り扱わせるときは、容器または包装に「表示すべき事項」を表示すること（指針4）
- 危険有害化学物質等をラベル表示以外の方法により譲渡・提供する者は、必要事項を記載した文書を交付するように努める

通知

- 通知すべき事項：名称、成分及びその含有量、物理的及び化学的性質、人体に及ぼす作用、貯蔵または取扱い上の注意、流出その他の事故時に講ずべき応急措置、通知する者の氏名（法人は名称）、住所、及び電話番号、危険性及び有害性の要約、安定性及び反応性、適用される法令、その他参考となる事項、標章（絵表示）
- 記載された事項の変更があった場合、譲渡し、または提供した相手方に、速やかに、通知すること

一般消費者の生活の用に供される製品

- 薬事法に定められている医薬品、医薬部外品及び化粧品
- 農薬取締法に定められている農薬
- 労働者による取扱いの過程で固体以外の状態にならず、かつ、粉状または粒状にならない製品
- 表示対象物が密閉された状態で取扱われる製品（バッテリー、コンデンサ等）
- 一般消費者のもとに提供される段階の食品。ただし、水酸化ナトリウム、硫酸、酸化チタン等が含まれる食品添加物、エタノール等が含まれる酒類など、表示対象物が含まれ、譲渡・提供先で、労働者がこれら表示対象物にばく露するおそれのある作業が予定されているものは除く

（出典：厚労省平成27年8月3日基発0803第2号「労働安全衛生法施行令及び厚生労働省組織令の一部を改正する政令等の施行について（化学物質等の表示及び危険性または有害性等の調査に係る規定等関係）」）

1.6 GHSとは

（1）GHS規定内容

　労働安全衛生法における化学物質の危険有害性の分類、ラベル、安全データシート（SDS）による表示について国際的に推奨されている方法を **GHS**＊（化学品の分類および表示に関する世界調和システム）といいます。GHSは化学物質を取り扱うすべての人々にその有害性を正確に伝えることによって、人の安全・健康及び環境の保護を行うことを目的としています。成型品を除くすべての化学品（純粋な物質、その混合物）に適用されますが、医薬品、食品添加物、化粧品、食品中の残留農薬等については原則、表示の対象としていません。

（2）ラベル表示による情報伝達

　GHSの定義では、**ラベル**とは化学品の危険有害性に関する情報がまとめて記載されている書面、印刷またはグラフィックであり、危険有害性がある物質の容器またはその外部梱包に貼られたり、印刷されたりするものをいいます。GHSでは**ラベル要素**を記載、表示する順序を定めており、我が国のラベル表示もそれに従っています。1.2「ラベル表示義務」右図を参照ください。

（3）SDS伝達情報

　GHSにおいては、SDS情報として、右の16項目をこの順番通りに記載します。我が国のSDS表示もそれに従っています。1.3「文書（SDS）交付義務」右図を参照ください。SDSは、化学品製造業者／輸入業者から調剤メーカー、卸業者／小売業者等を経て提供されます。

（4）わが国のGHSの導入対応

　国内では、GHSに対応する日本工業規格（JIS）が定められています。従来三つに分かれていたJISが、平成24年から以下の①及び②として整理・統合されました。
　　①「分類」（JIS Z 7252：GHSに基づく化学物質等の分類方法）
　　②「情報伝達」（JIS Z 7253：GHSに基づく化学品の危険有害性情報の伝達方法―ラベル、作業場内の表示及び安全データシート（SDS））

＊　Globally Harmonized System of Classification and Labelling of Chemicals

GHS 情報の提供対象者

(出典:経済産業省・厚生労働省「化管法・安衛法におけるラベル表示・SDS提供制度」)

GHS 規定内容

● **危険有害性を判定するための国際的に調和された基準**(分類基準)

以下の危険有害性(ハザード)の分類基準
① 物理化学的危険性(爆発物、可燃性等 16 項目)
② 健康に対する有害性(急性毒性、眼刺激性、発がん性等 10 項目)
③ 環境に対する有害性(水生環境有害性、オゾン層への有害性 2 項目)

● **分類基準に従って分類した結果を調和された方法で情報伝達するための手段**
(ラベル表示とSDS(安全データシート)に関係)

(1.3「文書(SDS)交付義務」右図参照)

SDS の記載項目

① 物質または混合物及び会社情報
② 危険有害性の要約
③ 組成および成分情報
④ 応急措置
⑤ 火災時の措置
⑥ 漏出時の措置
⑦ 取扱いおよび保管上の注意
⑧ ばく露防止および保護措置
⑨ 物理的および化学的性質
⑩ 安定性および反応性
⑪ 有害性情報
⑫ 環境影響情報
⑬ 廃棄上の注意
⑭ 輸送上の注意
⑮ 適用法令
⑯ その他の情報

(出典:経済産業省・厚生労働省「化管法・安衛法におけるラベル表示・SDS提供制度」)

2 リスクアセスメント

2.1 経緯

　従来、法 28 の 2(1)において、事業者は、化学物質や化学物質を含有する製剤等による危険性・有害性等を調査し、その結果に基づいて適正な措置を講じること、また労働者の危険や健康障害を防止するため必要な措置を講じるように努めることと規定されていました。

　しかし、使用される化学物質の数が年々増加する反面、事業者によるその危険性・有害性の調査等が行われないままに使用され、労働災害が多く発生している状況にあります。

　そこで従来の法 28 の 2(1)の努力規定を改めるため、平成 26 年 6 月 25 日法律第 82 号により労働安全衛生法の一部が下記のように改正されました。

①法 28 の 2(1)中に規定がある対象とする化学物質から、法 57(1)の**表示対象物**及び法 57 の 2(1)の**通知対象物**が除かれた(法 28 の 2(1))。

②新たに法 57 の 3 が新設され、法 57(1)と法 57 の 2(1)の化学物質(663 種類)について、危険性・有害性等を調査(リスクアセスメント)することが義務づけられた(法 57 の 3(1))。

③事業者は法規定による措置を講じる義務があるほか、労働者の危険・健康障害を防止するため必要な措置を講じるように努めることとなった(法 57 の 3(2))。

④平成 27 年 9 月 18 日「化学物質等による危険性または有害性等の調査等に関する指針」が公示された(適用は平成 28 年 6 月 1 日から)。

2.2 リスクアセスメントにおいて実施すべきこと及びその手順

リスクアセスメントは右の手順で行います。実施体制・時期は下記のとおりです。

●実施体制
- ●総括安全衛生管理者、安全管理者、衛生管理者等による管理体制を構築する
- ●化学物質管理者の指名による化学物質等の管理が望ましい
- ●専門的知識を有する者を参画させる(化学物質等、機械設備、化学設備、生産設備等)

●実施時期(則 34 の 2 の 7(1))
- (義務)●化学物質等を原材料等として新規採用・変更するとき
- ●作業方法または作業手順を新規に採用・変更するとき
- ●化学物質等による危険性・有害性等について新たな知見を得たとき など
- (努力義務)●労働災害が発生し、過去のリスクアセスメント内容に問題がある場合
- ●リスクアセスメント内容と設備経年変化等により状況が変化した場合
- ●リスクアセスメントの対象物質の追加のとき など

リスクアセスメントの手順（実施の流れ）

第**14**章

労働安全衛生法

（1）リスクアセスメント等*1 の対象の選定

○対象
　　・事業場におけるすべての化学物質等による危険性または有害性等を調査等の対象とすること
　　・対象の化学物質等の製造または取扱いの業務、過去に化学物質等による労働災害が発生した作業などを対象とすること

（2）化学物質等*2 による危険性または有害性の特定

○情報の入手
　　・SDS（を確実に入手）
　　・作業標準、作業手順書等、機械設備等に関する情報
　　・化学物質等に係る機械設備等のレイアウト等、作業周辺環境情報
　　・作業環境測定結果　個人ばく露濃度測定結果等
　　・災害事例、災害統計等
　　・GHSまたはSDSに記載されているGHS分類結果
　　・許容限度、ばく露限界値
　　・負傷または疾病の原因となるおそれのある危険性または有害性など

（3）特定された危険性または有害性によるリスクの見積り（則34の2の7⑵）

　　①化学物質等が労働者に危険を及ぼし、または健康障害を生ずるおそれの程度（発生可能性）及びその危険または健
　　　康障害の程度（重篤度）を考慮する見積方法
　　②化学物質等にさらされる程度（ばく露の程度）及びその化学物質等の有害性の程度（有害性の度合）を考慮する見
　　　積方法 など

（4）リスク低減措置

　　・リスクを低減するための優先度の設定
　　・リスクを低減するための措置内容の検討

　　・危険性または有害性のより低い物質への代替
　　・化学反応プロセス等の運転条件の変更
　　・化学物質等を取り扱う機械設備等の防爆構造化、安全装置の二重化等の対策
　　・化学物質に係る機械設備等の密閉化、局所排気構造の設置等の対策
　　・作業手順の改善、立入禁止等の対策
　　・有効な保護具の使用 等

（5）リスクアセスメント結果等の労働者への周知（則34の2の8）

○結果の労働者への周知
　　・対象化学物質等の名称
　　・対象業務内容
　　・リスクアセスメントの結果（特定した危険性または有害性、見積ったリスク）
　　・実施するリスク低減措置の内容
○周知の方法
　　・各作業場の見やすい場所に常時掲示し、または備え付ける
　　・書面を労働者に交付する
　　・磁気テープ、時期ディスクその他の方法により記録し、常時確認できる機器を設置する

（6）優先度に対応したリスク低減措置の実施

　　・結果の労働者への周知と結果をふまえてのリスク低減の措置を講じること

＊1　リスクアセスメント等とは、「リスクアセスメント」及び「そのリスクの低減措置」をいう。
＊2　化学物質等とは、法57⑴の「表示物質」及び法57の2⑴の「通知対象物」をいう。（平成28年6月1日の施行後は、
　　表示物質と通知物質は同じものとなり、物質数は663種類となる）（法57の3⑴）

443

2.3 リスク見積りの方法

前ページ図の(3)「特定された危険性または有害性によるリスクの見積り」(則34の2の7(2)) の方法には右のようなものがあります。参考までに概略を記載します(右表)。

見積りは必ずしも数値化する必要はなく、総体的な分類でも差し支えありません。

表の①または②の方法によりリスクの見積りを行う場合は、次に事項等の必要な情報を使用します。参考までに挙げてみました。

①当該化学物質等の性状、②当該化学物質等の製造量または取扱量、③当該化学物質等の製造または取扱い(「製造等」)にかかわる作業の内容、④当該化学物質等の製造等に係る作業場及び関連設備の状況、⑤当該化学物質等の製造等に係る作業への人員配置の状況、⑥作業時間及び作業の頻度、⑦換気設備の設置状況、⑧保護具の使用状況、⑨当該化学物質等に関わる既存の作業環境中の濃度もしくはばく露濃度の測定結果または生物学的モニタリング結果

その他、重篤度の見積り方、考え方、あるいは、安全装置の設置、立入禁止措置、排気・換気装置の設置その他の労働災害防止のための機能または方策の信頼性や維持能力、作業手順の逸脱、操作ミス等の予見可能な誤使用または危険行動の可能性等に留意することとされています。

重篤度及び**発生可能性**についての考え方の一例を挙げてみます。

●労働者の危険または健康障害の程度(重篤度)について

基本的に休日日数等を尺度として使用するものであって、以下のように区分する例がある。

- 死亡 ：死亡災害
- 後遺障害 ：身体の一部に永久損傷を伴うもの
- 休業 ：休業災害、一度に複数の被災者を伴うもの
- 軽傷 ：不休災害やかすり傷程度のもの

●労働者に危険または健康障害を生ずるおそれのある程度(発生可能性)について

危険性または有害性への接近の頻度や時間、回避の可能性等を考慮して見積もるものであり、以下のように区分する例がある。

- (可能性が)極めて高い ：日常的に長時間行う作業で回避困難なもの
- (可能性が)比較的高い ：日常的な作業で回避可能なもの
- (可能性が)ある ：非定常的な作業に伴い、回避可能なもの
- (可能性が)ほとんどない ：まれにしか行われない作業で回避可能なもの

リスク見積り方法

実施方法	危険性	有害性
①調査対象物が労働者に危険を及ぼし、または健康障害を生ずるおそれの程度（発生可能性）及びこの危険性または健康障害の程度（重篤性）を考慮する方法	❶マトリックス（負傷または疾病の重篤度を横軸、可能性の度合いを縦軸で表した表）を用いる方法 ❷発生可能性と重篤度を一定の尺度で数値化し、それらを加算または乗算する方法 ❸ILO（国際労働機関）の化学物質リスク簡易評価法（コントロール・バンディング*）等を用いる方法	
②労働者が調査対象物にさらされる程度（ばく露濃度等）及びその調査対象物の有害性の程度（許容濃度等）を考慮する方法	—	❶労働者へのばく露濃度を作業環境測定等により測定し、その物の許容濃度（気中濃度等）等と比較する方法 ❷労働者へのばく露濃度を推定し、その者の許容濃度等と比較する方法
③その他、①または②に準じる方法	❶安衛法令に調査対象物に係る危険または健康障害を防止するための具体的な措置が規定されている場合において、その規定を確認する方法	
	❷安衛法令に調査対象物に係る危険または健康障害を防止するための具体的な措置が規定されていない場合において、SDSに記載されている危険性の種類（例えば「爆発性」など）を確認し、その危険性と同種の危険性を有し、かつ、具体的措置が規定されている物に係る規定を確認する方法	—

（出典：平成27年9月18日厚生労働省「化学物質による危険性または有害性等の調査等に関する指針」、静岡労働局・労働基準監督署「平成27年労働衛生の現況」）

*コントロール・バンディング：化学物質リスク簡易評価法をいう。

ILO：International Labour Organization（国際労働機関）

2.4 リスク見積りの例

　リスク見積りの例として、マトリックス方式と数値化の場合のリスク見積りの例を右に挙げます。

　また、**化学物質等による有害性に係るリスク見積り**には「定量的リスク評価」と「定性的リスク評価」があります。「定量的リスク評価」としては、ばく露限界の設定がなされている化学物質等については、労働者のばく露量を測定または推定し、ばく露限界と比較します。「定性的リスク評価」としては、「化学物質等による有害性のレベル分け」や「ばく露レベルの推定」があります。

　化学物質等による有害性のレベル分けは、化学物質等について、SDSのデータを用いて、GHS等を参考に有害性のレベルを例えば5段階に分けるやり方です。

　ばく露レベルの推定は、作業環境レベルを推定し、それに作業時間等作業の状況を組み合わせ、ばく露レベルを推定します（出典：平成27年9月18日基発第3号厚労省「化学物質等による危険性または有害性等の調査等に関する指針について」）。

2.5 「化学物質等」以外の化学物質に係るリスクアセスメント

　化学物質等以外の化学物質とは、法57⑴の「表示物質」及び法57の2⑴の「通知対象物」を除く化学物質及びその化学物質を含有する製剤等で労働者の危険または健康障害を生ずるおそれのあるもの、すなわち、1.4⑵「ラベル表示対象物質（容器または包装への表示努力義務）」（433p図（D））に該当する化学物質です。

　事業者はこれらの化学物質及びその化学物質を含有する製剤についても、原材料、ガス、蒸気等による、または作業行動その他業務に起因する危険性または有害性等を調査し、その結果に基づいて適切な措置を講ずるほか、労働者の危険または健康障害を防止する措置を講じるように努めることとされています（法28の2、則24の2）。

マトリックス方式による方法

※重篤度「②後遺障害」、発生可能性の度合「②比較的高い」の場合の見積り例

		危険または健康障害の程度（重篤度）			
		死亡	後遺障害	休業	軽傷
危険または健康障害を生ずるおそれの程度（発生可能性）	極めて高い	5	5	4	3
	比較的高い	5	④	3	2
	可能性あり	4	3	2	1
	ほとんどない	4	3	1	1

リスク		優先度
4～5	高	・直ちにリスク低減措置を講ずる必要がある。 ・措置を講ずるまで作業停止する必要がある。
2～3	中	・速やかにリスク低減措置を講ずる必要がある。 ・措置を講ずるまで使用しないことが望ましい。
1～2	低	・必要に応じてリスク低減措置を実施する。

数値化による方法

※重篤度「②後遺障害」、発生可能性「②比較的高い」の場合の見積り例

● 危険または健康障害の程度（重篤度）

死亡	後遺障害	休業	軽傷
30点	20点	7点	2点

● 危険または健康障害を生ずるおそれの程度（発生可能性）

極めて高い	比較的高い	可能性あり	ほとんどない
20点	15点	7点	2点

20点（重篤度「後遺障害」）＋15点（発生可能性「比較的高い」）＝35点（リスク）

リスク		優先度
30点以上	高	・直ちにリスク低減措置を講ずる必要がある。 ・措置を講ずるまで作業停止する必要がある。
10～29点	中	・速やかにリスク低減措置を講ずる必要がある。 ・措置を講ずるまで使用しないことが望ましい。
10点未満	低	・必要に応じてリスク低減措置を実施する。

3 化学物質関連の遵守事項

3.1 作業主任者の選任

　事業者は、労働災害を防止するための管理を必要とする作業については、都道府県労働局長の免許を受けた者または技能講習を修了した者のうちから作業主任者を選任し、その作業に従事する労働者の指揮その他の事項を行わせなければなりません（法14）。

　化学物質に関する作業主任者を選任すべき作業の例は以下のとおりです（令6、則16）。

◉（令別表第3に掲げる）特定化学物質*1 を製造し、または取り扱う作業（第18号）
- 特定化学物質作業主任者：特定化学物質作業主任者技能講習を修了した者
- 特定化学物質作業主任者（特別有機溶剤*2 関係の場合は、有機溶剤作業主任者技能講習を修了した者）

◉（令別表第6の2に掲げる）有機溶剤を製造し、または取り扱う作業（第22号）
- 有機溶剤作業主任者：有機溶剤作業主任者技能講習を修了した者 など

　作業主任者は作業方法の決定や労働者を指揮、局所排気装置、プッシュプル型換気装置、全体換気装置などの点検（1か月以内ごと）、保護具の使用状況の監視などの職務があります。

3.2 化学物質の発散抑制装置等の発生源対策及び適切な保護具の着用

　事業者は、爆発性のもの、発火性のもの、引火性のもの等による**危険を防止**するために必要な措置を講じなければなりません（法20（二））。

　また、原材料、ガス、蒸気、粉じん、酸素欠乏空気、病原体等による**健康障害を防止**するために必要な措置を講じなければなりません（法22（一））。

　さらに事業者は、有害物を取り扱う業務、ガス、蒸気または粉じんを発散する有害な場所における業務に従事する労働者に使用させるために、保護衣、保護めがね、呼吸用保護具等適切な**保護具**を備えなければなりません（則593）。

*1　特定化学物質：特化則の第1類物質、第2類物質及び第3類物質をいう。例えば、塩素、シアン化ナトリウム、弗化水素、ベンゼン、クロロホルム、テトラクロロエチレン、トリクロロエチレン、ジクロロメタン、1,2－ジクロロプロパンなど
*2　特別有機溶剤等：従来、「エチルベンゼン等」といわれていたが、平成26年8月20日に、新たにクロロホルム等10物質が加わり「特別有機溶剤等」と名称が変更された。エチルベンゼン、1,2－ジクロロプロパン、クロロホルム等10物質（クロロホルム、1,4－ジオキサン、ジクロロメタン、テトラクロロエチレンなど）。作業環境測定、関係者以外の立入禁止、保管場所の特定、特定化学物質作業主任者の選任等の義務がある。

危険の防止についての関係法令

危険物を製造し、または取り扱う場合等の措置（則256）

- 爆発性のもの：みだりに火気その他点火源を接近させ、加熱等しない
- 発火のもの：爆発性のものに同じ
- 酸化性のもの：みだりに、その分解を促すような物を接近させたりしないこと
- 引火性のもの：みだりに、火気その他点火源を接近させ、加熱等しない
- 危険物を製造し、または取り扱う設備のある場所は常に整理整頓し、その場所にみだりに可燃性のものまたは酸化性のものを置かないこと

健康障害の防止についての関係法令

事業者は、有害物を取り扱い、ガス、蒸気または粉じんを発散する等の有害な作業場においては、その原因を除去するため、代替物の使用、作業の方法または機械等の改善等必要な措置を講じなければならない（則576）。

◉作業環境測定を行うべき作業場（例）

- 特定化学物質を製造し、または取り扱う屋内作業場（令21（七））
- 有機溶剤を製造し、または取り扱う屋内作業場（令21（十））

事業者は、ガス、蒸気または粉じんを発散する屋内作業場においては、発散源を密閉する設備、局所排気装置または全体換気装置を設ける等必要な措置を講じなければならない（則577）。

◉局所排気設備等（例）

- 有機溶剤に係る設備（有機溶剤中毒予防規則（「有機則」）第5条及び6条）
- 特定化学物質の取り扱いに係る設備（特定化学物質障害予防規則（「特化則」）第3条～5条）

保護具の備え付け（例）

- 有機則第32条第1項（送気マスクの使用）
- 有機則第33条第1項（有機ガス用防毒マスクの使用）
- 特化則第43条（呼吸用保護具の備え付け）

第14章　労働安全衛生法

3.3　排気装置等の定期自主検査

労働安全衛生法では、局所排気設備等については常に正常に使用できることを求め、設備の定期自主検査と結果の記録を義務づけています（法45(1)）。

事業者は、作業主任者を選任し、化学物質を製造し、または取り扱う場所に配置し、同時に局所排気装置等の設備を設置し、その設備の自主点検を定期的に実施することにより、労働者が作業を行う作業場の作業環境を適正に保持することが大切です。

3.4　作業環境の測定

事業者は、有害な業務を行う屋内作業場その他の作業場においては、作業環境測定基準に従って必要な作業環境測定を行い、その結果を記録しなければなりません（法65(1)、(2)）。

3.5　健康診断

事業者は、労働者に対し、医師による健康診断を行わなければなりません（法66(1)）。

また、有害な業務に従事する労働者に対し、医師、歯科医師による特別の健康診断を行わなければなりません。過去に従事させた労働者も同様です（法66(2)、(3)）。

労働者は、前各項の規定により事業者が行う健康診断を受けなければなりません（法66(5)）。

3.6　設備の届出（法88(1)、則85）

機械等で、危険もしくは有害な作業を必要とするもの、危険な場所で使用するものまたは危険もしくは健康障害を防止するために使用するものを設置し、移転し、または主要部分の構造を変更する事業者は、その工事等の開始の30日前までに、労働基準監督署長に届け出なければなりません（法88(1)）。届出が必要な機械等として、次のようなものがあります。

- 有機則第5条または第6条（特化則第38条の8も同じ）の有機溶剤の蒸気の発散源を密閉する設備、局所排気装置、プッシュプル型換気装置または全体換気装置（移動式は除く）（則85、則別表第7第13号）
- 特化則の第1類物質または特定第2類物質等を製造する設備（則別表第7第16号）
- 特化則における特定化学設備及びその附属設備（則別表第7第17号）
- 特定第2類物質または管理第2類物質のガス、蒸気または粉じんが発散する屋内作業場に設ける発散抑制の設備（則別表第7第18号）
- 特化則第11条第1項の排液処理装置（則別表第7第20号）

政令で定めるもの：定期自主検査の対象設備の例（令15）

第14章 労働安全衛生法

◉**局所排気装置、プッシュプル型換気装置、排ガス処理装置及び廃液処理装置**（令15⑴（九））
（関連特別規則）
- ●有機則第20条（局所排気装置の定期自主検査）
- ●有機則第20条の2（プッシュプル型換気装置の定期自主検査）
- ●特化則第29条（定期自主検査を行うべき機械等）：局所排気装置、プッシュプル型換気装置、排ガス処理装置及び廃液処理装置

◉**特定化学設備*及びその付属設備**（令15⑴（十））
- ●定期自主検査（特化則第31条）

* 特定化学設備：特化則における特定第2類物質または第3類物質を製造し、または取り扱う設備をいう。ただし移動式は除く（令9の3）。

作業環境測定を行うべき作業場の例

◉**特定化学物質を製造し、または取り扱う作業場**（令21（七））

◉**有機溶剤を製造し、または取り扱う屋内作業場**（令21（十））（関連特別規則）
- ●特化則第36条（測定及び記録）、第36条の2（測定結果の評価）、第36条の3及び4（評価の結果に基づく措置）
- ●有機則第28条（測定）、第28条の2（測定結果の評価）、第28条の3及び4（評価結果に基づく措置）

健康診断を行うべき有害な業務の例

- ●特定化学物質を製造し、または取り扱う業務
- ●有機溶剤を製造し、または取り扱う業務

特別な健康診断を行う業務の例

- ●特定化学物質のうち、エチルベンゼン、コバルト及びその無機化合物、酸化プロピレン、1,2－ジクロロプロパンを製造し、または取り扱う業務

健康診断関連特別規則

- ●特化則第39条（健康診断の実施）
- ●有機則第29条（健康診断）

4 特定化学物質障害予防規則（特化則）

　ここまで労働安全衛生法について、特に化学物質関連の遵守事項をみてきました。化学物質等を正しく取り扱うための決まりは多く、特に**特定化学物質**と**有機溶剤**に係る化学物質等が非常に多く規定され、その取扱いには十分に配慮しなければなりません。

　そこで4節では**特化則**、5節では**有機則**について解説します。

4.1 事業者の責務

　事業者は、使用する物質の毒性の確認、代替物質の使用、作業方法の確立、関係施設の改善、作業環境の整備、健康管理の徹底その他の必要な措置を講じることにより、化学物質にばく露される労働者の人数、ばく露期間及びばく露の程度を最小限度に抑えるように努め、化学物質による労働者のがん、皮膚炎、神経障害等の健康障害を予防しなければならない、としています（特化則1）。

　最近の例では、ジメチル− 2,2 −ジクロロビニルホスフェイト（「DDVP」）及びそれまで有機溶剤中毒予防規則の第1種あるいは第2種有機溶剤等であったクロロホルム他9物質が**発がんのおそれ**があるとして特化則の措置対象物質とされ、平成26年11月1日から施行されています。

　こうしてみると、特化則が対象とする化学物質は、特にその取扱いが不適切な場合には、人の健康に対してかなり有害な影響を与えることが予想されます。

4.2 規制対象物質

　特化則では**特定化学物質**を規制対象物質とし、第1類物質、第2類物質及び第3類物質に分けられます（令別表第3）。第2類物質は右図のように特定第2類物質、特別有機溶剤等、オーラミン等、及び管理第2類物質に分類され、さらに特別有機溶剤等に分類されます。

（1）第1類物質（特化則2（一））

　この類の物質は、がん等の慢性障害を引き起こす物質のうち、特に有害性が高く厳重な管理が必要なものとされています（令別表3第1号「特定化学物質」）。

（2）第2類物質（特化則2（二））

　この類の物質は、がん等の慢性障害を引き起こす物質のうち、第1類に該当しないものとされています（令別表3第2号「特定化学物質」）。

（3）第3類物質（特化則2（六））

　この類の物質は、大量漏えいによる急性中毒のおそれがあるものとされています（令別表第3第3号「特定化学物質」）。（注）第3類物質等：特定第2類物質、管理第2類物質及び第3類物質をいう（4.6「特定化学設備からの漏えいの防止措置」参照）。

特定化学物質

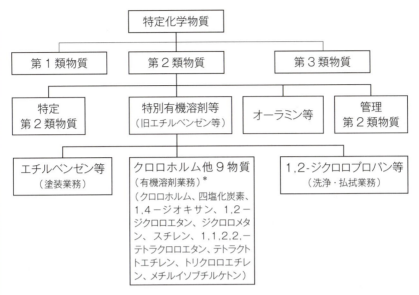

(出典：厚生労働省「特定化学物質障害予防規則等を改正しました」)

*クロロホルム他9物質：これまで有機溶剤の中に位置づけられていたが、発がん性のおそれがあるために、特定化学物質の第2類物質の「特別有機溶剤等」の中に位置づけられるとともに、特別管理物質になった。

第1類物質

（例）ジクロルベンジジン、塩素化ビフェニル（別名PCB）、ベリリウム及びその化合物、オルトートリジン及びその塩等、7物質（令別表第3第1号「特定物質」）

第2類物質

（例）アクリルアミド、エチルベンゼン、塩化ビニル、塩素、カドミウム及びその化合物、クロロホルム他9物質、1,2－ジクロロプロパン、ジメチル－2,2－ジクロロビニルホスフェイト（DDVP）、ナフタレン、ニッケル化合物（粉状のものに限る）、リフラクトリーセラミックファイバー、シアン化ナトリウムなど、57物質

第3類物質

（例）アンモニア、塩化水素、硝酸、硫酸など8物質

（4）特定第2類物質（特化則2（三））

　この物質は、特に漏えいに注意すべき物質とされています。

> （例）塩素、ニッケル化合物、ベンゼン、ホルムアルデヒド、DDVP、ナフタレンなど24物質及び
> 　　これらのものを重量の1％超含有するもの

（5）特別有機溶剤等（特化則2（三の二））

　この物質は有機則との関連のある物質で、発がんのおそれが指摘されるもので有機溶剤と同様に作用し、蒸気による中毒を発生させるおそれのあるものとされています。特別有機溶剤業務に係る物質です（右）。

（6）オーラミン等（特化則2（四））

　この物質は、尿路系器官にがん等の腫瘍を発生するおそれのある物質とされています。

> （例）第2類物質のうち、オーラミン、マゼンダの2物質

（7）管理第2類物質（特化則2（五））

　この物質は、第2類物質のうち、特定第2類物質、特定有機溶剤等及びオーラミン等以外のものとされています。がん等の慢性障害の発生を防止するため、ガス、蒸気、粉じんの発生源を密閉する設備、局所排気装置等を必要とする物質で、大量の漏えいによる急性中毒のおそれの低いものとされています。

> （例）シアン化ナトリウム、カドミウム及びその化合物、水銀及びその無機化合物、三酸化二アンチモンなど

（8）特別管理物質（特化則38の3）

　この物質は、がん原生物質またはその疑いのある物質で、特に厳しく規制している物質とされています。

> （例）第1類物質（ジクロロベンジジン、ベリリウム及びその化合物等）、ベンゼン、ホルムアルデヒド、
> 　　ニッケル化合物（粉状のものに限る）、砒素及びその化合物、エチルベンゼン、クロロホルム他9
> 　　物質、スチレン、1,2－ジクロロプロパン、DDVP、ナフタレン、リフラクリーセラミックスファ
> 　　イバーなど42物質及びこれらを重量の1％超含有するもの（コールタールは重量の5％超含有する
> 　　もの）。これらの物質の含有量が重量の1％以下であって、しかも有機溶剤との合計が重量の
> 　　5％を超える物は除く（第1類物質及び第2類物質の一部）

特別有機溶剤等

- **特別有機溶剤**：エチルベンゼン、1,2－ジクロロプロパン、及びクロロホルム他9物質をいう。
- **特別有機溶剤等**：特別有機溶剤及び特別有機溶剤を重量の1％超含有するものをいう。
- **業務**：下記業務をあわせて、「特別有機溶剤業務」という。
  - ・エチルベンゼンの特化則の適用は「塗装業務」に限られる。
  - ・1,2－ジクロロプロパンの特化則の適用は「洗浄・払拭業務」に限られる。
  - ・クロロホルム他9物質の特化則の適用は「有機溶剤業務」に限られる。

第14章　労働安全衛生法

特化則の物質群ごとのまとめ（概略）

	3	4			5			43～45・38の8	9～12	13～26	24	27・28	36	36の2	38の3、38の4	39・40	
	第一類物質の取扱い設備	特定第2類物質等の製造等に係る設備			特定第2類物質または管理第2類物質に係る設備			保護具の備え付け	用後処理・ぼろ等の処理	漏えいの防止	立入禁止	作業主任者の選任	作業環境測定	作業環境測定の結果の評価	作業記録の作成・有害性の掲示	健康診断（注1）	
		密閉式	局所排気設備	プッシュプル	密閉式	局所排気設備	プッシュプル									雇入れ・定期	配転後
第1類物質	○							○	○	○	○	○	○	○	○	○	○
特定第2類物質		○	△1	△1				○	○	○	○	○	○	○	○	○	△2
特別有機溶剤等		○	○	○	○	○	○	○	○	△3	○	○有	○	○	○	○	○
オーラミン等		○	△1	△1				○	○			○	○	○	○	○	○
管理第2類物質					○	○	○	○	○		○	○	○	○	○	○	△4
特別管理物質	特別管理物質は、第1類物質、特定第2類物質、オーラミン等及び特別有機溶剤等を含むので、別途説明します。																
第3類物質								○	○	○	○	○					

（備考）

△1：第4条では、該当物質を製造する設備は密閉式の構造とし、労働者に取り扱わせる場合は遠隔室での遠隔操作となっているが、局所排気設備、プッシュプルは、製造する物質を計量し、容器に入れ、または袋詰めする作業において遠隔操作が困難で、その物質が労働者の身体に直接接触しない方法による場合に限った措置である。

△2：配転後の健康診断の実施の有無が物質により異なる。

△3：「容器等」（特化則第25条）で、容器等への表示と一定の場所での保管の義務はない。

△4：管理第2類物質には、健康診断について、「配転後」の診断の有無が物質により異なる。

○有：作業主任者は、有機溶剤作業主任者技能講習修了者から選任する必要がある。

（注1）定期健康診断の○印は6か月以内ごとに1回行う。

455

4.3 　作業主任者の選任 （特化則 27、28、令 6（十八）、法 14）

特化則の物質は発がん性が疑われるものもあるので、労働者の健康障害の予防のための措置が非常に重要です。そこでまず、その措置等を適切に実施するべき作業主任者のやるべきことからみていきます。

特定化学物質を製造し、または取り扱う作業については、特定化学物質作業主任者を選任しなければなりません。ただし、試験研究のための取り扱う作業は除きます（法 14、令 6（十八））。

4.4 　発散抑制措置の設置

次に労働者の健康障害を防止するための装置類についてみていきます。

（1）第1類物質の取扱いに係る設備 （特化則 3）

事業者は、第1類物質を容器に入れ、容器から取り出し、または反応槽へ投入する作業（製造は除く）を行うときは、作業場所ごとに、第1類物質の発散源の密閉設備、局所排気装置またはプッシュプル型換気装置を設置しなければなりません。

（2）第 2 類物質の製造等に係る設備 （特化則 4）

特定第 2 類物質またはオーラミン等（「特定第 2 類物質等」）を製造するときは、密閉式の構造とします。

特定第 2 類物質等を労働者に扱わせるときは、隔離室で遠隔操作で行います。また、特定第 2 類物質等を計量し、容器に入れる等の作業で遠隔操作ができないときは、局所排気装置またはプッシュプル型換気装置を設置しなければなりません。

（3）特定第 2 類物質または管理第 2 類物質 （特化則 5）

特定第 2 類物質または管理第 2 類物質のガス、蒸気、粉じんが発散する屋内作業場については、発散源を密閉する設備、局所排気装置またはプッシュプル型換気装置を設置しなければなりません。

4.5 　設備類の届出

3.6「設備の届出」に記載した特化則に係る設備は、すべて設置する 30 日前までに労働基準監督署長への届出が必要です。

4.6 　特定化学設備からの漏えい防止措置

届け出て設置した設備類について、特に特定化学物質からの化学物質の漏えいは労働者の健康障害の原因となりますので、適正な漏えい対策が必要です。

対象となる化学物質は、**特定第 2 類物質、管理第 2 類物質及び第 3 類物質**（これらを**第 3 類物質等**という）です（特化則 13）。

特定化学物質作業主任者の資格

- 特定化学物質作業主任者技能講習を修了した者
- エチルベンゼン、1,2-ジクロロプロパン、及びクロロホルム他9物質に係る作業の場合は、有機溶剤作業主任者技能講習を修了した者

特定化学物質作業主任者の業務

- 労働者が特定化学物質により汚染され、またはこれを吸入しないように、作業方法を決定し、労働者を指揮すること
- 局所排気装置、プッシュプル型換気装置、除じん装置、排ガス処理装置、排液処理装置を1か月を超えない期間ごとに点検すること
- 保護具の使用を監視すること
- タンクの内部で特別有機溶剤業務に労働者を従事させるときは、有機則第26条の措置（タンク内作業開始時、体が有機溶剤で著しく汚染されたとき等の措置対応等）が講じられていることを確認すること

第3類物質等による漏えい防止措置の例

①腐食防止措置（特化則13）、②特定化学設備のコック等の接合部の漏えい防止措置（特化則14）、③バルブ等の開閉方向の表示、色分け等（特化則15）、④腐食防止材料等（特化則16）、⑤送給原材料等の事項の表示（特化則17）、⑥漏えい防止のための作業規定（特化則20）、⑦設備の改造等の作業時の措置（特化則22、22の2）

漏えい時などの異常時、緊急時のための措置の例

①漏えい時の避難口（2以上）の確保（特化則18）、②計測装置*1の設置（特化則18の2）、③警報設備等の設置（特化則19）、④緊急遮断装置*2の設置等（特化則19の2）、⑤予備動力源等*3（特化則19の3）、⑤不浸透性の床（特化則21）、⑥漏えい時の避難等（特化則23）、⑦救護組織、訓練等（特化則26）

---

*1　計測装置：特定化学設備のうち発熱反応が行われる反応槽等で、異常化学反応等により第3類物質等が大量に漏えいするおそれのある設備（「管理特定化学設備」）について、異常化学反応の発生を把握するための温度計、流量計、圧力計等をいう（特化則18の2）。
*2　緊急遮断装置：管理特定化学設備において、異常化学反応等により第3類物質等が大量に漏えいを防止するため、原材料の送給を遮断し、または製品等を放出するための装置をいう（特化則19の2）。
*3　予備動力源等：管理特定化学設備、この設備の配管、または附属設備に使用する動力源の予備動力源をいう。

4.7 定期自主検査（3.3「排気装置等の定期自主検査」参照）

漏えいを防止するには、発散抑制装置及び特定化学設備等が正常に稼働することが重要です。そのためには普段からの対応、すなわち設備類の自主検査が事業者の義務となっています。漏えい防止措置を講じたとしても、そのときに発散する特定化学物質のガス類等を適切に処理または排出する必要があります。そのための設備類の検査についてみていきます。

定期自主検査の対象機械類は、①発散抑制設備類（局所排気装置、プッシュプル型換気装置）、除じん装置、排ガス処理装置、排液処理装置（特化則29）、②特定化学設備またはその附属設備（特化則31）となります。①及び②の検査頻度、検査事項は右のとおりとなります。**定期自主検査の記録**は、3年間保存します（特化則32）。

4.8 その他の措置

設備類に対する対応以外に、特定化学物質を使用するときの作業者の対応も非常に重要となります。その措置についてみていきます。

（1）保護具の備え付け（特化則43〜45）

特定化学物質を製造し、または取り扱う作業場には**呼吸用保護具、不浸透性の保護衣、保護手袋、保護長靴、塗布剤**を備え置かなければなりません。呼吸用保護具等は労働者の人数と同数以上が必要になります。エチルベンゼン等**特別有機溶剤**を取り扱う場合は、**有機ガス用防毒マスク**（タンク等の内部において排気装置等を設けないで行う屋内作業の場合は、送気マスク）を備えなければなりません（特化則38の8、有機則33、有機則33の2が準用）。

（2）ぼろ等の処理（特化則12の2）

特定化学物質で汚染されたぼろ、紙くず等は、ふたまたは栓のある不浸透性の容器に収納しなければなりません。

（3）立入禁止措置（特化則24）

事業者は、次の作業場には関係者以外の立ち入りを禁止し、その旨を表示しなければなりません。

- ● 第1類物質または第2類物質を製造し、または取り扱う作業場
- ● 特定化学設備を設置してある作業場
- ● 特定化学設備を設置する作業場以外の作業場で第3類物質等を合計100L以上取り扱う作業場

その他、洗浄設備の設置（特化則38）、休憩室の設置（特化則37）、喫煙、飲食の禁止（特化則38の2）の措置があります。

発散抑制設備類（局所排気装置、プッシュプル型換気装置）、除じん装置、排ガス処理装置、排液処理装置の検査頻度及び検査事項

◉検査頻度

1年以内ごとに1回、定期に行う（ただし、1年を超える期間使用しない装置の使用しない期間においては、検査の必要はない）。

◉検査事項（例）

局所排気装置、プッシュプル型換気装置の場合：フード、ダクト及びファンの摩耗、腐食、等の損傷の有無及びその程度、吸気及び排気の能力等

（参考）除じん装置の場合：構造部分の摩耗、腐食、破損の有無及びその程度等

特定化学設備またはその附属設備の検査頻度及び検査事項（特化則31）

◉検査頻度

2年以内ごとに1回、定期に行う（ただし、2年を超える期間使用しない装置の使用しない期間においては、検査の必要はない）。

◉検査事項（例）

設備の内面及び外面の著しい損傷、変形及び腐食の有無、ふた板、フランジ、バルブ、コック等の状態、特定第2類物質または第3類物質の漏えいを防止するために必要な事項、配管では、溶接による継手部の損傷・変形・腐食など

第14章　労働安全衛生法

4.9 作業環境測定及び結果の評価（3.4「作業環境の測定」参照）

事業者は第1類物質または第2類物質を製造し、または取り扱う屋内作業場の汚染状態を測定しなければなりません。**測定頻度**は6か月以内ごとに1回、定期に空気中の第1類物質または第2類物質の濃度を測定し、必要事項を記録します（特化則36(1)）。記録の保存期間は**3年間**です（特化則36(2)）。ただし、右の物質は**30年間**となっています。

また事業者は、測定を行ったときは、その都度速やかに**作業環境評価基準**に従って測定の結果を評価しなければなりません（特化則36の2(1)）。評価結果の保存期間は**3年間**です（特化則36の2(2)）。ただし、右の物質は**30年間**となっています（特化則36の2(3)）。

評価の結果、**第3管理区分**（右表）にあたる場合、ただちに施設、設備、作業工程、作業方法等を点検し、それらの改善を行い、当該場所の管理区分が**第1管理区分**または**第2管理区分**になるようにしなければなりません（特化則36の3(1)）。事業者は、第3管理区分の場所について、労働者に対し、次の措置を講じる必要があります（特化則36の3(3)）。

- 有効な呼吸用保護具（送気マスク、有機ガス用防毒マスクなど）を使用させる
- 健康診断の実施その他必要な措置を講じる
- 評価結果と講じる措置内容について、次の方法により労働者に周知する
  - ・常時各作業場の見やすい場所に掲示し、または備え置く
  - ・労働者に書面を交付する
  - ・磁気ディスク等に記録し、かつ、作業場で常時確認できる機器を設置する

第2管理区分に評価された場所についても第3管理区分の場合と同様な改善の措置が求められます（特化則36の4）。

4.10 健康診断

事業者は、特定化学物質を製造し、または取り扱う業務に常時従事する労働者に対し、雇入れまたは配置替えの際及びその後、原則6か月以内ごとに1回、定期に、健康診断を行わなければなりません。また、過去に従事させたことがあり、しかも現に使用している場合も同様に健康診断を実施しなければなりません（特化則39(1)、(2)(3.5「健康診断」参照)）。

記録の保存期間は**3年間**です（特化則40）。ただし、特定化学物質のうち特別管理物質の場合は**30年間**となります。事業者は健康診断の結果を労働者に通知し、健康診断の結果を所轄労働基準監督署長に提出しなければなりません（特化則40の3、41）。

4.11 その他

その他、**容器・包装等への表示**（特化則25）、**特別管理物質の取扱い上の注意事項**（特化則38の3）については右にまとめました。

測定記録の保存期間が30年となるもの

- 第1類物質の6物質（ジクロルベンジジン及びその塩など）
- 第2類物質である特別有機溶剤（エチルベンゼン、クロロホルム他9物質）、トリクロロエチレン等（特化則36(3)）

評価結果の保存期間が30年となるもの

- 第1類物質の2物質（ベリリウム及びその化合物、ベンゾトリクロリド）
- 第2類物質である特別有機溶剤（エチルベンゼン、クロロホルム他9物質）、トリクロロエチレン等

管理区分

管理区分	作業場の状態	講ずべき措置
第1管理区分	95％以上の場所が管理濃度*以下	継続的維持
第2管理区分	濃度平均が管理濃度以下	作業環境の改善に努力
第3管理区分	濃度平均が管理濃度を超える	直ちに作業環境を改善する、保護具、健康診断ほかの必要な措置を講じる

*管理濃度：作業環境管理を進める上で、有害物質に関する作業環境の状態を評価するために、作業環境測定基準に従って実施した作業環境測定の結果から作業環境管理の良否を判断する際の管理区分を決定するための指標

容器・包装等への表示

- 特定化学物質を運搬し、または貯蔵するときは、漏れ、こぼれなどのおそれのないように、堅固な容器を使用し、または包装すること
- 容器または包装の見やすい箇所に物質の名称、取り扱い上の注意事項を表示すること
- 容器または包装は、一定の場所を定めて集積して置くこと
- エチルベンゼンなど特別有機溶剤等を屋内で貯蔵するときは、貯蔵場所に、関係者以外の者の立入りを防ぐ設備、蒸気排気設備等を備えること

特別管理物質の取扱い上の注意事項

◉次の事項を作業に従事する労働者の見やすい箇所に掲示
①特別管理物質の名称、②特別管理物質の人体に及ぼす作用、③特別管理物質の取扱い上の注意事項、④使用すべき保護具
（注）クロロホルム他9物質を含む特別有機溶剤については、有機則24、及び25が準用される。

◉作業の記録・保存（特化則38の4）
特別管理物質を製造し、または取り扱う作業場で常時作業に従事する労働者について、1か月を超えない期間ごとに、次の事項を記録し労働者が従事し始めてから30年間保存しなければならない。
①労働者の氏名、②従事した作業の概要及び従事した期間、③特別管理物質に著しく汚染される事態が生じたときは、その概要と応急措置の概要

5 有機溶剤中毒予防規則（有機則）

5.1 有機溶剤と指定業務

有機溶剤とは、他の物質を溶かす性質を持つ有機化合物の総称であり、様々な職場で、溶剤として塗装、洗浄、印刷等の作業に幅広く使用されています。有機溶剤は常温では液体ですが、一般に揮発性が高いため、蒸気となって作業者を通じて体内に吸収されやすく、また、油脂に溶ける性質があることから皮膚からも吸収される性質があります。**規制の対象となる有機溶剤**は右のとおりです。

有機溶剤を使用する**有機溶剤業務**として右の12種類の業務が指定されています。規制されているのは、通風が悪い**屋内作業場**等となります。

屋内作業場等とは、**屋内作業場、船舶の内部、車両の内部、タンク等の内部**が挙げられます。

5.2 危険有害性の確認と労働者への周知

事業者には、使用する有機溶剤等の危険有害性の確認と労働者への周知が必要になります。そのために有機溶剤等の供給者は、使用する溶剤、塗料、原料等の製品について、有機溶剤を一定量以上含有するもの等を他の事業者に譲渡、提供する場合には安全データシート（SDS）の交付が義務づけられています。また、事業者はそのSDSにおいて、有機溶剤の種類、含有率を確認する必要があります（1.3「文書（SDS）の交付義務」参照）。

有機溶剤等の供給者は、**第1種有機溶剤**または**第2種有機溶剤**を一定以上含有する製剤その他のものを容器・包装に入れて他の事業者へ譲渡・提供する場合は、容器・包装に必要な**表示**をする必要があります（1.2「ラベル表示義務」参照）。第3種有機溶剤は「表示」の対象から外れます。

事業者は各有機溶剤の有害性を確認します。SDSが付されていない場合は、供給元（代理店等の納入元、メーカー）に提供を求めなければなりません。また事業者には、有機溶剤等に含まれる化学物質の危険有害性、及び有機溶剤等に係る事故発生時の措置について、作業者に周知徹底するとともに、必要な対策を取る義務があります（法101 (2)、則98の2 (2)）。

規制の対象となる有機溶剤

◉第1種有機溶剤等（有機則1⑴（三）、令別表6の2）：2種類

（例）1,2－ジクロロエチレン、二硫化炭素

◉第2種有機溶剤等（有機則1⑴（四）、令別表6の2）：35種類

（例）アセトン、トルエン、イソプロピルアルコール（IPA）,メタノール、エチルエーテル、キシレン、クレゾール、酢酸メチル など

◉第3種有機溶剤等（有機則1⑴（五）、令別表6の2）：7種類

（例）ガソリン、石油エーテル、テレビン油 など

※「有機溶剤等」とは、有機溶剤または有機溶剤含有物（有機溶剤を5重量％を超えて含有するもの）のこと

有機溶剤業務

- 有機溶剤等を製造する工程における有機溶剤等のろ過、混合、撹拌、加熱または容器もしくは設備への注入の業務
- 染料、医薬品、農薬、化学繊維、合成樹脂、有機顔料、油脂、香料、甘味料、火薬、写真薬品、ゴムもしくは可塑剤またはこれらのものの中間体を製造する工程における有機溶剤等のろ過、混合、撹拌または加熱の業務
- 有機溶剤含有物を用いて行う印刷の業務
- 有機溶剤含有物を用いて行う文字の書き込みまたは描写の業務
- 有機溶剤等を用いて行うつや出し、防水その他物の面の加工の業務
- 接着のためにする有機溶剤等の塗布の業務
- 接着のために有機溶剤等を塗布されたものの接着の業務
- 有機溶剤等を用いて行う洗浄または払拭の業務
- 有機溶剤含有物を用いて行う塗装の業務
- 有機溶剤等が付着しているものの乾燥の業務
- 有機溶剤等を用いて行う試験または研究の業務
- 有機溶剤等を入れたことのあるタンク（有機溶剤の蒸気の発するおそれがないものを除く）の内部における業務

第14章 労働安全衛生法

463

5.3 作業主任者

屋内作業場等において有機溶剤業務を行うときは、有機溶剤作業主任者技能講習を修了した者のうちから、**有機溶剤作業主任者**を選任しなければなりません（有機則19）（3.1「作業主任者の選任」参照）。作業主任者は下記の業務を行います（有機則19の2）。

- 作業の方法を決定し、労働者を指揮すること
- 局所排気装置、プッシュプル型換気装置または全体換気装置を1か月以内ごとに点検すること
- 保護具の使用状況を監視すること
- タンク内作業における措置が講じられていることを確認すること

5.4 有機溶剤蒸気の発散源対策

（1）設置する装置

屋内作業場等において第1種有機溶剤または第2種有機溶剤に係る有機溶剤業務に労働者を従事させるときは、その作業場所に有機溶剤の蒸気の発散源を**密閉する設備**、**局所排気装置**、**プッシュプル型換気装置**のいずれかを設置しなければなりません（有機則5）。

第3種有機溶剤に係る作業の場合、**タンク等の内部での作業**であって、しかも**吹付けの作業**の場合は**密閉する設備**、**局所排気装置**、**プッシュプル型換気装置**のいずれかを設置します（有機則6）（右図参照）。タンク等の内部での作業であって**吹付けの作業でない**場合は、局所排気装置、プッシュプル型換気装置以外の**全体換気装置**でも可能です。

タンク等の内部での作業でない場合は有機則の適用外です（有機則7）。また有機則適用外であっても、作業の内容、使用する溶剤の有害性の程度に応じて、換気装置の設置、保護具の使用等労働者の健康障害を予防するための対策に努める必要があります。

（2）排気装置等の設置時の届出等

局所排気装置等の設置、移転、変更については、工事開始30日前までに労働基準監督署長への届出が必要です（法88(1)、則86(3.6「設備の届出」参照)）。

局所排気装置は、1年以内ごとに1回の定期自主検査と、1か月以内ごとに1回の検査が必要です（有機則20、法45(1)、令15(1)(3.3「排気装置等の定期自主検査」を参照)）。

（3）呼吸用保護具

臨時に有機溶剤業務、短時間の有機溶剤業務、発散面の広い有機溶剤業務等を行う場合で、局所排気装置等がない場合、送気マスクまたは有機マスクを使用しなければなりません（タンク等の内部での短時間の業務、有機溶剤等を入れたことのあるタンクの内部での業務については、送気マスクに限ります）（有機則32、33）。

有機溶剤蒸気の発散源対策

作業環境中の種々の有害要因を取り除いて適正な作業環境を確保する

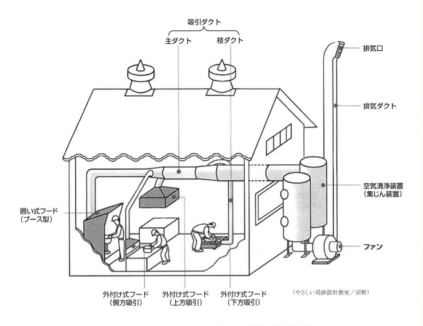

（出典：厚生労働省「有機溶剤を正しく使いましょう」の中の沼野「やさしい局排設計教室」より）

呼吸用保護具の例

（出典：厚生労働省「有機溶剤を正しく使いましょう」）

5.5　作業環境管理

第1種有機溶剤及び第2種有機溶剤を扱う有機溶剤業務を行う「屋内作業場」では、作業環境測定とその評価を行い、結果に応じた適切な改善を行う必要があります（有機則28）（4.9右表「管理区分」、3.4「作業環境の測定」参照）。

5.6　掲示と保管

（1）掲示

屋内作業場等において労働者を有機溶剤業務に従事させるとき、右の事項を作業中でも容易にわかるよう見やすい場所に掲示する。

（2）保管（有機則35）

屋内で貯蔵するときは、こぼれ、漏えい、しみだし、発散の恐れのないふた・栓等のある容器を使用するとともに、その貯蔵場所には、次の設備を設けなければなりません。

● 毒関係労働者以外の者がその貯蔵場所に立ち入ることを防ぐ施錠等
● 有機溶剤の蒸気を屋外に排出する設備

（3）空容器の処理（有機則36）

有機溶剤などを入れてあった空容器で有機溶剤の蒸気が発散するおそれがあるものは、密閉するか、またはその容器を屋外の一定の場所に集積しなければなりません。

5.7　健康診断

第1種有機溶剤等または第2種有機溶剤等の各業務に常時従事する労働者に対して、雇入れの際、またはその業務への配置替えの際、及びその後6か月以内ごとに1回、定期に健康診断を実施しなければなりません（有機則29(1)、(2)）（3.5「健康診断」を参照）。

第3種有機溶剤等にあっては、タンク等の内部における業務の場合のみ実施します（有機則29(1)）。

● 健康診断事項：業務の経歴の調査、有機溶剤による健康障害の既往症の調査ほか（有機則29(2)）
● 健康診断の結果（個人票）を5年間保存する（有機則30）
● 健康診断の結果を労働者に通知する（有機則30の2の2）
● 有機溶剤等健康診断結果報告書（様式第3号の2）を労働基準監督署に提出する（有機則30の3）

作業環境測定と評価

● 測定頻度：6か月以内ごとに1回、定期に、作業環境測定士（国家資格）による作業環境測定を行う

● 結果の保存：3年間保存すること

● 結果について作業環境評価基準（告示）にもとづいて評価し、第3管理区分の場合、ただちに施設、設備、作業工程、作業方法等を点検し、それらの改善を行い、第1管理区分または第2管理区分になるようにしなければならない（有機則28の3）

● 前記のような措置を講じたときは、その効果を確認するための有機溶剤の濃度測定を行い、その結果の評価を行うこと

● 第2管理区分に評価されたとき場所についても、第3管理区分の場合と同様な改善の措置を講じるように努めなければならない（有機則28の4(1)）

● 第3管理区分または第2管理区分のいずれかに評価されたときは、作業環境評価の記録、是正措置及びその評価結果について、次のいずれかの方法により労働者に周知しなければならない（有機則28の3(3)、28の4(2)）

　　・常時各作業場の見やすい場所に掲示し、または備え置く

　　・労働者に書面を交付する

　　・磁気ディスク等に記録し、かつ、作業場で常時確認できる機器を設置する

　　※管理区分については、特化則の4.9 右表「管理区分」を参照して下さい。

掲示

● 作業主任者の氏名・職務の掲示（則18）

● 有機用剤が人体に及ぼす作用・取扱い上の注意等の掲示（有機則24）

● 取り扱う有機溶剤等の区分の表示（有機則25）

　　・第1種有機溶剤等：「赤」

　　・第2種有機溶剤等：「黄」

　　・第3種有機溶剤等：「青」

第一種有機溶剤等　第二種有機溶剤等　第三種有機溶剤等

区分の掲示

第14章　労働安全衛生法

第14章 ● 実務に役立つ Q&A

用語

Q：安衛法には、「譲渡し、または提供するもの」という言葉が出てきますが、譲渡及び提供の意味を教えて下さい。

A：「譲渡」とは販売等のように所有権が移る場合、「提供」とは所有権を持ったまま使用させることを意味します。「譲渡し、または提供する者」には、製造者、輸入者、販売者、代理店等が含まれます。一般には、輸送の委託は譲渡にはあたらず、また相手方の利用に供しないため提供にもあたらないことから、譲渡提供に該当せず、安衛法に基づくラベル及びSDSは不要になります。

表示ラベル

Q：小容器に封入された製品のラベルでは、説明書の表示ラベルを貼るような対応で良いでしょうか？

A：安衛規則第32条に「法第57条第1項の規定による表示は、当該容器または包装に、表示事項等を印刷し、または表示事項等を印刷した票せんを貼り付けて行わなければならない」とあります。しかし、すべての表示事項等を印刷することが困難な小容器については、少なくとも製品名を印刷または印刷した票せんを貼り付けるとともに、それ以外の事項については、これを印刷した票せんを容器に結びつけること、とあります。なお。説明書に表示ラベルを貼ることの対応では、説明書が必ずしも容器とともに扱われるとは限らず、安衛法第57条の要件を満たしていないことになります。（出典：厚生労働省）

罰則

Q：ラベル表示について罰則はありますか？

A：法第119条第3号で、表示をせず、もしくは虚偽の表示をし、または同条第2項の規定により文書を交付せず、もしくは虚偽の文書を交付した者に対し、6か月以下の懲役または50万円以下の罰金とあります。

罰則

Q：SDSは要求されなくても交付する必要がありますか。また、文書以外の通知方法でもよいのでしょうか？

A：法第57条の2にありますように、SDSは要求されて出すものではなく、販売するときに自主的に出さなければなりません。また、同一製品であれば一度

SDSを発行した相手に何度も交付する必要はありません、ただし、内容の変更や新事実が判明した場合は速やかに相手に改定SDSを提出しなければなりません。

リスクアセスメント

Q：リスクアセスメント義務化の対象となる化学物質はどのようなものですか？

A：一定の危険性・有害性が明らかになっている化学物質について、SDS交付義務の対象とされている物質がリスクアセスメント義務化の対象です。改正法では、リスクアセスメント義務化の対象となる化学物質として、法第57条第1項のラベル表示義務対象物質と法第57条の2のSDS交付義務対象物質の両方が規定されていますが、ラベル表示義務対象物質は、SDS交付義務対象物質の中に含まれること、及び平成29年3月1日からは両物質は同じ663物質になりますので、実質的にリスクアセスメントが義務化されるのはSDS交付義務対象物質となります。（出典：厚生労働省「改正 労働安全衛生法Q＆A集」）

リスクアセスメント

Q：リスクアセスメントの結果を保存等しておく必要がありますか？

A：リスクアセスメントは、その結果を踏まえて労働災害防止のための措置を講じることですので、結果を記録すること自体を法的に規定されていません。しかし、その化学物質を取り扱う作業のリスクを労働者に周知させるために結果を事業場に備え置く等労働者に周知することが必要です。（出典：厚生労働省「改正 労働安全衛生法Q＆A集」）

ニッケル化合物

Q：ニッケル化合物は、「粉状のものに限る」（第2類物質）**となっていますが、塊状のニッケル化合物を粉砕する場合の規制はどうなっていますか？**

A：塊状のニッケル化合物を粉砕する場合には、特化則に基づき作業主任者の選任や発散抑制措置が必要です。また粉砕作業が常時行われる場合には、作業環境測定や健康診断も必要です。さらに粉砕後のニッケル化合物を譲渡・提供する場合には、容器等への表示も必要です。（出典：厚生労働省「特定化学物質障害予防規則等の改正に係るQ＆A」）

容器等への表示

Q： 「ニッケル化合物」や「砒素化合物」を含有する製剤その他のものに関しては、容器等への表示に記載する含有量は、製剤中の「ニッケル化合物」または「砒素化合物」の含有量を記載するのですか？ それとも、「ニッケル」または「砒素」に換算した含有量を記載するのですか？

A： 含有量を記載する際には換算は行わず、製剤中の「ニッケル化合物」または「砒素化合物」の含有量を記載します。（出典：厚生労働省「特定化学物質障害予防規則等の改正に係るQ&A」）

建設作業

Q： 砒素またはその化合物を含有する半導体や半導体基板については、容器用への表示が必要ですか？

A： 安衛法では、「主として一般消費者の生活の用に供される製品」は表示やSDS交付の対象外であり、この解釈として「労働者による取扱い過程において固体以外の状態にならず、かつ、粉状または粒状にならない製品」も含まれることが示されています、このため、半導体や半導体基盤の容器等への表示は不要です。（1.5「適用除外」を参照）（出典：厚生労働省「特定化学物質障害予防規則等の改正に係るQ&A」）

著者プロフィール

見目　善弘 (けんもく　よしひろ)

●略歴

1965年　日本電気(株)、中央研究所材料研究部にて磁性材料の研究・開発

1973年　公害防止研究所にて公害防止・環境技術開発

1984年　日本電気環境エンジニアリング(株) 環境技術部長として、磁気分離・紫外線分解・
　　　　生物処理・化学処理・フロン代替・汚染土壌浄化等の技術開発・実用化

1993年　技師長

1999年　ISO 14001 及び環境関連法・条例等のコンサルティング

2002年　文部科学省科学技術政策研究所科学技術動向研究センター専門調査委員

2003年　見目エコ・サポート代表

●主な資格

環境審査員補(CEAR)／環境カウンセラー(環境省)／公害防止管理者(水質1種)

●主な業務

環境関連法規制の解説・コンサルティング

環境マネジメントシステム監査・コンサルティング

遵法監査、廃棄物・リサイクル監査・コンサルティング

●主な著書

『環境大辞典』(工業調査会) 1998年

『企業の環境戦略グリーニングチャレンジ』(翻訳)(日科技連) 1999年

『環境関連法体系ガイド』(NEC メディアプロダクツ) 2001年

『改正廃棄物処理法の遵守　委託処理業者の上手な選び方』(NEC メディアプロダクツ) 2001年

『初歩から学ぶ有害化学物質』(工業調査会) 2003年

『環境 ISO 対応　現場で使える環境法』(産業環境管理協会) 2008年

●メールアドレス

kemmoku@jcom.home.ne.jp

図解 環境 ISO 対応 まるごとわかる環境法　　　© 2017 YOSHIHIRO KENMOKU

2017 年 12 月 10 日　発行

著　者	見　目　善　弘
発行所	一般社団法人 産業環境管理協会 〒101-0044　東京都千代田区鍛冶町2-2-1 （三井住友銀行神田駅前ビル） TEL：03（5209）7710 FAX：03（5209）7716 http://www.e-jemai.jp
発売所	丸善出版株式会社 〒101-0051　東京都千代田区神田神保町2-17 TEL：03（3512）3256 FAX：03（3512）3270 http://pub.maruzen.co.jp
装丁・本文デザイン・DTP	テラカワ アキヒロ（Design Office TERRA）
本文 DTP	山崎 ワタル
印刷所	新灯印刷株式会社

ISBN 978-4-86240-150-2　　　　　　　　　　　　　　　　Printed in Japan